西南大西洋阿根廷滑柔鱼渔业生物学

陈新军　陆化杰　方　舟　刘连为　刘必林　著

科学出版社
北　京

内 容 简 介

西南大西洋阿根廷滑柔鱼是重要的经济大洋性头足类，本专著的初步研究成果可为该资源的可持续开发和科学管理提供科学依据，丰富头足类学科的内容。本书共分七章：第一章介绍西南大西洋环境和阿根廷滑柔鱼渔业开发状况；第二章为阿根廷滑柔鱼生物学初步研究；第三章为阿根廷滑柔鱼耳石的微结构及微化学分析；第四章为阿根廷滑柔鱼角质颚外部形态分析；第五章为阿根廷滑柔鱼渔场分布及其与海洋环境关系；第六章为环境对阿根廷滑柔鱼资源补充量的影响；第七章为阿根廷滑柔鱼资源量评估与管理策略。

本书可供海洋生物、水产和渔业研究等专业的科研人员，高等院校师生及从事相关专业生产、管理的工作人员使用和阅读。

图书在版编目(CIP)数据

西南大西洋阿根廷滑柔鱼渔业生物学 / 陈新军等著. -- 北京: 科学出版社, 2014.8

ISBN 978-7-03-041457-1

Ⅰ.西… Ⅱ.①陈… Ⅲ.①大西洋-柔鱼钓渔业-海洋生物学 Ⅳ.①S973.3

中国版本图书馆 CIP 数据核字（2014）第 169032 号

责任编辑：韩卫军 / 责任校对：唐静仪

责任印制：余少力 / 封面设计：四川胜翔

科学出版社 出版

北京东黄城根北街16号

邮政编码：100717

http://www.sciencep.com

四川煤田地质制图印刷厂印刷

科学出版社发行 各地新华书店经销

*

2014年8月第 一 版 开本：787×1092 1/16

2014年8月第一次印刷 印张：18 1/2

字数：430 千字

定价：99.00 元

前　言

阿根廷滑柔鱼是重要的经济大洋性头足类，广泛分布在西南大西洋海域。该资源于20世纪70年代初首先由阿根廷等沿海国利用拖网渔船进行开发，80年代初日本等拖网渔船也开始利用该资源，其渔获量得到增加。1984年中国台湾首先利用鱿钓船在西南大西洋公海海域进行捕捞作业。1987年以后10多个国家和地区(主要为非沿岸的)对阿根廷滑柔鱼进行捕捞作业，其年产量急剧增加到60多万吨，从而成为世界上渔获量最高的经济头足类之一。1997年我国鱿钓船开始赴西南大西洋海域进行捕捞作业，之后其捕捞产量逐年增加，2007年达到历史最高产量，为20.8万吨。目前，西南大西洋海域已成为我国鱿钓船三大重要作业渔场之一。

1999年在中国远洋渔业协会(当时为鱿钓工作组)的支持下，我国首次对西南大西洋公海海域的阿根廷滑柔鱼资源进行生产性调查，此类调查连续进行了多年。2007年开始，在中国远洋渔业协会鱿钓工作组的支持下，设立了西南大西洋阿根廷滑柔鱼资源生产性常规调查项目，每年采集阿根廷滑柔鱼样本以及生产信息，为阿根廷滑柔鱼资源监测分析打下了基础。在十多年的阿根廷滑柔鱼资源开发过程中，上海海洋大学鱿钓课题组在农业部重大专项、国家863计划、中国远洋渔业协会资源监测计划、中国远洋渔业协会资源生产性调查等项目资助下，对西南大西洋阿根廷滑柔鱼渔业生物学、渔场形成机制及其与海洋环境关系、栖息地分布、海洋环境与资源补充量，以及资源评估与管理等进行系统的研究，相继发表了相关论文100多篇，撰写有关的硕士学位论文3篇、博士学位论文2篇。本专著以上述课题的科研成果为基础，结合国内外研究情况，对西南大西洋阿根廷滑柔鱼渔业生物学、渔场学、资源补充量变化机制、资源评估等进行了系统总结和归纳。本专著的研究成果可为该资源的可持续开发和科学管理提供科学依据，丰富头足类学科的内容。

本专著系统性和专业性强，可供水产、海洋生物等专业的科研人员及相关专业生产、管理部门的工作人员阅读和参考。由于时间仓促，覆盖内容广，国内没有同类的参考资料，因此难免会存在一些错误。望各读者批评和指正。

本专著得到了上海市一流学科(水产学，A类)、国家863计划(编号2012AA092303)、国家自然科学基金(编号NSFC41276156)、国家发展和改革委员会产业化专项(编号 2159999)、上海市科技创新行动计划(编号 12231203900)等项目的资助。同时也得到国家远洋渔业工程技术研究中心、大洋渔业资源可持续开发省部共建教育部重点实验室的支持，以及农业部科研杰出人才及其创新团队——大洋性鱿鱼资源可持续开发的资助。

陈新军

2014 年 3 月 28 日于上海

目　　录

第一章　阿根廷滑柔鱼渔业概况

第一节　西南大西洋海洋环境及其渔业概况

一、地理位置与海洋环境

西南大西洋海区位于美洲东海岸至20°W、60°S～5°N(图1-1)，主要作业渔场为南美洲东海岸的大陆架海域。其沿海国家和地区有法属圭亚那、巴西、乌拉圭、阿根廷和福克兰群岛等。

西南大西洋从巴西北部至阿根廷南部，总面积为176.2万km^2，大陆架面积196万km^2。在亚马逊海区，大陆架向外延伸可达65km。海底多半为河流沉积物和碎屑，但北部大陆架相当狭窄，多为珊瑚藻，大多不适合拖网作业。大陆架向巴西中、南部延伸则更窄且多岩石，随着纬度的增高，大陆架变得宽些且较易拖网作业，最佳且最大拖网作业区的拉普拉塔河海区，巴塔哥尼亚大陆架和福克兰－马尔维纳斯海区，那里的大陆架向外延伸超过370km，使之成为南半球的最大陆架区。巴塔哥尼亚大陆架(Patagonian Shelf)是南半球面积最大的大陆架；拉普拉塔河口和布兰卡湾、圣马提阿斯湾、圣豪尔赫湾是良好的拖网渔场。42°S以南的底质较粗，但仍适合拖网作业，例如伯德伍德浅滩(Burdwood Bank)也是较好的拖网渔场，但渔场多大的石块。大多数海区大陆架的深度不超过50m，巴西北部近海和福克兰大陆架深度大于50m，拉普拉塔湾很浅，巴塔哥尼亚大陆架北部的斜坡很陡，但南部则很徐缓，大部分海区均可拖网。

西南大西洋海区的大陆架受两支主要海流影响，北面的一支为巴西暖流，南面的一支是福克兰寒流。后者沿海岸北上到达里约热内卢与巴西海流交汇，在此大陆架海区水团混合，水质高度肥沃，两海流的交汇区产生涡流，海水垂直交换。在外洋为西流的南赤道流和南亚热带海流所占据。该海区南部为西风漂流，南大西洋中部为南大西洋环流，海水运动微弱；亚热带辐合线在大约40°S的外海海域。

巴西暖流和福克兰寒流相互作用，形成了范围极其广阔的辐合区。辐合区初级生产力高、饵料极其丰富，为渔业资源的索饵生长提供了基础，并形成了如阿根廷滑柔鱼、阿根廷鳕鱼等重要渔业种类的渔场。研究已表明，两个海流的势力强弱直接影响到阿根廷滑柔鱼等种类的中心渔场分布。

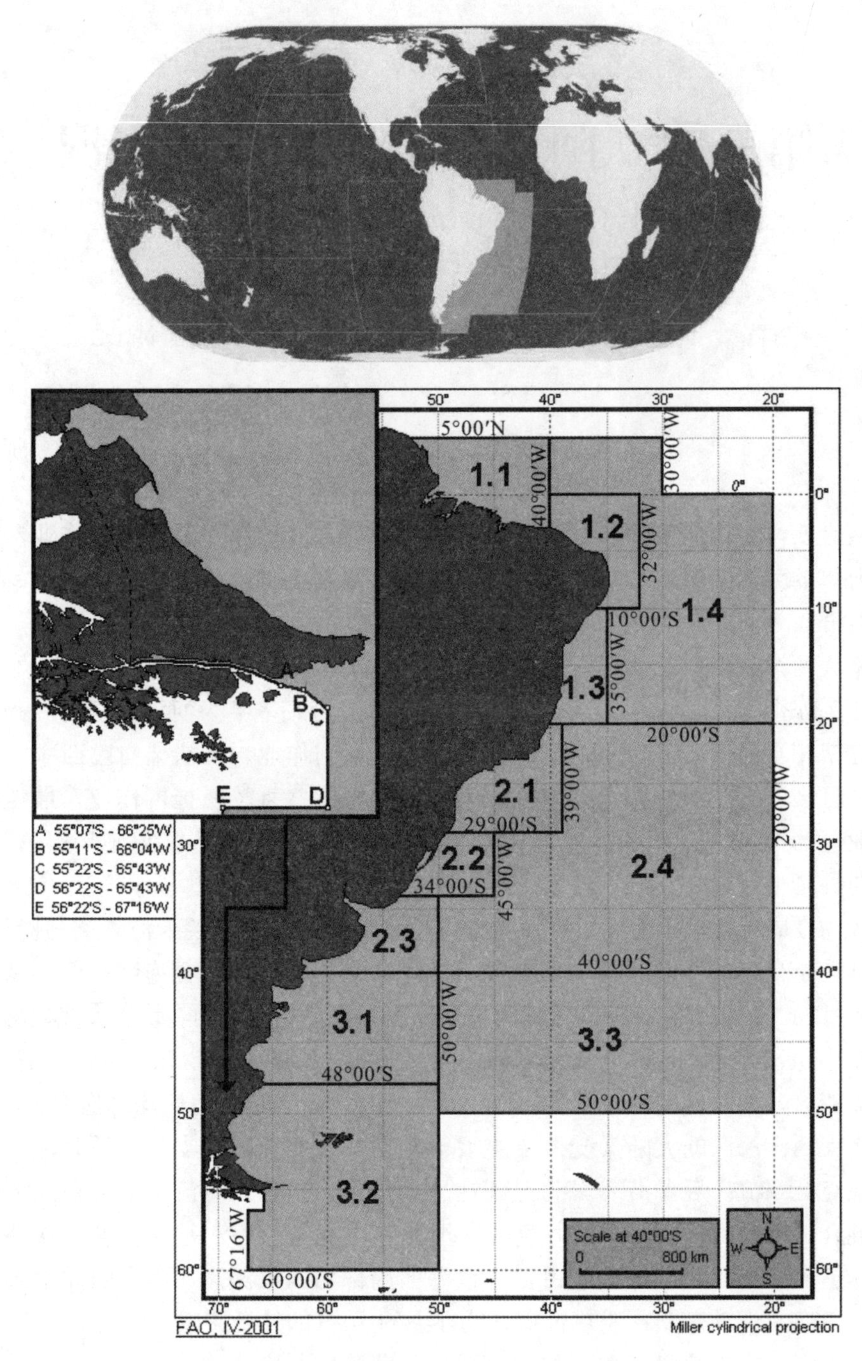

图 1-1　西南大西洋地理分布示意图

二、海洋渔业发展现状

1. 主要资源种类及其分布

该海区内的渔业类型、已开发渔业的变化和资源量是由地形和其他自然特征所决定，这些特征包括环境条件的不同，即从北部的典型热带环境至南极环境。特别是在该海区北部，分布着龙虾、少量岩礁鱼类和其他热带底层鱼类，在巴西中部沿海有水团混合的富营养区和拉普拉塔河海区，有重要的小型中上层鱼类资源，大型中上层鱼类也大多捕自该海区。在巴西南部外海和拉普拉塔河海区，沿岸底层鱼类尤为重要，而中、深水底层鱼类则趋于分布于拉普拉塔河、巴塔哥尼亚和福克兰(马尔维纳斯)大陆架等海区，这些海区有着极为重要的鱿鱼渔业。

根据 FAO(Food and Agriculture Organization of the United Nations，联合国粮食及农业组织)的统计，西南大西洋海域的主要捕捞对象为阿根廷鳕鱼、无须鳕等底层鱼类，阿根廷滑柔鱼等软体动物，平鲉、鲈鱼、康吉鳗等底层鱼类，鲱鱼、沙丁鱼和鳀鱼等小型中上层鱼类，以及鲨鱼、鳐类等其他底层鱼类。就单一鱼种的产量而言，其产量占主导地位的种类有阿根廷无须鳕、南蓝鳕、阿根廷滑柔鱼和小沙丁鱼。阿根廷无须鳕是拉普拉塔河海区和巴塔哥尼亚大陆架最重要的渔业捕捞对象之一，其次构成该海区重要的其他深海种类还有南蓝鳕和南美尖尾无须鳕，这些种类主要由远洋船队开发。其他深水底层鱼类还有羽鼬鳚和小鳞犬牙石首鱼，以及沿岸性底层鱼类如弗氏绒须石首鱼、阿根廷短须石首鱼和犬牙石首鱼等底层鱼类。

2. 海洋渔业生产情况

该海区捕捞对象主要为底层鱼类和鱿鱼。其海洋捕捞产量从 20 世纪 50 年代一直增加到 90 年代。在过去几十年中，尽管受到巨大的年间变动，但该海区的海洋捕捞总产量基本保持稳定。20 世纪 50 年代，其总捕捞量为 17.2 万 t，那时许多传统有经济价值的种类处在低开发或者是中等开发状态，一些重要的种类还没有开发和利用。50 年代以后，一些新的渔业发展起来，总渔获量以每年 7.4%的速度递增，1987 年达到 240 万 t。以后，1990 年下降到 200 万 t，1994 年为 210 万 t。1997 年达到历史最高产量，为 280 万 t。自此以后，其海洋捕捞总产量稳定在 200 万～250 万 t(图 1-2)。

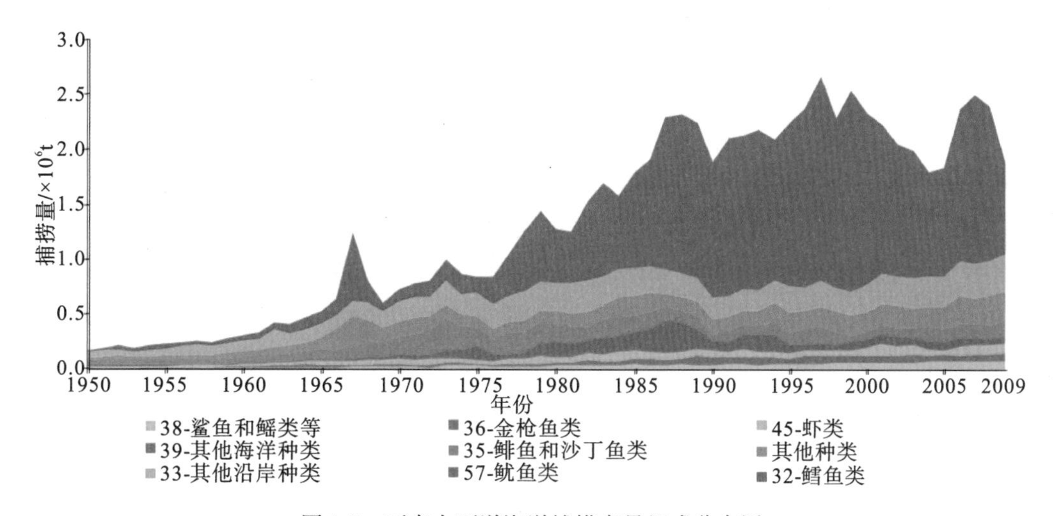

图 1-2　西南大西洋海洋捕捞产量组成分布图

根据 FAO 的统计，ISSCAAP 鱼类组别 32 组（即底层鱼类）和软体动物 57 组（鱿鱼、墨鱼和章鱼）是这一海区捕捞产量贡献最大的种类。其次是沿岸种类，即组别为 33 组（如黄鱼、白姑鱼等），小型中上层鱼类 34 组（如犬牙鱼等）和 38 组（鲨鱼、鳐类等）。在主要渔获量中，以 32 组底层鱼类的阿根廷鳕鱼、南美尖尾无须鳕和南蓝鳕，以及 57 组的阿根廷滑柔鱼和 35 组的巴西沙丁鱼为主。

阿根廷鳕鱼在该海域最为重要，其捕捞产量从 1950 年的较低产量稳定增长到 1965 年的 10.2 万 t，其捕捞产量主要来自阿根廷、巴西和乌拉圭等沿海国家。之后，由于苏联等国家的加入，其捕捞产量增加到 1996 年的 68.2 万 t。2000 年则下降到24.3 万 t，目前基本保持稳定，2009 年达到 33.1 万 t(图 1-3)。

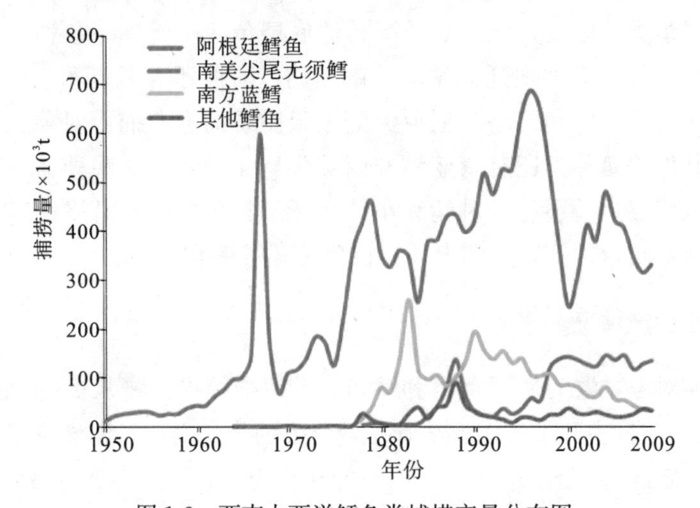

图 1-3　西南大西洋鳕鱼类捕捞产量分布图

阿根廷鳕鱼主要由阿根廷和乌拉圭的船队所捕捞。两国的船队于 20 世纪 80 年代至 90 年代初期有了快速的发展。32 组中其他深海底层鱼类也有了快速的增长，如南美尖尾无须鳕和南蓝鳕等（图 1-3）。这两个种类的产量在 2009 年分别达到 13.5 万 t 和 3.2 万 t。它们主要分布在巴塔哥尼亚大陆架和斜坡海域，主要由远洋船队捕捞。

其他底层鱼类还有羽鼬鳚、阿根廷犬牙鱼，2009 年的捕捞产量分别为 2.1 万 t 和 0.5 万 t(图 1-4)。这些种类主要由远洋渔业国家和地区捕捞。33 组中的其他沿岸底层种类也有一定的产量，如阿根廷短须石首鱼、条纹犬牙石首鱼、大头白姑鱼，以及石首鱼类，上述 4 个种类在过去几年中产量较为平稳，总产量在 14 万 t(图 1-4)。

主要小型中上层鱼类有巴西沙丁鱼和阿根廷鳀鱼。1973 年巴西沙丁鱼产量达到 22.8 万 t，之后产量出现下降，2000 年巴西沙丁鱼产量仅为 1.7 万 t，2009 年增加到 8.3 万 t(图 1-5)。阿根廷鳀鱼最高年产量达到 4.4 万 t(2005 和 2006 年)，近年来下降到 2.8 万 t。此外，金枪鱼类的产量稳定在 5 万～7 万 t，最高年产量曾达到 7.4 万 t (1996 年)。

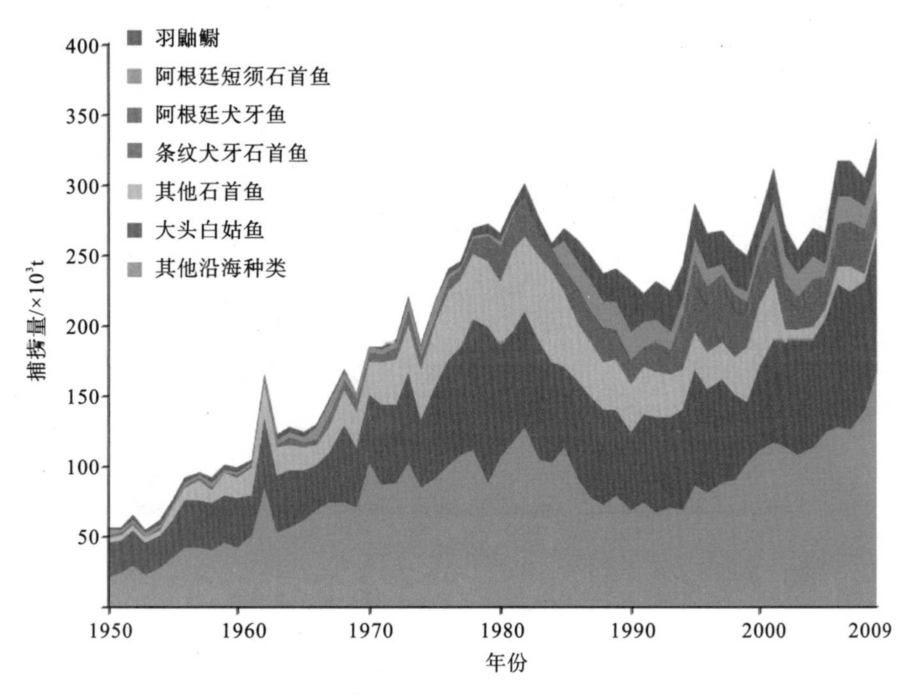

图 1-4　西南大西洋其他底层鱼类捕捞产量分布图

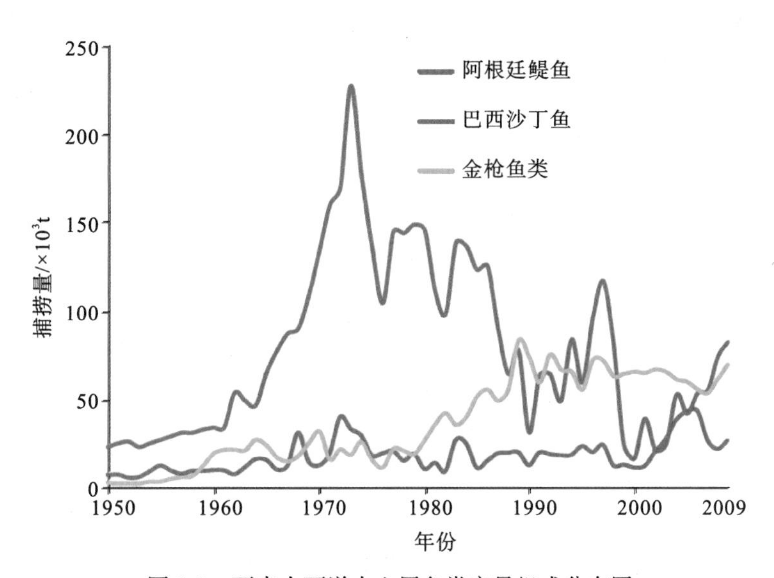

图 1-5　西南大西洋中上层鱼类产量组成分布图

鱿鱼是西南大西洋的重要渔业。其捕捞种类主要为阿根廷滑柔鱼，其次巴塔哥尼亚枪乌贼和七星柔鱼等也有一定的产量(图 1-6)。

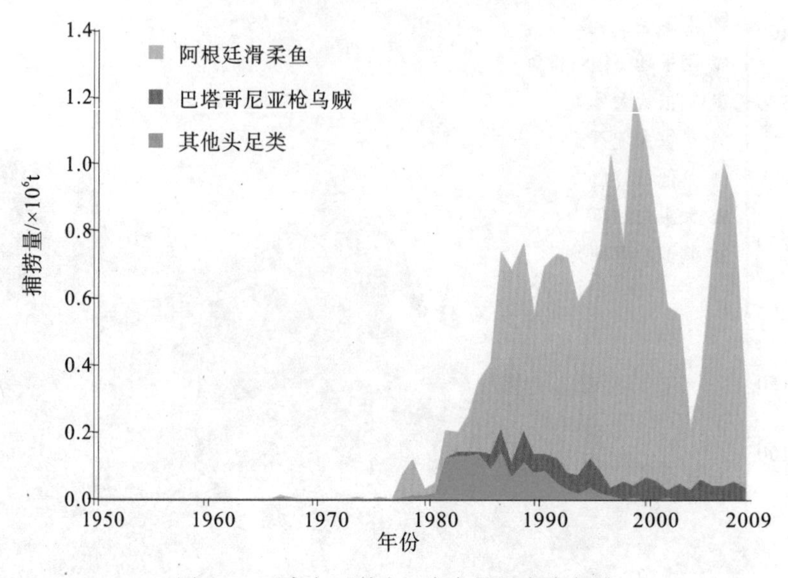

图 1-6　西南大西洋头足类产量组成分布图

虾类、蟹类等也是重要的种类，支撑着该海域的海洋渔业(图 1-7)。2000 年以来，这些种类的该海域捕捞产量达到 10 万 t(图 1-7)。产量最高的为阿根廷红虾，该种类的捕捞始于 20 世纪 80 年代，其产量为 3000t 至 5 万 t。2001 年最高产量达到 7.9 万 t。2009 年该种类的产量也有 5.4 万 t。

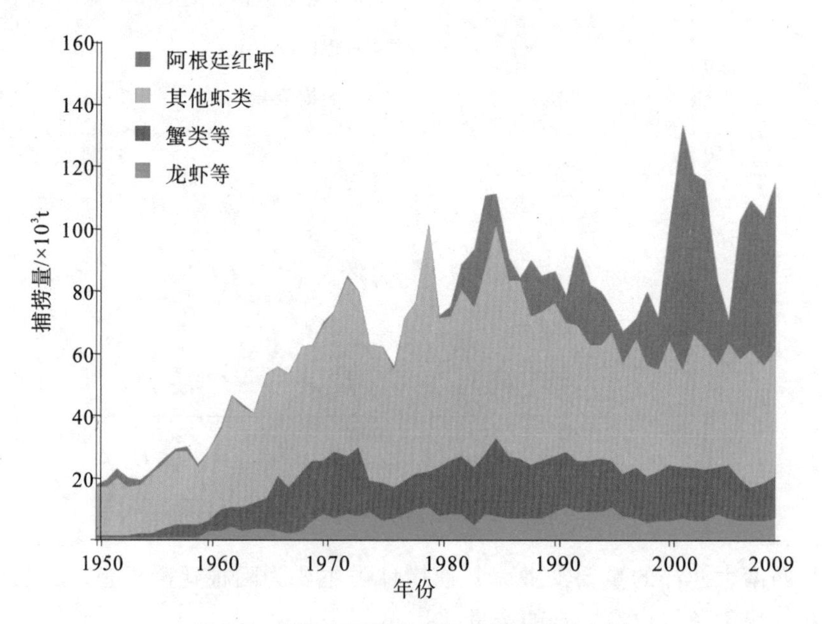

图 1-7　西南大西洋虾蟹类产量组成分布图

第二节　西南大西洋头足类资源及其开发概况

一、头足类概况

西南大西洋海域为头足类最为重要的生产海区之一，最高年份(2002 年)其产量超过 120 万 t(图 1-8)。在西南大西洋海域，由于福克兰海流和巴西海流交汇形成明显锋区，所以聚集着大量头足类，其中以柔鱼类的资源最为丰富，但年间资源量变化剧烈。在该海域，共栖息着 39 种经济头足类，其中乌贼类 0 种、枪乌贼类 4 种、柔鱼类 21 种、章鱼类 14 种。

目前阿根廷滑柔鱼为最重要的捕捞对象，是西半球最引人注目的头足类资源，在世界头足类产量中有着极为重要的地位。由于 20 世纪 80 年代阿根廷滑柔鱼资源的开发，其产量增加了约 60 倍。西南大西洋海域 90%以上的渔获量为非沿岸国的远洋渔船所捕获，主要捕捞的有日本、波兰、西班牙、韩国和中国等。

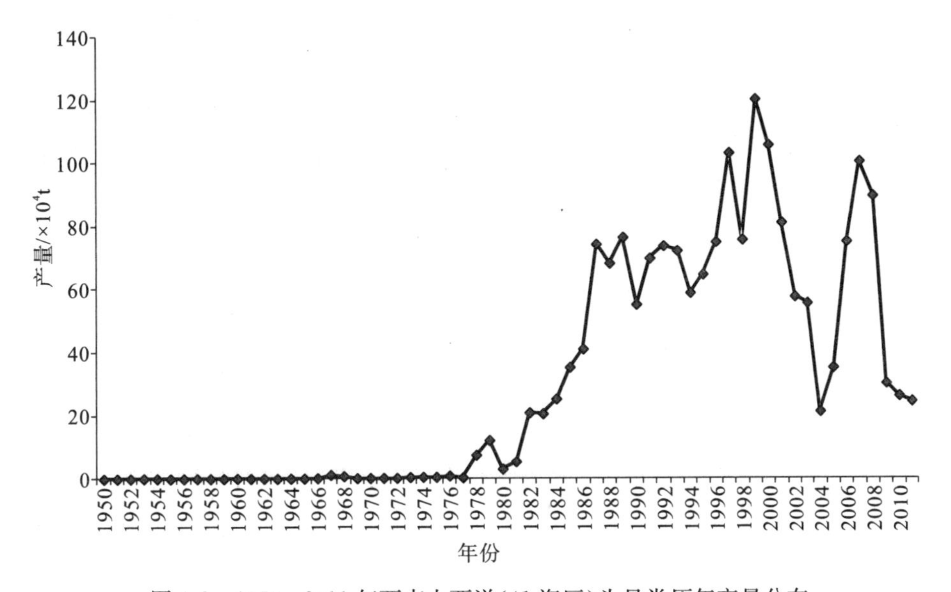

图 1-8　1950～2011 年西南大西洋(41 海区)头足类历年产量分布

二、阿根廷海域头足类概况

阿根廷 200 海里专属经济区面积为 117 万 km^2，大陆架面积达 103 万 km^2，占所属海域的 88%。其大陆架为南半球最宽阔的大陆架，尤其是南部巴塔哥尼亚沿岸海域，大部海区水深不足 100m。在所属海域中，来自北面的巴西海流沿东岸向南流动，并与来自南部海域的福克兰海流交汇，形成一个营养盐极为丰富的高生产力渔场。

阿根廷的渔业几乎都来自海洋渔业。其产量在 20 世纪 70 年初期为 30 万～40 万 t，后期有较大幅度增长，1979 年达历史最高的 56.5 万 t。90 年代开始，由于阿根廷滑柔鱼的规模性开发和利用，最高年产量近 137 万 t(1997 年，图 1-9)。目前其年产量稳定在 80 万～100 万 t。

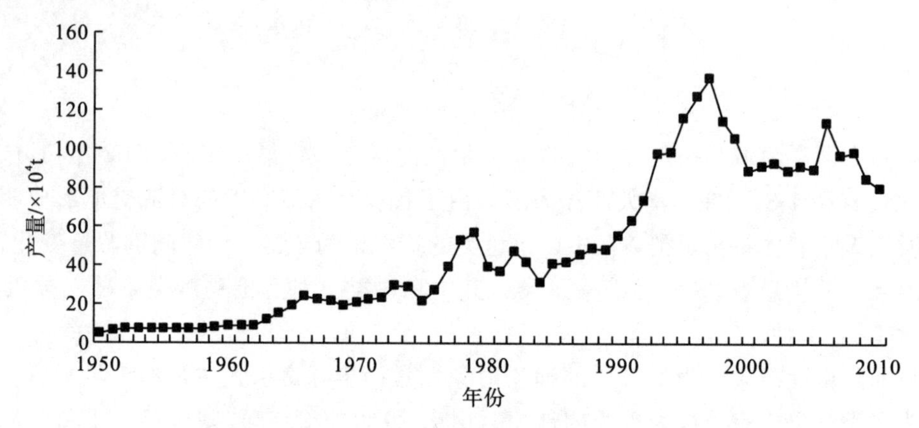

图 1-9　1950～2010 年阿根廷海洋捕捞年产量分布

头足类在阿根廷海洋渔业中占有重要的地位，但其头足类渔业起步较晚。头足类产量在 20 世纪 80 年代基本上在 3 万 t 以下；90 年代由于阿根廷滑柔鱼的大规模开发，产量不断增加，1997 年达到历史最高产量，为 41.4 万 t。之后，其产量继续出现下降，1998～2003 年产量为 14 万～29 万 t，2004 年下降到 7.6 万 t，之后恢复到 2006 年的 29.2 万 t。但是由于资源年间波动剧烈，2009～2010 年阿根廷滑柔鱼产量只有 7 万～9 万 t(图 1-10)。

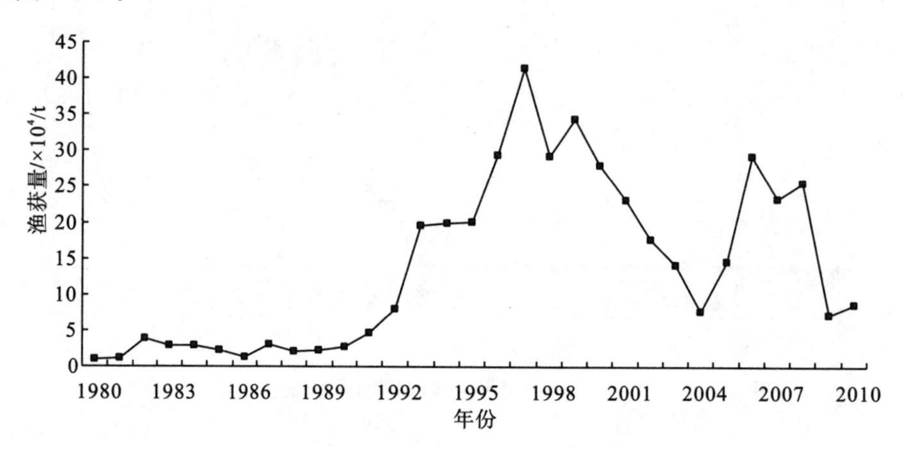

图 1-10　阿根廷头足类产量分布图

在其作业海域中，阿根廷滑柔鱼 *Illex argentinus*、章鱼类、巴塔哥尼亚枪乌贼 *Loligo gahi* 和七星柔鱼 *Martialia hyadesi* 是主要种类。其产量以阿根廷滑柔鱼为主，约占总产量的 95%以上。阿根廷滑柔鱼在 20 世纪 80 年代的平均产量为 2.42 万 t，最高年产量为 3.89 万 t；90 年代平均年产量增加到 23.38 万 t，最高年产量为 34.34 万 t；2000～2010 年平均年产量为 17.10 万 t，最高年产量为 29.21 万 t，近年来(2009～2010 年)年产量下降到 7 万～9 万 t(表 1-1)。巴塔哥尼亚枪乌贼在 20 世纪 80 年代的平均产量为 0.019 万 t，最高年产量为0.026万t；90年代平均年产量为0.086万t，最高年产量为0.20万t；2000～2010年平均年产量为0.028万t，最高年产量为0.061万t(表1-1)。章鱼类的捕捞产量很低，最高年产量不足100t(表1-1)。七星柔鱼的最高年产量不足700t。

表1-1　阿根廷近海头足类产量　　单位：t

	1981	1982	1983	1984	1985	1986	1987	1988	1989	1990
阿根廷滑柔鱼 *Illex argentinus*	10622	38885	28687	28969	21541	12455	29610	20777	23106	27603
章鱼类 *Octopodidae*	9	14	29	27	11	75	32	59	33	52
巴塔哥尼亚枪乌贼 *Loligo gahi*	201	262	243	104	239	250	205	109	157	123
	1991	1992	1993	1994	1995	1996	1997	1998	1999	2000
阿根廷滑柔鱼 *Illex argentinus*	46313	78014	195512	198833	199744	294252	411719	291240	343437	279046
章鱼类 *Octopodidae*	13	12	6	5	34	39	48	17	34	5
巴塔哥尼亚枪乌贼 *Loligo gahi*	49	2080	971	1076	921	184	1999	802	209	268
	2001	2002	2003	2004	2005	2006	2007	2008	2009	2010
阿根廷滑柔鱼 *Illex argentinus*	230272	177314	140938	76485	146097	292070	233062	255531	72604	85989
章鱼类 *Octopodidae*	13	3	6	2	7	3	7	3	0	0
巴塔哥尼亚枪乌贼 *Loligo gahi*	251	64	325	221	608	280	238	234	255	374

三、乌拉圭海域头足类概况

乌拉圭海域面积2.35万km^2。主要渔获种类有鳕鱼、白姑鱼、石首鱼、鱿鱼和鳀鱼等。乌拉圭渔业产量在20世纪70年代中期之前增长缓慢，之后急剧增加，1981年达到15.3万t，80年代以后产量波动很大，目前维持在7万～11万t(图1-11)。

在乌拉圭海域，有一定的头足类产量，但总量不高。其头足类产量在20世纪80年代基本上在0.5万t以下；1997年达到历史最高产量，为2.08万t；之后，其产量继续出现下降，其年产量不确定。2006～2008年其年产量稳定在1.2万～1.7万t，但是2009～2010年其产量只有0.15万～0.25万t(图1-12)。在FAO统计数据中，其头足类产量仅由阿根廷滑柔鱼1个种类组成。

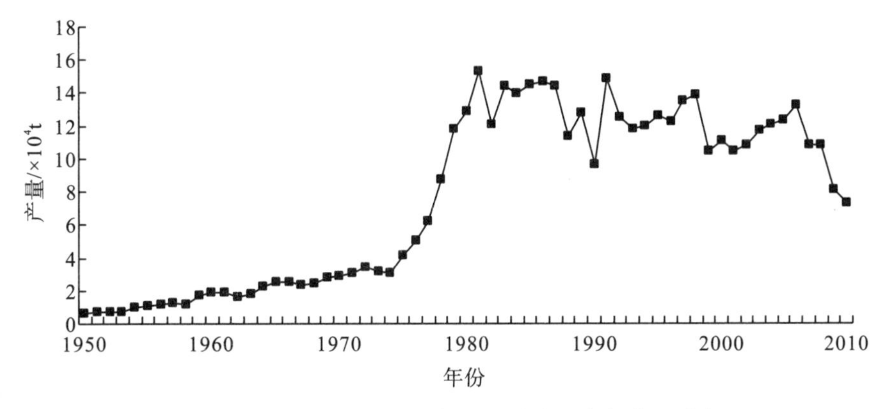

图1-11　1950～2010年乌拉圭海域头足类年产量分布

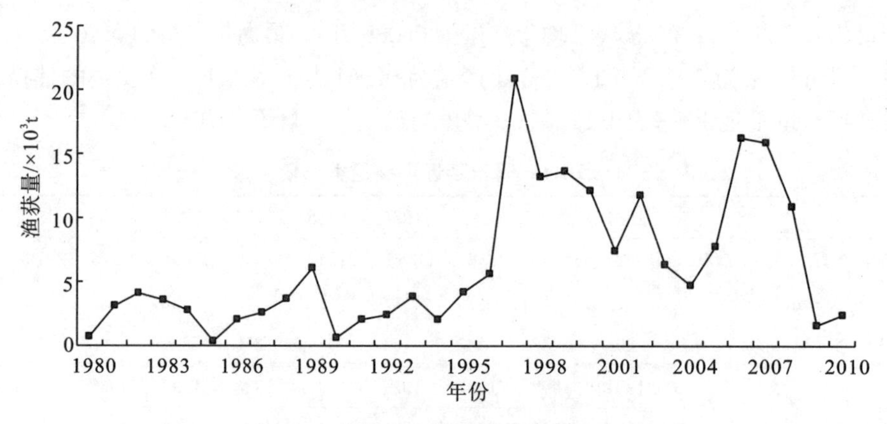

图 1-12　乌拉圭海域头足类产量分布图

四、福克兰地区头足类概况

头足类在福克兰海洋渔业中有着重要地位，但是起步较晚。在 1994 年以前，其头足类产量均在 6000t 以下，1995 年开始头足类渔业得到了大规模的发展。其产量从 1995 年的 2 万 t 稳步增加到 2000 年的 6.11 万 t，之后其产量为 2.5 万～6.2 万 t。2010 年，其年捕捞产量为 6.15 万 t(图 1-13)。

在其作业海域中，捕捞的头足类种类有阿根廷滑柔鱼、强壮桑椹乌贼、巴塔哥尼亚枪乌贼和七星柔鱼，但是强壮桑椹乌贼和巴塔哥尼亚枪乌贼的年产量不足 100t。阿根廷滑柔鱼捕捞作业始于 1988 年，在 20 世纪 80 年代的平均产量很低；90 年代平均年产量为0.40 万 t，最高年产量为 1.11 万 t；2000～2010 年平均年产量为 0.58 万 t，最高年产量为 1.05 万 t，近年来(2008～2010 年)年产量为 0.3 万 t 左右(表 1-2)。巴塔哥尼亚枪乌贼 1988～1990 年的平均年产量为 0.38 万 t，最高年产量为 0.58 万 t；90 年代平均年产量为 1.77 万 t，最高年产量为 5.13 万 t；2000～2010 年平均年产量为 4.00 万 t，最高年产量为 5.81 万 t(表 1-2)。

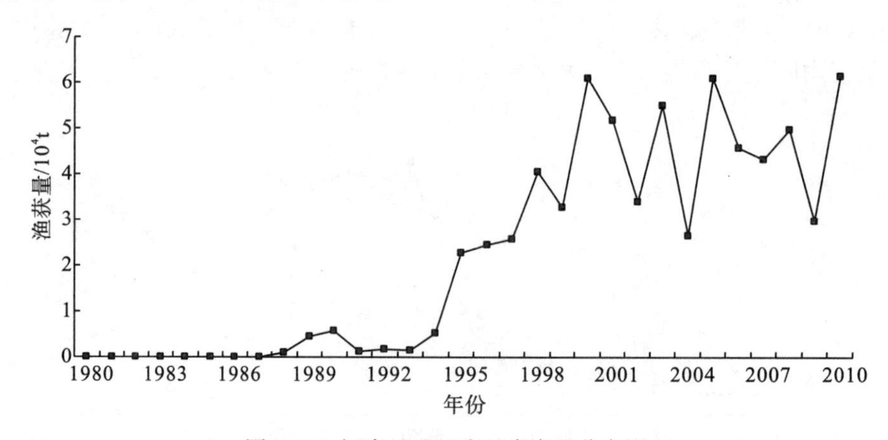

图 1-13　福克兰地区头足类产量分布图

表 1-2　福克兰地区近海头足类产量　　单位：t

	1981	1982	1983	1984	1985	1986	1987	1988	1989	1990
阿根廷滑柔鱼 *Illex argentinus*								8	0	6
巴塔哥尼亚枪乌贼 *Loligo gahi*								1092	4501	5796
	1991	1992	1993	1994	1995	1996	1997	1998	1999	2000
阿根廷滑柔鱼 *Illex argentinus*	128	0	0	0	351	196	11023	8358	10160	9754
巴塔哥尼亚枪乌贼 *Loligo gahi*	1094	1683	1494	5266	22310	24366	14707	32045	22584	51364
	2001	2002	2003	2004	2005	2006	2007	2008	2009	2010
阿根廷滑柔鱼 *Illex argentinus*	8660	10475	10073	2178	6756	5394	5188	3975	2393	3403
巴塔哥尼亚枪乌贼 *Loligo gahi*	43055	23479	44896	24330	54319	40293	38154	45744	27341	58129

第三节　阿根廷滑柔鱼渔业资源开发现状

一、阿根廷滑柔鱼资源总体开发状况

西南大西洋是世界上生产头足类的重要渔区之一。1977 年以前，阿根廷滑柔鱼为当地沿岸国家(阿根廷和乌拉圭)进行鳕鱼拖网时的兼捕物，其年渔获量约为 5.0×10^3 t。1978 年，以阿根廷滑柔鱼为目标鱼种的渔业开始兴起，但仍以阿根廷和乌拉圭的拖网渔业为主。1980 年初期，连续有许多国家前往西南大西洋的公海海域进行捕捞，并以钓具类进行作业。1980 年上半期阿根廷滑柔鱼产量在 20×10^4 t 左右；1987 年开始，产量开始增加，并稳定在 50×10^4 t 以上；1999 年达到历史最高的 115×10^4 t，2000 年开始产量逐步下降，2004 年下降至 17×10^4 t；2005 年开始，阿根廷滑柔鱼产量又开始逐步恢复(表 1-3)。但是，2010 年阿根廷滑柔鱼产量出现了大幅度下降，累计总产量只有 19.2×10^4 t。上述说明，阿根廷滑柔鱼资源年间变化很大。

表 1-3　西南大西洋海域阿根廷滑柔鱼产量($\times10^4$ t)

年份	日本	阿根廷	韩国	福克兰	中国		其他	合计
					台湾省	大陆		
1981	2	1.1	0	1.9	0	0	0.3	5.2
1982	3.7	3.9	0	10.9	0	0	0.4	18.9
1983	2.4	2.9	0	11	0	0	0.4	16.7
1984	6.3	2.9	0	11.3	0	0	1.4	21.9
1985	6.7	2.2	1.1	9.6	8.3	0	2.2	30.1
1986	7.4	1.2	4.8	2.8	9.4	0	3.2	28.9
1987	19.1	3	9	7.5	14.8	0	1.8	55.1
1988	19.6	2.1	9.9	5.7	12.9	0	6.3	56.4

(续表)

年份	日本	阿根廷	韩国	福克兰	中国		其他	合计
					台湾省	大陆		
1989	14.8	2.3	13.6	5	11.8	0	8.3	55.8
1990	8.7	2.8	11.1	2.5	8.8	0	7.1	41
1991	10.9	4.6	17.8	2.6	12.4	0	7.7	56
1992	9.9	7.8	21.1	1.7	11.7	0	8.8	61
1993	13.2	19.6	12.9	0.6	12.4	0	5.4	64
1994	9.3	19.9	7.9	0.2	10.4	0	3	50.8
1995	7.6	20	12.4	0	10	0	2.2	52.2
1996	7.4	29.4	14.5	0	10.1	0	4.4	65.8
1997	12.7	41.2	20.8	0	18.6	0	5.9	99.2
1998	7.7	29.1	9.2	0	16.3	3	4.7	70
1999	15.4	34.3	27.2	0	26.4	6.1	5.9	115.3
2000	12	27.9	15	0.1	23.8	9.3	5.8	94
2001	7.1	23	14.3	0.1	14.7	9.4	6.6	75
2002	2.7	17.7	9.9	0.3	11.1	8.5	3.9	54
2003	2.3	14.1	9.1	0	12.4	9.6	2.8	50.4
2004	1	7.7	2	0	1	1.3	1.1	17
2005	0.7	14.6	4.3	0	3.6	4.1	2.1	29.2
2006	0.9	29.1	13.9	0	12.6	10.4	3.3	70.4
2007	0	23.3	0	0.5	28.5	20.8	22.4	95.5
2008	0	25.6	0	0.4	20.9	19.7	17.5	83.8
2009	0	7.3	5.7	0	5.6	6.1	1.5	26.3
2010	0	8.6	2.5	0	3.1	3.5	1.5	19.2
2011	0	7.5						
2012	0	9.4						

参与阿根廷滑柔鱼资源开发的国家和地区主要有日本、韩国、西班牙、中国大陆和台湾地区。其中，台湾地区是主要捕捞阿根廷滑柔鱼的船队。台湾地区于1983年首次派渔船前往作业，渔获量272t。1984年有8艘渔船前往，渔获量6495t。1985年，加入开发的渔船数量跃升到48艘，渔获量达8.3×10^4t。此后，渔业规模逐渐成长，至1988年的132艘渔船为最高峰，然后逐次减少至目前的93艘渔船，历年的产量基本维持在10×10^4t以上。2007年达到历史最高的28.5×10^4t。但是，2010年产量只有3.1万t。

中国大陆于1997年首次进入西南大西洋进行阿根廷滑柔鱼生产，1999年开始有较多船只进入生产，累计产量达到6×10^4t，平均单船近3000t。2001年作业渔船猛增至95艘，累计产量为9.9×10^4t，平均单船为1044t。2002～2004年作业渔船维持在90多艘，2002年和2003年产量维持在9×10^4t左右，平均单船为1000t左右，但是2004年产量迅速下降至 1.3 万 t，平均单船产量也只有 145t。2005 年尽管作业渔船较 2004 年有所下降，但产量和平均单船产量均有所恢复；2006 年开始作业渔船继续下降，之后一直维持在 50 余艘，产量也逐步提升，2007 年和 2008 年产量达到历史最高的近 20×10^4t，平均单船产量也恢复到 1999 年 3000t 以上水平，2009 年产量降至 6.1×10^4t，平均单船产量也下降为 1047t。2011 年产量增加到 12.3 万 t，2012 年又下降到 5.89 万 t（表 1-4）。

表 1-4　2002～2012 年度中国大陆鱿钓船在各海区的鱿钓生产情况

海区	年度	总产量/t	作业渔船数/艘	单船产量/t
整个海域	2002 年	86558	97	892.4
阿根廷线内		4310	4	1077.6
福克兰线内		2829	19	148.9
公海作业		79419	97	818.7
整个海域	2003 年	97036	95	1021.4
阿根廷线内		13079	10	1307.9
福克兰线内		14638	21	697.0
公海作业		69318	90	770.2
整个海域	2004 年	13435	93	144.5
阿根廷线内		9373	12	781.1
福克兰线内		137	5	27.4
公海作业		3925	76	51.6
整个海域	2005 年	40019	74	540.8
阿根廷线内		12795	8	1599.4
福克兰线内		0	0	0.0
公海作业		27224	66	412.5
整个海域	2006 年	103287	56	1812.0
阿根廷线内		26844	9	2684.4
福克兰线内		0	0	0.0
公海作业		76443	47	1626.4
整个海域	2007 年	183753	54	3402.8
阿根廷线内		30134	9	3348.3
福克兰线内		8046	4	2011.5
公海作业		145573	46	3164.6

（续表）

海区	年度	总产量/t	作业渔船数/艘	单船产量/t
整个海域	2008 年	197187	58	3399.8
阿根廷线内		45782	10	4578.2
福克兰线内		0	0	0.0
公海作业		151405	48	3154.3
整个海域	2009 年	60717	58	1046.8
阿根廷线内		10980	10	1098.0
福克兰线内		0	0	0.0
公海作业		49737	48	1036.2
整个海域	2010 年	34775	57	610.1
阿根廷线内		11556	10	1155.6
福克兰线内		0	0	0.0
公海作业		23219	47	494.0
整个海域	2011 年	12303	26	473.2
阿根廷线内		9713	10	971.3
福克兰线内		0	0	0.0
公海作业		2590	16	161.9
整个海域	2012 年	58974	104	567.1
阿根廷线内		10476	10	1047.6
福克兰线内		0	0	0.0
公海作业		48498	94	515.9

在福克兰渔业保护区内，阿根廷滑柔鱼也是重要捕捞对象之一。捕捞方式有钓捕作业和拖网作业(表 1-5)。2009 年福克兰线内产量几乎为零，只有 44t。2003～2012 年，年产量超过 10 万 t 的年份有 2003、2007 和 2008 年，其中 2007 年达到 16.1 万 t。在福克兰海域，其渔汛时间一般为 2～6 月份，主渔汛为 3～4 月份，其产量约占总产量的 50%～80%(表 1-6)。2003～2012 年，曾经入渔的国家和地区有巴西、古巴、中国、爱沙尼亚、西班牙、福克兰、加纳、日本、韩国、巴拿马、俄罗斯、塞拉利昂、中国台湾、英国、瓦努阿图等。近年来主要的入渔国家和地区为韩国和中国台湾，2012 年他们的捕捞产量分别为 28575t 和 55327t，成为目前主要的鱿钓捕捞船队(表 1-7)。

表 1-5　2003～2012 年福克兰地区不同作业方式的捕捞产量(t)

	2003	2004	2005	2006	2007	2008	2009	2010	2011	2012
鱿钓产量	101753	1661	7776	68950	157533	100317	3	11645	73703	84640
拖网产量	1622	59	162	16665	3869	6290	41	466	5681	2383
合计	103375	1720	7937	85614	161402	106608	44	12111	79384	87023

表 1-6　2003～2012 年福克兰地区不同月份的捕捞产量(t)

	2003	2004	2005	2006	2007	2008	2009	2010	2011	2012
1 月	—	—	—	6	4	0	—	—	—	1
2 月	1944	24	87	454	3056	952	1	134	988	9227
3 月	71279	1424	6915	26654	22693	11460	30	9847	60954	40601
4 月	28624	269	934	36353	71559	48116	11	2128	17383	29213
5 月	1516	3	0	21922	58852	34088	1	1	59	7958
6 月	11	—	—	225	5237	11991	0	—	0	23
7 月	—	—	—	—	.	1	—	—	—	—
合计	103375	1720	7937	85614	161402	106608	44	12111	79384	87023

表 1-7　2003～2012 年福克兰地区不同捕捞船队的捕捞产量(t)

	2003	2004	2005	2006	2007	2008	2009	2010	2011	2012
巴西	2767	42	61	—	2285	—	—	—	—	—
古巴	857	17	—	—	—	—	—	94	1144	1695
中国	12652	99	99	3555	8575	—	—	—	—	—
爱沙尼亚	—	3	—	472	—	—	—	—	—	
西班牙	960	22	95	2320	3297	3197	33	187	2028	509
福克兰	659	16	93	1050	537	442	8	67	2828	572
加纳	—	1244	—	—	—	—	—	—		
日本	7746	93	—	—	—	—	—	—	—	—
韩国	48766	530	4170	57030	94807	78612	3	5733	22891	28575
巴拿马	—	—	194	1375	1896	—	—	—	—	—
俄罗斯	6891	31	—	—	—	—	—	—	—	—
塞拉利昂	80	—	340							
中国台湾	22077	865	3106	18554	49970	24353	0	5808	48667	55327
英国	—	1	—	15	35	4	0	—	4	6
瓦努阿图	120	—	—	—	—	142	1821	—		
合计	103375	1720	7937	85614	161402	106608	44	12111	79384	87023

二、渔业资源状况评价

20 世纪 80 年代后半期到 1997 年，阿根廷滑柔鱼的总渔获量维持在 60 万 t 左右(图 1-14)。但是到 1999 年达到 115 万 t 后，渔获量开始急剧减少，2004 年减少到 18 万 t。之后其渔获量出现了上升，但是 2009 年渔获量又急剧下降，其渔获量只有 26 万 t。在阿根廷和福克兰线内，2007 年产量增加到 28.5 万 t，之后出现了小幅度下降，2009 年渔汛更是下降到 5.6 万 t(图 1-14)。

从渔业资源水平的年变化来看[以日本鱿钓渔船的CPUE(单位捕捞努力渔获量)为例]，20世纪80年代中期开始每年有增加的趋势(图1-15)，2000年达到1日30t的最高CPUE纪录。但是之后开始急剧减少(图1-15)，2004年CPUE达到历史最低点。之后出现了增加，2006年和2007年的CPUE超过了20t/d。从资源补充量来分析(图1-15)，1994～1996年阿根廷滑柔鱼资源处在低水平，之后有所恢复。1999年达到较高水平，次年资源量急剧下降，2004年达到极低的资源量水平。2005年资源量开始慢慢增加，2007年、2008年恢复一个较高水平，但是2009年又降低到低水平。

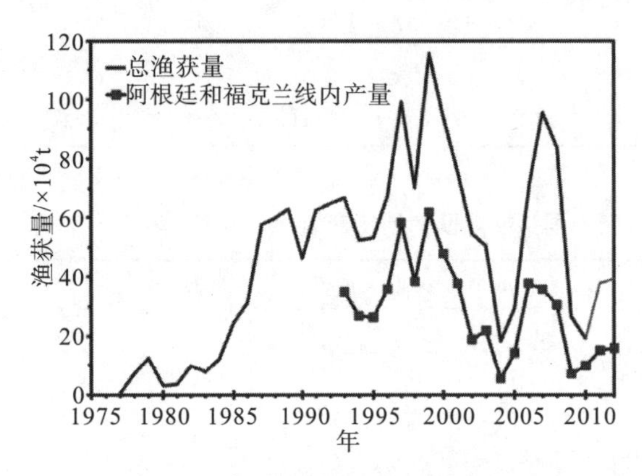

图1-14　不同海域渔获量分布图

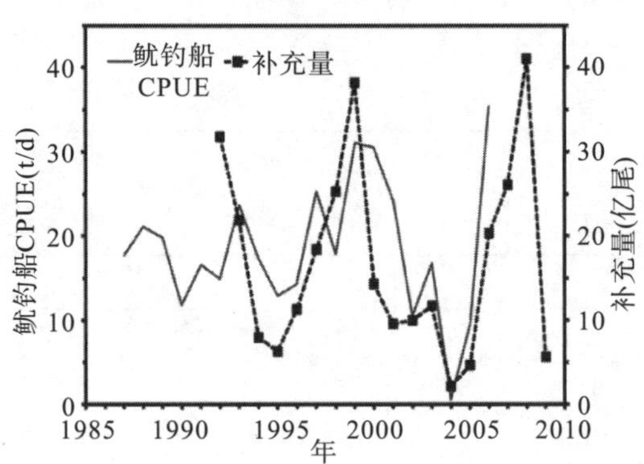

图1-15　日本鱿钓船CPUE以及秋冬生群体的补充量

三、渔业管理现状

阿根廷滑柔鱼大部分资源处在阿根廷200海里专属经济区和福克兰150海里保护区内。尽管有3～4个群体，为了管理的方便，目前以44°S为分界线，分北方资源和南方资源进行管理。北方资源为布宜诺斯艾利斯－巴塔哥尼亚的北部种群和春季产卵群体，为阿根廷所管辖，固定渔期为5月1日～8月31日，对渔船数量进行限制。南方资源中以秋冬生群体为主，由英国、阿根廷共同管理，并对入渔渔船数量进行限制，开捕时间为2月1日。

在渔业资源管理中，对秋冬生群体的南方资源量进行以确定相对逃逸率为标准的资源管理措施，目前该值设定为40%。1994～1997年的相对逃逸率均不到40%。特别是1996年相对逃逸率只有11%，绝对逃逸量只有2.6万t。南大西洋渔业管理委员会建议，通过相对逃逸率的限制，确保每年逃逸率为40%，最低的亲体数量在4万t以上。

此外，阿根廷和福克兰政府，以及南大西洋渔业委员会正在计划采取一些新措施，加强对阿根廷滑柔鱼渔业的管理。

第二章　阿根廷滑柔鱼生物学初步研究

第一节　阿根廷滑柔鱼生物学研究进展

阿根廷滑柔鱼为大洋性浅海种，是世界上重要的经济头足类之一(王尧耕和陈新军，2005)。阿根廷滑柔鱼年产量最高超过100万t，但年间波动非常大(FAO，2008)。系统掌握阿根廷滑柔鱼渔业生物学是合理开发和利用该资源的基础。各国学者对阿根廷滑柔鱼的年龄与生长、种群划分、捕食特性、繁殖特点、洄游和分布、资源变动与海洋环境的关系等进行了广泛的研究。本章根据国内外的研究资料，分析和讨论阿根廷滑柔鱼渔业生物学研究现状以及存在问题，并指出今后应努力的研究方向，为该资源的可持续开发和利用提供基础。

一、分类地位及其分布

阿根廷滑柔鱼英文名为Argentine shortfin squid，外形和分布见图2-1，属头足纲、鞘亚目、枪形目、开眼亚目、柔鱼科、滑柔鱼亚科、滑柔鱼属(王尧耕和陈新军，2005)，集中分布在巴西、乌拉圭南部海域，阿根廷沿岸以及福克兰群岛周边海域，即22°～54°S的西南大西洋大陆架和陆坡，其中以35°～52°S资源尤为丰富(图2-2)。

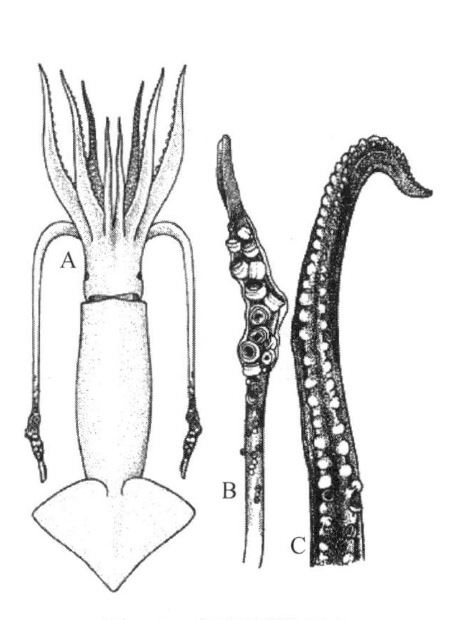

图2-1　阿根廷滑柔鱼

A.背视；B.触腕穗；C.茎化腕

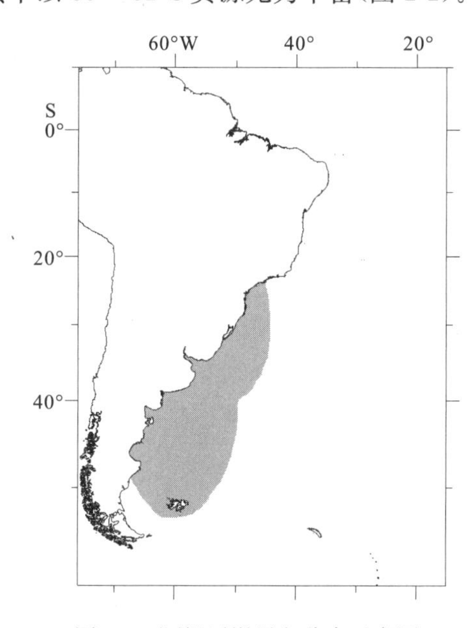

图2-2　阿根廷滑柔鱼分布示意图

二、种群结构

阿根廷滑柔鱼的种群结构颇为复杂，分布也极为广泛。Nigmatullin(1986)依据孵化季节、成长率及仔鱿鱼的时空分布的不同，将阿根廷滑柔鱼分为春季产卵群、夏季产卵群、秋季产卵群和冬季产卵群4个群体。Brunetti等(1998)依据体型大小、成熟时个体大小和产卵场的分布，将其分为南部巴塔哥尼亚种群(South Patagonic Stock，SPS)、布宜诺斯艾利斯－巴塔哥尼亚北部种群(Bonaerensis-Northpatagonic Stock，BNS)、夏季产卵群(Summer-Spawning Stock，SSS)和春季产卵群(Spring-Spawning Stock，SpSS)4个种群，并以44°S为分界线，划分为北方群体和南方群体两个大类(图2-3)：

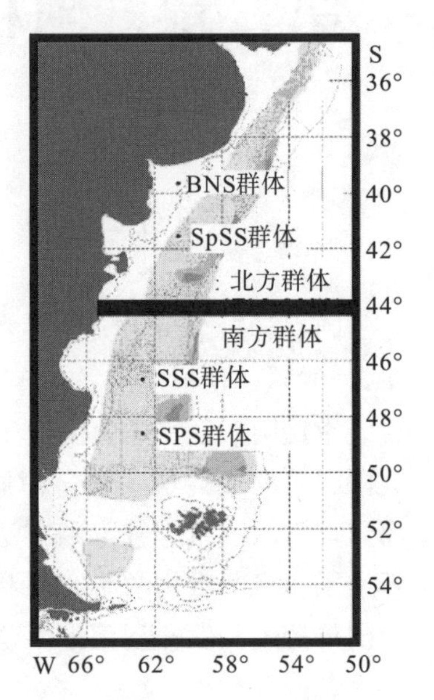

图2-3　阿根廷滑柔鱼不同群体分布示意图

1. 南部巴塔哥尼亚种群(SPS)

SPS群体为秋季产卵群(5～7月)。其产卵场为沿着福克兰海流向南的大陆架区域(46°～49°S)，其产卵前的2～5月主要聚集在43°～50°S的大陆架外缘区。此期间亦为渔业的主要渔期。成熟个体的胴长为250～390mm。

2. 布宜诺斯艾利斯－巴塔哥尼亚北部种群(BNS)

BNS群体为冬季产卵群(7～8月)。其产卵场位于巴西海流和福克兰海流的收敛辐合带的近海区域(36°～39°S)。其产卵前的5～6月主要聚集在37°～42°S的大陆架外缘以及斜坡区。成熟个体的胴长为250～390mm。

上述两个种群的共同特征为：成熟时成体体型大小相近，且其仔鱿鱼都出现在冷、暖海流交汇区的西部边界，同时向北部水温较高处漂移。

3. 夏季产卵群(SSS)

SSS群体的产卵场在大陆架的中间区，即44°～47°S海域，产卵时间在12月至次年2月。成熟个体在30～60d内产完卵，幼体在大陆架分层水域与混合沿岸水域进行发育。该种群都生活在大陆架区域，因此无大范围的洄游行为。产卵前的聚集发生于1～3月。成熟个体的胴长为140～250mm，属较小型。

4. 春季产卵群(SpSS)

SpSS群体的产卵场在40°～42°S斜坡区的分层水域(50～100m)，产卵时间为9～11月，仔鱿鱼会在上层温度高于13℃的水域中发育。其成熟个体的胴长为230～350mm。

三、年龄和生长

阿根廷滑柔鱼是一个机会主义种(Brunetti，1988)，生长速度快，生命周期短(Arkhipkin，1990)。研究其年龄和生长的方法主要有长度频率分析法和耳石鉴定年龄法。长度频率分析法研究表明，阿根廷滑柔鱼生命周期大约为 1 年(Hatanaka，1986)，通常不会超过 12～18 个月(Koronkiewicz，1986)。

头足类耳石是一个良好的信息载体，由于具储存信息稳定的特点，它逐渐代替长度频率分析法，成为研究头足类年龄和生长的主要材料。利用耳石研究阿根廷滑柔鱼年龄和生长经历了日轮、亚日轮的鉴定(Sakai et al.，2004)、耳纹日沉积性的论证等过程(Uozumi 和 Shiba，1993)，随后才被广大学者所应用，得到阿根廷滑柔鱼生命周期大约为 1 年(Arkhipkin，1990；Sakai et al.，2004；Rodhouse 和 Hatfield，1990；Arkhipkin，1993)的结论。

不同孵化期(Uozumi 和 Shiba，1993；Rodhouse 和 Hatfield，1990)、不同性别(Arkhipkin 和 Scherbich，1991)、不同产卵场(Rodhouse 和 Hatfield，1990；Arkhipkin 和 Laptikhovsky，1994)的阿根廷滑柔鱼生长率存在差异。相同孵化期内不同时间孵化的阿根廷滑柔鱼生长率和成熟后大小也不相同(Arkhipkin 和 Laptikhovsky，1994；Brunetti，1981)，如冬季孵化的个体，孵化时间越晚生长率则越大(Arkhipkin，1990；Uozumi 和 Shiba，1993；Rodhouse 和 Hatfield，1990)，180～300d 的个体，5 月份孵化的个体最小，9 月份的最大(Arkhipkin 和 Laptikhovsky，1994)。不同年份间相同月份孵化的样本生长速度也存在差异，但是这种差异相对同一年间不同月份孵化的差异小得多。就性别而言，雌性个体生长速度较雄性快，并且成熟后个体比雄性大，但是雄性个体较雌性个体成熟早。一些学者研究认为，年龄 150～300d 的阿根廷滑柔鱼，其雄性的相对瞬时生长率为 1.5%，而雌性为 1.2%(Arkhipkin 和 Laptikhovsky，1994)。而另有学者则认为，成熟前雄性和雌性的生长率基本相同，成熟后雄性生长率相对雌性小，并推测个体生长在 200d 以后，雄性个体的生长率要比雌性小 1/3。Koronkiewicz(1986)认为，46°～51°S 海域的阿根廷滑柔鱼雌性个体平均胴长生长率为 0.8mm/d，雄性为 0.6mm/d。其仔鱼捕食期的环境条件以及性成熟时个体大小是决定阿根廷滑柔鱼最终个体大小的两个主要因素(Arkhipkin 和 Scherbich，1991)，相同产卵群体生长速度的不同取决于仔稚鱼在营养较低海域中逗留时间的长短，通常冬季大陆坡产卵场孵化的个体较夏季产卵场孵化的个体大(Brunetti，1981，1988；Hatanaka，1986)。

阿根廷滑柔鱼的胴长和体重生长过程可用 von Bertalanffy 生长模型(Hatanaka，1986)、逻辑斯谛生长方程(Uozumi 和 Shiba，1993)、性线方程(Arkhipkin，1990；Rodhouse 和 Hatfield，1990；Arkhipkin 和 Scherbich，1991)、幂函数(叶旭昌和陈新军，2002；尹增强和孔立辉，2007)来描述。通常不同产卵场(尹增强和孔立辉，2007)、不同孵化季节(Arkhipkin，1990；Rodhouse 和 Hatfield，1990)、不同性别

(Hatanaka，1986)生长特性也不完全相同。也有学者认为，公海、阿根廷海域、福克兰海域的阿根廷滑柔鱼胴长与体重、胴长与纯重之间均可用幂函数关系来表示(叶旭昌和陈新军，2002)。

长度频率分析法研究表明，阿根廷滑柔鱼生命周期大约为1年(Hatanaka，1986)。有学者对于其幼体生长的特征进行研究，发现在生长早期(胴长1～14mm)，腕、吸盘和鳍的生长速度较快；在第二阶段(胴长14～28mm)，触腕和触腕穗的生长较快；第三阶段(胴长大于28mm)，体长的生长速度快于身体其他部分(Erica，1994)(图2-4)。就性别而言，雌性个体生长速度较雄性快，且成熟后个体比雄性大，但是雄性个体较雌性个体成熟早。总的来说，滑柔鱼属中已开发种群的生长速率约为1mm/d,而在生长的回归斜率中，阿根廷滑柔鱼雌性个体高于其他两种滑柔鱼(Dawe和Beck，1997)，并在其生长的5个月至1年的时间里，主要表现出较为明显的线性生长趋势(Rodhouse和Hatfield，1998)。还有研究者对阿根廷滑柔鱼冬季产卵群体进行研究，发现其主要的组织生长为躯体生长(somatic tissue)：对雌性个体来说，23%为胴体生长，17%为头足部的生长，46%为消化腺的生长，仅有16%是生殖系统的生长；雄性个体生长相对较慢，仅有6%是生殖系统的生长，这种生长模式也是适应于在产卵场和索饵场长距离洄游的特点。

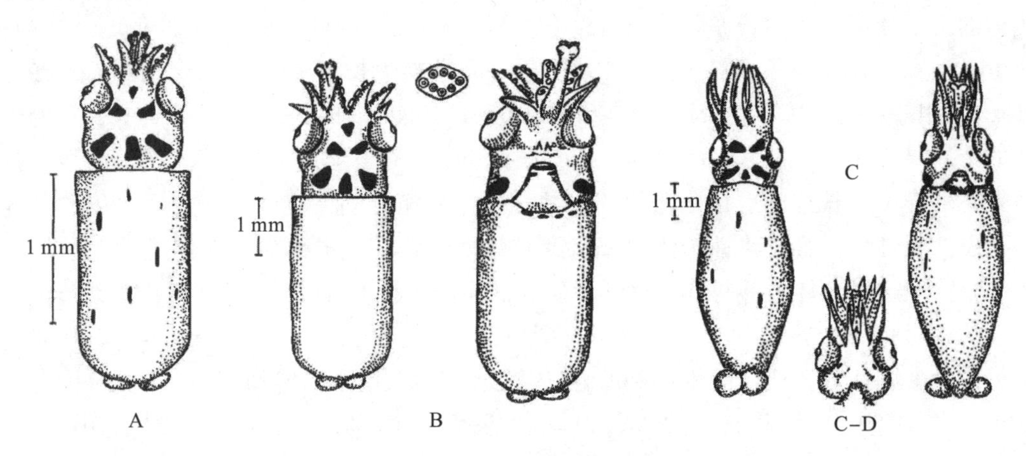

图2-4 阿根廷滑柔鱼的发育过程(据Brunetti，1990)

A. 胴长为1.34mm；B. 胴长为3.13mm；C. 胴长为5.85mm

四、捕食与被捕食

由于阿根廷滑柔鱼分布广泛，不同海域的捕食种类和主次也存在差异。在巴塔哥尼亚海域，阿根廷滑柔鱼主要捕食甲壳类，在所有抽样的胃含物中，其出现的概率为85.29%，其次为鱿鱼，再次为鱼类。而在布宜诺斯艾利斯海域，甲壳类依然是重要的捕食对象，但出现的概率已经下降到56.96%，而鱿鱼和鱼类的出现概率分别增加到29.41%和16.62%(Ivanovic和Brunett，1994)。阿根廷滑柔鱼与其他种类的食物关系如图2-5所示。在乌拉圭北部海域(Angelescu和Prenski，1987)，未成年鳕鱼(*Mer-*

luccius hubbsi)和阿根廷鳀鱼(*Engraulis anchoita*)是阿根廷滑柔鱼重要的捕食对象。在巴西南部海域，阿根廷滑柔鱼主要生活在大陆架海域，除了捕食上层甲壳类外，还捕食未成年鳕鱼、灯笼鱼科(Myctophids)和头足类。与南部海域相比，鱼类在其捕食中起着更为重要的作用，所占的比例为43.8%，头足类为27.5%，甲壳类为18.7%(Roberta 和 Manuel，1997)。鉴定出来的种类包括穆氏暗光鱼(*Maurolicus muelleri*)、阿根廷无须鳕(*Merluccius hubbsi*)、枪乌贼(*Loligo sanpaulensis*)、旋壳乌贼(*Spirula spirula*)、磷虾(*Euphausia sp.*)，且捕食鱼类所占的比例随着胴长的增加而增加，自我残食现象也较为普遍(Roberta 和 Manuel，1997)。Leta(1981)通过研究发现，阿根廷滑柔鱼的食物中除甲壳类外，也有糠虾(*Mysidacean*)、磷虾、片脚类(Amphipod)和十足类(Decapod)等，Klyuchnik 和 Zasipkna(1972)等还在其食物中发现了石首鱼科(Sciaenidae)、灯笼鱼科、长尾鱼科(Macrouridae)。

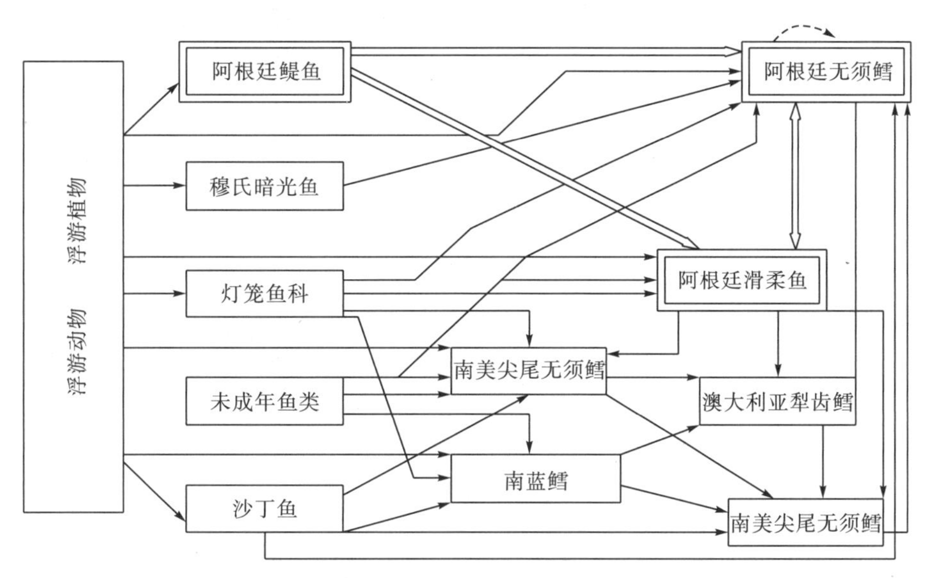

双道线表示阿根廷滑柔鱼、阿根廷鳀鱼和阿根廷无须鳕鱼的关系

图 2-5　阿根廷海域底栖营养关系图(引自 Angelescu 和 Prenski，1987)

不同生长或性成熟阶段阿根廷滑柔鱼捕食种类也存在变化(Roberta 和 Manuel，1997)。仔稚鱼时期主要捕食灯笼鱼科，同类残食现象极为普遍(Ivanovic 和 Brunett，1994；Angelescu 和 Prenski，1987；Tshchetinnikov 和 Topal，1991)。在南部海域，仔稚鱼和正在成熟的阿根廷滑柔鱼主要以甲壳类为食，包括十足类、燐虾、毛颚类(Chaetognaths)等，也捕食包括鳕鱼、阿根廷鳀鱼、灯笼鱼科等的鱼类，以及包括阿根廷滑柔鱼在内的鱿鱼类。捕食种类随着胴长的增加而变化。尽管成熟个体可能捕食鱼类，但此时它们还会捕食甲壳类，尤其是在巴塔哥尼亚海域(Ivanovic 和 Brunett，1994)。

对于阿根廷滑柔鱼的捕食时间，学者之间也存在不同看法。一些学者(Roberta 和 Manuel，1997)认为，阿根廷滑柔鱼捕食行为主要发生在白天，从早上开始，在下午达到高峰，不同性别之间捕食行为不存在差异。另有一些学者(Koronkiewicz，1986)认为，阿根廷滑柔鱼天亮之前进行捕食，并且以大型浮游动物为主，天亮以后潜入深水进行捕食，在夜间上浮到表层进行捕食。

Moiseev(1991)对阿根廷滑柔鱼昼夜垂直移动的摄食情况进行了研究，发现胃中的食物未充分消化并且包括有表层和深层的食物，这表明其在不同的水层进行摄食，还发现其捕食高峰期主要在傍晚和上半夜。Koronkiewicz(1986)的研究也得出了类似的结论(图 2-6)。

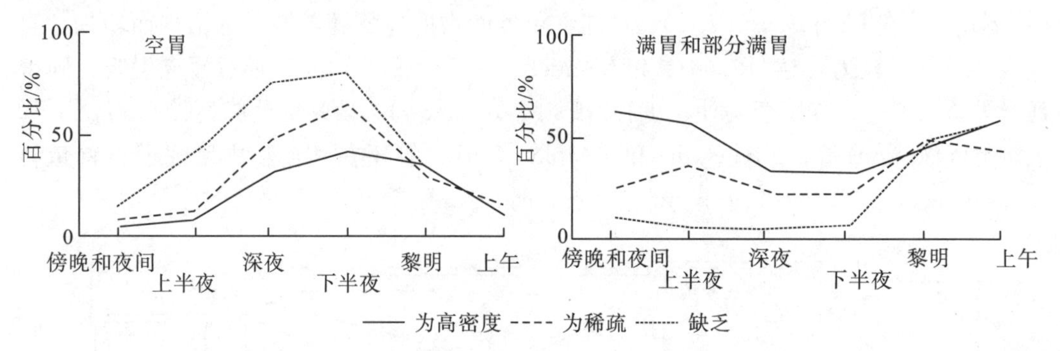

图 2-6 阿根廷滑柔鱼在不同饵料密度条件下的摄食周期(据 Koronkiewicz，1986)

五、繁 殖

1. 性比

叶旭昌和陈新军(2002)通过对公海、福克兰海域、阿根廷海域的阿根廷滑柔鱼进行研究后认为，三个不同海域雌雄性比分别为 56.6∶43.4、63.7∶36.3、63.0∶37.0，整个生产海域雌雄比例大约为 60∶40。并且，在公海海域 1 月份性别比例最高，达到 70%，然后随着时间推移，雌性个体比例逐渐下降，4 月份时，雄性比例高出雌性比例 10%左右。在福克兰海域和阿根廷海域雌性所占比例一直比雄性高。

2. 性腺成熟度

叶旭昌和陈新军(2002)研究认为，不同海域不同时间阿根廷滑柔鱼性腺成熟度变化明显。在公海海域 1～3 月，阿根廷滑柔鱼雌性个体性腺成熟度主要集中在Ⅰ和Ⅱ期，雄性则主要集中在Ⅱ和Ⅲ期。而在福克兰海域雌性个体主要以Ⅱ期为主，雄性则以Ⅲ期为主。阿根廷海域性腺成熟度规律性则不明显。

3. 繁殖特性

各海区和各季节阿根廷滑柔鱼性成熟特征如表 2-1 所示。SSS 性成熟时雌雄平均胴长分别为 195.1mm 和 141.7mm，怀卵量为 8200～14800 粒；SPS 的性成熟平均胴长分别为 250～350mm 和 190～300mm，怀卵量为 100000～750000 粒；BNS 的性成熟平均胴长分别为 241.0mm 和 202.9mm；SBS 的性成熟平均胴长分别为 240～360mm 和

200～290mm，怀卵量为 9299～294320 粒。

表 2-1　阿根廷滑柔鱼 4 个产卵群体特征

	夏季产卵群体(SSS)	南巴塔哥尼亚群体(SPS)	北巴塔哥尼亚群(BNS)	南巴西群体(SBS)
产卵场	大陆坡中部 12°～47°S[a]	福克兰或巴西海流控制下 44°S 以北大陆架[a,b,c]	福克兰或巴西海流控制下 38°S 以北大陆坡[a,d]	巴西海流控制下 27°～33°S 大陆坡[e,f,g]
产卵季节	夏季 (12 月至次年 2 月)[a]	晚秋和春季 (4～8 月)[a]	冬季至初春 (7～9 月)[a]	冬季和春季 (7～11 月)[e,f,g]
性成熟平均胴长/mm	雄性 141.7 雌性 195.1	雄性 190～300 雌性 250～350[b]	雄性 202.9 雌性 241.0[a]	雄性 200～290 雌性 240360[e,f]
卵粒总数/粒	平均：101000 粒[h] 范围：8200～14800	平均：246098 范围：100000～750000[h]		平均：180240 范围：9299～294320[g]
成熟卵粒数/粒	平均：18544 范围：1479～47395	平均：9012 范围：20000～100000[h]	平均：59644 范围：14580～37768[a]	平均：118470 范围：51548～233956
孵化场	北巴塔哥尼亚大陆架[i]	可能在福克兰海域的大陆坡	可能靠近亚热带辐合区的大陆坡[i]	南巴西大陆架和大陆坡[e,f,g]

注：a. Brunetti 和 Elean(1998)，Brunetti 等(1991)；b. Rodhouse 和 Hatfield(1990)；c. Koronkiewicz(1986)；d. Sshuldt(1979)；e. Haimovice 和 perez(1990)；f. Haimovice 等(1995)；g. Santcs 和 Haimovici(1996)；h. Lapitikhovsky 和 Nigmatullin(1992)；i. Brunetti(1990)

4. 产卵及洄游特性

阿根廷滑柔鱼全年产卵，但不同产卵群体之间繁殖特性又存在差异(图 2-7)。胴长分别为 200～270mm(雄性)和 240～356mm(雌性)(Haimovici 和 Perze，1990；Santos 和 Haimovici，1996)的 SBS 通常于每年的 7～10 月汇聚于巴西南部 27°～34°S 大陆坡水域进行产卵，仔稚鱼只是每年的冬季到次年的春季出现，正在性成熟和已经性成熟的群体全年出现(Haimovici 和 Perze，1990；Haimovici 和 Vidal，1995；Haimovici 和 Andriguetto，1986)，巴西海流和亚热带锋面交汇形成的上升流为阿根廷滑柔鱼提供了良好的饵料(Castelle 和 Moller，1977；Lima 等，1996)。

SSS 于每年的 12 月至次年 2 月聚集在大陆坡中部及外围 42°～47°S 海域进行产卵(Haimovici et al.，1998；Carvalho 和 Nigmatullin，1998；Nigmatullin，1989)，此时雌性性成熟日龄为 260～300d(其中 375d 和 380d 的样本已完成产卵)，而冬季孵化个体，雌性性成熟日龄为 300～310d，产卵后的雌性日龄为 330～340d。

SPS 的孵化场在 28°～38S°(Haimovici 等，1995；Haimovici et al.，1998；Carvalho 和 Nigmatullin，1998)，仔稚鱼被巴西海流向南输送到南部暖水漩涡中进行觅食(Parfeniuk et al.，1993；Santos 和 Haimovici，1997；Vidal 和 Haimovici，1997)，胴长达到 100～160mm 以后，返回并穿过福克兰海域到达 38°～50°S 的大陆架上(Carvalho 和 Nigmatullin，1998；Parfeniuk et al.，1993)，1～4 月以后开始向南洄游至 49°～53°S 海域；4～6 月性成熟后重新回到大陆坡边缘开始向北洄游到产卵场(Arkhipkin，1993)。还有学者认为成熟 SPS 个体(Ⅲ、Ⅳ和Ⅴ期，胴长 170～380mm)于每年的 3～5 月(不同年份的聚集时间略有不同)聚集在 44°S 的大陆架和大陆坡，7～8 月完成产卵

洄游(Koronkiewicz，1986；Otero et al.，1981；Brunetti 和 Perez，1989；Rodhouse et al.，1995)。目前对其确切的产卵场尚未完全定论，通常认为可能在福克兰海流或者巴西海流控制下的44°S大陆架，然后在巴西海流中产卵，随后卵粒和仔稚鱼被巴西海流逐渐向北输送(Koronkiewicz，1986；Brunetti 和 Ivaonvic，1992；Rodhouse et al.，1992)。

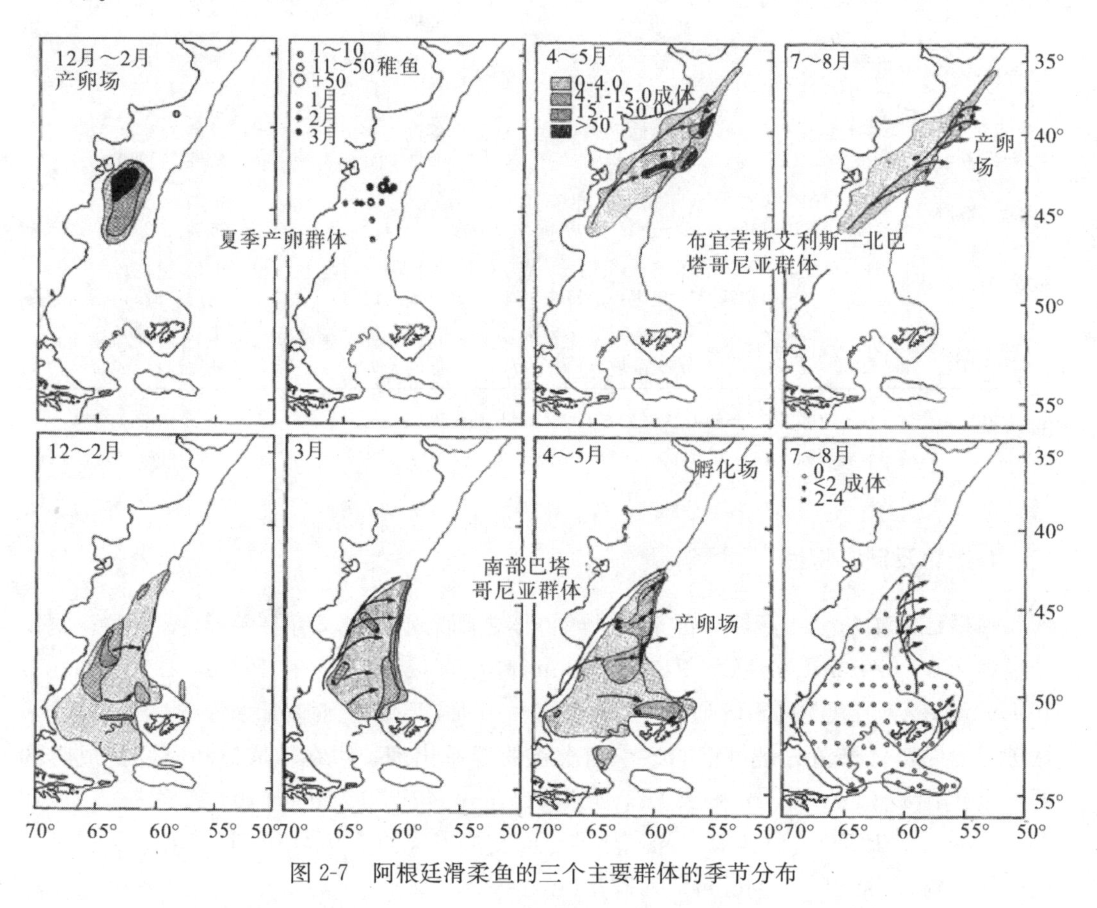

图 2-7 阿根廷滑柔鱼的三个主要群体的季节分布

BNS于每年6～7月聚集在巴西与福克兰海流汇合(Haimovici et al.，1998；Carvalho 和 Nigmatullin，1998)的30°～37°S大陆架海域，仔稚鱼于夏季和秋节向南洄游到46°～47°S海域进行觅食，性成熟以后开始聚集在250～350m深度的大陆架边缘，随后向北洄游到产卵场(Arkhipkin，2000)。一些学者认为，BNS产卵前在4～9月聚集在35°～43°S海域(Brunetti，1988)，性成熟以后向大洋深处洄游交配和产卵，只有一小部分已受精的个体出现在36°S和37°30′S海域。然后BNS的仔稚鱼向东洄游至大陆架水域，个体成熟后于夏季和秋季向产卵海域洄游。

另外一些学者(Brunetti 和 Ivaonvic，1992；Rodhouse et al.，1992)认为，SPS和BNS在福兰克大陆架上的一些海域进行产卵，然后卵粒随巴西海流漂流。还有一些学者(Haimovici et al.，.1995；Carvalho et al.，1992；Hatanaka et al.，1985)认为SPS和BNS就在巴西海流中进行产卵，Parfeniuk 和 Froerman(1992)则推测阿根廷滑柔鱼可能在一个固定的暖水团中进行产卵，然后仔稚鱼洄游到福兰克海流，最后逐渐分布到整个大陆架。

六、昼夜垂直移动

阿根廷滑柔鱼具有明显的垂直移动现象，并且能够自动调节本身的垂直移动方式(Brunetti，1988)，这一现象被认为与捕食行为有关(Roberta 和 Manuel，1997)。通常仔稚鱼喜欢生活在上层水域，随着大型上层浮游生物进入阿根廷沿岸水深 25～40m 的浅海区。春季胴长为 20～160mm 的个体出现在大陆架中部海域，然后开始垂直移动到水底，胴长超过 180mm 后开始垂直方向上的捕食活动，夜间聚集到表层进行捕食，白天重新移动到海水底部。还有学者(Nigmatullin，1989)认为，阿根廷滑柔鱼存在着两个垂直移动模式：未成熟和正在成熟的个体白天栖息于水底，夜间上升到表层进行捕食活动；产卵前和产卵中的个体夜间栖息于水层底部，白天上升到 200～300m 水层进行捕食。Koronkiewicz(1986)认为阿根廷滑柔鱼在黎明到来之前，捕食大型浮游生物的活动增加，天亮以后开始在底部，夜间向上层水域移动，并集中在前半夜捕食大型浮游生物。Moiseev(1991)通过潜水研究发现，白天阿根廷滑柔鱼聚集在水底，夜间几乎全部移动到表层捕食，这种单一的现象可能和其观察的时间、产卵行为有关。

七、在海洋生态系统中的作用和地位

在海洋生态系统中，鱿鱼既大量地被其他动物捕食，同时为了维持快速的生长，又大量地捕食其他生物，它是海洋食物链中的重要一环(Rodhouse 和 Nigmatullin，1996)。它们伸缩自如的腕足和触腕，使得其高度进化的感觉系统能适应更广泛的营养生态位。阿根廷滑柔鱼亦是如此。捕食它的物种有很多，如信天翁(*Diomedea exulans*)、白颌海鸥(*Procellaria aequinoctialis*)等海鸟(Croxall 和 Prince，1996)；南美海狮(*Arctocephalus tropicalis*)、南方海象(*Mirounga leonina*)、海豚(*Delphinis* sp.)、抹香鲸(*Physeter macrocephalus*)、长须鲸(*Globicephala melas*)等哺乳类(Malcolm，1996)，阿根廷无须鳕(*Merluccius hubbsi*)、大眼金枪鱼(*Thunnus obesus*)、黄鳍金枪鱼(*Thunnus albacares*)、剑鱼(*Xiphius gladius*)、美洲多锯鲈(*Polyprion americanus*)、路氏双髻鲨(*Sphyrna lewini*)、大西洋旗鱼(*Istiophorus albicans*)等鱼类(Smale，1996)，王企鹅(*Sphesniscus magellanicus*)等极地生物(Cherel et al.，2002；Clausen 和 Pütz，2003)。同时，阿根廷滑柔鱼也有非常广泛的食谱，捕食的种类包括未成熟的阿根廷无须鳕(*Merluccius hubbsi*)、阿根廷鳀鱼(*Engraulis anchoita*)、穆氏暗光鱼(*Maurolicus muelleri*)、石首鱼科(Sciaenidae)、长尾鱼科(Macrouridae)等鱼类，枪乌贼(*Loligo sanpaulensis*)、旋壳乌贼(*Spirula spirula*)、船蛸(*Argonauta argo*)等头足类，磷虾目(Euphausiacea)、糖虾目(Mysidacean)、片脚类(Amphipod)和十足目(Decapoda)等甲壳类(陆化杰等，2010)。

阿根廷滑柔鱼与其他种类的营养关系很复杂。早年调查发现，阿根廷滑柔鱼与阿根廷无须鳕存在互相捕食的关系。当阿根廷无须鳕处于仔稚鱼期时，被阿根廷滑柔鱼捕食，而当阿根廷无须鳕成熟以后，又捕食阿根廷滑柔鱼(Angelescu 和 Prenski，1987)。而后在福克兰海域的研究发现，虽然红鳕鱼(*Macrouronus magellanicus*)捕食一定量洄游至福克兰海域的阿根廷滑柔鱼，但其他无论是表层鱼类还是底栖鱼类，捕食阿根廷滑柔鱼的量都很少，这与在巴塔哥尼亚海域有很大的不同，可能是由于在福克兰海域的阿根廷滑柔鱼成熟度较高，个体较大，同时也在捕食者和被捕食者的角色间转换(Laptikhovsky et al.，2010)，这也与之前的研究结果一致。与阿根廷滑柔鱼分布于相同区域的巴塔哥尼亚枪乌贼(*Loligo gahi*)，在资源量上与阿根廷滑柔鱼息息相关。它们同属于头足类，处于同一个营养级，因此在摄食上存在竞争；与分布较广泛的阿根廷滑柔鱼不同，巴塔哥尼亚枪乌贼仅分布在福克兰群岛周边。当阿根廷滑柔鱼从北向南洄游至福克兰群岛时，其个体的胴长一般已经达 240mm 以上，大于同时期的巴塔哥尼亚枪乌贼个体(胴长为 100～130mm)，阿根廷滑柔鱼食性从甲壳类转变为鱿鱼时，其胃含物已经发现了大量的巴塔哥尼亚枪乌贼。通过分析后认为，阿根廷滑柔鱼可能是在较高资源量的年份，摄食较多巴塔哥尼亚枪乌贼，对巴塔哥尼亚枪乌贼资源量影响较大(Arkhipkin 和 Middleton，2002)。

第二节　阿根廷滑柔鱼渔业生物学特性年间比较

西南大西洋公海海域是中国鱿钓传统重要作业渔场，其中南部巴塔哥尼亚种群是主要捕捞群体。然而近年来，在公海海域渔获产量和渔获个体出现了很大的年间变化，特别是 2010 年中国鱿钓船的渔获产量比 2007 和 2008 年出现了较大的下降，渔获个体也明显偏小。为此，根据我国鱿钓船在西南大西洋公海海域鱿钓船所采集样本，对各年的阿根廷滑柔鱼渔业生物学特性进行年间比较，可以为合理开发阿根廷滑柔鱼资源提供科学依据。

一、材料与方法

1. 调查时间和海区

调查时间分别为 2007 年 2～5 月、2008 年 3～5 月、2010 年 1～3 月，对应的生产海区分别为 57°55′～60°43′W、40°02′～46°53′S，60°02′～60°47′W、45°37′～46°41′S，60°05′～60°47′W、45°17′～47°14′S(图 2-8)。

2. 生物学测定

主要测定胴长、性别、性腺成熟度及摄食等级等。胴长测量用量鱼板测定，精确至 1mm。性腺成熟度划分为Ⅰ、Ⅱ、Ⅲ、Ⅳ、Ⅴ五期(Lipinski 和 Underhill，1995)，同时确认性未成熟(Ⅰ、Ⅱ期)、性成熟(Ⅲ、Ⅳ期)、繁殖后(雄性为交配后，雌性为产卵后)(Ⅴ期)三个等级。

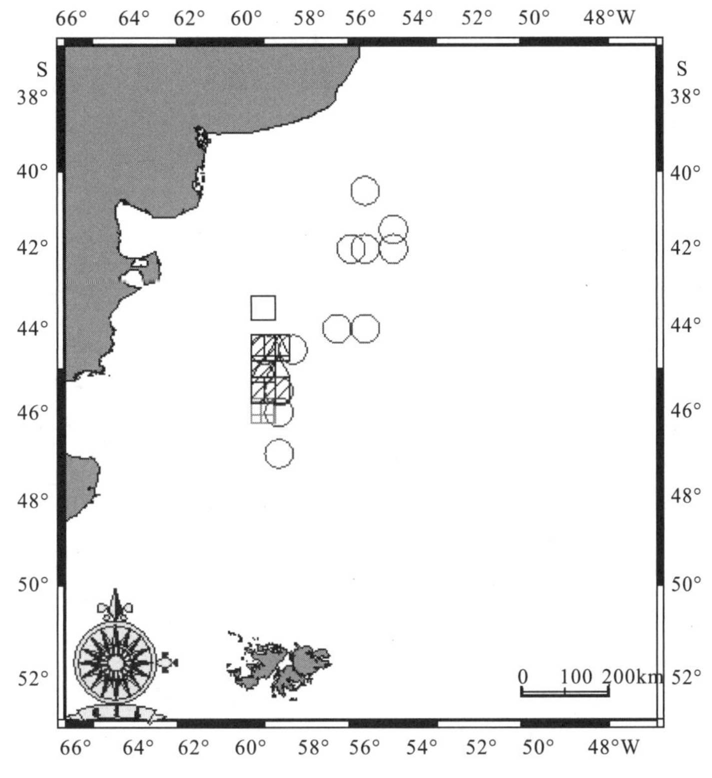

图 2-8　阿根廷滑柔鱼生产调查分布图

3. 数据处理

首先采用频度分析法分析渔获物胴长及体重组成，组间距分别为 20mm 和 50g。

然后采用线性回归法，求得各年度雌雄胴长与体重的关系：

$$W = bL^a \tag{2-1}$$

式中，W 为体重(g)；L 为胴长(mm)；a、b 为估算参数。

再采用 Logistic 曲线，推算不同性别阿根廷滑柔鱼初次性成熟的胴长(Ricardo et al.，2001)：

$$p_i = \frac{1}{1 + \mathrm{e}^{-(c+dl_i)}} \tag{2-2}$$

式中，p_i 为成熟个体占组内样本的百分比；l_i 为各组胴长(mm)；初次性成熟胴长 $\mathrm{ML}_{50\%} = -c/d$；

最后对各年度渔获个体，分雌雄对其胴长和体重进行生长速度分析。依据 Arkhipkin(Arkhipkin 和 Roa Ureta，2005)来作出相应的曲线。采用瞬时相对生长率(Instantaneous relative growth rate，IRGR)和绝对生长率(absolute growth rate，AGR)来分析阿根廷滑柔鱼的生长，其计算公式分别为(Ricker，1958)

$$G = \frac{\ln R_2 - \ln R_1}{t_2 - t_1} \times 100\% \tag{2-3}$$

$$\mathrm{AGR}=\frac{R_2-R_1}{t_2-t_1} \tag{2-4}$$

式中，R_2为t_2时刻体重或者胴长；R_1为t_1时刻的体重或胴长；AGR单位为mm/d或者g/d。

二、结　果

1. 性别比较

分析发现，2007年渔获物中雌雄比为最小，为1.14∶1(n=345)，接近1∶1；2008年雌雄比为最大，为1.50∶1(n=298)；2010年雌雄比1.37∶1(n=2354)。通过卡方检验，三年间的性别差异均不显著(P>0.05)。

2. 渔获物组成

统计分析认为(图2-9)，2007年渔获物中雌性个体的胴长为188～346mm，优势胴长为220～280mm，占样本总数的76.63%；2008年雌性个体的胴长范围、优势胴长及其占样本总数的比例分别为200～364mm、240～320mm和81.01%；2010年分别为124～276mm、200～240mm和84.84%，明显比2007和2008年小(P<0.05)。2007年渔获物中雄性个体的胴长为178～298mm，优势胴长为200～240mm，占样本总数的83.85%；2008年分别为193～314mm、220～280mm和85.71%；2010年分别为104～335mm、200～240mm和81.61%，个体大小的范围明显比2007和2008年大，但优势胴长组没有明显差异。

体重分析认为(图2-9)，2007年雌性个体体重为110～856g，优势体重为150～350g，占样本总数的74.46%；2008年分别为145～950g、250～650g和73.74%；2010年分别为72～425g、150～300g和92.20%，明显比2007和2008年小(P<0.05)。2007年雄性个体体重为102～703g，优势体重为150～300g，占样本总数的75.16%；2008年分别为145～680g、250～500g和69.75%；2010年分别为70～374g、150～300g和85.83%。

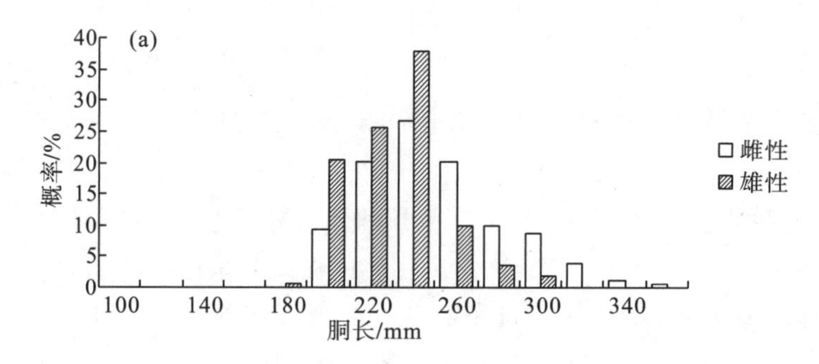

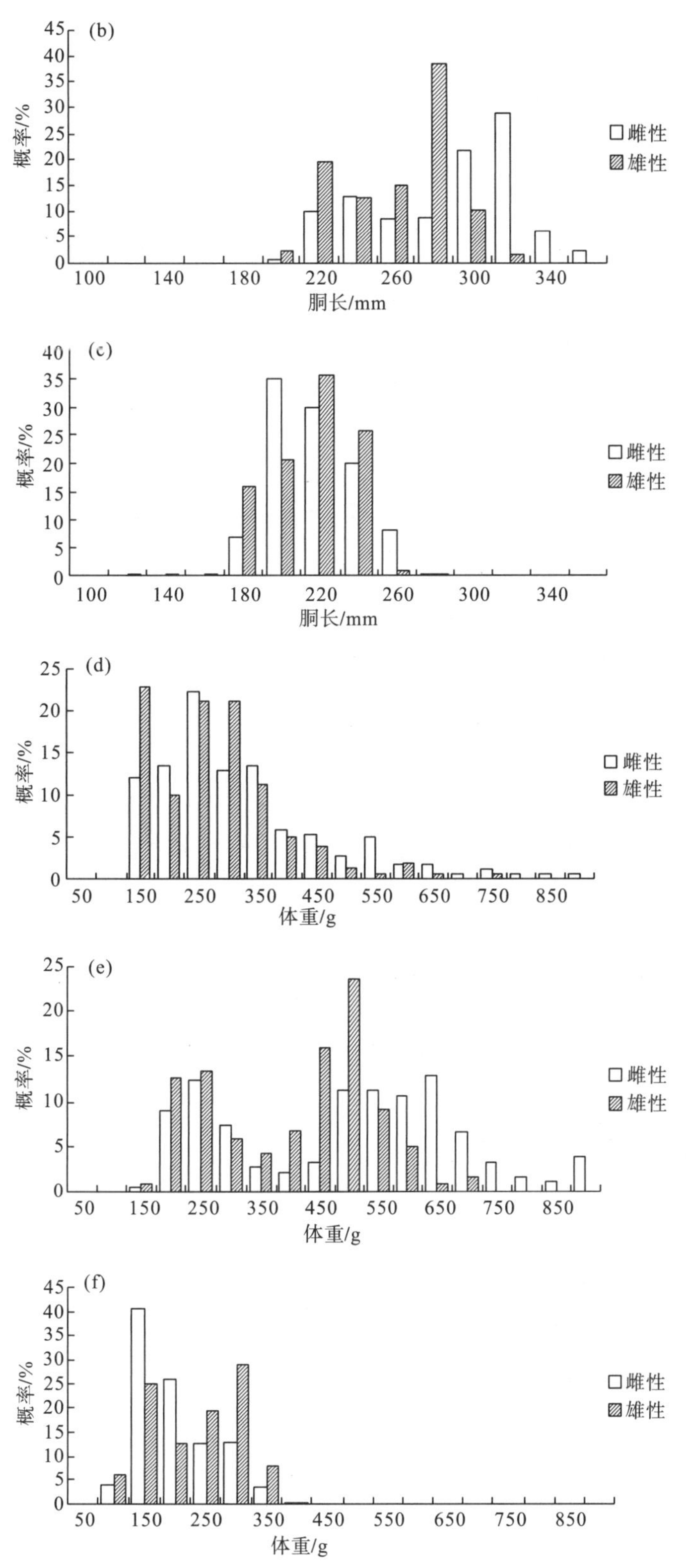

(a)~(c)分别是 2007、2008 和 2010 年的胴长组成，(d)~(f)分别为 2007、2008 和 2010 年的体重组成

图 2-9　阿根廷滑柔鱼胴长与体重组成分布图

3. 胴长与体重的关系

经过统计检验，雌性和雄性个体的体重与胴长关系以及各年间的相互关系均存在差异($P<0.001$)，为此将不同年间雌性和雄性分开拟合，其关系式(图 2-10)为

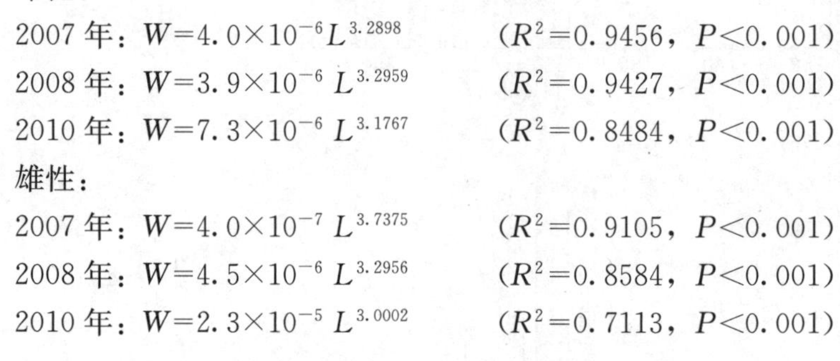

雌性：

2007 年：$W=4.0\times10^{-6}L^{3.2898}$　　($R^2=0.9456$，$P<0.001$)

2008 年：$W=3.9\times10^{-6}L^{3.2959}$　　($R^2=0.9427$，$P<0.001$)

2010 年：$W=7.3\times10^{-6}L^{3.1767}$　　($R^2=0.8484$，$P<0.001$)

雄性：

2007 年：$W=4.0\times10^{-7}L^{3.7375}$　　($R^2=0.9105$，$P<0.001$)

2008 年：$W=4.5\times10^{-6}L^{3.2956}$　　($R^2=0.8584$，$P<0.001$)

2010 年：$W=2.3\times10^{-5}L^{3.0002}$　　($R^2=0.7113$，$P<0.001$)

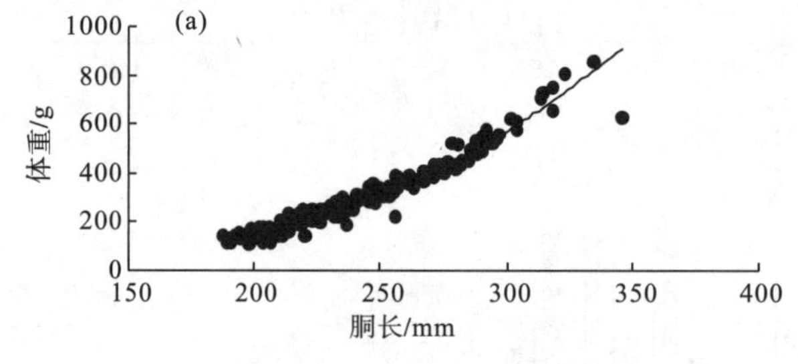

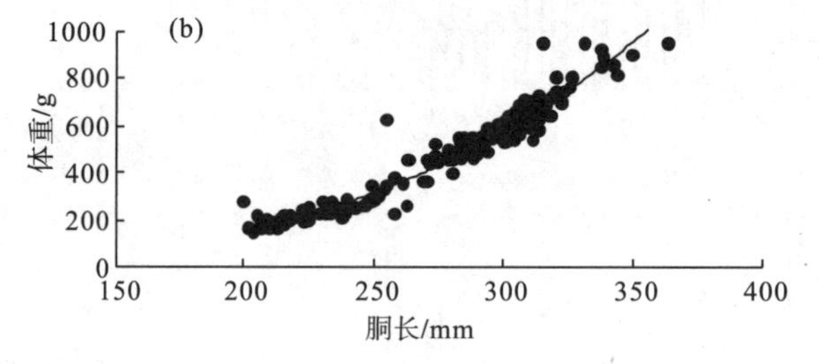

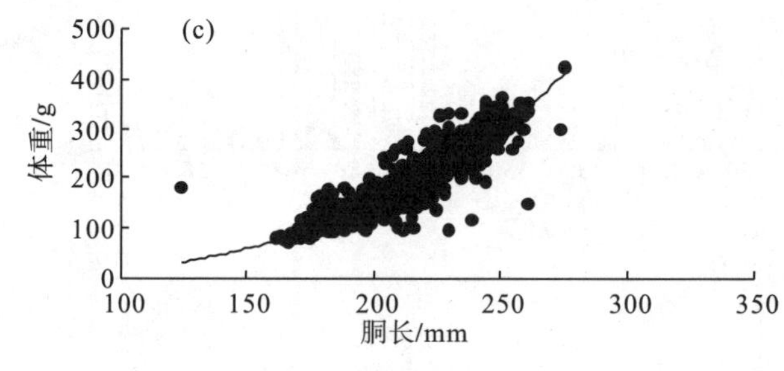

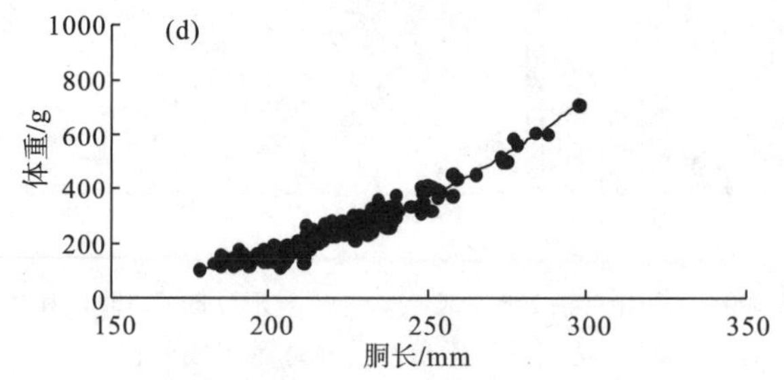

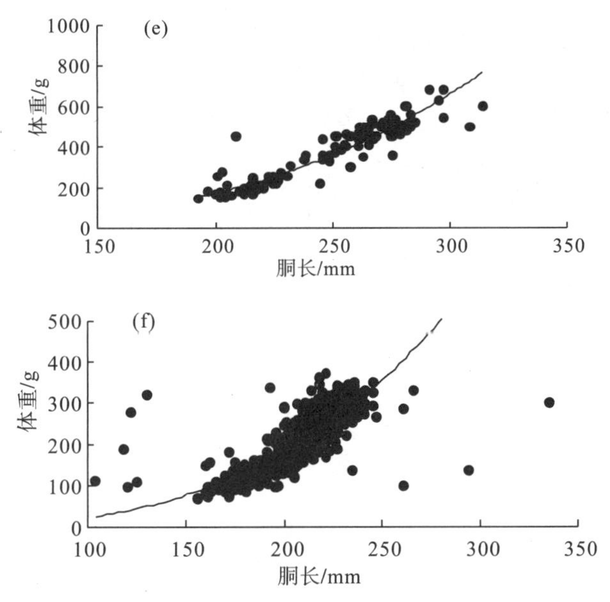

(a)～(c)分别是 2007、2008 和 2010 年的雌性个体，(d)～(f)分别为 2007、2008 和 2010 年的雄性个体

图 2-10　阿根廷滑柔鱼胴长与体重的关系

4. 性成熟组成

统计分析发现，雌性个体中 2007 年未成熟个体接近 60%，而 2008 年成熟个体约占总数的 70%；2010 年出现了少量产完卵的个体，成熟与未成熟个体总体持平(图 2-11)。雄性个体中，2007 年超过 70%的个体已达到成熟，2008 年约 90%的个体达到性成熟，2010 年几乎 99%的个体已经达到性成熟或产完卵。由此发现，年间性成熟差异明显。

对同一胴长组的性腺成熟度比较发现(图 2-12)：雌性个体中，2007 年和 2008 年胴长大于 220mm 的个体就出现性成熟个体，性成熟主要分布在胴长大于 280mm 群体中。但是，2010 年胴长为 100～150mm 的个体就已达到性成熟。在雄性个体中，2007 年胴长大于 200mm 的个体就达到性成熟，但性成熟个体主要为胴长大于 240mm 的群体，胴长大于 260mm 的个体全部为性成熟Ⅴ期；2008 年胴长大于 200mm 的群体中就有性成熟个体，胴长在 280mm 以上的群体所占比例最大；2010 年胴长为 100～150mm 的群体中就出现性成熟的个体。

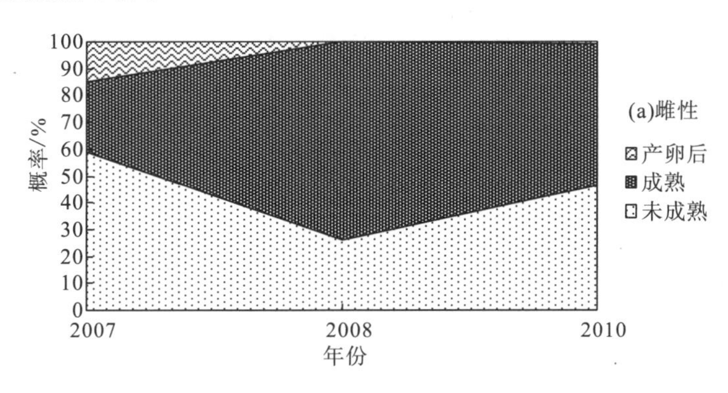

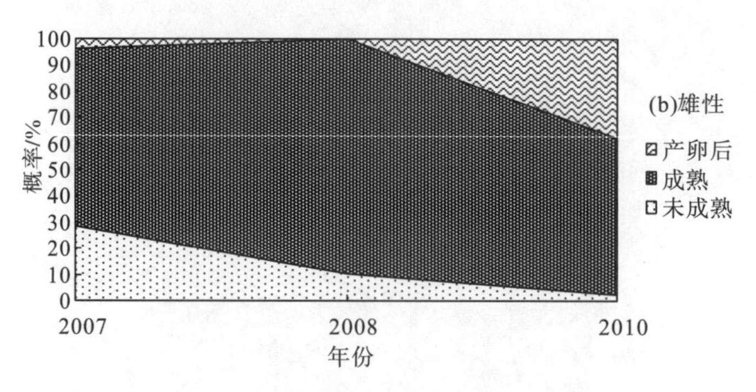

图 2-11　阿根廷滑柔鱼不同性成熟度组成

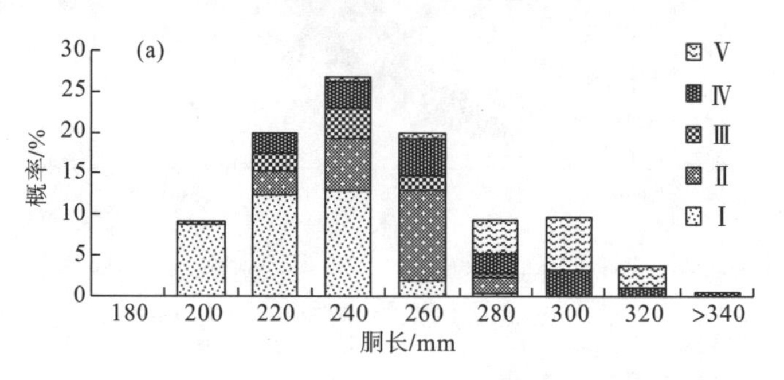

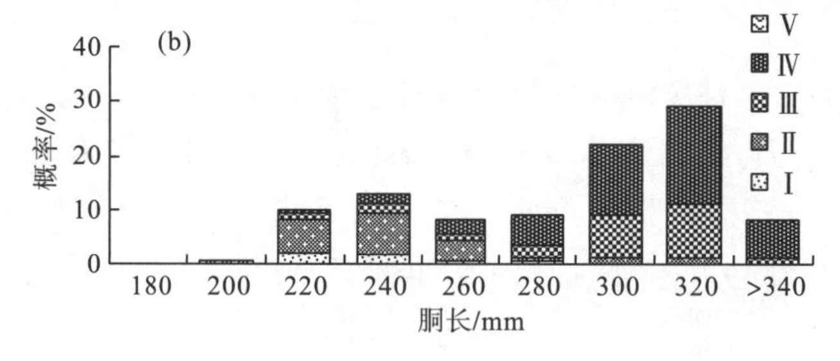

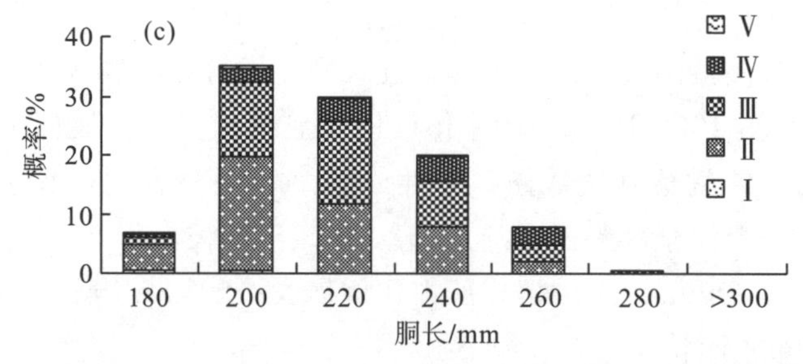

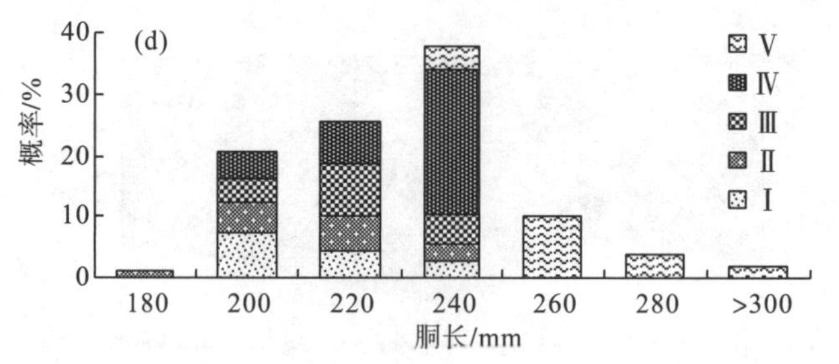

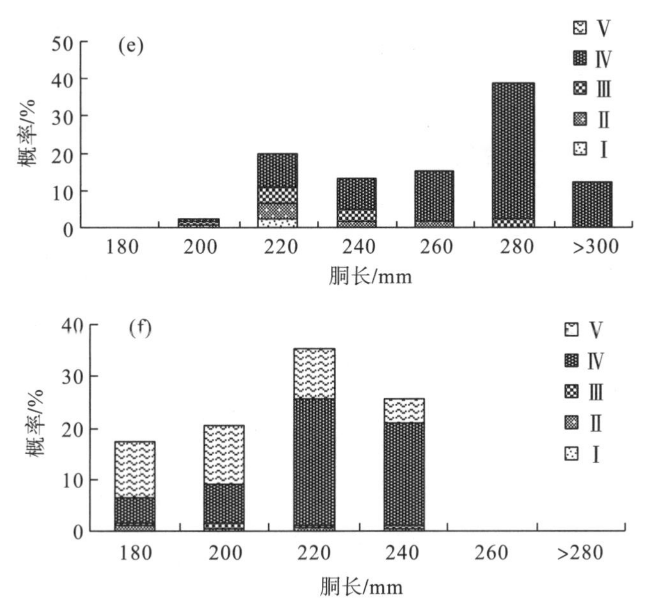

(a)～(c)分别是2007、2008和2010年的雌性个体，(d)～(f)分别为2007、2008和2010年的雄性个体

图 2-12　阿根廷滑柔鱼性成熟度与胴长关系

5. 初次性成熟的胴长估算

由于样本中缺少不同性成熟的个体，因此无法拟合2008年雄性个体和2010年雌雄个体初次性成熟与胴长的关系。不同年间雌雄个体的性成熟度－胴长的关系分别为

2007年雌性个体：$$p_i = \frac{1}{1+e^{-(-12.0468+0.045642l_i)}} \quad (R^2 = 0.9617, n = 184, P < 0.001)$$

2008年雌性个体：$$p_i = \frac{1}{1+e^{-(-15.7732+0.061204l_i)}} \quad (R^2 = 0.9865, n = 179, P < 0.001)$$

2007年雄性个体：$$p_i = \frac{1}{1+e^{-(-14.4475+0.068171l_i)}} \quad (R^2 = 0.9773, n = 161, P < 0.001)$$

初次性成熟胴长 $ML_{50\%}$ 分别为：2007年雌性个体263.9mm，雄性个体211.9mm；2008年雌性个体257.7mm。

6. 渔汛期间平均生长速度

阿根廷滑柔鱼在渔汛期间生长规律为：从采样起始至80d，增长较为平缓，从80d之后开始，胴长增加较为迅速，在120d之后趋于平缓。这种变化在体重中更为明显。从不同性别来看，在80d之前，雌雄的胴长与体重差别不大，而在80d之后，雌性生长较为迅速，增加速度快于雄性(图2-13)。

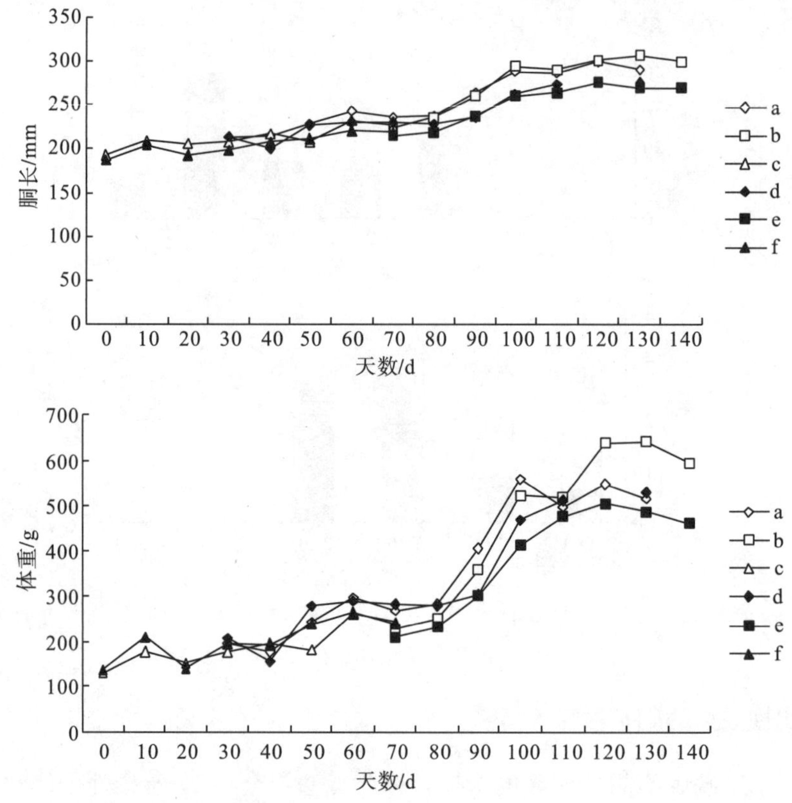

a～c 分别是 2007、2008 和 2010 年的雌性个体，d～f 分别为 2007、2008 和 2010 年的雄性个体

图 2-13 渔汛期间阿根廷滑柔鱼胴长、体重生长曲线

渔汛期间阿根廷滑柔鱼的生长较为迅速。雌性个体胴长绝对生长率为 0.53～1.07mm/d，相对生长率为 0.24～0.41%/d；雄性个体分别为 0.47～0.68mm/d 和 0.23～0.33%/d(表 2-2)。其中，2007 年雌性个体的最大胴长相对生长率(1.04%/d)和绝对生长率(2.61mm/d)出现在 91～100d；2008 年则出现在 101～110d，分别为 1.22%/d 和 3.39mm/d；而 2010 年出现在 61～70d，分别为 1.09%/d 和 2.40mm/d。2007 年雄性个体最大胴长相对生长率(1.04%/d)和绝对生长率(2.57mm/d)出现在 101～110d；2008 年出现在 101～110d，分别为 0.88%/d 和 2.19mm/d；2010 年则出现在 11～20d，分别为 0.95%/d 和 1.85mm/d。

表 2-2 渔汛期间阿根廷滑柔鱼胴长平均生长率

性别	2007		2008		2010	
	绝对生长率/(mm/d)	相对生长率/(%/d)	绝对生长率/(mm/d)	相对生长率/(%/d)	绝对生长率/(mm/d)	相对生长率/(%/d)
雌性	0.82	0.31	1.07	0.41	0.53	0.24
雄性	0.68	0.28	0.79	0.33	0.47	0.23

注：胴长瞬时相对生长率(G)单位为%ML/d；胴长绝对生长率(AGR)单位为 mm/d

雌性个体体重绝对生长率为 1.70～5.25g/d，相对生长率为 0.92～1.37%/d，雄性个体分别为 1.64～4.59g/d 和 0.86～1.40%/d(表 2-3)。其中 2007 年雌性个体最大体重相对生长率(3.17%/d)和绝对生长率(15.23g/d)出现在101～110d；2008年出现在101～110d，分别为3.76%/d和16.40g/d；2010年出现在61～70d，分别为3.60%/d和7.85g/d。2007年雄性个体最大胴长相对生长率(4.34%/d)和绝对生长率(16.49g/d)出现在91～100d；2008年出现在101～110d，分别为3.19%/d和11.33g/d；2010年出现在11～20d，分别为4.23%/d和7.29g/d。

表 2-3　渔汛期间阿根廷滑柔鱼体重平均生长率

性别	2007		2008		2010	
	绝对生长率/(mm/d)	相对生长率/(%/d)	绝对生长率/(mm/d)	相对生长率/(%/d)	绝对生长率/(mm/d)	相对生长率/(%/d)
雌性	3.36	1.00	5.25	1.37	1.70	0.92
雄性	3.51	1.03	4.59	1.40	1.64	0.86

注：体重相对生长率(G)单位为%BW/d；体重绝对生长率(AGR)单位为g/d

胴长与时间以及体重与时间的关系较为符合指数生长曲线，且雌、雄间和各年间均存在显著差异，其生长方程如表2-4所示。

表 2-4　渔汛期间阿根廷滑柔鱼生长方程

性别	年份	胴长与日龄关系	体重与日龄关系	P值
雌性	2007	$L=212.09e^{0.0032t}$	$W=189.24e^{0.0105t}$	$P<0.01$
	2008	$L=235.41e^{0.0045t}$	$W=253.93e^{0.0156t}$	$P<0.01$
	2010	$L=197.21e^{0.0021t}$	$W=140.32e^{0.0081t}$	$P<0.01$
雄性	2007	$L=204.84e^{0.0032t}$	$W=181.39e^{0.0119t}$	$P<0.01$
	2008	$L=219.84e^{0.0037t}$	$W=233.3e^{0.0129t}$	$P<0.01$
	2010	$L=190.03e^{0.0022t}$	$W=150.64e^{0.0078t}$	$P<0.05$

三、讨论与分析

研究认为，在三年的渔获物性别比较中，雌雄性别比在(1.14～1.50)∶1，经过统计分析，三年间差别不显著($P>0.05$)。这与王尧耕和陈新军(2005)的研究结果1.3∶1、叶旭昌和陈新军(2002)的研究结果1.25∶1较为接近。雌性个体多于雄性个体，这与陆化杰等(2010)的研究结果相符。

分析表明，除2010年外，雌性个体优势胴长都大于雄性，雌性个体的平均胴长也大于雄性。同样，体重也存在相似的关系。唐议(2002)分析认为，1～3月以体重为100～200g的个体居多，4月份以体重200～300g居多，这与本研究结果相近。

2008年渔获物组成分布中，雌性和雄性个体均出现两个波峰，这在体重组成分布图中更为明显(图2-9)。其他两年仅呈现一个波峰。值得注意的是，2010年雌性个体要小于雄性个体，且最大体重也小于雄性个体，这与其他年份有很大差别。根据Brunetti等(1998)所划分的种群类型，结合本次研究胴长组成和性成熟情况分析，初步判定：

2007 年渔获物以南巴塔哥尼亚种群为主体；2008 年以南巴塔哥尼亚种群为主，但也混有少量较小个体的夏季产卵种群；2010 年则以夏季产卵种群为主，同时有少量的南巴塔哥尼亚种群。

胴长与体重关系表明，各年的生长指数 b 均超过了 3。但 2010 年的 b 值明显比 2007 和 2008 年的低。唐议(2002)、龚彩霞和陈新军(2009)分别对 2000 年、2001～2002 年、2009 年阿根廷的胴长与体重关系进行了研究，其生长指数 b 分别为 2.76～2.90、3.628、2.678，但他们均未将雌雄分开讨论。

研究发现，三年中渔获物性成熟分布存在差异。雌性个体中性成熟Ⅲ、Ⅳ期的占总数的 50%～70%，其中 2007 年约有 15%的个体已达到Ⅴ期；雄性个体性成熟Ⅲ、Ⅳ期的占总数的 70%～90%，其中 2010 年超过 25%的个体已经达到Ⅴ期。这与王尧耕和陈新军(2005)的研究有一定差异，与刘必林和陈新军(2008)的研究较为接近。除 2010 年外，雌性个体性成熟平均胴长在 250～265mm，雄性为 180～220mm；而 2010 年雌性个体胴长 180～200mm、雄性个体胴长 100～150mm 即出现性成熟，雄性个体有相当一部分更是达到Ⅴ期。Brunetti 和 Elean(1998)和 Rodhouse 和 Hatfield(1990)认为，夏季产卵种群性成熟平均胴长雌性为 195.1mm，雄性为 141.7mm；南部巴塔哥尼亚种群性成熟平均胴长雌性为 190～300mm，雄性为 250～350mm。据此认为，三年渔获物中种群组成存在一定差异，可能是由不同产卵种群组成的。

分析认为，渔汛期间雌性个体的生长速度要快于雄性，生长速度最快的年份为 2007 年，而 2010 年的生长速度最慢，2010 年雌雄个体生长方程中指数值仅为 2007 年和 2008 年的一半，不同产卵群体是导致这一现象的主要原因。Schwarz 和 Perez(2010)根据耳石提供的生长信息，认为阿根廷滑柔鱼生长可分为两个阶段，前一个阶段生长速度较快，在 200d 后的生长速度变缓，整个生长曲线呈“S”形，类似于 Logistic 曲线。本研究应用指数生长曲线模拟了渔汛期间的生长情况。

阿根廷滑柔鱼洄游范围较广，即使在不同时间同一个地区的渔获物组成也十分复杂，而且环境因素对其生长的影响较大。今后应从种群组成(结合耳石、内壳等物质)、生活习性变化(Arkhipkin，1993)(如从索饵场到产卵场迁徙的食性变化)和海洋环境因子(如水温及盐度(张炜和张健，2008)、水深(Gaston et al.，2005)及气候变化(Rortela et al.，2005))等方面，对阿根廷滑柔鱼渔业生物学及其年间变化进行系统分析，为可持续利用该资源提供基础。

第三节　阿根廷滑柔鱼遗传多样性研究

一、阿根廷滑柔鱼两个产卵群体遗传变异的微卫星分析

根据 2011 年 12 月～2012 年 4 月我国鱿钓船在阿根廷公海海域采集的阿根廷滑柔鱼样本，利用耳石微结构获得的日龄数据并结合捕捞日期推算孵化时间，划分出冬生

群体和秋生群体。采用已开发的多态性微卫星标记(Adcock et al.，1999)，通过全自动DNA测序仪分析技术研究两个产卵群体遗传变异水平，并通过在同一海域连续取样研究冬生群体在时间上的遗传差异，以期为阿根廷滑柔鱼资源的可持续利用与开发提供参考。

1. 材料与方法

(1)实验材料与DNA的提取

阿根廷滑柔鱼采自阿根廷公海海域(45°17′～47°20′S、60°16′～60°49′W)，存放于船舱冷库中运回至实验室。根据陆化杰等(2012)划分出冬生群体(简称W)和秋生群体(简称AU)，冬生群体由两个部分组成，命名为W1、W2(表2-5)。取套膜肌肉组织，置于95%乙醇中，−20 ℃保存备用。采用组织/细胞基因组DNA快速提取试剂盒(北京艾德莱生物科技有限公司)提取DNA，洗脱缓冲液EB溶解，−20 ℃保存备用。用1.2%琼脂糖凝胶电泳检测DNA质量，紫外分光光度计检测DNA浓度。

表2-5　阿根廷滑柔鱼样本采集信息

产卵群体	简称	采样时间	样本数	平均胴长/cm	平均体重/g
冬生群体	W1	2011年12月下旬	24	16.22±1.03	76.73±13.26
	W2	2012年4月上旬	30	20.73±1.36	191.22±32.54
秋生群体	AU	2012年4月上旬	28	30.81±1.42	660.32±106.52

(2)微卫星PCR扩增

微卫星引物为已开发的标记(Adcock et al.，1999)，由上海捷瑞生物工程有限公司合成，上游引物5′端加上FAM或HEX荧光标记(表2-6)。PCR反应总体积为25μL，其中10×PCR Buffer 2.5μL、*Taq* DNA polymerase(5U/μL)0.2μL、dNTP(各2.5 mmol/L)2μL、上下游引物(10μmol/L)各0.6μL、DNA模板20ng、ddH$_2$O补足体积。PCR扩增反应程序为：94℃预变性2min；94℃变性30s，退火30s，72℃延伸45s，35个循环；72℃最后延伸2min。PCR产物经过1.2%琼脂糖凝胶电泳分离，琼脂糖凝胶纯化试剂盒(北京艾德莱生物科技有限公司)纯化后，通过ABI3730XL全自动DNA测序仪分析，以ROX-500为分子质量内标，通过Genemapper Version 3.5软件读取微卫星扩增产物的分子质量数据(图2-14)。

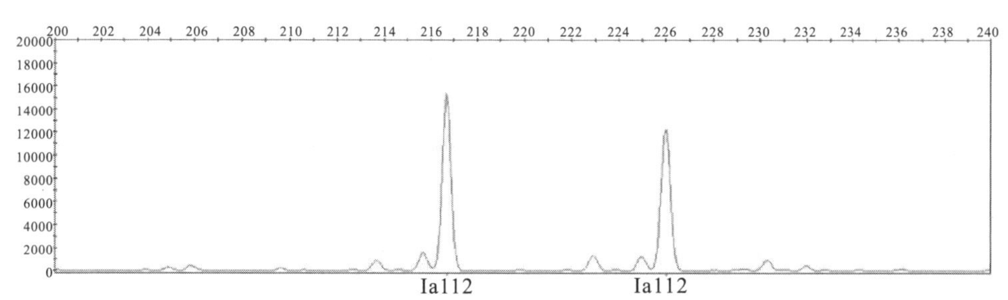

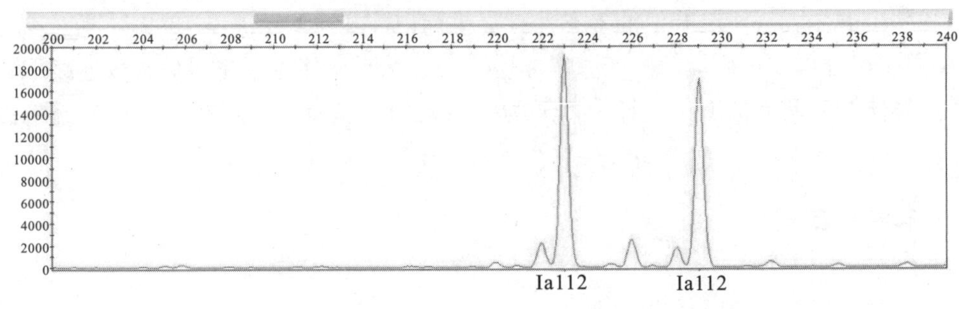

图 2-14　位点 Ia112 的分型图

(3) 数据统计与分析

根据分子量数据确定个体各位点基因型，利用 POPGEN 3.2(NEI，1978)进行群体遗传学分析，计算等位基因数(N_a)、有效等位基因数(N_e)、观测杂合度(H_o)、期望杂合度(H_e)与 Shannon 多样性指数(Shannon's information index，I)。多态信息含量(PIC)由 Cervus 3.0(Kalinowski et al.，2007)软件计算，并采用马尔科夫链(Markov Chain)方法进行 Hardy-Weinberg 平衡检验。利用 Arlequin 3.5(Excoffier 和 Lischer，2010)计算群体遗传分化的 F-统计量(F-statistics，Fst)及分子方差分析(Amova)。利用 Popgen 3.2 计算群体间的 Nei's 遗传距离，并基于该遗传距离用 Mega 5.0(Tamura et al.，2011)构建 Upgma 系统发生树。

表 2-6　阿根廷滑柔鱼 7 对微卫星引物特征

位点	核心重复序列	引物序列(5′−3′)	产物大小/bp	复性温度/℃	GenBank 登录号
Ia112	$G(TG)_{13}(AG)_9$	F：GGCCTAGGAAATTACTCAAATG R：ATAACAACTGTAAATGCATGG	129～193	51.0	AF072510.1
Ia121a	$(TAA)_{15}$	F：ATTATTCGAAAGTCCGTGTATG R：GACTTAGGCATTCTAATTGTCAC	123～218	51.0	AF072511.1
Ia121b	$(TAA)_{22}$	F：GATTGGCAATGAATAAAAACAG R：TCCGAGTAGTTGTCGATTAATAC	104～251	47.5	AF072511.1
Ia207	$(GAA)_{11}$	F：AAGAATGATGGAAAAATTGAG R：GCTTTTCTGCAAATTCAACTG	142～275	53.5	AF072514.1
Ia408	$(GT)_{14}$	F：GATTCCAATGAACACTCTTTTGC R：GACCTGGTGGCTTTATTATTTGC	92～158	53.5	AF072515.1
Ia422	$(CT)_{11}$	F：ACTGCAGCAATCAAAAACGATAC R：ACTCGCACGTGAATCAGTTAAC	117～249	53.5	AF072517.1
Ia423	$(AG)_{22}$	F：AATATGCTCAAATGAAGAATCG R：ACGGAGAGACACGTGTAATAAG	104～198	55.0	AF072518.1

2. 结果

(1)微卫星位点多态性

7 对微卫星引物在 3 个群体中的扩增结果如表 2-7 所示。等位基因数 N_a 为 10～30

个，有效等位基因数 N_e 为 2.52～15.23；观测杂合度 H_o 为 0.538～1.000，期望杂合度 H_e 为 0.628～0.945；多态信息含量 PIC 为 0.590～0.931，均为高度多态性位点 PIC>0.5，Shannon 多样性指数 I 为 1.499～3.000。位点 Ia423 显著偏离 Hardy-Weinberg 平衡($P<0.05$)。

表 2-7　阿根廷滑柔鱼 7 个微卫星位点有效等位基因数、杂合度、多态信息含量及 Shannon 多样性指数

位点	等位基因数 N_a	有效等位基因数 N_e	观测杂合度 H_o	期望杂合度 H_e	多态信息含量 PIC	Shannon 多样性指数 I
Ia112	25	12.16	0.913	0.928	0.913	2.808
Ia121a	30	14.84	0.889	0.941	0.929	3.000
Ia121b	27	8.48	0.977	0.892	0.877	2.745
Ia207	21	11.13	0.881	0.921	0.904	2.656
Ia408	26	15.23	0.911	0.945	0.931	2.951
Ia422	23	8.62	1.000	0.894	0.874	2.511
Ia423	10	2.52	0.538*	0.628	0.590	1.499
总计	23.14	10.43	0.873	0.879	0.859	2.596

注：* 表示显著偏离 Hardy-Weinberg 平衡($P<0.05$)

(2)群体遗传多样性

3 个群体的遗传多样性如表 2-8 所示。W2 群体的平均等位基因数最多($N_a=13.86$)，W1 群体最少($N_a=12.71$)；W1 群体的平均有效等位基因数最多($N_e=8.631$)，AU 群体最少($N_e=7.430$)；W2 群体的平均观测杂合度最高($H_o=0.904$)，W1 群体最低($H_o=0.796$)；AU 群体的平均期望杂合度最高($H_e=0.883$)，W1 群体的最低($H_e=0.790$)；W2 群体的多态性息含量及 Shannon 多样性指数均最高(PIC=0.820，$I=2.252$)，W1 群体均最低(PIC=0.753，$I=2.103$)。总体上，3 个群体均具有较高的遗传多样性。

表 2-8　阿根廷滑柔鱼 3 个群体遗传多样性

群体	N_a	N_e	H_o	H_e	PIC	I
W1	12.71	8.63	0.796	0.790	0.753	2.103
W2	13.86	8.55	0.904	0.864	0.820	2.252
AU	13.14	7.43	0.847	0.883	0.805	2.241

(3)群体遗传分化

Amova 分析显示群体间不存在显著的遗传结构，遗传变异主要来自于群体内(表 2-9)。

群体间遗传分化系数 Fst 值均低于 0.001，且统计检验不显著，进一步表明冬生与秋生两个群体间以及冬生群体在时间上不存在显著的遗传差异($P>0.05$)。基于 Nei's

遗传距离的 UPGMA 聚类树显示，冬生群体两个群体为一族群，而后与秋生群体进行聚类(图 2-15)。

表 2-9 阿根廷滑柔鱼群体分子方差分析

变异来源	自由度 d_f	平方和	变异组分	变异百分数	Fst
群体间	2	8.178	0.025 62	0.83	0.008 31 ($P>0.05$)
群体内	79	250.225	3.056 93	99.17	
总计	81	258.403	3.082 55		

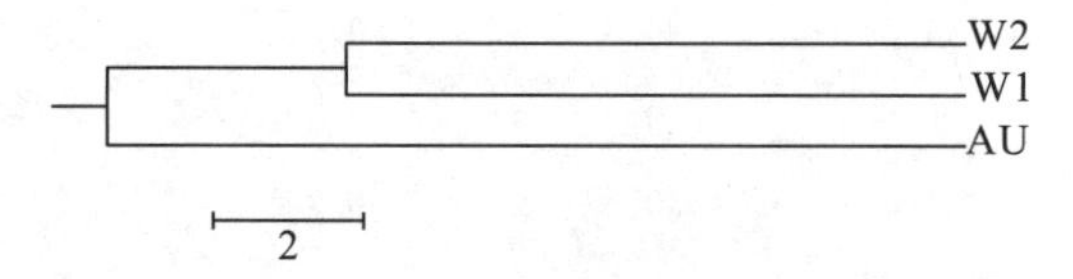

图 2-15 基于 Nei's 遗传距离的 UPGMA 聚类树

3. 讨论

本书采用的 7 个微卫星位点多态信息含量均较高(PIC>0.5)，为高度多态位点。各位点观测杂合度 H_o 为 0.538～1.000，其中位点 Ia423 最低，且显著偏离 Hardy-Weinberg平衡(表 2-7)。从基因分型图谱中可以看出，该位点等位基因在所有样本中呈不连续分布，从而使得该位点等位基因数、有效等位基因数较少，建议在以后的群体遗传变异微卫星分析中不采用该位点。基因分型技术较聚丙烯酰胺凝胶电泳分辨率较高，在进行等位基因频率等数据统计分析时显得更加直观、精确，已经应用到其他水产动物群体遗传变异分析中(傅建军等，2013)。Adcock 等(1999)利用这些微卫星位点研究福克兰群岛临时保护区阿根廷滑柔鱼群体遗传多样性时，聚丙烯酰胺凝胶电泳检测到较高的遗传变异水平(N_a=15.8，N_e=8.7，H_o=0.76)，但低于本书的研究结果。

刘连为等(2013)采用线粒体细胞色素氧化酶Ⅰ(COI)和细胞色素 b(Cytb)基因 2 个分子标记对阿根廷滑柔鱼冬生群体与秋生群体的遗传变异进行了研究，2 个产卵群体的核苷酸多样性指数均较低($\pi<0.005$)，低于微卫星 DNA 标记检测的结果。由此可见，微卫星标记应用于物种群体遗传变异水平研究较其他分子遗传标记有一定的优越性。利用基因分型技术得出的群体遗传分化结果显示冬生与秋生 2 个群体间以及冬生群体在时间上不存在显著的遗传差异，这与采用线粒体 DNA 标记分析的结果相一致。分析原因可能为阿根廷滑柔鱼具有长距离洄游生活史，在生殖洄游阶段，冬生群体与秋生群体发生混合并可能进行基因交流(Arkhipkin，1993)。陆化杰(2012)通过利用耳石微量元素推测阿根廷滑柔鱼生活史，认为在 28°～38°S 海域存在冬生群体和秋生群体的孵化场，阿根廷滑柔鱼仔稚鱼在巴西海流的输送下不断向南洄游，待性成熟后开始向北洄游到产卵场。实验所取的秋生群体样本全为雌性个体，性腺发育期为Ⅲ、Ⅳ期和Ⅳ期的个体居多。同时期所取的冬生群体(W2)样本有部分个体达到初次性成熟，它们有

可能和秋生群体一起向北洄游参与繁殖活动。

阿根廷滑柔鱼为短生命周期种类，且终生只产一次卵，产完卵后即死亡(Rodhouse et al.，1998)。若环境发生剧烈变化，其种群数量易发生波动，从而导致该渔业资源产量不稳定(Boyle 和 Rodhouse，2005)。西南大西洋公海海域是阿根廷滑柔鱼的传统作业渔场，为我国远洋鱿鱼钓重要的渔场之一，近年由于产量较低，我国鱿钓船在阿根廷专属经济区内捕捞的比重有着较大幅度提升(方舟等，2012)。Crespi-abril 和 Barón (2012)根据产卵场与肥育场海表温度和叶绿素 a 浓度，认为阿根廷滑柔鱼在 41°S 以南巴塔哥尼亚大陆架外缘/大陆坡海域进行产卵前聚集，只需消耗较少的能量即可达到相对有利的沿岸产卵区域，而不是巴西海流和福克兰海流交汇区，这从侧面解释了公海海域阿根廷滑柔鱼产量降低的原因。因此，在综合考虑海洋环境因素及阿根廷滑柔鱼自身的生活史特征前提下，研究西南大西洋公海海域阿根廷滑柔鱼群体遗传多样性，有助于制定科学的渔业管理政策，为合理开发该渔业资源提供指导。本次研究所获得的样本集中于我国对阿根廷滑柔鱼进行商业开发的海域，采样范围小。在今后的研究中有必要采集更加广泛的样本，包括产卵场的群体以及其他产卵群体。

二、基于线粒体 COI 与 Cytb 基因序列的阿根廷滑柔鱼 2 个产卵季节群体的遗传变异性分析

采用线粒体 COI 与 Cytb 基因序列分析方法来研究西南大西洋公海阿根廷滑柔鱼 2 个产卵季节群体的遗传变异，并通过在同一海域连续取样来研究冬生群体在时间上的遗传差异，该研究结果将为该渔业资源的合理管理与开发提供参考。

1. 材料与方法

(1)实验材料

阿根廷滑柔鱼采自阿根廷专属经济区以外海域(45°17′～47°20′S；60°16′～60°49′W)，存放于船舱冷库中并运回至实验室。通过胴长大小分析、性腺发育程度及耳石日龄的鉴定划分出冬生群体(简称 W)和秋生群体(简称 AU)，冬生群体由 2 个部分组成，命名为 W1，W2(表 2-10)。取套膜肌肉组织，置于 95 %乙醇中，−20℃保存备用。

表 2-10　阿根廷滑柔鱼样本采集信息

产卵季节群体	简称	平均胴长/cm	平均体重/g	采样时间
冬生群体	W1	15.11±0.58	63.13±9.05	2011 年 12 月下旬
	W2	19.73±1.19	151.22±21.92	2012 年 4 月上旬
秋生群体	AU	30.81±1.42	660.32±106.52	2012 年 4 月上旬

(2)DNA 的提取、PCR 扩增及测序

采用组织/细胞基因组 DNA 快速提取试剂盒(北京艾德莱生物科技有限公司)提取

DNA，洗脱缓冲液 EB 溶解，−20℃保存备用。用 1.2%琼脂糖凝胶电泳检测 DNA 质量，紫外分光光度计检测 DNA 浓度。

COI 基因扩增引物为：COIF：5′−ACTGAATTAGGG/TCAACCC/TGGATC−3′，COIR：5′−ATAAAATTGGGTCTCCTCCTCCACTA−3′。

Cytb 基因扩增引物为：CytbF：5′−CGTGGGATTTATTATGGTTCTTA−3′，CytbR：5′−GAATCACCCAAAACATTAGGAA−3′。

PCR 反应总体积均为 25μL，其中 10×PCR Buffer 2.5μL、*Taq* DNA polymerase (5U/μL)0.2μL、dNTP(各 2.5mmol/L)2μL、上下游引物(10μmol/L)各 0.6μL、DNA 模板 20ng、ddH_2O 补足体积。PCR 扩增反应程序均为：94℃预变性 2min；94℃变性 30s，56℃退火 45s，72℃延伸 45s，35 个循环；72℃最后延伸 2min。PCR 产物经过 1.2%琼脂糖凝胶电泳分离，经琼脂糖凝胶纯化试剂盒(北京艾德莱生物科技有限公司)纯化后送至北京六合华大基因股份有限公司进行双向测序。

(3)数据分析

所得序列采用 ClustalX 1.83(Thompson et al.，1997)软件进行编辑、校对和排序。采用 MEGA 4.0(Tamura et al.，2007)软件中的 Statistics 统计 DNA 序列的碱基组成。单倍型数、单倍型多样性指数(h)、核苷酸多样性指数(π)、平均核苷酸差异数(k)等遗传多样性参数由 DnaSP 4.10(Rozas et al.，2003)软件计算。利用 Arlequin 3.01(Excoffier et al.，2005)软件中 Amova 分析方法估算遗传变异在群体内和群体间的分布，并计算群体间遗传分化系数(F-statistics，Fst)及其显著性(重复次数 1000)，群体间基因流 N_m 由公式 $N_m=(1-Fst)/2Fst$ 计算而得。

2. 结果

(1)COI 基因序列分析结果

所测定的序列经过 ClustalX 1.83 软件分析和 Blast 同源序列比对，获得长度为 554bp 的阿根廷滑柔鱼线粒体 COI 基因片段。基因片段序列组成如表 2-11 所示。在所有分析的基因序列中，A、T、G、C 平均含量分别为 29.03%、38.09%、15.37%、17.51%，A+T 含量(67.12%)明显高于 G+C 含量(32.88%)。在 61 条 COI 基因片段序列所定义的 10 个单倍型中发现 10 个变异位点，其中简约信息位点 5 个，转换和颠换分别为 9 个和 1 个，无插入和缺失。

由表 2-12 可知，单倍型 H1、H2、H6、H7、H10 为 2 个产卵群体共享单倍型，具有单倍型 H1 的个体数最多，为 44 个，占总数的 72.13%。遗传多样性参数统计表明，所有群体单倍型数、单倍型多样性指数(*h*)、核苷酸多样性指数(π)和平均核苷酸差异数(*k*)分别为 10、0.477±0.079、0.00193±0.00143、1.068(表 2-13)。

表 2-11　阿根廷滑柔鱼线粒体 COI 与 Cytb 基因片段序列组成

基因	片段长度/bp	基因序列数	A/%	T/%	G/%	C/%	A+T/%	G+C/%
COI	554	61	29.03	38.09	15.37	17.51	67.12	32.88
Cytb	461	80	24.72	47.58	18.88	8.82	72.30	27.70

表 2-12　阿根廷滑柔鱼群体 COI 基因序列单倍型及在群体中的分布

单倍型	变异位点										单倍型分布情况			
	112	157	205	229	274	310	328	382	449	454	W1	W2	AU	n
H1	A	C	T	C	T	A	C	G	C	A	12	16	16	44
H2	G	—	—	—	—	—	—	—	—	—	2	1	1	4
H3	G	T	C	—	—	—	—	A	—	—		1		1
H4	—	—	—	—	—	G	—	—	—	—	1	1		2
H5	—	—	—	—	—	—	—	—	T	—		1		1
H6	—	—	—	—	—	G	T	—	—	—	1	1	1	3
H7	G	T	C	—	C	—	—	A	—	—	1		1	2
H8	—	—	—	A	—	—	—	—	—	—	1			1
H9	—	—	—	—	—	—	—	—	—	G	1			1
H10	G	—	C	—	—	—	—	A	—	—	1		1	2

表 2-13　基于 COI 基因序列的阿根廷滑柔鱼群体遗传多样性参数

群体	样本数	单倍型数	单倍型多样性指数(h)	核苷酸多样性指数(π)	平均核苷酸差异数(k)
W1	20	8	0.647±0.120	0.00254±0.00181	1.405
W2	21	6	0.429±0.134	0.00151±0.00125	0.838
小计	41	10	0.533±0.094	0.00199±0.00148	1.100
AU	20	5	0.368±0.135	0.00189±0.00146	1.047
合计	61	10	0.477±0.079	0.00193±0.00143	1.068

遗传结构分析方面，两两群体间的 Fst 值从−0.04367～−0.02590，统计检验均不显著($P>0.05$)，基因流均大于 1，说明群体间基因交流频繁(表 2-14)。Amova 分析进一步显示群体间均不存在显著的遗传结构，遗传变异主要来自于群体内(表 2-15)。

表 2-14　基于 COI 基因序列的阿根廷滑柔鱼群体间 Fst 分析

群体	W1	W2	AU
W1	—	18.81	10.95
W2	−0.025 90($P>0.05$)	—	14.88
AU	−0.043 67($P>0.05$)	−0.0333 61($P>0.05$)	—

备注：对角线下：遗传分化系数 Fst；对角线上：基因流 N_m

表 2-15 基于 COI 基因序列对阿根廷滑柔鱼群体的 Amova 分析

变异来源	自由度 df	平方和	变异组分	变异百分数	Fst
群体间	2	0.352	0.018 22Va	3.45	0.034 50(P>0.05)
群体内	58	31.682	0.546 22Vb	96.55	
总计	60	32.033	0.564 44		

(2)Cytb 基因序列分析结果

与 COI 基因序列分析方法相类似，获得 461bp 的 Cytb 基因片段序列。在所有分析的基因序列中，A、T、G、C 平均含量分别为 24.72%、47.58%、18.88%、8.22%，A+T 含量(72.30%)明显高于 G+C 含量(27.70%)。在 80 条 Cytb 基因片段序列所定义的 7 个单倍型中发现 7 个变异位点，其中简约信息位点 2 个，全为转换，无插入和缺失。由表 2-16 可知，单倍型 H1、H2、H5 为 2 个产卵群体共享单倍型，具有单倍型 H1 的个体数最多，为 53 个，占总数的 66.25%。遗传多样性参数统计表明，所有群体单倍型数、单倍型多样性指数(h)、核苷酸多样性指数(π)和平均核苷酸差异数(k)分别为 7、0.528±0.058、0.00265±0.00189、1.222(表 2-17)。

表 2-16 阿根廷滑柔鱼群体 Cytb 基因序列单倍型及在群体中的分布

单倍型	变异位点							单倍型分布情况			
	082	085	148	231	300	312	339	W1	W2	AU	n
H1	G	T	C	C	T	A	T	22	22	9	53
H2	—	—	T	T	—	—	—	5	5	4	14
H3	—	—	—	—	—	—	C		1		1
H4	A	C	—	—	—	—	—	2	1		3
H5	—	—	T	—	C	G	—	5	1	1	7
H6	—	—	T	—	—	G	—	1			1
H7	—	—	T	—	—	—	—			1	1

表 2-17 基于 Cytb 基因序列的阿根廷滑柔鱼群体遗传多样性参数

群体	样本数	单倍型数	单倍型多样性指数(h)	核苷酸多样性指数(π)	平均核苷酸差异数(k)
W1	28	5	0.569±0.099	0.00316±0.00220	1.455
W2	21	5	0.538±0.114	0.00256±0.00191	1.181
小计	49	6	0.549±0.076	0.00288±0.00203	1.330
AU	31	4	0.501±0.088	0.00230±0.00174	1.062
合计	80	7	0.528±0.058	0.00265±0.00189	1.222

遗传结构分析方面，两两群体间的 Fst 值从−0.02642～−0.01281，统计检验均不

显著($P>0.05$)，基因流均大于 1，说明群体间基因交流频繁(表 2-18)。Amova 分析进一步显示群体间均不存在显著的遗传结构，遗传变异主要来自于群体内(表 2-19)。

表 2-18 基于 Cytb 基因序列的阿根廷滑柔鱼群体间 Fst 分析

群体	W1	W2	AU
W1	—	38.53	264.05
W2	−0.012 81($P>0.05$)	—	18.42
AU	0.001 89($P>0.05$)	−0.026 42($P>0.05$)	—

备注：对角线下：遗传分化系数 Fst；对角线上：基因流 N_m

表 2-19 基于 Cytb 基因序列对阿根廷滑柔鱼群体的 Amova 分析

变异来源	自由度 df	平方和	变异组分	变异百分数	Fst
群体间	2	0.900	0.006 29Va	1.03	0.010 32($P>0.05$)
群体内	77	47.388	0.615 43Vb	98.97	
总计	79	48.288	0.621 72		

3. 讨论

研究分别获得的 554bp 和 461bp 的线粒体 COI 与 Cytb 基因序列片段，碱基 A+T 含量均明显高于 G+C 含量，符合 4 种核苷酸在线粒体基因组中分布不均一的特点。基于 COI 基因研究的 61 个个体共检测出 10 个多态位点，定义 10 个单倍型。其中单倍型 H1 为所有群体共有，在群体中所占比例最大(72.13%)(表 2-12)，推测单倍型 H1 很可能是较原始的单倍型。基于 Cytb 基因研究的 80 个个体检测出 7 个多态位点，共定义 7 个单倍型。其中单倍型 H1 为所有群体共有，在群体中所占比例最大(66.25%)(表 2-16)，推测单倍型 H1 很可能是较原始的单倍型类型。2 个基因片段序列定义的单倍型间序列分歧值较低，且多态位点中单碱基位点所占比例较高，均体现出种群内较低的核苷酸多样性水平。冬生群体的单倍型多样性指数、核苷酸多样性指数与平均核苷酸差异数均大于秋生群体，冬春生群体 W1 与 W2 遗传多样性指数也存在差异(表 2-13，表 2-17)。比较分析其他海洋生物线粒体 DNA 序列遗传变异，认为阿根廷滑柔鱼 2 个产卵群体具有中等偏低的单倍型多样性水平和较低的核苷酸多样性水平(常抗美等，2010；闫杰等，2011；路心平等，2009；赵峰等，2011)。物种的遗传变异越丰富，对环境变化的适应能力越强；反之，更容易受到环境变化的影响(Huennekel，1991)。与大多数柔鱼类一样，阿根廷滑柔鱼为短生命周期种类，且终生只产一次卵，产完卵后即死亡(Rodhouse et al.，1998)。若环境发生剧烈变化，其种群数量易发生波动，导致渔业不稳定(Boyle 和 Rodhouse，2005)。因此由本研究也可推测，阿根廷滑柔鱼 2 个产卵群体比较容易受到环境的影响，年产量易出现波动。

在长期的进化过程中，阿根廷滑柔鱼通过延长产卵时期与发生纬度方向的迁移，最大化地扩大后代的时空分布来降低这种风险(O'Dor 和 Lipinski，1998)。每个世代包含不同的群体，它们在不同的生长和存活条件下具有不同的生物学特性，如生长率和性成熟胴长等，使得阿根廷滑柔鱼具有较复杂的种群结构(Carvalho 和 Nigmatullin，1998)。本书通过 COI 与 Cytb 基因的两个分子遗传标记研究阿根廷滑柔鱼 2 个产卵季节群体遗传变异，两两群体间的 Fst 值以及 Amova 分析结果均表明，2 个产卵季节群体间遗传差异均不显著，不存在显著的群体遗传结构。冬生群体 W1 与 W2 的遗传差异也不显著。阿根廷滑柔鱼在产卵前由南向北聚集，其产卵期及生命周期第一个阶段与巴西海流和福克兰海流形成的锋面及交汇区息息相关。然后向南洄游，索饵、生长及性成熟阶段与福克兰海流有着紧密联系(Anderson 和 Rodhouse，2001)。实验所取的秋生群体样本全为雌性个体，性腺发育期为Ⅲ、Ⅳ期，Ⅳ期个体居多。同时期所取的冬生群体(W2)样本有部分个体达到初次性成熟，它们有可能和秋生群体一起向北洄游参与繁殖活动。Arkhipkin(1993)对阿根廷滑柔鱼产卵前聚集时的生物学与渔业特征进行研究，认为冬生群体 4～6 月从索饵区域向北洄游，在阿根廷大陆架三个作业区域均出现群体聚集现象，且雄性个体提前 2～3 周向北洄游。Crespi-Abril 和 Barón(2012)根据产卵场与肥育场海表面温度和叶绿素 a 浓度，认为阿根廷滑柔鱼在 41°S 以南巴塔哥尼亚大陆架、大陆坡外缘海域进行产卵前聚集，只需消耗较少的能量即可达到相对有利的沿岸产卵区域而不是巴西海流和福克兰海流交汇区。阿根廷滑柔鱼不仅通过在不连续的季节及海域(巴塔哥尼亚大陆架、大陆坡中部与外缘)产卵，而且通过准永久性迁移到沿岸海域产卵来产生比较连续的补偿群体。这样的产卵方式很可能导致阿根廷滑柔鱼的遗传差异较低。总的来看，阿根廷滑柔鱼具有长距离洄游生活史，加之海流的作用使得群体间进行频繁基因交流成为可能，这与本研究中由两两群体间的 Fst 值推断出群体间具有较高的基因流相一致(表 2-14、表 2-18)。

值得指出的是，本次研究所获得的样本集中于我国在阿根廷滑柔鱼商业开发的公海海域，采样范围小，建议今后扩大采样范围，尽量在阿根廷滑柔鱼整个分布区域取样，同时综合考虑海洋环境因素及阿根廷滑柔鱼自身的生活史特征，以期获得比较全面且系统的阿根廷滑柔鱼的种群遗传结构。

第三章　阿根廷滑柔鱼耳石的微结构及微化学

头足类硬组织主要包括耳石、角质颚和内壳等，其生长贯穿头足类的整个生活史过程，是用于头足类日龄、生长、种群结构以及生活史过程等生态学信息研究的主要材料之一。耳石(statolith)是头足类用来调节自身平衡的硬组织(Arkhipkin 和 Bizkov，2000)，其生长贯穿头足类整个生命周期，并且沉积过程具有不可逆性(Radtke，1983)，储存了包括反映日龄的生长轮纹(Jackson，1994)，能够有效反映生长海域环境变化的微量元素等重要信息(Arkhipkin，2005)，因此被广泛用于研究头足类的年龄与生长、种群结构等渔业生物学特性(Arkhipkin，1990；Hatanaka，1986；Chen et al.，2010)。了解耳石外形变化和生长特性及影响因素，利用它们进行头足类的年龄和生长、种群结构和生活史过程等渔业生物学和生态学信息研究具有重要的意义。本章通过阿根廷滑柔鱼耳石外部形态的分析，掌握影响其在发育期间外形变化因素，了解阿根廷滑柔鱼耳石微结构及其外形和生长特性；通过阿根廷滑柔鱼耳石微结构和微化学分析，掌握其日龄、生长及其种群结构，探讨其微量元素变化与栖息环境关系，分析其洄游及其迁移路线，从而为全面掌握阿根廷滑柔鱼渔业生物学打下基础。

第一节　利用耳石研究阿根廷滑柔鱼年龄、生长和群体结构

西南大西洋阿根廷滑柔鱼种群结构比较复杂，根据不同的划分规则，可以划分 3 个或 4 个群体(Hatanaka，1986；Brunetti，1981；Shilin et al.，1983；Nigmatullin，1986；1989；Haimovici 和 Perze，1990；Haimovici et al.，1995)，而南巴塔哥尼亚种群(South Patagonic Stock，SPS)被认为是中国大陆鱿钓渔船主要捕获群体。本节将根据中国大陆鱿钓船在西南大西洋海域采集阿根廷滑柔鱼样本，利用耳石微结构对其年龄、生长和群体结构进行研究，对阿根廷滑柔鱼资源的可持续开发和利用提供依据。

一、材料和方法

1. 样本采集海域和时间

样品来自“新世纪 52 号”和“浙远渔 807 号”专业鱿钓船。采样时间为 2007 年 2～5 月、2008 年 3～5 月和 2010 年 1～3 月，采集海域分别为 40°02′～46°53′S、57°55′～ 60°43′W；45°03′～46°57′S、60°02′～ 60°47′W 和 45°17′～47°14′S、60°05′～ 60°

47′W(图 3-1)。每个站点渔获中随机抽取柔鱼 10～15 尾，获得的样本经冷冻保藏运回实验室，共采集样本 3462 尾(其中 2007 年 308 尾、2008 年 262 尾、2010 年 2892 尾)。

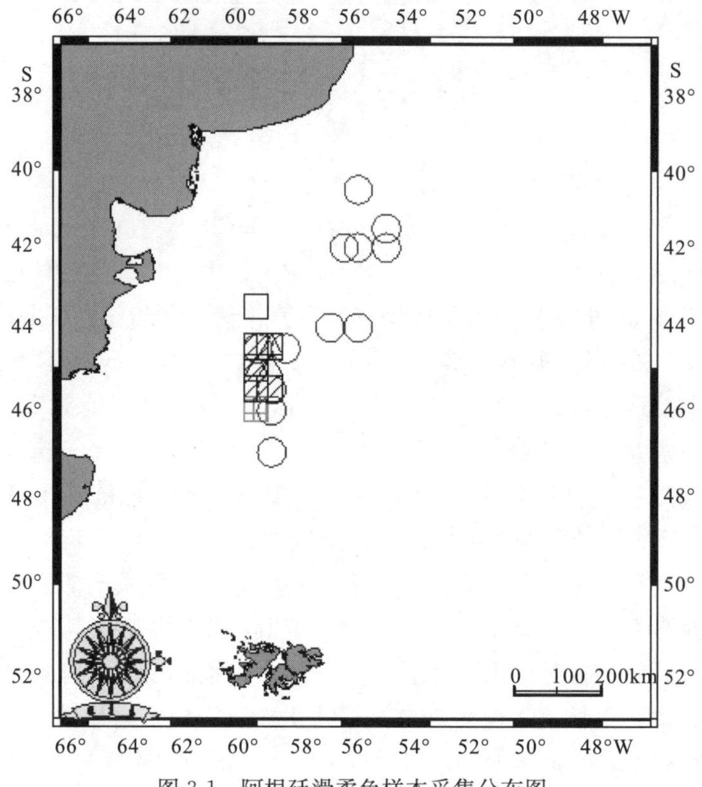

图 3-1 阿根廷滑柔鱼样本采集分布图

2. 生物学测量及耳石提取

实验室解冻后对阿根廷滑柔鱼进行生物学测定，包括胴长(mantel length，ML)、体重(body weight，BW)、性别、性成熟度等。胴长测定精确至 0.1cm，重量精确至 0.1 g，样本组成见表 3-1。

表 3-1 阿根廷滑柔鱼样本组成

采样时间	采样海域		采样个数	平均胴长/mm	胴长标准差/mm
	纬度	经度			
2007.02	45°13′～45°58′S	60°23′～60°43′W	83	221.3913	28.1311
2007.03	40°02′～45°39′S	60°02′～60°18′W	59	238.5682	20.7974
2007.04	41°59′～46°53′S	57°55′～46°53′W	101	268.8182	33.7722
2007.05	45°27′～45°48′S	60°07′～60°19′W	65	290.7500	40.9485
2010.01	45°21′～45°40′S	60°15′～60°39′W	1158	199.5774	19.3109
2010.02	45°17′～46°20′S	60°06′～60°31′W	961	217.5295	28.5682
2010.03	46°05′～47°14′S	60°05′～60°47 W	733	224.8805	14.8775

从头部平衡囊提取耳石，最后得到完整耳石样本 3450 对(雌 2019 对、雄 1431 对)，雌

雄阿根廷滑柔鱼的胴长分别为 267～350mm、122～266mm。对取出的耳石进行编号并存放于盛有 95%乙醇溶液的 1.5mL 离心管中，以便清除包裹耳石的软膜和表面的有机物质。

3. 耳石制备和日龄读取

耳石研磨方法详见 Kazutaka 和 Taro(2006)。将制备好的耳石切片置于 Olympus 光学显微镜(物镜×4，×10，×40，目镜×10)×400 下，采用 CCD 拍照，并通过数据线将照片传入电脑，然后利用 PhotoShop 8.0 图像处理软件处理，并计数轮纹数目。计数过程中，每一个耳石的轮纹计数两次，每次计数的轮纹数目与均值的差值低于 5%，则认为计数准确，否则再计数两次取四次平均值(Kazutaka 和 Taro，2006)。经对不同胴长组的样本进行随机抽样和研磨，最后得到有效耳石 531 枚(2007 年 160 枚，2008 年 125 枚，2010 年 302 枚)，耳石各区及研磨平面见图 3-2。

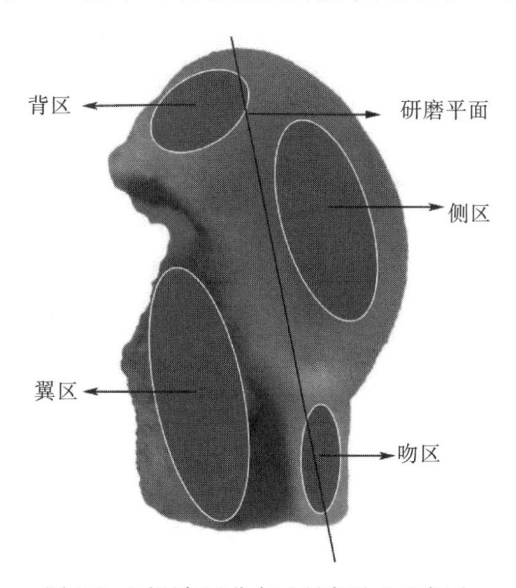

图 3-2　耳石各区分布及研磨平面示意图

4. 耳石形态测量

选取右耳石进行图像拍摄，首先将耳石凸面向上置于 Nikon ZOOM645 S 体式显微镜(物镜×0.8，×1，×2，×3，×4，×5；目镜×10)×50 倍下进行 CCD 拍照，然后利用 YR-MV1.0 显微图像测量软件对耳石各形态参数值进行测量。测量时，沿水平和垂直两个方向进行校准后，对耳石总长(total beak length，TSL)、最大宽度(maximum width，MW)、背区长(dorsal dome length，DDL)、背侧区长(ventral dorsal dome length，DLL)、侧区长(lateral dome length，LDL)、吻侧区长(rostrum lateral dome length，RLL)、吻区长(rostrum length，RL)、吻区宽(rostrum width，RW)、翼区长(wing length，WL)和翼区宽(wing width，WW)10 项形态参数(图 3-3)进行测量(刘必林等，2008)，测量结果精确至 0.01μm。测量由 2 人独立进行，若两者测量的误差超过 5%，则重新测量，否则取它们的平均值。

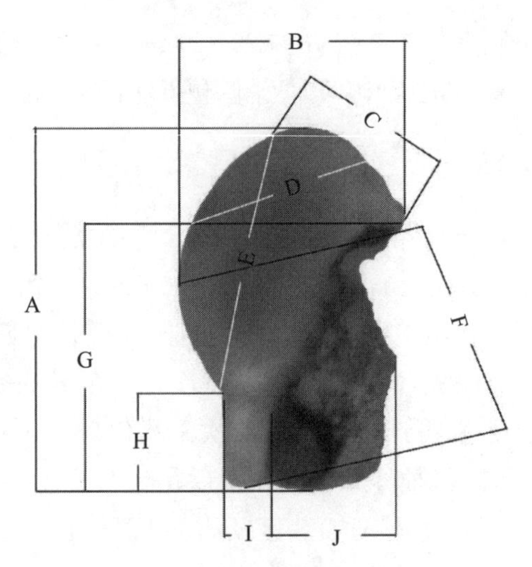

A. TSL；B. MW；C. DDL；D. DLL；E. LDL；F. RLL；G. WL；H. RL；I. RW；J. WW

图 3-3　耳石形态参数示意图

5. 孵化群体划分

通过判读样本的耳石获得日龄数据，结合捕捞日期，逆算出样本的孵化日期，并根据不同的孵化日期，划分不同的孵化群体(Kazutaka 和 Taro，2006)。

6. 生长模型选取

首先利用协方差分析不同年分、不同性别间日龄与胴长、日龄与体重是否存在显著性差异。

然后采用线性生长模型、指数生长模型、幂函数生长模型、对数函数模型、Logistic、Von Bertalanffy、Gompertz 生长模型(Kazutaka 和 Taro，2006；刘必林等，2008；Akihiko et al.，1997；Malcolm，2001)分别拟合阿根廷滑柔鱼的生长方程：

线性方程：

$$L = a + bt \tag{3-1}$$

指数方程：

$$L = a\mathrm{e}^{bt} \tag{3-2}$$

幂函数方程：

$$L = at^{b} \tag{3-3}$$

对数函数方程：

$$L = a\ln t + b \tag{3-4}$$

Logistic 生长方程：

$$L_t = \frac{L_\infty}{1 + \exp[-K(t_i - t_0)]} \tag{3-5}$$

Von Bertalanffy：

$$L_t = L_\infty \times \{1 - \exp[-K(t_i - t_0)]\} \tag{3-6}$$

Gompertz：

$$L_t = L_\infty \times \exp\{1-\exp[-K(t_i - t_0)]\} \tag{3-7}$$

式中，L 为胴长（或体重），单位为 mm 或 g；t 为日龄，单位为 d；a、b、G、g、k 为常数；t_0为 $L=0$ 时的理论日龄；L_∞为渐进体长。

采用最大似然法（Hiramatsu，1993；Cerrato，1990）估计模型生长参数，其公式为：

$$L(\widetilde{L} \mid L_\infty, K, t_0, \sigma^2) = \prod_{i=1}^{N} \frac{1}{\sigma\sqrt{2\pi}} \exp\left\{\frac{-[L_i - f(L_\infty, K, t_0, t_i)]^2}{2\sigma^2}\right\} \tag{3-8}$$

式中，σ^2 为误差项方差（Imai et al.，2002），其初始值设定为总体样本平均体长的15%（Buckland et al.，1993）。最大似然法取自然对数后估算求得（陈新军等，2011），生长参数在 Excel 2003 中利用规划求解拟合求得。

最后应用（Akaike′s information criterion，AIC）用来生长模型比较（Hiramatsu，1993；Cerrato，1990）。其计算公式为：

$$\mathrm{AIC} = -2\ln L(p_1, \cdots, p_m, \sigma^2) + 2m \tag{3-9}$$

式中，$L(p_1, \cdots, p_m,)$为日龄体长数据的最大似然值，为模型参数的最大似然估计值，m 为模型中待估参数的个数。7 个生长模型中，取得最小 AIC 值的模型为最适生长模型。

7. 生长率估算

采用瞬时相对生长率 IRGR（instantaneous relative growth rate）和绝对生长率 AGR（absolute growth rate）来分析阿根廷滑柔鱼的生长，其计算公式为（Kazutaka 和 Taro，2006）：

$$\mathrm{IRGR} = \frac{\ln R_2 - \ln R_1}{t_2 - t_1} \times 100\% \tag{3-10}$$

$$\mathrm{AGR} = \frac{R_2 - R_1}{t_2 - t_1} \tag{3-11}$$

式中，IRGR 为相对生长率。R_2为 t_2龄时体重（BW）或胴长（ML）；R_1为 t_1龄时体重（BW）或胴长（ML）；ML 单位为 mm；BW 单位为 g；AGR 为绝对生长率，单位为 mm/d 或 g/d；时间间隔为 30d。

二、结　果

1. 耳石的微结构

观察发现，阿根廷滑柔鱼耳石的生长轮纹由明暗相间的环纹组成，生长起点即耳石中心（focus）颜色稍暗，核心区（nuclear zone，NZ）为零轮以内的区域，通常呈水滴形（图 3-4a）；耳石侧区颜色相对较暗，但生长纹最为清晰，轮纹宽度及间隔也比较均匀，易于生长纹的计数（图 3-4b）；背区生长纹排列整齐、均匀，颜色最亮，也比较易于生长纹的读取(图 3-4c)，耳石吻区生长纹相对模糊，轮纹宽度不一，存在着明显的细密和粗大的轮纹，且颜色稍暗，不利于日龄的读取(图 3-4d)。就整体而言，从核心到侧区边缘，轮纹宽度由窄至宽、亮度由明至暗；侧区到北区边缘，轮纹则由宽至窄，亮度由暗至明。

根据生长纹的宽度和颜色的明暗，可以将整个耳石分为三个区域，分别为后核心区(postnuclear，P)、暗区(dark zone，DZ)、外围区(peripheral zone，PZ)(图 3-4e)。其中 DZ 区域轮纹最宽，P 区轮纹较窄，PZ 区轮纹最窄，三个区域间没有明显的界线(图 3-4e)。

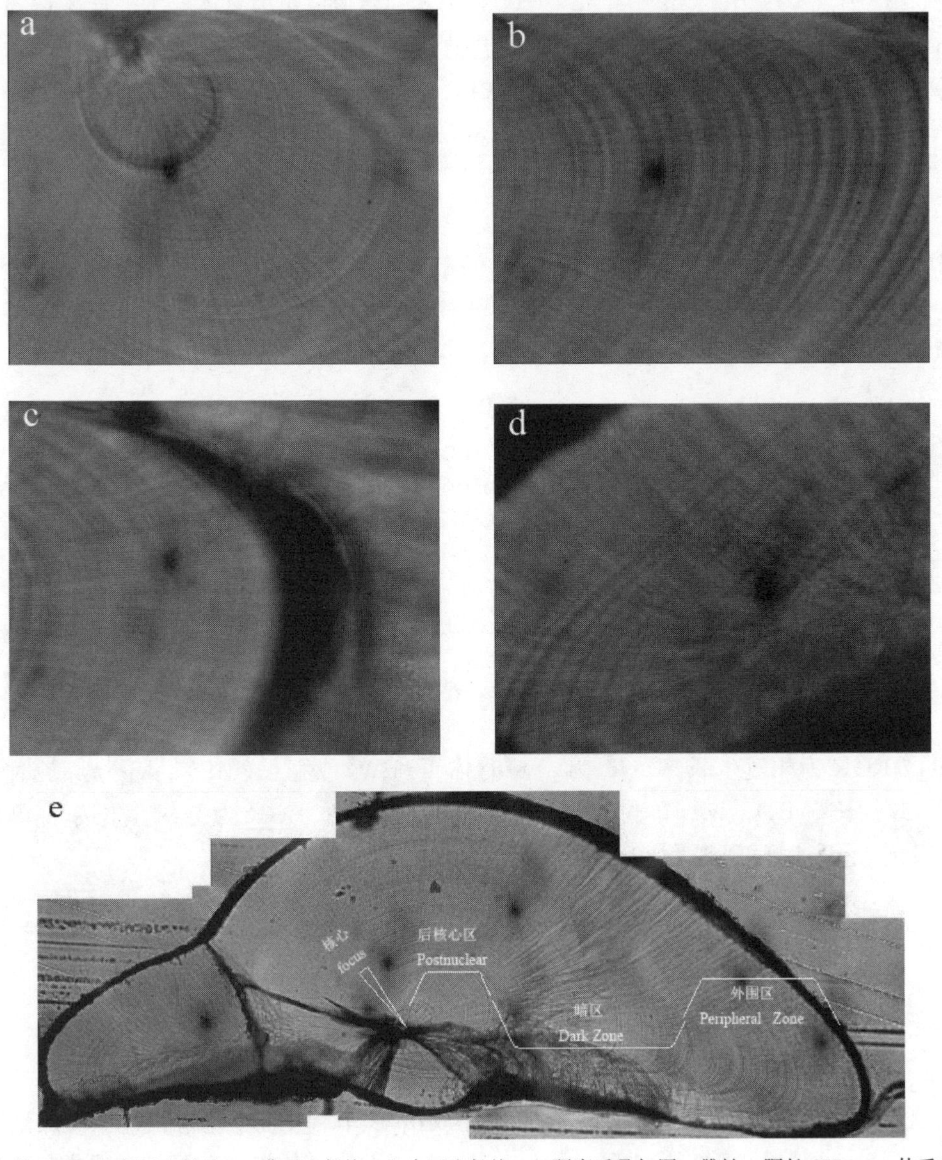

a. 核心区；b. 侧区生长纹；c. 背区生长纹；d. 吻区生长纹；e. 研磨后叠加图：雌性，胴长 255mm，体重255g，年龄 315d

图 3-4　阿根廷滑柔鱼耳石微结构示意图

2. 日龄组成

耳石微结构判读表明(图 3-4e)，2007 年渔获物样本的日龄为 207～370d，平均日龄为 286.5d。其中，优势日龄组为 240～330d，占总数的 83.19%；其次分别为 210～240d 和 330～360d，分别占总数的 7.96%和 7.07%。2008 年渔获物样本的日龄为 208～359d，平均日龄为 293.8d。其中，优势日龄组为 240～330d，占总数的 91.72%；其次为 210～240d，占总数的 6.91%。2010 年渔获物样本的日龄为 173～400d，平均日龄为 300d。其中，优势日龄组为 240～360d，占总数的 88.68%；其次分别为 210～240d 和 360～390d，均占总数的 4.53%(图 3-5)。

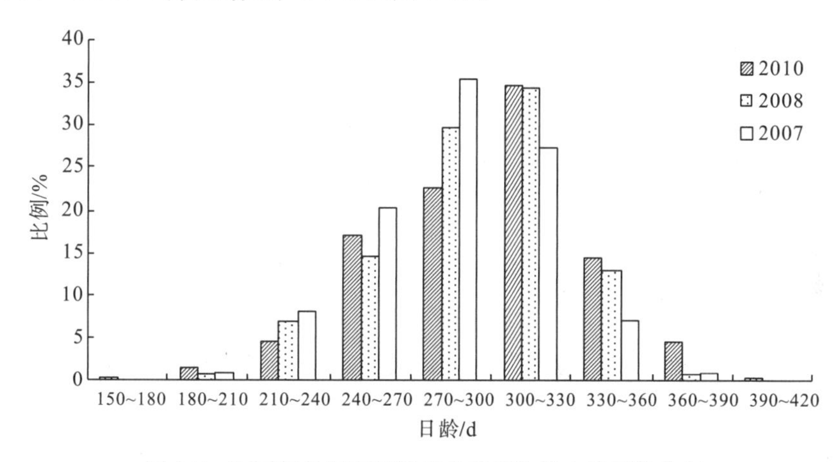

图 3-5　不同年份阿根廷滑柔鱼渔获物样本的日龄分布

3. 孵化期推断及群体划分

根据日龄和捕捞日期推算的结果显示，2007 年阿根廷滑柔鱼孵化日期分布在 2006 年 3～12 月，几乎遍布全年，但主要集中在 6～7 月，占总数的 84.91%。2008 年阿根廷滑柔鱼孵化日期分布在 2007 年 5～12 月，主要集中在 6～8 月，占总数的 90.94%。2010 年阿根廷滑柔鱼孵化日期分布在 2009 年 1～12 月，遍布全年(图 3-6)，但是孵化高峰期出现在 3～5 月，占总数的 74.77%，其次为 6～8 月，占总数的 13.59%。

根据阿根廷滑柔鱼孵化期的推算，可以认为样本由秋季和冬季两个孵化群体组成，其中 2007 年、2008 年阿根廷滑柔鱼属于冬生群(6～7 月)，即布宜诺斯艾利斯－巴塔哥尼亚北部种群(BNS)，而 2010 年样本则主要为秋生群(3～5 月)，即南部巴塔哥尼亚种群(SPS)。

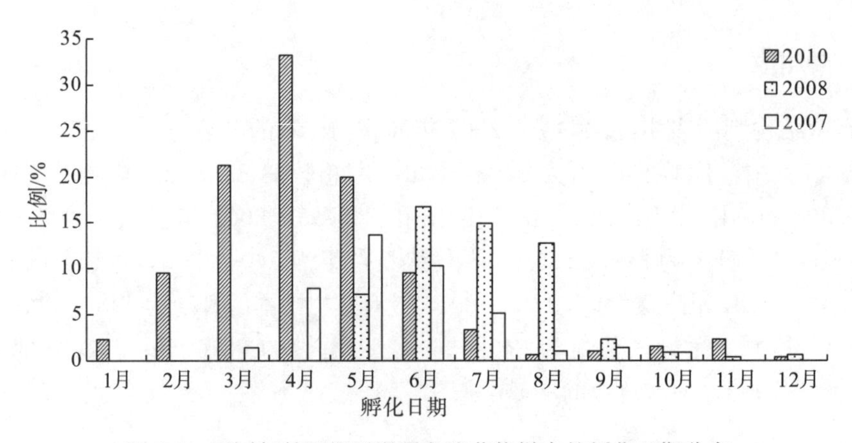

图 3-6 不同年份阿根廷滑柔鱼渔获物样本的孵化日期分布

4. 日龄和胴长的关系

协方差分析表明，2007、2008 年间阿根廷滑柔鱼日龄与胴长之间的关系不存在显著性差异($F=0.597$，$P=0.082>0.05$)，而 2007 与 2010 年($F=227.33$，$P=0.001<0.05$)、2008 与 2010($F=264.44$，$P=0.001<0.05$)年间则都存在显著性差异。由于 2007 年、2008 年阿根廷滑柔鱼样本属于冬生群，而 2010 年阿根廷滑柔鱼属于秋生群，所以不同年间存在的胴长生长的差异性，也可以解释为不同群体间胴长生长存在的差异性。通过协方差分析，冬季群体($F=161.36$，$P=0.003<0.05$)和秋季群体间($F=65.56$，$P=0.001<0.05$)阿根廷滑柔鱼胴长的生长都存在性别间差异，所以将 2007 年、2008 年样本合并，而将 2010 年样本独立并分不同性别研究阿根廷滑柔鱼日龄与胴长之间的关系。通过方程的拟合、最大似然法则的优化及 AIC 的比较(表 3-2)，得到阿根廷滑柔鱼胴长最佳生长方程分别如下：

表 3-2 阿根廷滑柔鱼不同胴长生长模型的生长参数与 AIC 值比较

		Model	L_∞	a/K	b/t_0	AIC	r^2
雌性	冬季产卵群	线性	—	0.798	38.098	1069.417	0.693
		幂函数	—	2.757	0.808	1072.141	0.687
		指数函数	—	106.995	0.003	1061.974	0.708
		对数	—	209.627	−917.061	1082.336	0.665
		Logistic	7655.341	0.003	1313.214	1914.474	0.707
		Von-Bertalanffy	1853.044	3.281×10^{-5}	5000.000	3688.663	0.637
		Gompertz	1245.986	8.251×10^{-5}	5555.000	3713.846	0.591
	秋季产卵群	线性	—	0.453	86.351	1006.7389	0.556
		幂函数	—	7.672	0.591	1006.8778	0.554
		指数函数	—	116.651	0.002	1003.9221	0.558
		对数	—	124.941	−489.181	1007.2813	0.548
		Logistic	7626.282	2.131×10^{-3}	1941.532	1634.3925	0.554
		Von-Bertalanffy	1853.188	-2.701×10^{-6}	5000.054	1888.1412	0.496
		Gompertz	1295.344	1.091×10^{-4}	5572.093	1834.7549	0.467

(续表)

		Model	L_∞	a/K	b/t_0	AIC	r^2
雄性	冬季产卵群	线性	—	0.671	43.101	716.3168	0.575
		幂函数	—	2.481	0.803	735.5294	0.575
		指数函数	—	107.522	0.002	733.5573	0.583
		对数	—	183.441	−802.407	738.1656	0.565
		Logistic	7645.716	2.781×10^{-3}	1527.718	1316.8444	0.583
		Von-Bertalanffy	1850.522	-2.901×10^{-5}	5000.523	1522.1719	0.512
		Gompertz	1246.316	9.701×10^{-4}	5556.581	1501.3753	0.513
	秋季产卵群	线性	—	0.423	80.511	894.0167	0.632
		幂函数	—	5.478	0.637	764.5954	0.638
		指数函数	—	110.791	0.002	895.0053	0.613
		对数	—	129.691	−531.029	761.1139	0.647
		Logistic	7619.793	2.001×10^{-3}	2080.732	1364.3893	0.621
		Von-Bertalanffy	1853.044	-2.601×10^{-4}	5000.001	3098.781	0.573
		Gompertz	1245.985	1.091×10^{-4}	5554.999	3120.021	0.541

冬生群生长方程为：

雌性：$ML=106.9955\times e^{0.0032Age}$　　($R^2=0.7082$，$n=152$，图 3-7)

雄性：$ML=0.6705\times Age+43.10$　　($R^2=0.5756$，$n=109$，图 3-7)

秋生群生长方程为：

雌性：$ML=116.65\times e^{0.0021Age}$　　($R^2=0.5582$，$n=141$，图 3-7)

雄性：$ML=129.69\times \ln Age-531.03$　　($R^2=0.6478$，$n=127$，图 3-7)

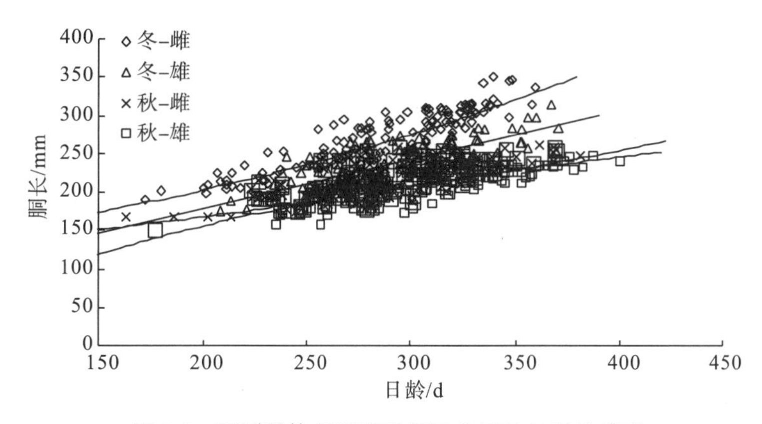

图 3-7　不同群体的阿根廷滑柔鱼日龄与胴长关系

5. 日龄和体重的关系

协方差分析表明，2007、2008 年间阿根廷滑柔鱼日龄与体重的关系不存在显著性差异($F=13.3274$，$P=0.08>0.05$)，而 2007 与 2010 年($F=220.64$，$P=0.001<0.05$)、2008 与 2010($F=515.26$，$P=0.001<0.05$)年间则都存在显著性差异。通过协方差分析，冬生群($F=70.54$，$P=0.003<0.05$)和秋生群($F=1.748$，$P=0.001<$

0.05)间阿根廷滑柔鱼存在性别间差异。因此，将 2007、2008 年样本合并，而将 2010 年样本独立并分不同性别研究阿根廷滑柔鱼日龄与体重的关系。通过生长方程的拟合、最大似然法则的优化及 AIC 的比较(表 3-3)，得到阿根廷滑柔鱼体重最适生长方程如下：

表 3-3 阿根廷滑柔鱼不同体重生长模型的生长参数与 AIC 值比较

		Model	L_∞	a/K	b/t_0	AIC	r^2
雌性	冬季产卵群	线性	—	0.798	38.101	1569.417	0.693
		幂函数	—	9.091×10^{-5}	2.706	1525.834	0.695
		指数函数	—	17.355	0.011	1535.261	0.716
		对数	—	992.566	−5186.501	1580.166	0.617
		Logistic	7697.522	0.011	542.554	2861.776	0.715
		Von-Bertalanffy	1853.043	5.351×10^{-5}	5000.001	3712.944	0.648
		Gompertz	1245.991	1.851×10^{-5}	5555.001	3735.632	0.571
	秋季产卵群	线性	—	1.265	−158.682	1208.037	0.539
		幂函数	—	0.007	1.802	1206.302	0.545
		指数函数	—	34.386	0.006	1203.495	0.541
		对数	—	344.115	−1739.500	1213.815	0.521
		Logistic	7626.283	0.002	1941.533	1634.345	0.553
		Von-Bertalanffy	1853.189	2.65×10^{-5}	5000.055	1888.141	0.513
		Gompertz	1295.344	0.001	5572.093	1834.755	0.082
雄性	冬季产卵群	线性	—	3.308	−638.294	1075.649	0.601
		幂函数	—	2.761×10^{-5}	2.864	1068.769	0.625
		指数函数	—	16.569	0.011	1066.987	0.631
		对数	—	919.098	−4884.841	1082.268	0.575
		Logistic	7687.766	0.005	847.265	2088.601	0.485
		Von-Bertalanffy	1718.038	4.331×10^{-5}	4981.685	2202.277	0.497
		Gompertz	1152.962	4.891×10^{-5}	5523.645	2197.159	0.476
	秋季产卵群	线性	—	1.327	−185.165	1108.686	0.527
		幂函数	—	0.001	2.144	1117.937	0.491
		指数函数	—	40.231	0.005	1117.695	0.492
		对数	—	406.366	−2101.06	1105.178	0.541
		Logistic	7619.745	0.002	2081.428	1364.365	0.621
		Von-Bertalanffy	1853.045	2.571×10^{-5}	5000	3098.780	0.471
		Gompertz	1245.985	0.001	5554.999	3120.020	0.497

冬生群生长方程：

雌性：$BW=9.09\times10^{-5}Age^{2.7062}$ ($R^2=0.6959$，$n=152$，图 3-8)

雄性：$BW=15.5689\times e^{0.0101Age}$ ($R^2=0.6319$，$n=109$，图 3-8)

秋生群生长方程：

雌性：$BW=34.3861\times e^{0.0061Age}$ ($R^2=0.5413$，$n=141$，图 3-8)

雄性：$BW=404.3661\times \ln Age-2101.6$ ($R^2=0.5407$，$n=127$，图 3-8)

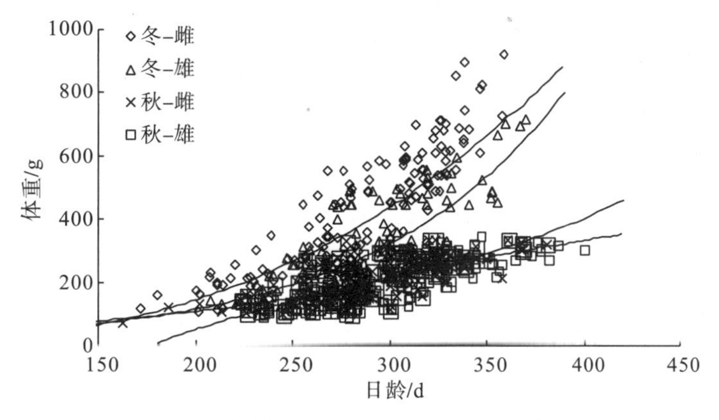

图 3-8 不同群体的阿根廷滑柔鱼日龄与体重关系

(6) 生长率分析

研究表明，阿根廷滑柔鱼生长迅速。对胴长生长率进行分析，冬生群雌性个体胴长平均相对和绝对生长率分别为 0.29%/d 和 0.73mm/d，最大相对生长率(0.39%/d)和绝对生长率(1.09mm/d)均出现在 301～330d；最小相对生长率(0.147%/d)和绝对生长率(0.37mm/d)出现在 271～300d(表 3-4)；雄性个体的胴长平均相对和绝对生长率分别为 0.20%/d 和 0.50mm/d，最大相对生长率(0.351%/d)和绝对生长率(0.845 mm/d)均出现在 301～330d；最小相对生长率(0.045%/d)和绝对生长率(0.094mm/d)出现在 211～240d(表 3-4)。

秋生群雌性个体的胴长平均相对和绝对生长率分别为 0.19%/d 和 0.41mm/d，最大相对生长率(0.289%/d)和绝对生长率(0.645mm/d)均出现在 301～330d；最小相对生长率(0.074%/d)和绝对生长率(0.152mm/d)出现在 241～270d(表 3-4)；雄性个体胴长平均相对和绝对生长率分别为 0.19%/d 和 0.38mm/d，最大绝对生长率(0.702%/d)和相对生长率(0.385mm/d)均出现在 241～270d；最小相对生长率(0.115%/d)和绝对生长率(0.254mm/d)出现在 331～360d(表 3-4)。总体而言，无论是冬生群和秋生群，无论是相对生长率还是绝对生长率，同一日龄段内，雌性个体都比雄性个体大。此外，随着日龄的增加，两个群体胴长的相对生长率总体上没有规律，而绝对生长率总体上呈现上升趋势。

表3-4 阿根廷滑柔鱼胴长生长率

		日龄/d	数量	平均值/mm	标准差 SD/mm	绝对生长率 /(g/d)	相对生长率 /(%/d)
雌性	冬季产卵群	151～180	1	191.001	—	—	—
		181～210	7	209.001	9.271	0.600	0.301
		211～240	19	222.702	14.301	0.456	0.211
		241～270	22	246.301	24.331	0.788	0.336
		271～300	40	257.402	25.981	0.370	0.147
		301～330	47	290.201	22.871	1.094	0.401
		331～360	15	—	—	—	—
		361～390	0	—	—	—	—
	秋季产卵群	151～180	1	167.002	0	—	—
		181～210	2	167.503	0.707	0.016	0.009
		211～240	14	203.001	12.492	1.166	0.632
		241～270	26	207.071	19.106	0.152	0.074
		271～300	38	213.342	21.628	0.209	0.099
		301～330	41	232.707	13.471	0.645	0.289
		331～360	11	239.272	9.466	0.218	0.092
		361～390	6	252.833	7.961	0.452	0.183
雄性	冬季产卵群	151～180	0	—	—	—	—
		181～210	1	208.002	—	—	—
		211～240	6	211.001	24.943	0.094	0.045
		241～270	23	217.478	14.234	0.221	0.103
		271～300	44	228.841	21.482	0.378	0.169
		301～330	19	254.211	16.167	0.845	0.351
		331～360	12	275.003	15.177	0.692	0.262
		361～390	2	298.502	21.921	0.783	0.273
	秋季产卵群	151～180	0	—	—	—	—
		181～210	0	—	—	—	—
		211～240	8	172.003	6.104	—	—
		241～270	18	192.944	17.896	0.702	0.385
		271～300	24	201.458	15.119	0.283	0.143
		301～330	43	216.953	13.381	0.516	0.247
		331～360	22	224.591	8.539	0.254	0.115
		361～390	10	236.303	6.992	0.391	0.169

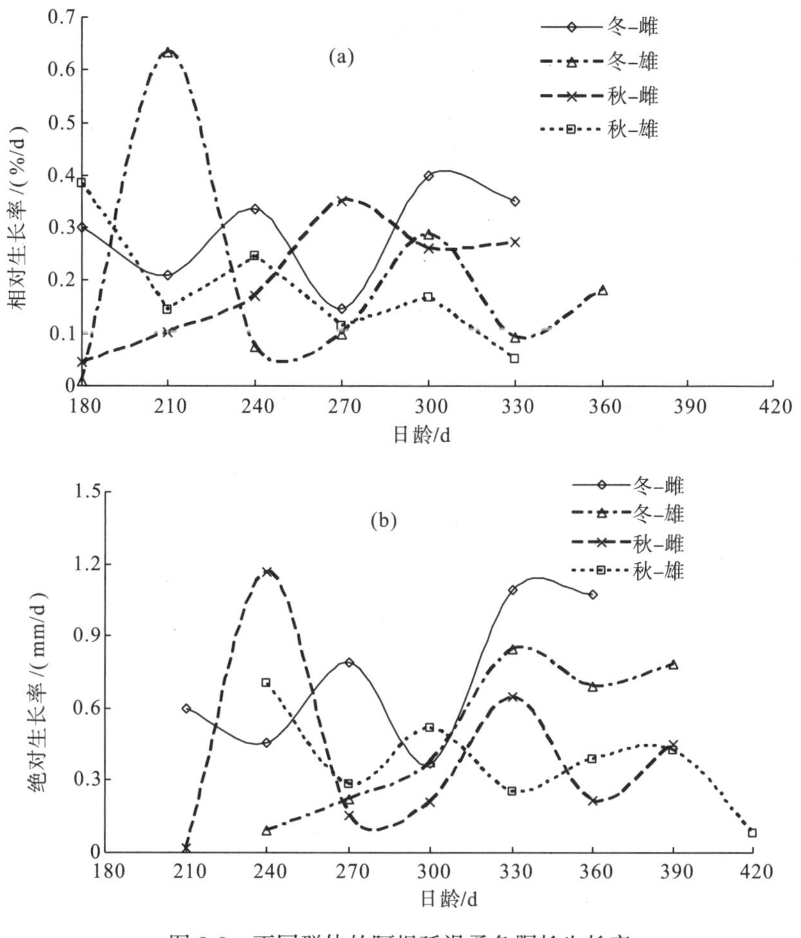

图 3-9　不同群体的阿根廷滑柔鱼胴长生长率

对体重生长率进行分析，冬生群雌性个体体重平均相对和绝对生长率分别为0.91%/d 和 3.25g/d，最大相对生长率(1.281%/d)和绝对生长率(6.35g/d)分别出现在 301～330d 和 331～360d；最小相对生长率(0.56%/d)和绝对生长率(1.08g/d)出现在 211～240d(表 3-5)；冬生群雄性个体体重平均相对和绝对生长率分别为 0.89%/d 和3.35g/d，最大相对生长率(1.181%/d)和绝对生长率(5.947g/d)分别出现在 301～330d和 361～390d；最小相对生长率(0.69%/d)和绝对生长率(1.08g/d)出现在 211～240d(表 3-5)。

秋生群雌性个体体重平均相对和绝对生长率分别为 0.50%/d 和 1.04g/d，最大相对生长率(0.561%/d)和绝对生长率(1.627g/d)均出现在 361～390d；最小相对生长率(0.341%/d)和绝对生长率(0.458g/d)出现在 211～240d(表 3-5)；雄性个体体重平均相对和绝对生长率分别为 0.59%/d 和 1.45g/d，最大相对生长率(0.894%/d)和绝对生长率(1.916g/d)均出现在 271～300d；最小相对生长率(0.061%/d)和绝对生长率(0.186g/d)出现在 361～390d(表 3-5)。总体而言，无论是冬生群和秋生群，无论是相对生长率还是绝对生长率，同一日龄段内雌性个体基本都比雄性个体大。此外，随着日龄的增加，两个群体体重的相对生长率变化没有规律，而绝对生长率总体上则呈现上升趋势。

表 3-5　不同群体的阿根廷滑柔鱼体重生长率

		年龄/d	数量	平均值/g	标准差 SD/mm	绝对生长率 /(g/d)	相对生长率 /(%/d)
雌性	冬季产卵群	151～180	2	139.001	29.698	—	—
		181～210	5	179.402	47.637	1.000	0.851
		211～240	17	211.941	56.204	1.000	0.555
		241～270	24	308.541	94.901	3.000	1.251
		271～300	40	358.501	123.651	1.665	0.501
		301～330	47	526.446	122.711	5.598	1.281
		331～360	15	724.333	112.664	6.350	1.063
		361～390		—	—	—	—
	秋季产卵群	151～180	1	72.001	—	—	—
		181～210	2	127.901	6.929	1.863	1.915
		211～240	14	142.001	25.764	0.458	0.341
		241～270	26	164.361	52.169	0.757	0.495
		271～300	38	188.231	60.047	0.795	0.452
		301～330	41	252.692	43.941	2.148	0.981
		331～360	11	266.845	26.345	0.471	0.181
		361～390	6	315.683	13.089	1.627	0.561
雄性	冬季产卵群	151～180	0	—	—	—	—
		181～210	1	140.002	—	—	—
		211～240	6	172.003	40.878	1.077	0.692
		241～270	23	219.004	57.306	1.555	0.798
		271～300	44	280.886	106.571	2.062	0.829
		301～330	19	400.421	94.636	3.984	1.181
		331～360	12	526.583	85.518	4.205	0.912
		361～390	2	705.002	14.142	5.947	0.972
	秋季产卵群	151～180	0	—	—	—	—
		181～210	0	—	—	—	—
		211～240	8	105.487	8.2521	2.147	1.588
		241～270	18	170.001	58.953	0.564	0.316
		271～300	24	186.821	63.988	1.916	0.894
		301～330	43	244.307	54.903	0.736	0.288
		331～360	22	266.404	34.716	1.073	0.381
		361～390	10	298.601	28.822	0.186	0.061

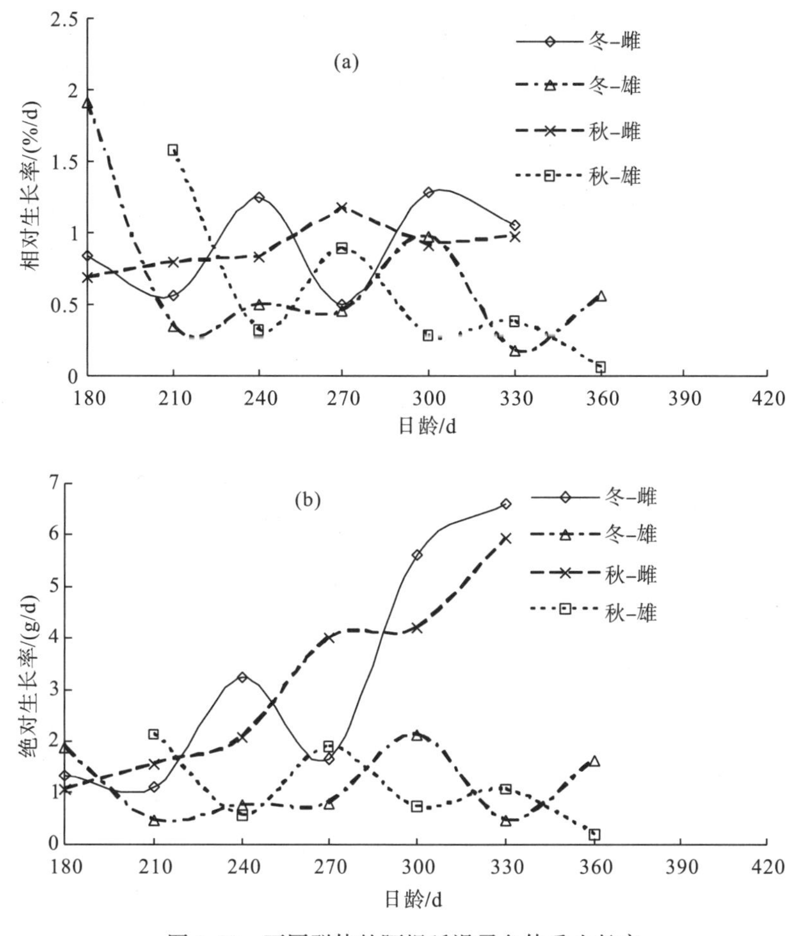

图 3-10　不同群体的阿根廷滑柔鱼体重生长率

三、讨论与分析

1. 日龄组成

同其他柔鱼科头足类相似(Chen et al.，2010；Kazutaka 和 Taro，2006；陈新军等，2011)，阿根廷滑柔鱼是一个生态机会主义种类(Brunetti，1990)，生长速度快，生命周期短(Santos 和 Haimovici，2000)。研究其日龄和生长的方法经历了长度频率分析法和耳石鉴别日龄法，但两者的结论都相对统一，都认为阿根廷滑柔鱼日龄大约为 1 年左右，通常不会超过 18 个月(刘必林等，2010；陆化杰等，2010；Uozumi 和 Shiba，1993)。研究结果表明，2007 年样本最大日龄为 370d，2008 年为 359d，而 2010 年则为 400d，基本上验证了其他学者的结论。

2. 种群划分

根据本研究结果，样本由两个不同群体的阿根廷滑柔鱼组成，分别为冬生群和秋生群，而且2007、2008年主要为冬生群，2010年则主要为秋季产卵群。王尧耕和陈新军(2005)通过研究认为，中国大陆在公海海域捕获的阿根廷滑柔鱼主要为冬生群，进一步验证了本研究的结果。但是，2010年渔获物则主要为秋生群，冬生群只占13%左右。在相同海域，不同时间捕获到不同群体的样本，这可能和阿根廷滑柔鱼多种群以及其南北洄游有关。秋生群于每年的2～5月聚集在43°～45°S海域，而此海域正是阿根廷滑柔鱼捕捞作业的盛渔期(王尧耕和陈新军，2005)，2007、2008年样本采集时间为3～5月和3～6月，因此主要采集的样本为冬生群。而2010年采集样本的时间为1～3月。生产统计资料显示，2010年中国大陆捕捞阿根廷滑柔鱼产量较2007、2008年产量明显低，这种现象可能与捕捞不同群体以及不同群体资源补充量减少有关。

3. 性别差异

研究表明，2007、2008与2010年间阿根廷滑柔鱼胴长与体重的生长均存在显著性差异，这与其他学者的研究结果相似(Arkhipkin，1990；刘必林等，2010)。Rodhouse和Hatfield(1990)认为，雌性个体生长速度较雌性快，并且成熟后个体比雄性大，但是雄性个体较雄性个体早，胴长和日龄最适合用线性模型表示的结论。也有学者(Arkhipkin，1990)认为，阿根廷滑柔鱼未成熟前雄性和雄性个体的生长率基本相同，成熟后雄性生长率相对雌性小，并推测个体生长在200d以后，雄性个体的生长率要比雌性慢1/3。本研究表明，无论是冬生群还是秋生群，阿根廷滑柔鱼胴长和体重的生长均存在显著性差异，而且基本上是雌性样本生长速度大于雄性样本。

4. 生长方程差异

研究表明，阿根廷滑柔鱼冬生群雌雄样本胴长生长分别最适合用幂函数和线性函数表示，秋生群则分别最适合用指数和对数函数表示；冬生群体重生长雌雄个体分别最适合用幂函数和对数函数表示，秋生群则分别最适合用指数和对数函数表示。而其他学者如Hatanaka(1986)认为，可用Von-Bertalanffy生长模型可用来研究阿根廷滑柔鱼冬生群的生长，Uozumi和Shiba(1993)认为阿根廷滑柔鱼生长可能存在一个拐点，拟采用Logistic生长方程。还有学者认为，线性方程是描述阿根廷滑柔鱼的最佳方程(Arkhipkin，1990；Hatanaka，1986；Arkhipkin，1991)。本研究中，雄性个体的冬生群胴长生长方程最适合为线性方程，这一研究结果与Rodhouse和Hatfield(1990)研究结论比较类似。目前为止，针对阿根廷滑柔鱼胴长与日龄、体重等关系的研究结果并不完全一致，可能和阿根廷滑柔鱼长距离洄游、大范围分布、多群体叠加及复杂的海洋环境等外部环境有关，同时也可能和不同性成熟阶段、不同胴长范围等自身生长阶段等有关(Uozumi和Shiba，1993)。由于柔鱼科耳石自身沉积和生长在不同海洋环境(Uozumi和Shiba，1993)，胴长范围(Chen et al.，2012)和性成熟度也不完全均衡(陆化杰等，2011)，可能也会对研究结果产生一些影响(陈新军等，2010)。

第二节　影响阿根廷滑柔鱼耳石外形变化的因素分析

一、分 析 方 法

首先用 Levene's 法进行方差齐性检验，不满足齐性方差时对数据进行反正弦或者平方根处理(管丁华，2005)。

然后分不同性别、不同性腺成熟度、不同胴长对反映各区生长的 10 个形态参数分别进行 ANOVA 分析，对于存在极显著性差异($P<0.01$)的参数做组间多重比较(LSD)(管于华，2005)，以便分析不同因子对耳石各区生长的影响。

最后利用 MW/TSL、RW/RL、WW/WL 分别作为耳石整体外形变化指标、吻区、翼区变化指标(Nigmatullin，1986)，并采用 ANOVA 对它们进行分析，对于存在极显著性差异($P<0.01$)的参数做组间的多重比较，分析不同因子对耳石 MW/TSL、RW/RL、WW/WL 的影响。

二、结　果

1. 耳石参数组成

阿根廷滑柔鱼耳石结构由背区、侧区、翼区和吻区组成，其中背区最小，侧区稍大，翼区宽大，吻区长窄，雌、雄性样本中各形态参数见表 3-6。

表 3-6　阿根廷滑柔鱼耳石形态参数值

	雌性样本			雄性样本		
	最大值/μm	最小值/μm	均值/μm	最大值/μm	最小值/μm	均值/μm
TSL	1249.071	745.981	1000.282	1143.451	729.962	974.777
MW	711.162	341.041	510.326	670.962	322.901	500.011
DDL	451.191	151.311	285.688	467.971	147.322	284.001
DLL	741.042	381.182	576.783	727.102	420.634	563.555
LDL	915.161	489.871	724.956	938.752	448.007	702.734
RLL	938.171	415.151	669.489	882.541	316.478	650.011
RL	384.192	72.192	283.034	435.401	89.741	273.388
RW	229.81	78.182	143.844	205.266	67.451	143.441
WL	982.322	528.211	771.014	942.101	451.199	748.198
WW	406.102	105.121	303.789	404.132	151.113	297.533

2. 耳石形态的影响因素

(1)性别对耳石形态的影响

ANOVA 分析结果认为，不同性别间阿根廷滑柔鱼耳石的 TSL($F_{14.600}=0.000<0.01$)、MW($F_{4.316}=0.038<0.05$)、DLL($F_{5.246}=0.022<0.05$)、LDL($F_{11.319}=0.001<0.05$)、RLL($F_{7.041}=0.008<0.01$)、RL($F_{5.166}=0.023<0.05$)、WL($F_{10.709}=0.001<0.01$)均呈现出显著差异，其中 TSL、LDL 和 WL 存在极显著性差异。

(2)性腺成熟度对耳石形态的影响

雌性个体，ANOVA 结果认为：TSL($F_{16.759}=0.000<0.01$)、MW($F_{11.377}=0.000<0.01$)、DLL($F_{21.667}=0.000<0.01$)、LDL($F_{30.466}=0.000<0.01$)、WL($F_{8.453}=0.000<0.01$)、WW($F_{9.161}=0.000<0.01$)不同性腺成熟度间的变化均存在极显著性差异。

LSD 法进行多重比较认为：对于雌性个体的 TSL、MW 和 WL，性腺成熟度Ⅰ级与Ⅲ、Ⅳ级，Ⅱ级与Ⅲ、Ⅳ级存在显著的差异($P<0.05$)；而 DLL、LDL 和 WL，性腺成熟度Ⅰ级与Ⅱ、Ⅲ、Ⅳ级，Ⅱ级与Ⅲ、Ⅳ级存在显著的差异($P<0.05$)。总体而言，随着性腺逐渐成熟，TSL、MW、DLL、LDL、WL、WW 均不断增加，但Ⅰ级、Ⅱ级增加幅度快，Ⅲ级以后各值增加幅度减慢，Ⅲ级与Ⅳ级之间各区长度都不存在显著性差异。不同性腺成熟度下 6 个耳石形态参数的均值变化如图 3-11 所示。

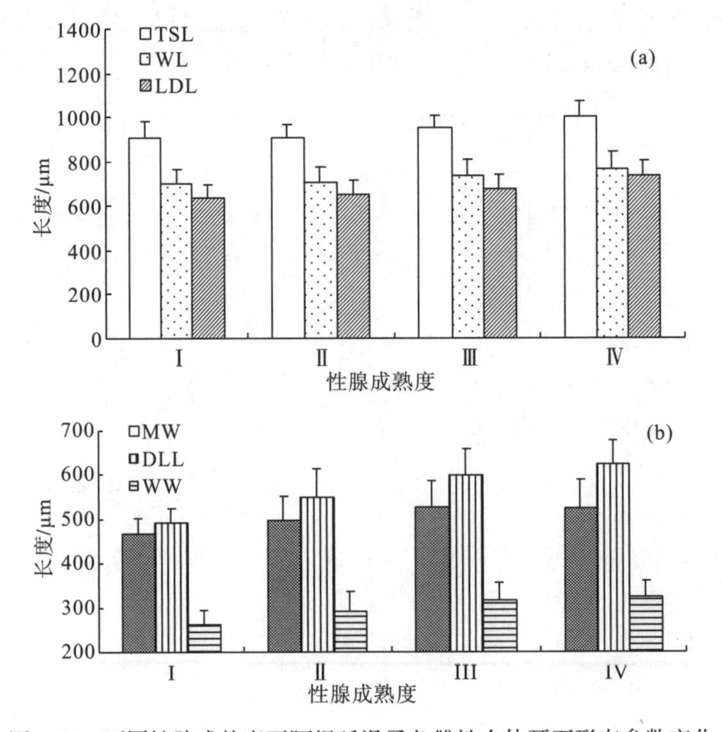

图 3-11　不同性腺成熟度下阿根廷滑柔鱼雌性个体耳石形态参数变化

雄性个体，ANOVA 分析结果认为：TSL($F_{18.978}$＝0.000＜0.01)、MW($F_{4.629}$＝0.0008＜0.01)、DLL($F_{13.811}$＝0.000＜0.01)、LDL($F_{19.860}$＝0.000＜0.01)、WL($F_{6.675}$＝0.000＜0.01)、WW($F_{9.740}$＝0.000＜0.01)在不同性腺成熟度间均存在极显著性差异。

LSD 法结果认为，对于雄性个体的 TSL，在性腺成熟度Ⅰ级与Ⅲ、Ⅳ级、Ⅱ级与Ⅲ级之间存在显著性差异(P＜0.05)；MW、DDL、LDL、WL 的Ⅳ级与Ⅰ、Ⅱ和Ⅲ级存在显著的差异(P＜0.05)；而对于 WW，Ⅰ级与Ⅲ、Ⅳ级，Ⅱ级与Ⅳ级，Ⅲ级与Ⅳ级之间存在显著性差异(P＜0.05)。总体而言，随着性腺逐渐成熟，TSL、MW、DLL、LDL、WL、WW 均不断增加，但Ⅰ级、Ⅱ级增加幅度快，Ⅲ级以后各值增加幅度减慢。不同性腺成熟度下 6 个耳石形态参数的均值变化如图 3-12 所示。

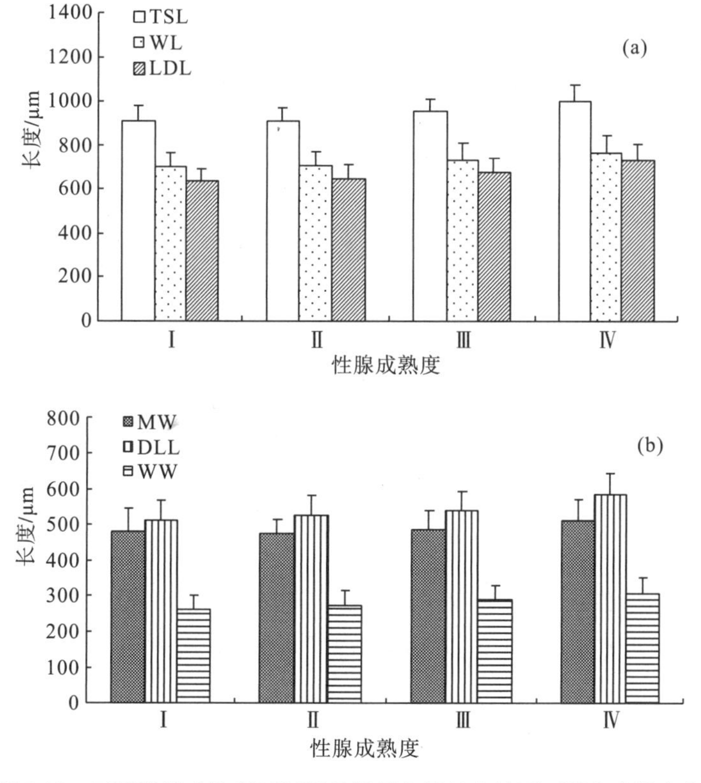

图 3-12　不同性腺成熟度下阿根廷滑柔鱼雄性个体耳石形态参数变化

(3)不同胴长组对耳石形态的影响

雌性个体，雌性样本中共分 4 个胴长组。ANOVA 分析结果认为：TSL($F_{51.852}$＝0.000＜0.01)、MW($F_{9.968}$＝0.000＜0.01)、DLL($F_{38.438}$＝0.000＜0.01)、LDL($F_{74.201}$＝0.000＜0.01)、WL($_{24.490}$＝0.000＜0.01)、WW($F_{15.753}$＝0.000＜0.01)在 4 个胴长组间均存在极显著性差异。

LSD 法分析：对于雌性个体的 TSL、DLL、LDL、WL 和 WW，胴长组 150～200mm 与 201～250mm、251～300mm 和 301～350mm，胴长组 201～250mm 与 251～

300mm 和 301～350mm，胴长组 251～300mm 和 301～350mm 都存在极显著性差异（$P<0.01$）；而对于 MW，胴长组 150～200mm 与 251～300mm 和 301～350mm，201～250mm 与 251～300mm 和 301～350mm 存在着极显著性差异（$P<0.01$）。总体而言，随着胴长的逐渐增加，TSL、MW、DLL、LDL、WL、WW 都不断增加，但胴长介于 150～200mm 与 201～250mm 时增加幅度快，胴长达到 251～300mm 以后各值增加幅度减慢。6 个耳石形态参数均值变化与胴长组的关系如图 3-13 所示。

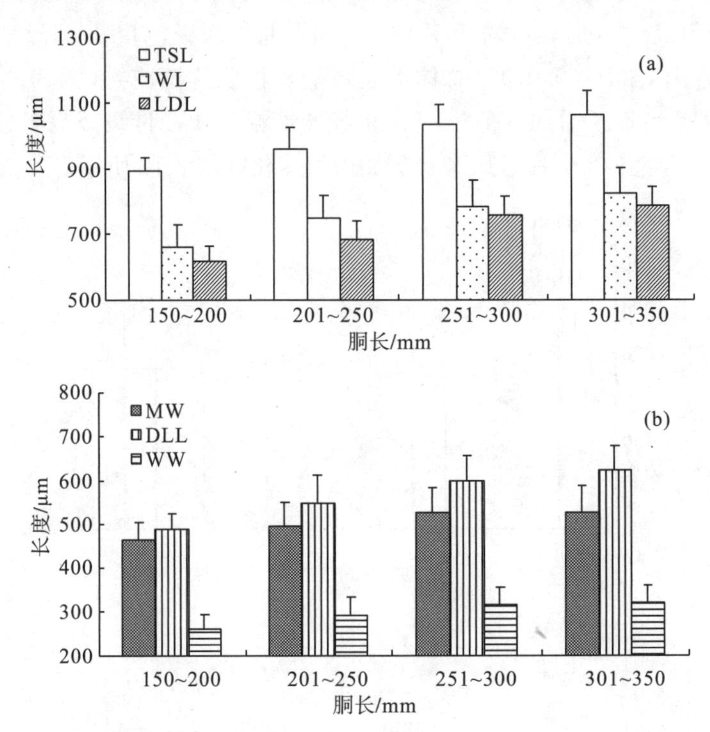

图 3-13　阿根廷滑柔鱼雌性个体耳石形态参数分布与胴长关系

雄性个体，雄性样本共分 3 个胴长组。ANOVA 分析结果认为：TSL（$F_{31.745}=0.000<0.01$）、MW（$F_{10.550}=0.000<0.01$）、DLL（$F_{44.278}=0.000<0.01$）、LDL（$F_{63.620}=0.000<0.01$）、WL（$F_{12.086}=0.000<0.01$）、WW（$F_{24.494}=0.000<0.01$）在 3 个胴长组间均存在极显著性差异。

LSD 法分析认为：对于雄性个体的 TSL、DLL、LDL、WL 和 WW，胴长组 151～200 mm 与 201～250mm 和 251～300mm，201～250mm 与 251～300mm 都存在显著性差异（$F<0.05$）；而对于 MW，胴长组 151～200mm 与 251～300mm，201～250mm 与 251～300mm 存在着极显著性差异（$P<0.01$）。总体而言，随着胴长的逐渐增加，TSL、MW、DLL、LDL、WL、WW 均不断增加，但胴长介于 150～200mm 与 201～250mm 时增加幅度较胴长介于 201～250mm 与 251～300mm 增加幅度小。不同胴长组下 6 个耳石形态参数均值变化如图 3-14 所示。

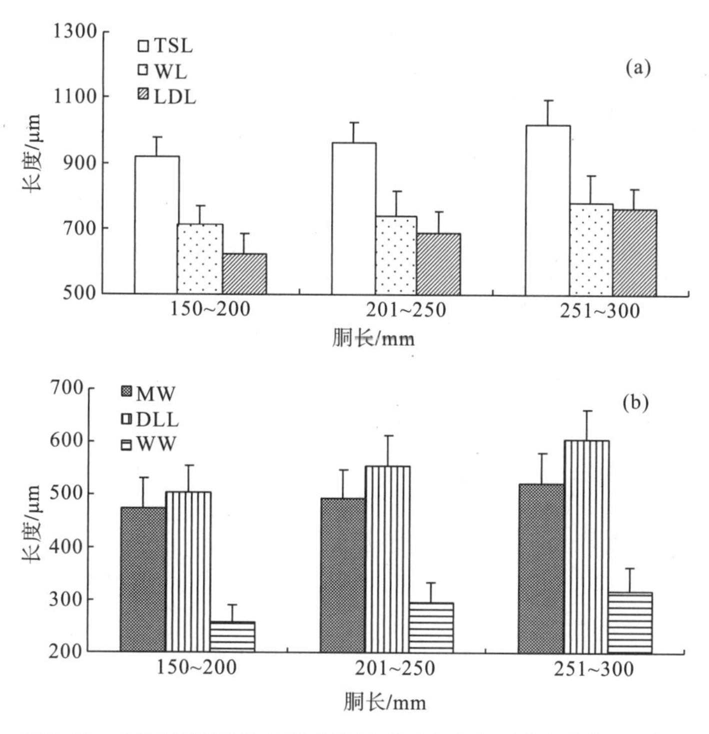

图 3-14　阿根廷滑柔鱼雌性个体耳石形态参数分布与胴长组关系

3. 耳石形态相对变化的分析

以 MW/TSL、RW/RL 和 WW/WL 三个指标来表征耳石形状的相对变化，分析性别、性成熟和个体大小对它们的影响。

(1)MW/TSL 相对变化分析

ANOVA 分析结果认为：MW/TSL 变化在不同的性别($F_{0.076}=0.7829>0.05$)、不同性腺成熟度($F_{0.334}=0.8552>0.05$)和不同胴长组($F_{0.634}=0.5932>0.05$)间都不存在显著性差异。MW/TSL 与胴长组、性腺成熟度的关系变化如图 3-15，其均值为 0.5133。

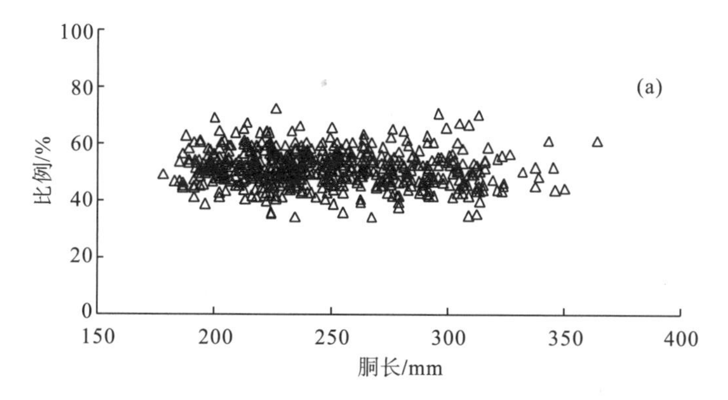

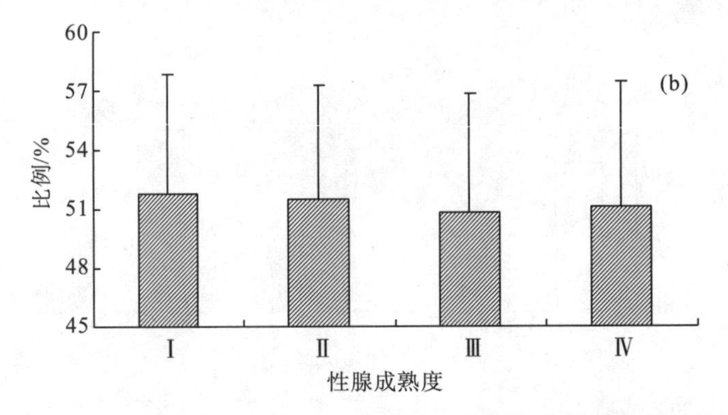

图 3-15　阿根廷滑柔鱼个体耳石 MW/TSL 与胴长和性腺成熟度关系

(2)RW/RL 相对变化分析

ANOVA 分析结果认为：RW/RL 变化在不同性别($F_{0.1773}$=0.6739>0.05)、不同性腺成熟度($F_{1.0603}$=0.3755>0.05)和不同胴长组($F_{1.3399}$=0.2605>0.05)间均不存在显著性差异。RW/RL 与胴长组和性腺成熟度的关系如图 3-16，其均值为 0.5265。

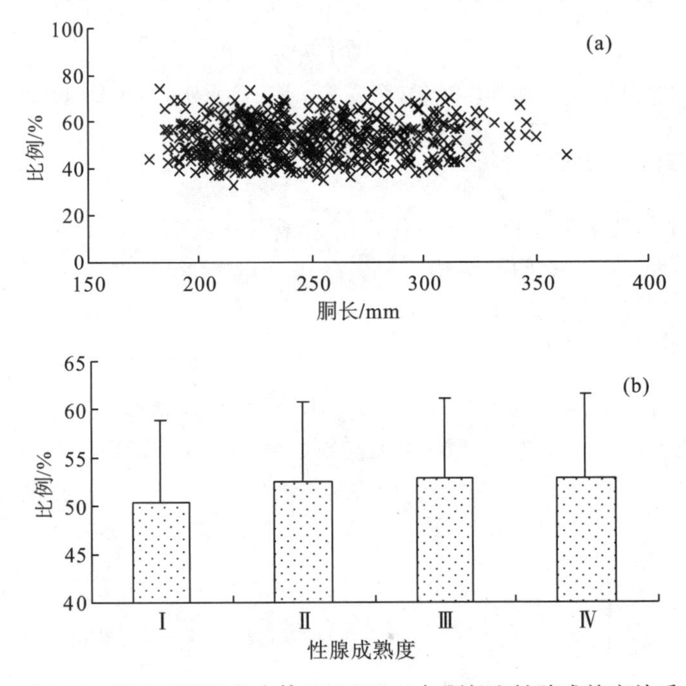

图 3-16　阿根廷滑柔鱼个体 RW/RL 比与胴长和性腺成熟度关系

(3)WW/WL 相对变化分析

ANOVA 分析结果认为，WW/WL 变化在不同性别($F_{3.7506}$=0.0533>0.05)、不同性腺成熟度($F_{1.0818}$=0.3647>0.05)和不同胴长组($F_{1.4031}$=0.2411>0.05)间均不存在显著性差异。WW/WL 与胴长组、性腺成熟度的关系如图 3-17，其均值为 0.3982。

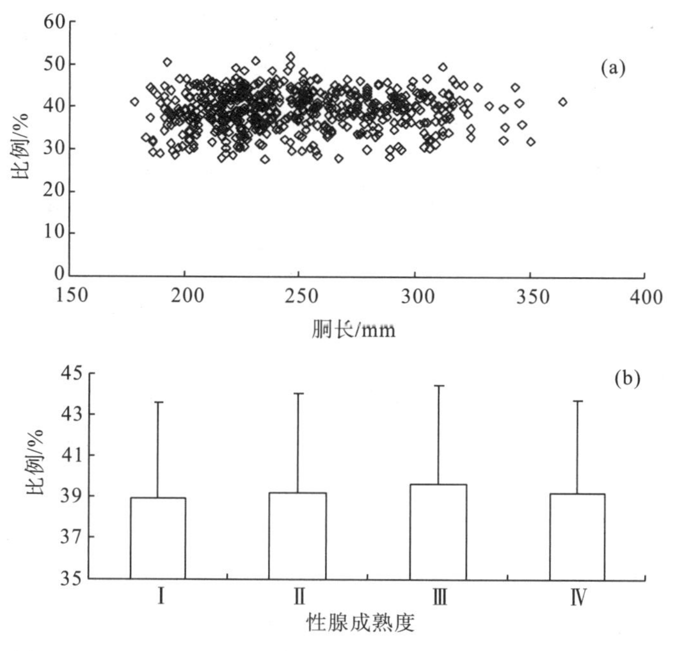

图 3-17　阿根廷滑柔鱼个体 WW/WL 与胴长和性腺成熟度关系

三、讨论与分析

研究认为，不同性别之间阿根廷滑柔鱼耳石的 TSL、MW、DLL、LDL、RLL、RL、WL 存在显著性差异。这可能与雌雄个体生长存在差异有关，通常不同性别的阿根廷滑柔鱼生长率存在差异(Rodhouse 和 Hatfield，1990)，这种生长速度的差异可能会影响到耳石的生长的同步性。

研究认为，无论雌雄个体，不同的性腺成熟度和不同的胴长范围内阿根廷滑柔鱼耳石的 TSL、MW、DLL、LDL、WL 和 WW 的生长都存在显著性差异。总体而言，不论雌雄，随着性腺逐渐成熟，TSL、MW、DLL、LDL、WL、WW 都不断增加，但Ⅰ级、Ⅱ级增加幅度快，Ⅲ级以后各值增加幅度减慢，因此Ⅲ级可能是各区生长的拐点；随着胴长的逐渐增加，雌性样本 TSL、MW、DLL、LDL、WL、WW 都不断增加，但胴长为 150～200mm 与 201～250mm 时增加幅度快，胴长达到 251～300mm 以后各值增加幅度减慢，而雄性样本各值也逐渐增加，但胴长为 150～200mm 与 201～250mm 时增加幅度较胴长为 201～250mm 与 251～300mm 增加幅度小，因此尽管缺乏胴长大于 300mm 的雄性样本，也可以推测 301～350mm 胴长可能是耳石各区生长的拐点。对属于同一柔鱼科的茎柔鱼耳石外形变化特征，陈新军等(2010)通过研究认为，不同的性腺成熟度、不同的胴长范围间，智利外海茎柔鱼耳石的外部形态变化存在明显的差异性。由于阿根廷滑柔鱼的整个生活史中，在不同的性成熟阶段、不同生长的阶段、不同的生长环境下，其个体的生长和发育存在差异，耳石生长、耳石外部形态特征也会随着个体的生长和发育阶段出现明显的差异，也就是说耳石生长在整个生命周期中不是均匀的。本书的研究证实了这一推测，这一论断可为利用耳石资料来推测阿根廷滑柔鱼生长模式等提供了理论依据。

尽管阿根廷滑柔鱼各区的外部形态绝对值变化在不同性别、不同性腺成熟度、不同胴长范围间存在明显的差异性，但对于外部形态的相对指标 MW/TSL、RW/RL、WW/WL，无论是雌雄样本之间、不同的性腺成熟度之间还是不同的胴长范围之间，都没有出现明显的差异。Schwarz 和 Perez(2007)也通过研究认为，两个不同群体之间，阿根廷滑柔鱼耳石的外部形态变化存在差异，但相对于同一个群体之间，其耳石整体外形变化并没有很大差异性。

第三节 阿根廷滑柔鱼耳石生长特性研究

一、材料与方法

1. 材料

样本来源及其生物学测定、角质颚提取、角质颚形态测量如上。

2. 分析方法

(1) 形态特征及关系式选取

首先对 10 个耳石形态参数进行主成分分析，获得能够表征耳石长度和宽度的参数。

然后利用协方差分析不同群体和不同性别间的日龄与外形参数以及耳石重量的关系是否存在显著性差异。

最后分别采用线性生长模型、指数生长模型、幂函数生长模型、对数函数模型和 Logistic 生长模型(陆化杰等，2012；Chen et al.，2010；Angel et al.，1996；Basson et al.，1996)拟合阿根廷滑柔鱼耳石的生长方程，并应用 AIC 模型选择最佳生长方程。

(2) 耳石生长率

采用瞬时相对生长率 IRGR(instantaneous relative growth rate)和绝对生长率 AGR (absolute growth rate)来分析阿根廷滑柔鱼耳石生长情况，其计算方程分别为(Chen et al.，2010)：

$$\text{IRGR} = \frac{\ln R_2 - \ln R_1}{t_2 - t_1} \times 100\% \tag{3-12}$$

$$\text{AGR} = \frac{R_2 - R_1}{t_2 - t_1} \tag{3-13}$$

式中，IRGR 为瞬时相对生长率；AGR 为绝对生长率，单位为 mm/d 或 mg/d；R_2为t_2龄时耳石重量(SW)或长度(TSL、FDL 和 FRL 等)；R_1为t_1龄时耳石重量(SW)或长度(TSL、FDL 和 FRL 等)；SW 的单位为 mg，TSL、FDL 和 FRL 的单位为 μm。

二、结　果

1. 耳石外部形态参数及重量组成

测量分析发现，不同性别阿根廷滑柔鱼耳石各形态参数见表 3-7。雌性 SW 为 121.37～402.5mg，雄性 SW 为 111.0～394.67mg。

表 3-7　阿根廷滑柔鱼耳石外形参数范围　(单位：μm)

长度变量	雌性		雄性	
	最大值	最小值	最大值	最小值
TSL	1220.65	745.98	1143.45	642.68
MW	752.21	351.04	670.96	349.49
DDL	459.92	151.31	467.97	144.78
DLL	741.04	381.18	727.13	287.61
LDL	938.75	489.87	938.75	455.26
RLL	908.37	415.15	882.54	316.47
RL	397.19	72.19	365.41	71.43
RW	229.81	78.18	205.26	47.07
WL	979.81	528.21	942.16	451.19
WW	404.13	101.04	404.13	85.49

2. 主成分分析

对耳石 10 项形态参数进行主成分分析(表 3-8)，结果显示样本第一、第二、第三、第四主成分解释形态参数的贡献率分别为 49.53 %、24.14%、13.54%和 8.78%，累计贡献率约为 90.99%。

从表 3-8 可以看出，第一主成分与反映耳石长度的 TSL、LDL、WL 等因子均呈较大的正相关，载荷系数均在 0.70 以上。因此，第一主成分可以被认为是耳石各区长度特征的代表；第二主成分与 TSL、DLL、LDL 及 WL 等反映耳石长度的因子均呈负相关，而与反映耳石宽度的 MW 和 DDL 呈正相关，且载荷系数大(与 DDL 载荷系数为 0.816)；第三主成分与反映耳石宽度的 MW 呈较大正相关，而与反映耳石长度的 TSL、RLL、RL 和 WL 均呈负相关；第四主成分与反映耳石宽度的 RW 呈较大正相关，而与反映耳石长度的 TSL、LDL、RLL 和 WL 均呈负相关，因此第二、三、四主成分可以被认为是耳石各区度特征的代表。综上所述，本研究选取 TSL 作为耳石长度的表征指标，选取 MW 作为耳石宽度的表征指标。

表 3-8　阿根廷滑柔鱼耳石 10 项形态参数四个主成分负荷值和贡献率

长度变量	主成分			
	1	2	3	4
TSL	0.915	−0.047	−0.054	−0.104
MW	0.422	0.498	0.592	0.034
DDL	0.047	0.816	0.202	0.049
DLL	0.545	−0.392	0.598	0.013
LDL	0.703	−0.297	0.273	−0.349
RLL	0.579	0.408	−0.401	−0.363
RL	0.683	0.137	−0.495	0.252
RW	0.573	−0.185	−0.135	0.636
WL	0.742	−0.132	−0.270	−0.260
WW	0.681	0.136	0.175	0.271
贡献率/%	49.534	24.143	13.536	8.777
累积贡献率/%	44.534	73.677	87.212	90.989

3. 主要外形形态参数与日龄的关系

协方差分析表明，2007 年、2008 年 TSL 与日龄之间的关系不存在显著性差异(F=0.797，P=0.373>0.05)，而 2007 与 2010 年(F=28.97，P=0.009<0.01)、2008 与 2010 年(F=8.732，P=0.003<0.01)都存在极显著性差异，同时分析表明 2007(F=8.666，P=0.074>0.05)、2008(F=0.365，P=0.546>0.05)与 2010 年(F=0.491，P=0.484>0.05)TSL 与年龄之间都不存在性别差异。对于 MW 与日龄的关系，也呈现一样的结果。因此，将 2007、2008 年样本合并，而将 2010 年样本独立并不分性别研究 TSL 和 MW 的生长，即分冬季产卵群体和秋季产卵群体研究 TSL 和 MW 的生长。通过方程的拟合、最大似然法则的优化及 AIC 的比较(表 3-9)，得到 TSL 和 MW 的最适生长方程分别如下：

冬季产卵群：

$TSL=2.70\times Age+176.55$　　(R^2=0.6145，n=262，图 3-18)

$MW=1.85\times Age-24.46$　　(R^2=0.6843，n=262，图 3-18)

秋季产卵群：

$TSL=659.87\times \ln Age-2819.1$　　(R^2=0.8285，n=229，图 3-18a)

$MW=417.41\times \ln Age-1778.8$　　(R^2=0.5462，n=229，图 3-18b)

表 3-9　阿根廷滑柔鱼耳石总长及最大宽度生长模型的参数与 AIC 值比较

参数	产卵群	模型	L_∞	a/K	b/t_0	AIC	r^2
耳石总长	冬季产卵群	线性	—	2.7048	176.551	2337.582	0.6145
		幂函数	—	8.4501	0.835	2341.036	0.5954
		指数	—	427.815	0.0028	2345.879	0.5873
		对数	—	775.0059	−3428.2	2338.183	0.6001
		Logistic	3818.2793	0.0001	7733.766	4782.647	0.5453
	秋季产卵群	线性	—	2.2632	259.691	1967.329	0.8206
		幂函数	—	13.0784	0.7494	1964.905	0.8227
		指数	—	463.0103	0.0023	1976.875	0.8121
		对数	—	659.8731	−2819.1	1958.149	0.8285
		Logistic	7124.7992	0.0014	1634.077	3942.658	0.4332
最大宽度	冬季产卵群	线性	—	1.8943	−24.4586	2072.345	0.6843
		幂函数	—	1.3845	−24.458	2072.443	0.6842
		指数	—	185.927	0.0036	2078.526	0.6763
		对数	—	539.3775	−2529.8	2074.018	0.6822
		Logistic	5643.1925	0.0039	871.0234	3814.679	0.6777
	秋季产卵群	线性	—	1.0971	271.938	1876.971	0.4981
		幂函数	—	8.5465	0.745	1819.641	0.5322
		指数	—	298.309	0.0023	1831.005	0.5055
		对数	—	417.4082	−1778.8	1813.46	0.5462
		Logistic	7462.391	0.0038	940.5614	3513.274	0.4768

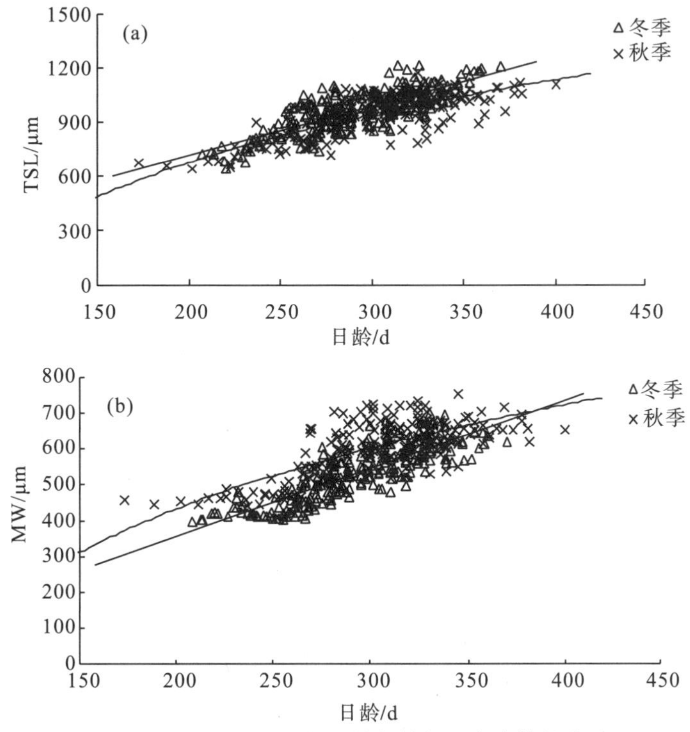

图 3-18　阿根廷滑柔鱼日龄与外部形态参数的关系

4. 耳石重量与日龄的关系

协方差分析表明，2007、2008 年 SW 与日龄的关系不存在显著性差异($F=12.149$，$P=0.0715>0.05$)，而 2007 与 2010 年($F=48.30$，$P=0.000<0.01$)、2008 与 2010 年($F=162.15$，$P=0.0000<0.01$)间都存在极显著性差异，同时分析表明 2007($F=5.002$，$P=0.027<0.05$)、2008($F=0.283$，$P=0.015<0.05$)与 2010 年($F=4.349$，$P=0.038<0.05$)SW 与年龄之间都存在性别差异。因此，通过区分不同群体和不同性别来研究 SW 的生长。通过方程的拟合、最大似然法则的优化及 AIC 的比较(表 3-10)，得到 SW 最适生长方程如下：

冬季产卵群：

雌性：$SW=0.0389Age^{1.5437}$　　($R^2=0.5554$，$n=153$，图 3-19)

雄性：$SW=69.7387\times e^{0.0037Age}$　　($R^2=0.6391$，$n=109$，图 3-19)

秋季产卵群：

雌性：$SW=44.0164\times e^{0.0059Age}$　　($R^2=0.6789$，$n=121$，图 3-19)

雄性：$SW=460.6875\times \ln Age-2424.58$　　($R^2=0.7158$，$n=108$，图 3-19)

表 3-10　阿根廷滑柔鱼耳石重量生长模型的参数与 AIC 值比较

性别	产卵群	模型	L_∞	a/K	b/t_0	AIC	r^2
雌性	冬季产卵群	线性	—	1.3136	−133.579	2005.89	0.5541
		幂函数	—	0.0389	1.5437	2005.197	0.5554
		指数	—	52.5362	0.0052	2005.538	0.5548
		对数	—	372.6796	−1863.3	2009.281	0.5478
		Logistic	7580.6608	0.0047	997.4858	3780.446	0.5463
	秋季产卵群	线性	—	0.7597	−12.0269	796.7322	0.6295
		幂函数	—	0.6198	1.0261	796.7789	0.6293
		指数	—	69.7387	0.0037	793.9182	0.6391
		对数	—	206.733	−961.614	803.5944	0.6052
		Logistic	7697.522	0.0304	542.1207	2305.714	0.5744
雌性	冬季产卵群	线性	—	1.4473	−170.79	797.1349	0.6584
		幂函数	—	0.0231	1.637	794.6678	0.6428
		指数	—	44.0164	0.0059	791.0025	0.6789
		对数	—	405.839	−2049.7	803.0361	0.6374
		Logistic	7688.9154	0.0061	848.7631	1443.045	0.6785
	秋季产卵群	线性	—	1.043	−103.7	710.7279	0.6852
		幂函数	—	0.0425	1.4903	644.1741	0.6881
		指数	—	32.3787	0.0061	618.0574	0.7091
		对数	—	460.6875	−2424.58	521.2801	0.7158
		Logistic	7688.7446	0.0061	885.9165	1710.079	0.5891

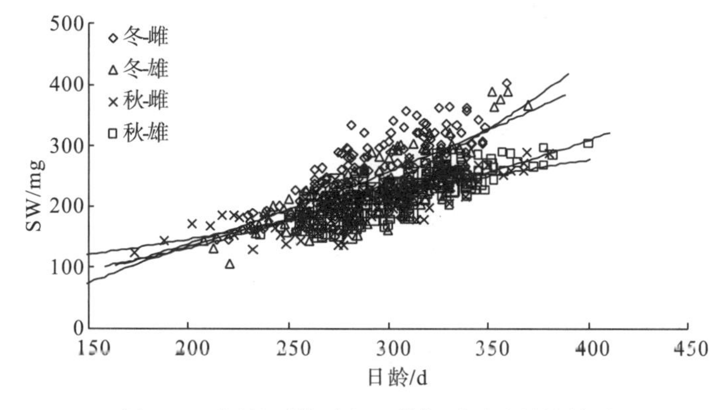

图 3-19　阿根廷滑柔鱼日龄与耳石重量的关系

5. 主要外部形态参数生长率

研究表明，冬季产卵群和秋季产卵群 TSL 的绝对生长率都随着日龄的增加而呈现先增加后减小的趋势，并都在 241～270d 达到峰值(分别为 5.329μm/d 和 5.151μm/d)；MW 也呈现先增加后减小的趋势，但峰值都出现在 271～300d(分别为 2.695μm/d 和 2.167μm/d)(图 3-20a)。冬季产卵群和秋季产卵群 TSL 相对生长率也随着日龄的增加而呈现先增加后减小的趋势，峰值分别都出现在 241～270d(分别为 19.395%/d 和 19.148%/d)；MW 也呈现先增加后减小的趋势，但峰值都出现在 271～300d(11.628%/d 和 10.986%/d)(图 3-20b)。分析表明，同一日龄段内冬季产卵群的 TSL 和 MW，无论是其相对和绝对生长率都比对应的秋季产卵群大。

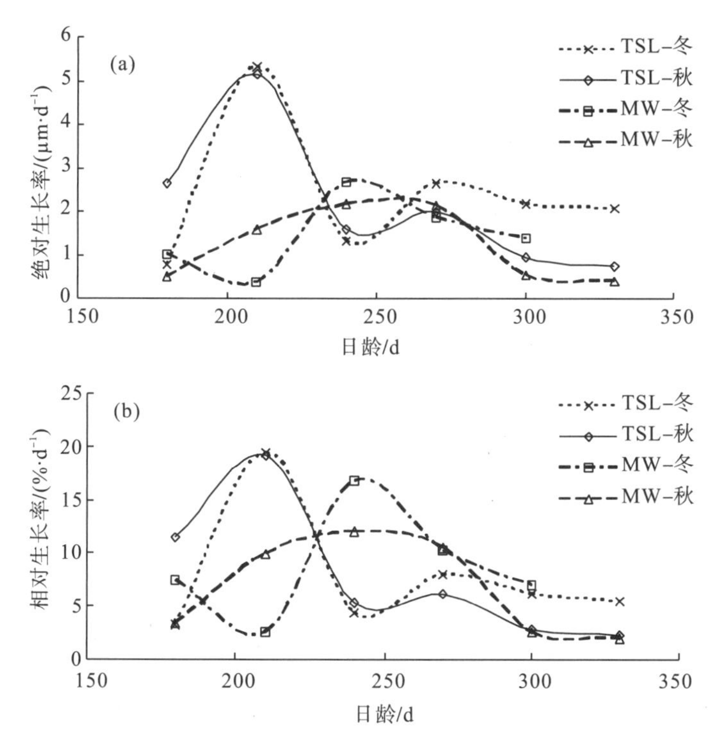

图 3-20　阿根廷滑柔鱼耳石长度生长率与日龄的关系

6. 耳石重量生长率

研究表明，冬季产卵群雌、雄个体 SW 的绝对生长率随着日龄的增加而增加，高峰值分别为(1.588mg/d)和(1.366mg/d)，都出现在 330～360d；秋季产卵群雌性个体 SW 的绝对生长率随着日龄的增加而增加，高峰值(1.919mg/d)出现在 301～330d，而雄性个体 SW 的绝对生长率随着日龄的增加而呈现先增加、后减小的趋势，高峰值(0.641mg/d)出现在 271～300d(图 3-21a)。冬季产卵群雌、雄个体 SW 相对生长率都随日龄的增加呈现先增加、后减小的趋势，高峰值分别为(19.78%/d)和(19.908%/d)，都出现在 241～270d；秋季产卵群雌、雄个体 SW 的相对生长率都随着日龄的增加呈现先增加、后减小的趋势，高峰值(10.172%/d)和(28.577%/d)分别出现在 271～300d 和 241～270d(图 3-21b)。就总体而言，无论是冬季产卵群还是秋季产卵群，SW 的绝对生长率基本都随着年龄的增加而增加，相对生长率则随着年龄的增加而呈现先增加、后减小的趋势；同一日龄段内，冬季产卵群 SW 的相对和绝对生长率略大于秋季产卵群，雌性个体 SW 的相对生长率和绝对生长率基本都大于雄性。

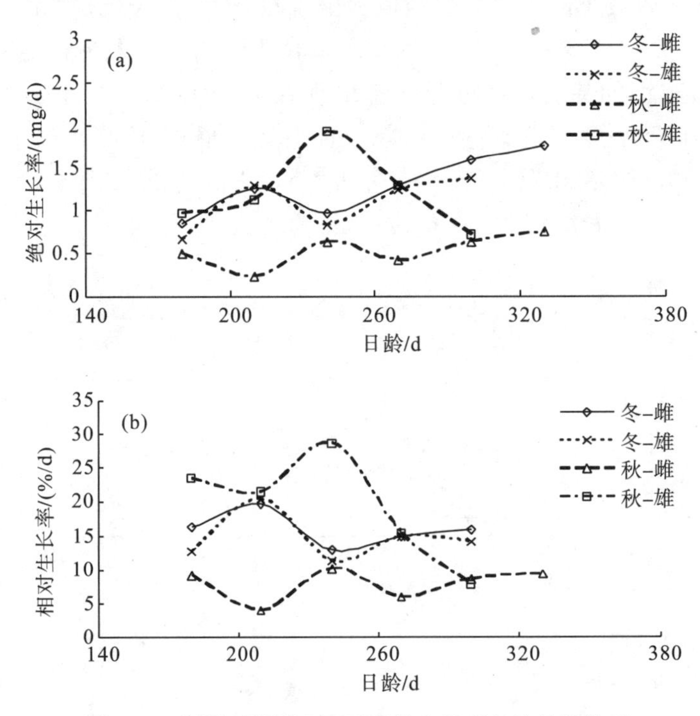

图 3-21 阿根廷滑柔鱼耳石重量生长率与日龄的关系

三、讨 论

1. 耳石生长

研究表明，TSL 和 MW 可以分别作为耳石长度和宽度的表征因子，代表耳石外形的生长，并且其生长不存在性别间的差异，这与其他学者对同属于滑柔鱼亚属的科氏滑柔鱼(*Illex coindetii*)的研究结果相同(Angel et al.，1996)。冬季产卵群 TSL 和 MW 的生长都最适合用线性方程表示，这与陆化杰等(2012)对同属柔鱼科茎柔鱼耳石 MW 生长特性的研究结果相同。而对于秋季产卵群，TSL 和 MW 则都最适合用对数函数表示。SW 的生长，均既存在群体间的差异又存在性别间的差异，其中冬季产卵群雌、雄个体 SW 的生长分别最适合用幂函数和指数函数表示，秋季产卵群则分别最适合用指数函数和对数函数表示。不同群体间 TSL 和 MW 生长的差异性，可能与其生长过程中经历不同生活环境有关(Villanueva，1997)。而 SW 生长存在的群体和性别差异，既可能和不同的生活环境有关，也可能和雌雄个体不同的生长速度有关(Csirke，1987；Arkhipkin，2005)。

2. 耳石生长率

研究表明,阿根廷滑柔鱼冬季产卵群和秋季产卵群 TSL 和 WM 的绝对和相对生长率都随日龄的增加而增加，达到一个峰值以后再减小。陆化杰等(2012)通过对同属柔鱼科的茎柔鱼(智利外海)耳石 TSL 和 MW 的研究也发现相同的规律。这种现象可能和阿根廷滑柔鱼不同的日龄段本身的生长特性有关。通常在生命早期阶段，阿根廷滑柔鱼生长速度快，而性成熟以后速度会减慢(Arkhipkin 和 Laptikhovsky，1994)。SW 的绝对生长率随着日龄的增加而增加，相对生长率则随着日龄的增加先增加后减小，同一日龄段内，冬季产卵群的绝对和相对生长率基本大于秋季产卵群，雌性个体的绝对和相对生长率基本大于雄性个体。这种变化也基本对应了其本身个体大小的生长特点，通常认为阿根廷滑柔鱼雌性个体生长速度大于雄性的生长速度(Arkhipkin，2005)，且不同群体(陈新军和刘金立，2004；陆化杰和陈新军，2008)、不同孵化时间(Jackson，1994)、不同生长海域之间(刘必林等，2010；Arkhipkin，2000)，阿根廷滑柔鱼的生长存在着某些变化。

第四节　利用耳石微量元素推测阿根廷滑柔鱼生活史

一、分 析 方 法

1. 取样方法

样本采样时间跨度 2007、2008 和 2010 年，以采样日期(站位)进行选样，并考虑胴长大小、性别、孵化日期等样本指标，兼顾耳石轮纹结构具标记轮的样本，最后选取耳石切片样本 33 枚(表 3-11，图 3-22)，利用激光剥蚀－电感耦合等离子体质谱仪(LA-ICPMS)进行耳石微区微量元素测定。

表 3-11　激光剥蚀—电感耦合等离子体质谱仪测试样本列表

采样年份	编号	日龄/d	经度(W)	纬度(S)	胴长/mm	体重/g	性成熟度	性别	孵化月份
2007	15	270	60°39′	45°37′	205	165	Ⅰ	雌性	5
2007	30	269	60°39′	45°47′	202	180	Ⅰ	雌性	5
2007	31	318	60°39′	45°47′	239	290	Ⅲ	雄性	3
2007	104	201	60°25′	45°25′	198	110	Ⅰ	雌性	8
2007	116	249	60°38′	45°32′	197	143	Ⅰ	雄性	6
2007	198	259	60°05′	40°02′	238	302	Ⅳ	雄性	6
2007	214	285	60°02′	42°57′	252	322	Ⅱ	雌性	6
2007	222	267	60°02′	44°59′	229	266	Ⅳ	雄性	6
2007	335	326	60°07′	45°39′	314	712	Ⅴ	雌性	6
2008	8	285	60°47′	45°37′	227	230	Ⅱ	雄性	6
2008	35	208	60°04′	45°06′	175	140	Ⅳ	雄性	8
2008	42	267	60°10′	45°13′	223	255	Ⅳ	雄性	6
2008	99	271	60°09′	45°25′	216	245	Ⅳ	雄性	7
2008	120	353	60°20′	46°26′	282	485	Ⅳ	雄性	5
2008	139	317	60°09′	46°07′	262	465	Ⅳ	雄性	6
2008	149	330	60°19′	45°18′	249	330	Ⅳ	雄性	6
2008	217	295	60°24′	46°31′	275	460	Ⅳ	雄性	7
2008	4	310	60°47′	45°37′	250	280	Ⅱ	雌性	5
2008	130	301	60°09′	46°07′	258	375	Ⅲ	雌性	6
2008	280	336	60°31′	46°32	316	690	Ⅳ	雌性	6
2010	10	301	60°21′	45°17′	183	116	Ⅳ	雄性	4
2010	66	226	60°21′	45°17′	215	160	Ⅱ	雌性	7
2010	67	310	60°21′	45°17′	212	147	Ⅲ	雄性	4
2010	75	233	60°21′	45°17′	195	109	Ⅱ	雌性	7
2010	158	339	60°35′	45°25′	217	238	Ⅴ	雄性	2
2010	460	319	60°13′	46°05′	236	309	Ⅳ	雄性	4
2010	1052	329	60°25′	45°21′	213	221	Ⅳ	雄性	3
2010	1489	283	60°35′	45°36′	222	200	Ⅲ	雌性	4
2010	1704	301	60°44′	47°14′	249	285	Ⅱ	雌性	5
2010	2010	272	60°34′	45°35′	197	182	Ⅴ	雄性	4
2010	2690	332	60°22′	46°30′	229	266	Ⅴ	雄性	4
2010	2705	343	60°22′	46°30′	216	214	Ⅱ	雄性	3
2010	2861	368	60°45′	46°56′	252	301	Ⅱ	雌性	3

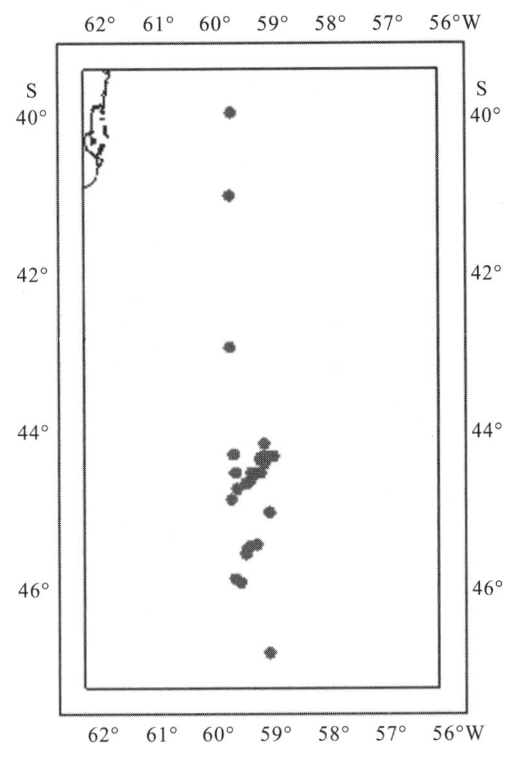

图 3-22　阿根廷滑柔鱼样本的站位分布示意图

2. 耳石切片 LA-ICP-MS 处理

微区元素含量分析在中国地质大学(武汉)地质过程与矿产资源国家重点实验室(GPMR)利用 LA-ICP-MS 完成(图 3-23)。激光剥蚀系统为 GeoLas 2005，ICP-MS 为 Agilent 7500a。激光剥蚀过程中采用氦气作载气、氩气为补偿气以调节灵敏度，二者在进入 ICP 之前通过一个 T 型接头混合。在等离子体中心气流(Ar+He)中加入了少量氮气，以提高仪器灵敏度、降低检出限和改善分析精密度(Hu et al.，2008)。每个时间分辨分析数据包括 20～30s 的空白信号和 50s 的样品信号，详细的仪器操作条件(Liu et al.，2008；郑曙等，2009)如表 3-12 所示。

表 3-12　LA-ICP-MS 工作参数

GeoLas 2005 激光剥蚀系统		Agilent7500a，ICP-MS	
波长	193nm，Excimer laser	RF 功率	1350W
脉冲宽度	15ns	等离子体流速	15.0L/min
能量密度	14 J/cm^2	辅助气流速	1.0L/min
斑束直径	32μm	离子透镜设置	5.4mm
频率	8Hz	积分时间	10ms
载气	氦气(0.75L/min)	检测器模式	Dual
补偿气	氩气(0.9L/min)		

为校正标准，采用多外标、无内标法对元素含量进行定量计算。对分析数据的离

线处理(包括对样品和空白信号的选择、仪器灵敏度漂移校正、元素含量计算)采用软件 ICPMSDataCal 完成(Liu et al.，2008)。

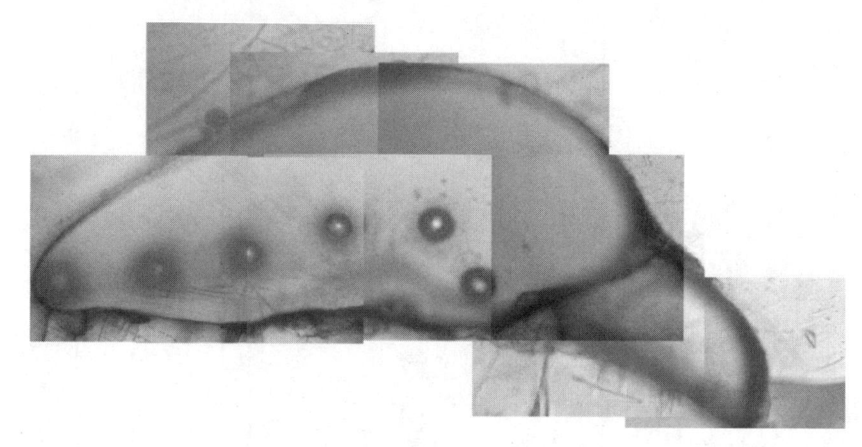

图 3-23 耳石样品 LA-ICP-MS 实验测点

3. 数据处理

首先分析阿根廷滑柔鱼耳石元素种类及主要元素组成。然后利用方差分析不同性别、不同孵化日间及不同耳石部位主要微量元素与钙元素值的变化是否存在显著性差异，如存在显著差异则用多重比较的方法分析差异具体表现。探讨各元素与钙元素的值与温度之间的关系。根据以前学者的研究分别对 SPS 和 BNS 两个种群洄游路线做如下分析。

SPS 的孵化场在 28°～38°S(Arkhipkin，1993；Haimovici et al.，1998；Carvalho 和 Nigmatullin，1998)，仔稚鱼被巴西海流向南输送到南部暖水漩涡中进行觅食(Parfeniuk，1993；Santos 和 Haimovici，1997；Vidal 和 Haimovici，1997)，胴长达到 100～160mm 以后，返回并穿过阿根廷海域到达 38°～50°S 的大陆架上(Carvalho 和 Nigmatullin，1998；Nigmatullin，1989)。即，1～4 月阿根廷滑柔鱼向南洄游至 49°～53°S 海域，4～6 月待其性成熟后，重新回到大陆坡边缘开始向北洄游到产卵场(Arkhipkin，1993)。因此本研究假设以 28.5°～35.5°S、40.5°～46.5°W 海域的表温均值作为阿根廷滑柔鱼孵化时经历的水温环境；以 35.5°～37.5°S、48.5°～52.5°W 海域的温度均值作为阿根廷滑柔鱼 30d 时经历的水温环境；以 39.5°～41.5°S、57.5°～59.5°W 海域的温度均值作为阿根廷滑柔鱼 60d 时经历的水温环境；以 43.5°～44.5°S、56.5°～59.5°W 海域的温度均值作为阿根廷滑柔鱼 90d 时经历的水温环境；以 47.5°～49.5°S、58.5°～61.5°W 海域的温度均值作为阿根廷滑柔鱼 120d 时经历的水温环境；以 50.5°～53.5°S、60.5°～63.5°W 海域的温度均值作为阿根廷滑柔鱼 180d 时经历的水温环境；此后，阿根廷滑柔鱼开始北向洄游，将 47.5°～49.5°S、58.5°～61.5°W，43.5°～44.5°S、56.5°～59.5°W，39.5°～41.5°S、57.5°～59.5°W，35.5°～37.5°S、48.5°～52.5°W，28.5°～35.5°S、40.5°～46.5°W 海域的温度均值分别作为阿根廷滑柔鱼 240d、270d、300d、330d 和 360d 经历的水温环境。鉴于阿根廷滑柔鱼刚孵化后，自身游泳能力弱，主要靠随着海流的运动扩散，因此孵化后 0～60d 以表温均值作为当时阿根廷滑柔鱼经历的水温环境；60d 以后，考虑到阿根廷滑柔鱼具有垂直方向上的捕食和自身调节行为，以 0～105m(包含 5m，25m，50m，75m 和 100m)垂直水温均值作为对应的水温环境指标(图 3-24)。温度数据来源于：http：//iridl. ldeo. columbia. edu/SOURCES/. NOAA/. NCEP/. EMC/. CMB/. Globle/. monthly/temp。

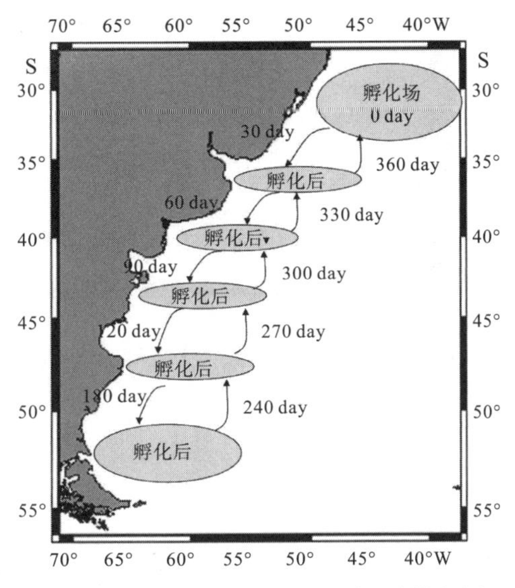

图 3-24　阿根廷滑柔鱼秋生群洄游设想图

根据其他学者研究(Haimovici，1998；Carvalho 和 Nigmatullin，1998)，本书研究认为 BNS 孵化场分布在 30°～37°S 大陆架海域，并做出如下假设：以 32. 5°～35. 5°S、44. 5°～52. 5°W 海域的表温均值作为阿根廷滑柔鱼孵化时经历的水温环境；以 38. 5°～40. 5°S、56. 5°～57. 5°W 海域的温度均值作为阿根廷滑柔鱼 60d 时经历的水温环境；以 42. 5°～44. 5°S、58. 5°～60. 5°W 海域的温度均值作为阿根廷滑柔鱼 90d 时经历的水温环境；以 47. 5°～49. 5°S、59. 5°～61. 5°W 海域的温度均值作为阿根廷滑柔鱼 120d 时经历的水温环境；以 51. 5°～53. 5°S、58. 5°～64. 5°W 海域的温度均值作为阿根廷滑柔鱼 180d 时经历的水温环境；此后，阿根廷滑柔鱼开始北向洄游，分别以 47. 5°～49. 5°S、59. 5°～61. 5°W，42. 5°～44. 5°S、58. 5°～60. 5°W，38. 5°～40. 5°S、56. 5°～57. 5°W，32. 5°～35. 5°S、44. 5°～52. 5°W 海域的表温均值作为阿根廷滑柔鱼 240d、270d、300d、330d 经历的水温环境。由于阿根廷滑柔鱼刚孵化后自身游泳能力弱小，主要靠随着海流的运动扩散，因此孵化后 0～60d 内以表温均值作为当时阿根廷滑柔鱼经历的水温环境。60d 以后考虑到阿根廷滑柔鱼具有垂直方向上的捕食和自身调节行为，则以 0～105m(包含 5m，25m，50m，75m 和 100m)垂直水温均值作为对应的水温环境指标(图 3-25)。温度数据来源于：http：//iridl. ldeo. columbia. edu/SOURCES/. NOAA/. NCEP/. EMC/. CMB/. Globle/. monthly/temp。

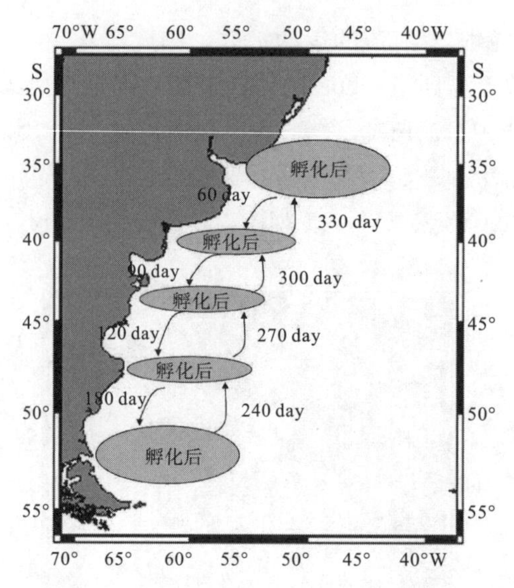

图 3-25 阿根廷滑柔鱼冬生群洄游设想图

二、结 果

1. 阿根廷滑柔鱼耳石微量元素组成

LA-ICP-MS 测定结果显示，阿根廷滑柔鱼耳石含有 Ca 等 56 种微量元素，其中 Ca 主要以 $CaCO_3$形式存在，占各剥蚀点元素总重量的 97.24%±0.27%，含量前 10 位的微量元素分别为 Ca、Sr、Na、P、K、Fe、Mg、Ba、B、Ga(表 3-13)。

表 3-13 耳石样品的酸溶结果($\times10^{-6}$)

采集时间	编号	Ca 均值	Sr 均值	Na 均值	P 均值	K 均值	Fe 均值	Mg 均值	Ba 均值	B 均值	Ga 均值
2010	10	388608.6	7599.760	4608.347	466.430	249.335	77.717	37.862	10.654	6.349	1.160
2010	66	389381.8	7235.000	4335.377	502.939	112.275	78.517	57.330	11.372	5.312	1.222
2010	67	389018.3	7621.881	4601.017	291.561	210.831	75.647	38.728	10.299	5.429	1.313
2010	75	388561.1	7750.899	4677.103	423.860	198.188	89.482	52.753	11.429	8.073	1.362
2010	158	389310.6	7292.764	4245.921	465.236	208.966	76.116	48.371	10.896	5.433	1.209
2010	460	388055.8	7473.295	5243.991	473.876	387.173	77.856	62.323	11.011	7.067	1.175
2010	1052	388941.0	7310.667	4785.42	333.877	222.934	82.559	41.188	9.001	6.909	1.183
2010	1489	389178.3	7556.696	4390.333	379.603	280.147	79.773	57.919	10.083	7.450	1.341
2010	1704	390026.6	6540.384	3950.461	508.01	145.985	82.386	57.518	8.685	6.638	1.145
2010	2010	390692.2	6636.056	4278.099	256.219	127.980	83.406	25.590	7.687	5.526	1.051
2010	2690	389090.6	7162.28	4743.674	353.309	272.246	80.271	47.139	9.554	7.777	1.429
2010	2705	389383.9	6917.110	4607.400	362.709	216.350	73.748	46.831	9.781	5.942	1.199
2010	2861	388673.9	7060.889	5265.719	329.956	273.416	82.566	100.029	11.211	4.881	1.437
2008	4	389961.7	6831.895	4059.238	386.073	99.893	76.721	30.250	8.601	4.468	1.093
2008	8	390048.6	6801.13	3855.964	470.817	45.835	102.878	45.888	8.971	3.885	1.206

（续表）

采集时间	编号	Ca均值	Sr均值	Na均值	P均值	K均值	Fe均值	Mg均值	Ba均值	B均值	Ga均值
2008	35	389346.1	7125.676	4398.06	441.074	172.092	78.014	49.009	9.085	4.423	1.235
2008	42	388105.2	7392.325	4905.103	522.871	301.361	89.643	93.202	10.121	6.491	1.152
2008	99	388744.1	7064.762	4899.474	559.761	217.268	87.440	55.080	9.344	9.167	1.048
2008	120	389450.5	6768.658	5006.854	313.179	163.088	87.350	96.389	9.235	4.880	0.984
2008	130	388370.6	7068.777	5136.516	336.148	366.756	89.014	233.769	8.375	6.285	1.075
2008	139	389604.2	6754.404	4242.879	372.655	192.567	86.453	31.883	8.441	5.114	0.915
2008	149	389129.8	7084.198	4412.448	458.081	209.581	87.762	42.576	9.201	5.972	0.979
2008	217	388892.9	7067.04	5109.047	328.940	283.237	77.644	83.529	9.470	4.892	1.306
2008	280	389327.6	7170.813	4643.354	332.941	155.422	88.806	28.927	8.585	6.795	1.0131
2007	15	388329.5	7251.099	4753.111	548.963	218.310	83.232	83.991	11.81	7.123	1.571
2007	30	389074.6	7347.364	4421.865	435.282	302.090	75.863	52.001	10.14	5.716	1.299
2007	31	388576.9	6609.377	5093.673	373.822	477.387	85.426	96.708	9.625	5.654	1.349
2007	104	388599.4	6965.211	4826.24	513.674	241.451	75.682	71.516	10.437	5.692	1.354
2007	116	388326.6	6907.579	5116.961	461.431	296.574	80.164	147.494	9.843	6.189	1.314
2007	198	389088.9	6749.277	5096.094	385.930	156.43	76.698	41.111	9.438	7.013	1.254
2007	214	388998.1	6658.288	5295.775	330.101	240.160	82.744	48.790	9.132	6.61	1.266
2007	222	388455.4	6851.127	5203.42	474.042	175.085	82.61	122.782	9.047	6.527	1.358
2007	335	388345.7	6995.678	5294.97	517.464	200.419	79.77	139.123	10.257	5.696	1.348

2. 主要微量元素与钙元素比值的变化

方差分析表明，不同性别阿根廷阿根廷滑柔鱼 Na/Ca(F=0.2039，P=0.6527>0.05)、Ba/Ca(F=2.8808，P=0.0914>0.05)、K/Ca(F=0.5425，P=0.5622>0.05)、Mn/Ca(F=7.8574，P=0.3614>0.05)、Sr/Ca(F=2.8753，P=0.3874>0.05)、Mg/Ca(F=0.6601，P=0.4175>0.05)值均不存在显著性差异，因此将雌雄样本综合起来研究值的变化特性。方差分析表明，不同孵化群体间阿根廷阿根廷滑柔鱼 Na/Ca(F=8.8203，P=0.0003<0.05)、Ba/Ca(F=1.7269，P=0.01903<0.05)、K/Ca(F=8.4339，P=0.0025<0.05)、Mn/Ca(F=34.8056，P=0.0041<0.05)、Sr/Ca(F=10.9934，P=0.0011<0.05)、Mg/Ca(F=12.6675，P=0.0041<0.05)值均存在显著性差异，因此将分不同孵化群体研究不同日龄间各比值的变化特性。

研究表明(图 3-26)，对于秋季孵化群体，随着日龄增加，Na/Ca 呈现先增加后减小的趋势。在刚孵化时(日龄为 0d)时，Na/Ca 为 11.9399×10^{-3}，日龄为 240d 时达到最大值 12.5532×10^{-3}，此后开始下降。Ba/Ca 总体上呈现逐渐减小的趋势，在刚孵化时(日龄为 0d)时，值为 1.4183×10^{-3}，日龄为 240 d 时达到最小值 1.3109×10^{-3}。K/Ca 随着日龄增加呈现明显的逐渐减小趋势，日龄为 0 时，值最大为 40.1329×10^{-3}，最小值出现在 300d，为 24.0591×10^{-3}。Mn/Ca 随着日龄增加呈波动变化趋势，但最大值出现在孵化时(0d)，为 3.6001×10^{-6}，最小值则出现在 120d，数值为 1.9944×10^{-6}。Sr/Ca 随着日龄增加呈现明显的先增加后减小的趋势，最大值出现在 120d，数据为

19.1649×10⁻³，最小值则出现在 300d，为 16.9357×10⁻³。Mg/Ca 随着日龄增加整体上也呈现出逐渐减小的趋势，最大值出现在孵化期(0d)，为 245.6773×10⁻⁶，最小值则出现在 240d，为 245.6773×10⁻⁶(图 3-26)。

对于冬季孵化群体(图 3-26)，随着日龄增加，Na/Ca 呈现先增加后减小的趋势。在刚孵化时(日龄为 0d)时，Na/Ca 为 12.1724×10⁻³，日龄为 180d 时达到最大值 12.6335×10⁻³，此后开始下降。Ba/Ca 总体上呈现逐渐减小的趋势，在刚孵化时(日龄为 0d)时为 1.4543×10⁻³，日龄为 240d 时达到最小值 1.2627×10⁻³。K/Ca 随着年龄增加呈现明显的逐渐减小趋势，日龄为 0 时，值最大为 40.9405×10⁻³，最小值出现在 300d，为 23.9122×10⁻³。Mn/Ca 随着日龄增加呈波动变化趋势，但最大值出现在孵化时(0d)，为 3.6418×10⁻⁶，最小值则出现在 120d，数值为 2.0451×10⁻⁶。Sr/Ca 随着日龄增加呈现明显的先增加后减小的趋势，最大值出现在 120d，其值为 19.0784×10⁻³，最小值则出现在 300d，为 16.7997×10⁻³。Mg/Ca 随着日龄增加整体上也呈现出逐渐减小的趋势，最大值出现在孵化期(0d，305.2689×10⁻⁶)，最小值则出现在 240d，为 152.8006×10⁻⁶(图 3-26)。

总体而言，两个不同的孵化群体虽然在数据上 Na/Ca、Na/Ca、Ba/Ca、K/Ca、Mn/Ca、Sr/Ca、Mg/Ca 存在显著性差异，但随着日龄增加，相对应的变化趋势基本一致。即 Na/Ca 和 Sr/Ca 随着日龄增加呈现先增加后减小的趋势，Ba/Ca、K/Ca 和 Mg/Ca 则加呈现明显的逐渐减小趋势；而 Mn/Ca 随着日龄增加呈波动变化趋势，变化不明显(图 3-26)。

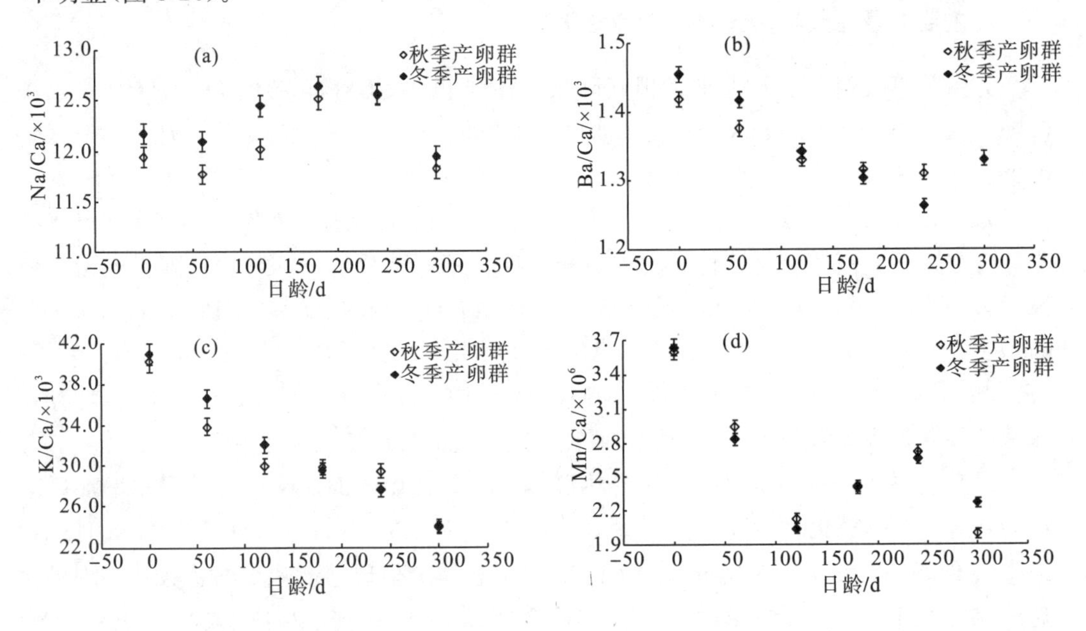

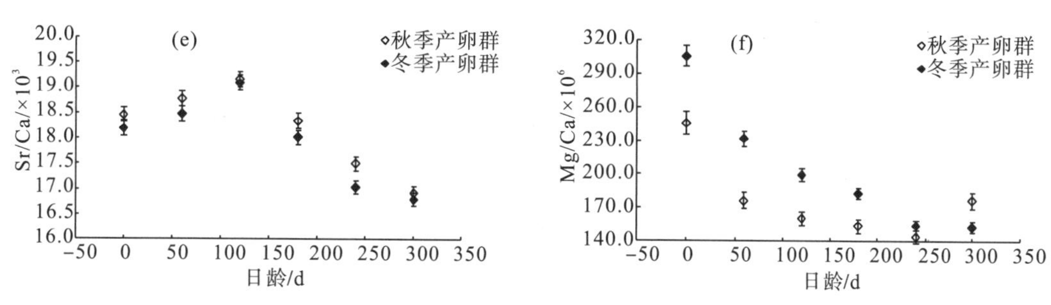

图 3-26 阿根廷滑柔鱼不同产卵群的不同年龄段各元素与钙元素比值变化

3. 耳石不同部位各元素比值的变化特性

方差分析表明，不同孵化群体间不同耳石部间阿根廷阿根廷滑柔鱼 Na/Ca($F=10.5679$，$P=0.0023<0.05$)、Ba/Ca($F=6.9714$，$P=0.0201<0.05$)、K/Ca($F=7.9134$，$P=0.031<0.05$)、Mn/Ca($F=51.3478$，$P=0.0108<0.05$)、Sr/Ca($F=22.8413$，$P=0.0031<0.05$)、Mg/Ca($F=2.1526$，$P=0.0127<0.05$)值都存在显著性差异，因此将分不同群体研究耳石不同部位各元素比值的变化特性。

对于秋季孵化群体，Na/Ca 在 N 区域、PN 区域、DZ 和 PD 都存在显著性差异($P<0.05$)。相对而言，PN 区域值最小，为 11.7687×10^{-3}，DZ 区域最高，为 12.2591×10^{-3}(图 3-27)。Ba/CaN 区域和 PN 区域不存在显著性差异($P>0.05$)，但 N 区域、PN 区域和 DZ、PD 区域则存在显著性差异($P<0.05$)，最大值和最小值分别出现在 N 区域和 DZ 区域，分别为 1.4183×10^{-3}和 1.3299×10^{-3}(图 3-27)。K/Ca 四个不同区域均存在显著性差异($P<0.05$)，最大值分别出现在 N 区域和 PD 区域，数值分别为 40.1329×10^{-3}和 26.7716×10^{-3}(图 3-27)。Mn/Ca 四个不同区域也均存在显著性差异($P<0.05$)，最大值出现在 N 区域，为 3.6001×10^{-6}，最小值出现在 DZ 区域，为 2.2643×10^{-6}(图 3-27)。Sr/Ca 值除 PN 和 DZ 区域不存在显著性外($P<0.05$)，其余区域均显著性差异($P<0.05$)，最大值和最小值分别出在 DZ 和 PZ 区域，分别为 18.7647×10^{-3}和 17.2181×10^{-3}(图 3-27)。Mg/Ca 四个不同区域之间也都存在显著性差异($P<0.05$)，在 N 区域和 PD 区域出现最大值和最小值，分别为 245.6773×10^{-6}和 160.5291×10^{-6}(图 3-27)。

对于冬季孵化群体，Na/Ca 在 N 区域、PN 区域、DZ 和 PD 都存在显著性差异($P<0.05$)。相对而言，PN 区域值最小，为 12.0897×10^{-3}，DZ 区域最高，为 12.5380×10^{-3}(图 3-27)。Ba/Ca N 区域和 PN 区域不存在显著性差异($P>0.05$)，但 N 区域、PN 区域和 DZ、PD 区域则存在显著性差异($P<0.05$)，最大值和最小值分别出现在 N 区域和 DZ 区域，分别为 1.4547×10^{-3}和 1.2967×10^{-3}(图 3-27)。K/Ca 四个不同区域均存在显著性差异($P<0.05$)，最大值分别出现在 N 区域和 PD 区域，分别为 40.9405×10^{-3}和 25.7425×10^{-3}(图 3-27)。Mn/Ca 四个不同区域也均存在显著性差异($P<0.05$)，最大值出现在 N 区域，3.6418×10^{-6}，最小值出现在 DZ 区域，为 2.2305×10^{-6}(图 3-27)。Sr/Ca 除 PN 和 DZ 区域不存在显著性外，其余区域均显著性差异，最大值和最小值分别出在 DZ 和 PZ 区域，分别为 18.544×10^{-3}和 $16.9147\times$

10^{-3}(图 3-27)。Mg/Ca 四个不同区域之间也都存在显著性差异，在 N 区域和 PD 区域出现最大值和最小值，分别为 305.2689×10^{-6}和 153.583×10^{-6}(图 3-27)。

综上所述，秋冬孵化群 Na/Ca、Na/Ca、Ba/Ca、K/Ca、Mn/Ca、Sr/Ca 和 Mg/Ca 存在群体间显著性差异，但相同微量元素与 Ca 的比值在耳石的 N、PN、DZ 和 PD 区域有着相似的变化趋势；相同群体、相同微量元素与 Ca 的比值在耳石不同部分分布特性不相同(图 3-27)。

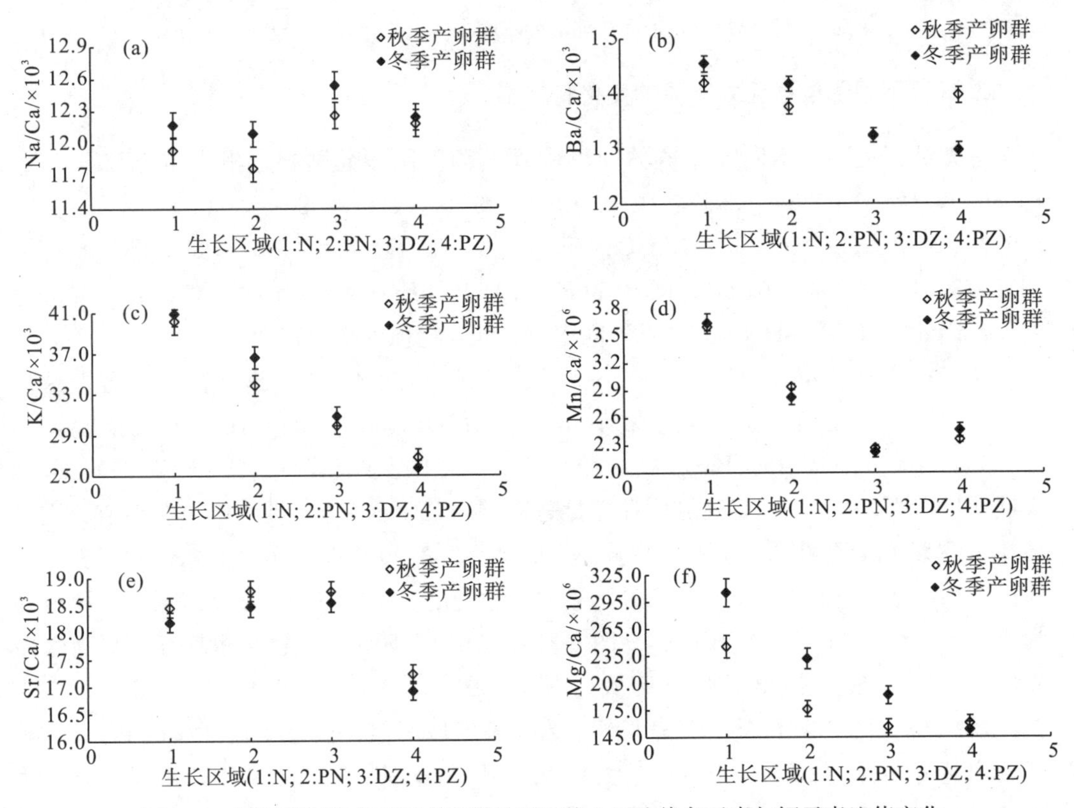

图 3-27 阿根廷滑柔鱼不同产卵群的耳石核心至边缘各元素与钙元素比值变化

4. 主要微量元素与 Ca 比值与温度的关系探讨

由于不同群体间微量元素与钙的比值存在显著性差异，即不同孵化时间范围内比值存在显著性差异，因此分不同孵化月对耳石中微量元素与钙的比值变化和温度的关系进行研究。

(1)2006 年 5 月孵化个体

对于 2006 年 5 月孵化的个体而言，在假设的条件下，Na/Ca 与温度存在负相关($P<0.05$)，Ba/Ca 存在正向相关($P>0.05$)、K/Ca 和 Mg/Ca 则为显著性正相关($P<0.05$)、Mn/Ca 存在负相关，而 Sr/Ca 基本不存在相关性($P>0.05$)。总体而言，Na/Ca 和 Mn/Ca 随着温度增加而减小，而 Ba/Ca、K/Ca 和 Mg/Ca 则随着温度增加而增加(图 3-28)。

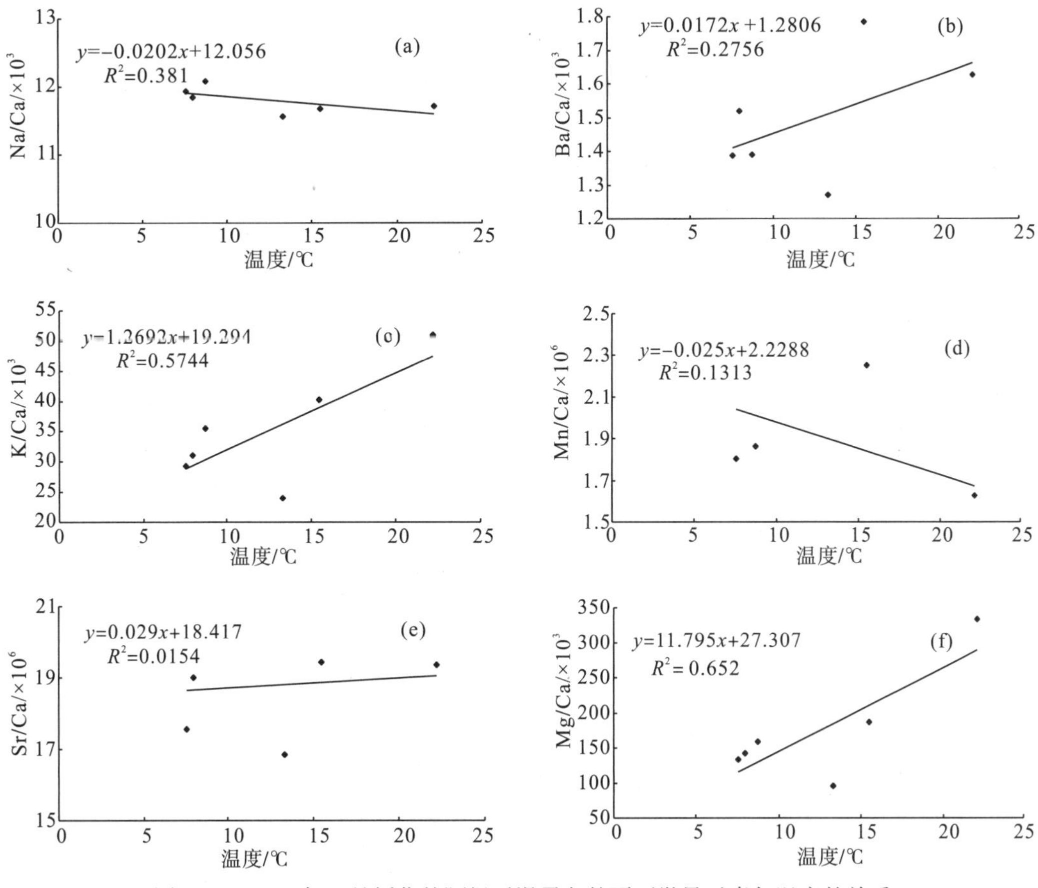

图 3-28　2006 年 5 月孵化的阿根廷滑柔鱼的耳石微量元素与温度的关系

(2)2006 年 6 月孵化个体

对于 2006 年 6 月孵化的个体而言，在上述假设条件完全吻合的条件下，Na/Ca 与温度存在负向相关($P<0.05$)，Ba/Ca、K/Ca、Sr/Ca 和 Mg/Ca 则为显著性正相关($P<0.05$)、Mn/Ca 基本不存在相关性($P>0.05$)。总体而言，Na/Ca 随着温度增加而减小，而 Ba/Ca、K/Ca、Sr/Ca 和 Mg/Ca 则随着温度增加而增加(图 3-29)。

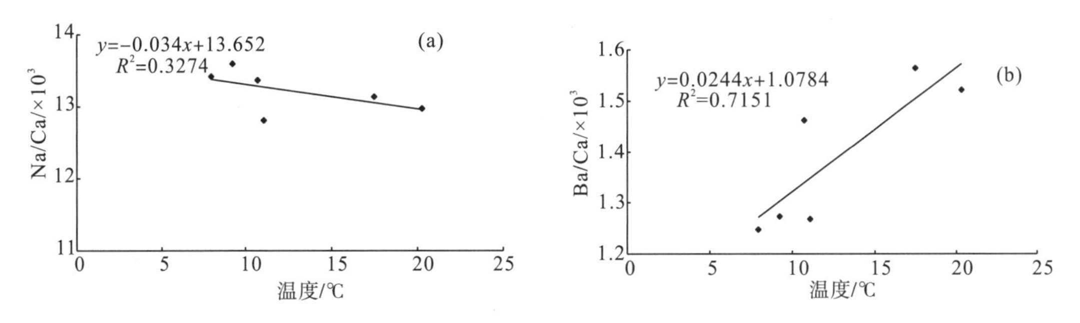

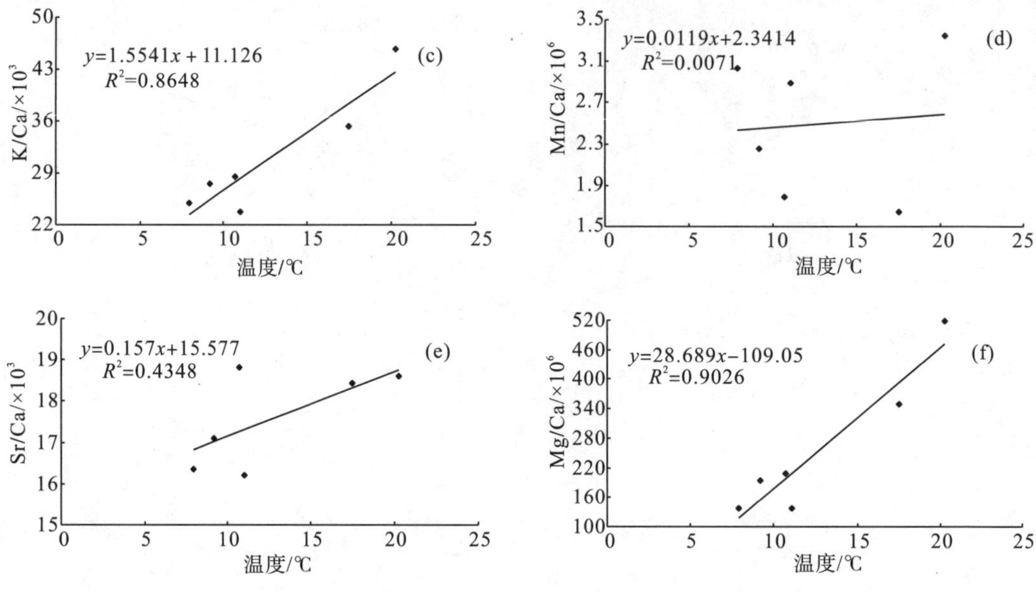

图 3-29　2006 年 6 月孵化的阿根廷滑柔鱼的耳石微量元素与温度的关系

(3)2006 年 7 月孵化个体

对于 2006 年 7 月孵化的个体而言，在假设的条件下，Na/Ca 与温度存在负相关($P<0.05$)，Ba/Ca 和 Mn/Ca 存在明显正相关($P<0.05$)、K/Ca、Sr/Ca 和 Mg/Ca 则基本不存在相关性($P>0.05$)。总体而言，Na/Ca 随着温度增加而减小，而 Ba/Ca 和 Mn/Ca 则随着温度增加而增加(图 3-30)。

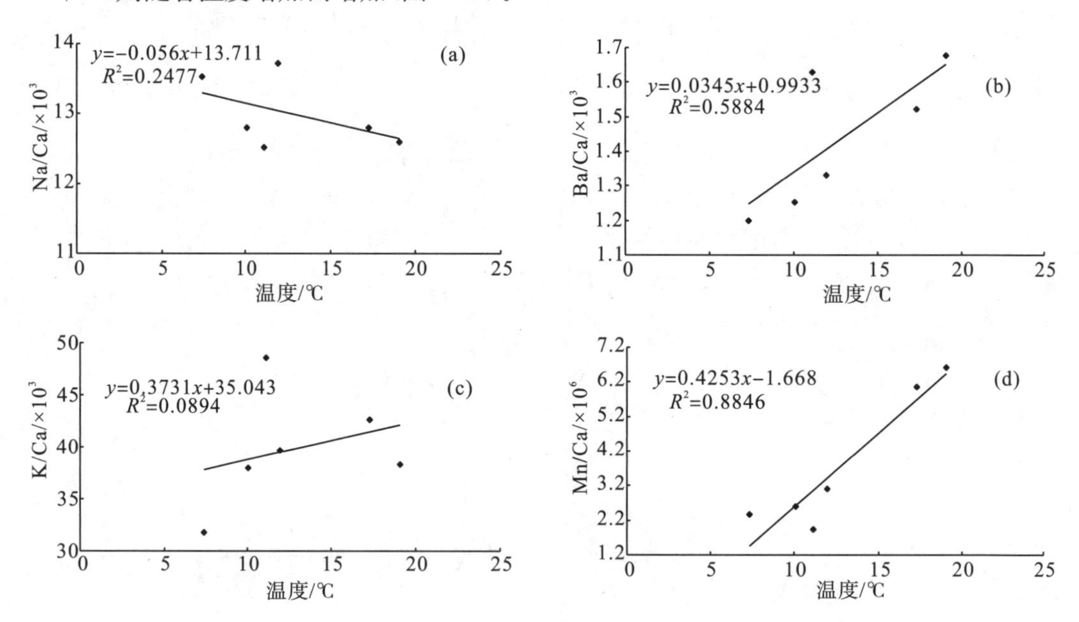

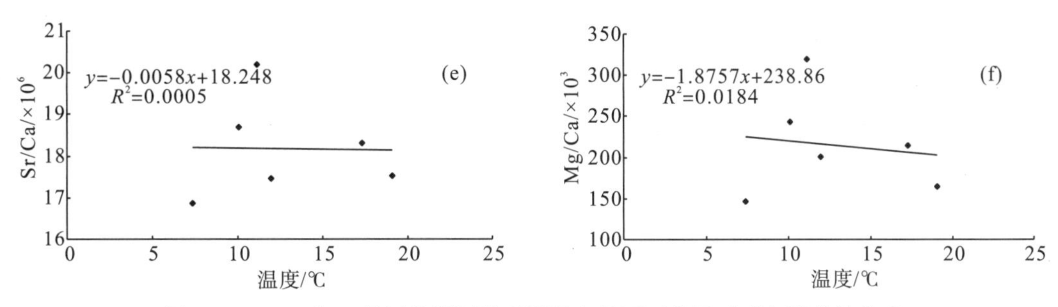

图 3-30 2006 年 7 月孵化的阿根廷滑柔鱼的耳石微量元素与温度的关系

(4)2007 年 5 月孵化个体

对于 2006 年 5 月孵化的个体而言，在假设的条件下，Na/Ca 和 Mn/Ca 与温度存在显著性负相关($P<0.05$)，Ba/Ca 和 K/Ca 存在正向相关($P<0.05$)，Sr/Ca 和 Mn/Ca 则呈负相关($P<0.05$)(图 3-31)。

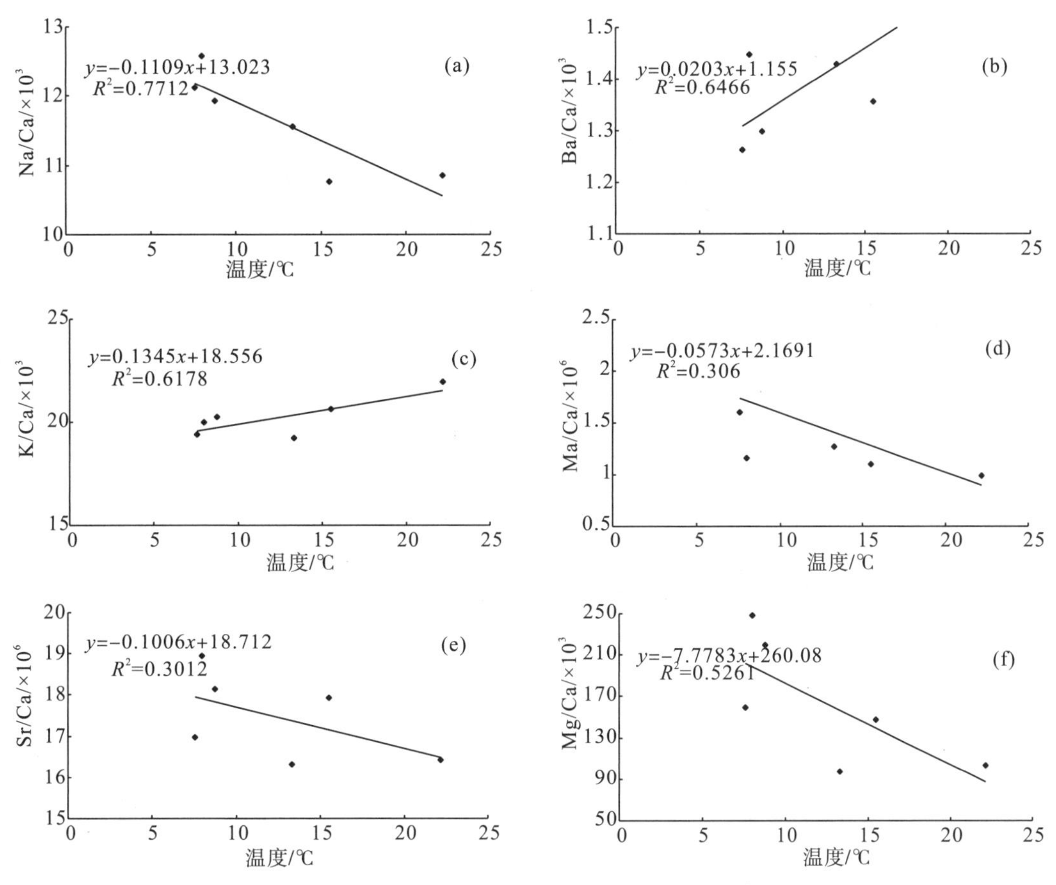

图 3-31 2007 年 5 月孵化的阿根廷滑柔鱼的耳石微量元素与温度的关系

(5)2007 年 6 月孵化个体

对于 2006 年 5 月孵化的个体而言，在假设的条件下，Na/Ca 与温度存在负相关($P<0.05$)，Ba/Ca 和 Mn/Ca 基本不存在相关性($P>0.05$)，但二者总体呈现上升趋

势。K/Ca、Sr/Ca 和 Mg/Ca 则为显著性正相关(P<0.05)(图 3-32)。

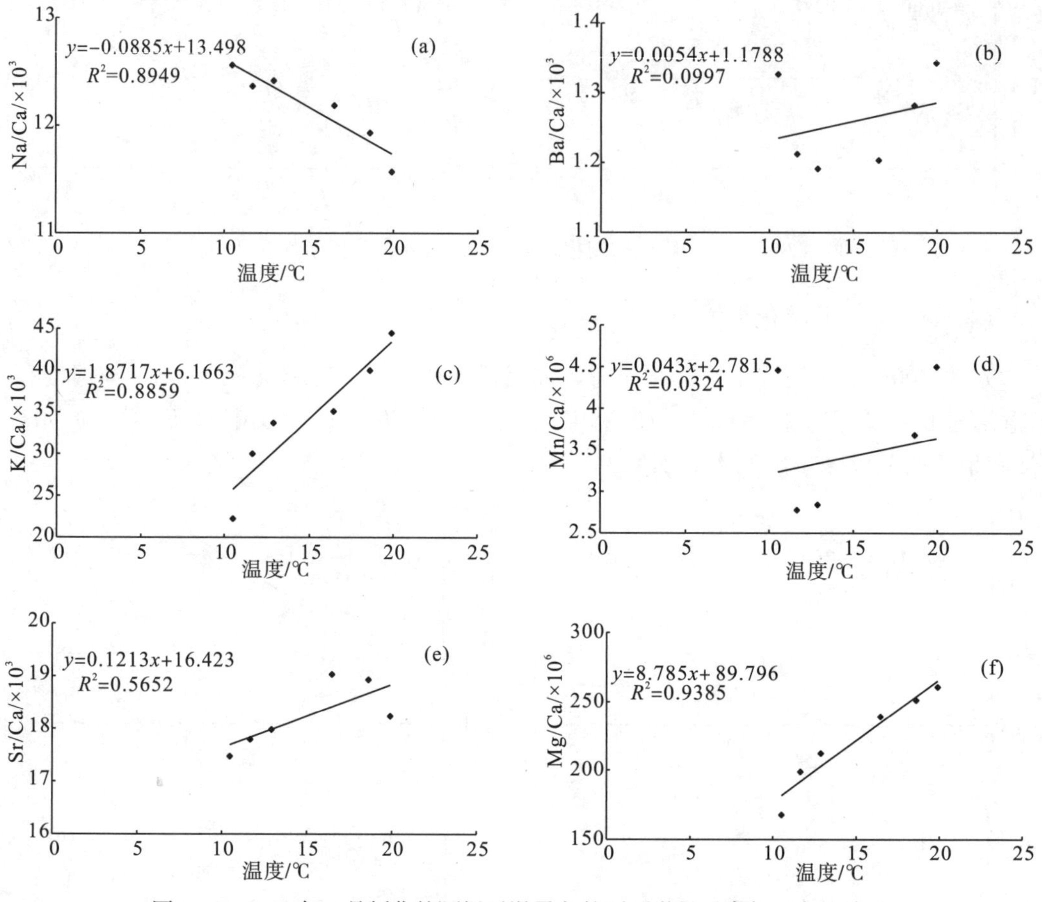

图 3-32　2007 年 6 月孵化的阿根廷滑柔鱼的耳石微量元素与温度的关系

(6)2007 年 7 月孵化个体

对于 2007 年 7 月孵化的个体而言，在假设的条件下，Na/Ca 和 Sr/Ca 与温度存在负相关(P<0.05)，Ba/Ca、K/Ca、Mn/Ca 和 Mg/Ca 则为显著性正相关(P>0.05)(图 3-33)。

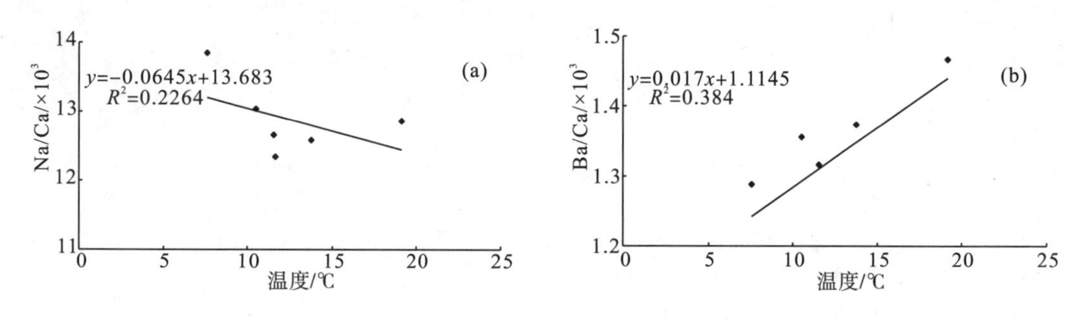

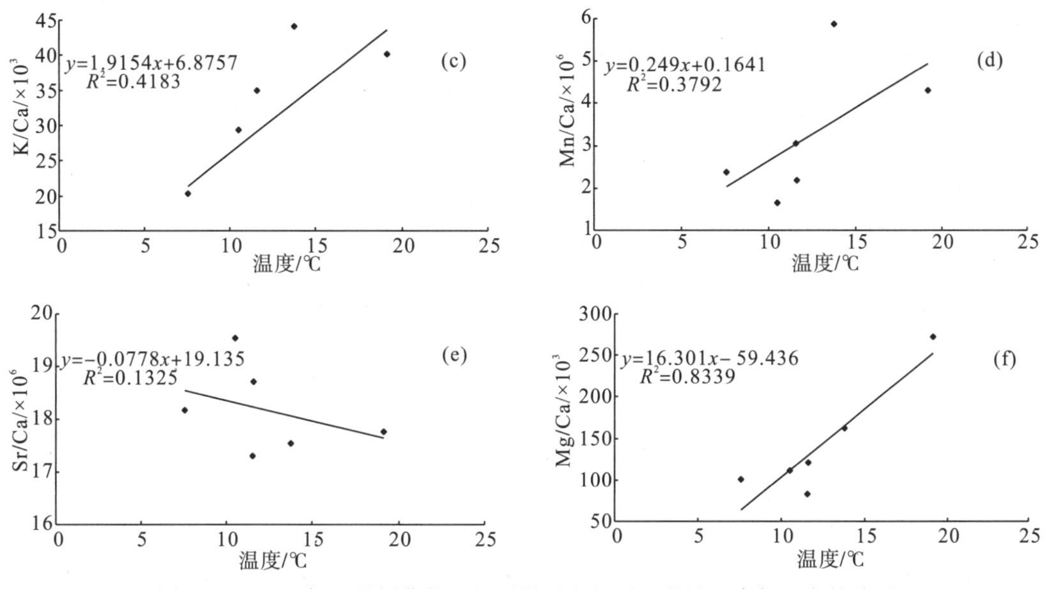

图 3-33 2007 年 7 月孵化的阿根廷滑柔鱼的耳石微量元素与温度的关系

(7)2009 年 3 月

对于 2006 年 5 月孵化的个体而言，在假设的条件下，Na/Ca 与温度存在负相关($P<0.05$)，Ba/Ca、K/Ca、Mg/Ca 和 Mg/Ca 变化与温度基本不存在相关性($P>0.05$)、而 Sr/Ca 则呈正相关相关性($P<0.05$)(图 3-34)。

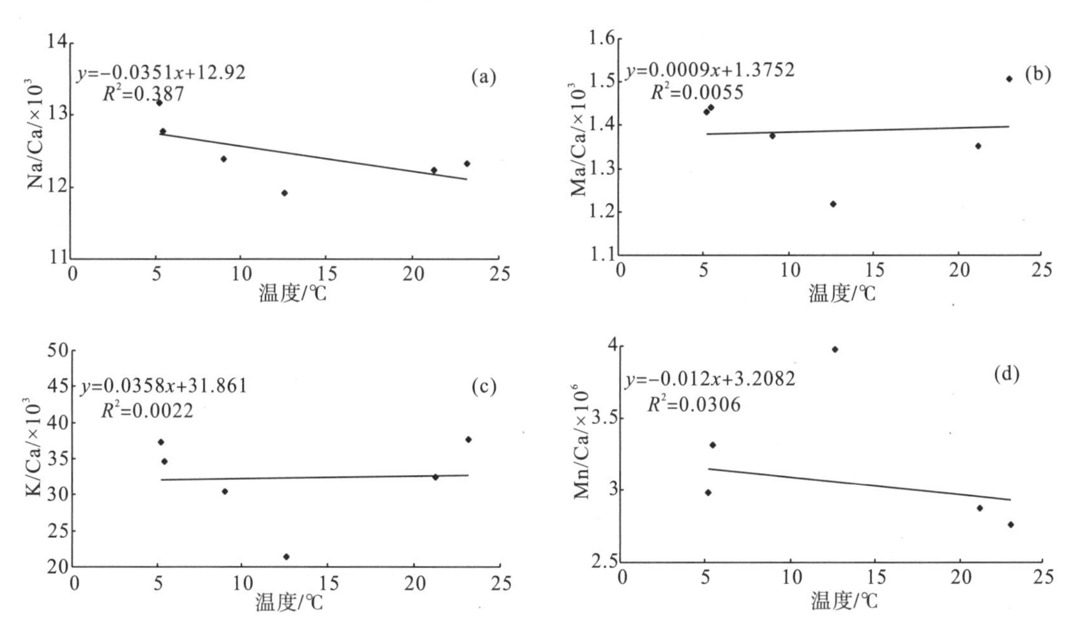

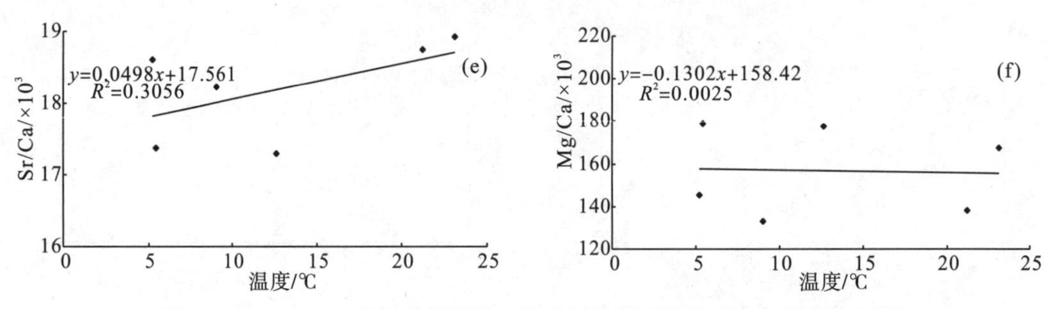

图 3-34　2009 年 3 月孵化的阿根廷滑柔鱼的耳石微量元素与温度的关系

(8)2009 年 4 月

对于 2009 年 4 月孵化的个体而言，在假设的条件下，Na/Ca 与温度存在显著性负相关($P<0.05$)，Ba/Ca 和 Sr/Ca 变化与温度基本不存在相关性($P>0.05$)，K/Ca 和 Mn/Ca 与温度则存在正相关，Mg/Ca 与温度存在负相关($P<0.05$)。总体而言，Na/Ca 和 Mg/Ca 随着温度增加而减小，而 K/Ca 和 Mn/Ca 则随着温度增加而增加(图 3-35)。

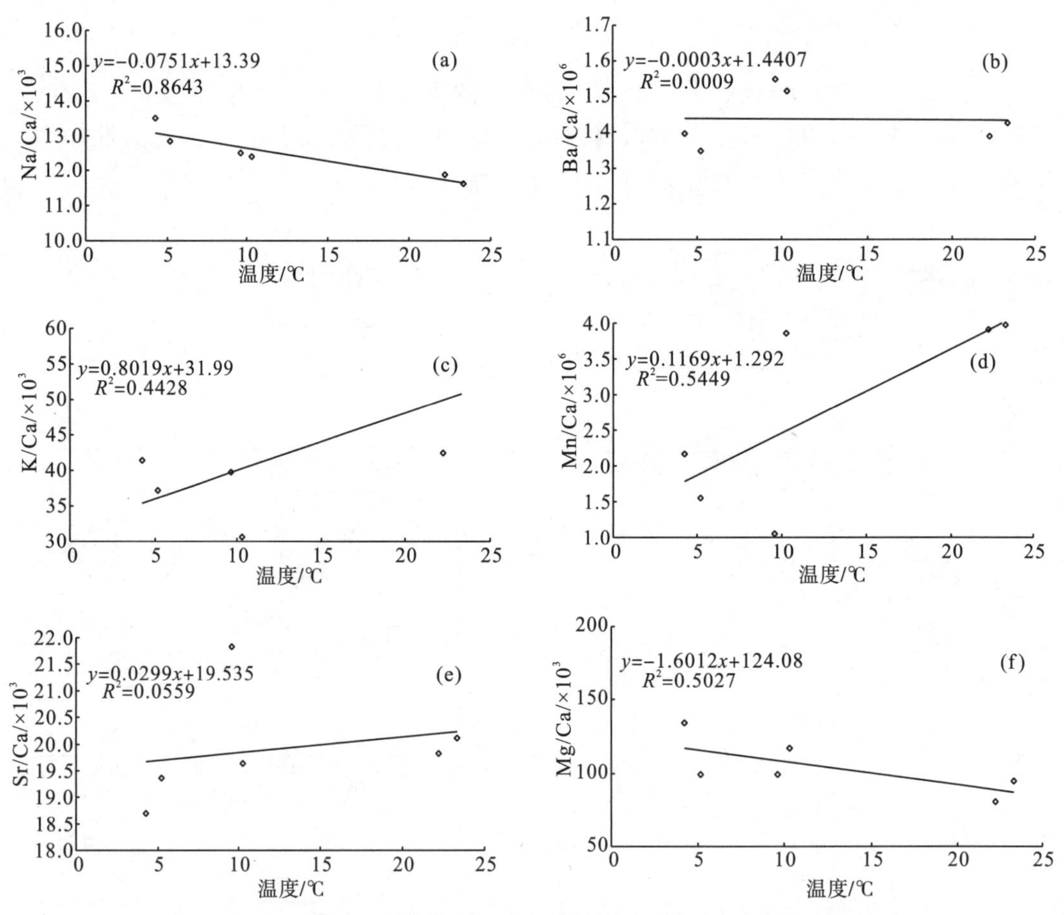

图 3-35　2009 年 4 月孵化的阿根廷滑柔鱼的耳石微量元素与温度的关系

综上所述，不同群体间、不同孵化耳石中几种主要微量元素与钙元素的比值与温度之间的关系存在差异。但研究结果表明，无论是哪个月份孵化，Na/Ca 都是随着温度的上升而下降的。而 Ba/Ca 除了 2009 年 3 月和 4 月孵化的个体与温度之间不具有相关性以外，其余时间孵化的样本与温度之间都存在正相关性。K/Ca 除 2006 年 7 月孵化的样本与温度之间不存在相关性之外，其余均呈现正相关性。Mn/Ca、Sr/Ca 和 Mg/Ca 的变化与温度之间的关系比较复杂，不同孵化月间与温度之间的关系不相同。在 Mn/Ca 方面，2006 年 5 月和 2007 年 5 月和 6 月孵化的个体 Mn/Ca 随着温度的增加而下降，而 2006 年 7 月、2007 年 7 月和 2009 年 4 月孵化的个体则随着温度的增加而上升，2006 年 6 月和 2009 年 3 月孵化的个体 Mn/Ca 与温度之间则不存在相关性。在 Sr/Ca 方面，2006 年 7 月、2007 年 5 月和 2007 年 6 月孵化的个体 Sr/Ca 值与温度之间呈现负相关，而 2006 年 6 月、2007 年 7 月和 2009 年 3 月孵化个体则呈现正相关，2009 年 3 月孵化和 2009 年 4 月 Sr/Ca 变化与温度之间则不存在相关性。在 Mg/Ca 方面，2006 年 7 月、2007 年 5 月和 6 月孵化的个体 Mg/Ca 随着温度的增加而下降，而 2006 年 5 月、2006 年 6 月、2007 年 7 月和 2009 年 4 月孵化的个体则随着温度的增加而上升，2009 年 3 月孵化的个体 Mg/Ca 则不存在相关性。

三、讨　论

1. 阿根廷滑柔鱼耳石微量元素组成

通过研究，阿根廷滑柔鱼耳石含有 Ca 等 56 种微量元素，含量前 10 位的微量元素分别为 Ca、Sr、Na、P、K、Fe、Mg、Ba、B、Ga。而马金(2010)通过对西北太平洋柔鱼耳石的研究，认为柔鱼耳石含有 Ca 等 47 种元素，其中 Ca 含量最高，Na、Sr、K、Fe、Mg、Zn、Cu、Ba、Ni 含量次之。刘必林等(2011)通过研究认为，智利外海茎柔鱼耳石含有 Ca 等 47 种元素，其中前 10 微量元素分别为 Ca、Sr、Na、Si、K、Mg、Ba、Mn、Zn 和 Li。对比表明，虽然同属于柔鱼科，但西南大西洋阿根廷滑柔鱼、西北太平洋柔鱼和智利外海茎柔鱼微量元素并不完全相同，这可能和它们不同的分布海域相关，也可能和耳石自身的微量元素沉积特性相关。一些研究也表明，耳石微量元素的沉积受到温度、盐度、食物、光照等环境因子的影响(Murakami et al.，1981)，同时也受生长发育等内因的影响(Ishii，1977)。

2. 主要微量元素与钙元素比值的变化

研究表明，不同性别间，阿根廷滑柔鱼耳石中 Na/Ca、Ba/Ca、K/Ca、Mn/Ca、Sr/Ca 和 Mg/Ca 不同存在性别间差异。其中，结果与马金(2010)对西北太平洋柔鱼、刘必林等(2011)对南太平洋茎柔鱼耳石的微量元素研究结果相同。方差分析表明，不同孵化群体间阿根廷阿根廷滑柔鱼 Na/Ca、Ba/Ca、K/Ca、Mn/Ca、Sr/Ca、Mg/Ca 都存在显著性差异，但随着年龄增加，相对应的变化趋势基本一致。即 Na/Ca 和 Sr/Ca 随着年龄增加呈现先增加后减小的趋势，Ba/Ca、K/Ca 和 Mg/Ca 呈现明显的逐渐减小趋势，而 Mn/Ca

随着年龄增加呈波动变化趋势，变化不明显。尽管在足类耳石微化学研究方面，Sr/Ca 的研究最为广泛，一些学者通过研究得到了几种大洋性头足类耳石中 Sr/Ca 的范围：西北太平洋柔鱼($13.9\times10^{-3}\sim18.8\times10^{-3}$)、智利外海茎柔鱼($14.8\times10^{-3}\sim16.4\times10^{-3}$)、黵乌贼($6.3\times10^{-3}\sim8.1\times10^{-3}$)、水蛸(*Octopus dofleini*)($10.6\times10^{-3}\sim14.3\times10^{-3}$)等。本研究得到西南大西洋阿根廷滑柔鱼耳石 Sr/Ca 为 $15.32\times10^{-3}\sim22.43\times10^{-3}$，结果与西北太平洋柔鱼和智利外海茎柔鱼耳石Sr/Ca比较接近。

3. 耳石不同部位各元素比值的变化特性

方差分析表明，不同孵化群体间、不同耳石部间阿根廷阿根廷滑柔鱼 Na/Ca、Ba/Ca、K/Ca、Mn/Ca、Sr/Ca 和 Mg/Ca 都存在显著性差异，但相同微量元素与 Ca 的比值在耳石的不同部位分布存在差异性，不同群体间、相同元素与 Ca 的比值则存在相似的分布特性。刘必林等(2011)通过研究认为，智利外海茎柔鱼耳石的 Sr/Ca 在 N 部位的分布与其他在 PN、DZ、PZ 分布存在显著性差异，与本研究的结果相似。但其他研究表明，Mg/Ca 在耳石不同的部位则不存在显著性差异(刘必林等，2011)，与本研究结果不同。马金(2010)通过研究则认为，西北太平洋柔鱼耳石中的 Sr/Ca、Na/Ca 核心至背区边缘的各点间无显著差异，与本研究得到的结果不同，但其研究亦认为西北太平洋耳石 Mg/Ca 和 Ba/Ca 存在不同的耳石部位存在显著差异，这与本研究中 Mg/Ca 和 Ba/Ca 的研究结果相同。另外一些研究则认为(Ikeda et al.，1999)，黵乌贼(*Gonatus fabricii*)Mg/Ca 通常在 N 区相对较高，从核心到边缘逐渐减少，这与本研究中 Mg/Ca 变化比较相似。Mn/Ca 在 N 和 PD 区相对较低，但在处于中间的 DZ 则相对稍高一些，这与本研究的结果有所不同。

4. 主要微量元素与 Ca 比值与温度的关系探讨

(1)Na/Ca

本研究表明，假设条件下，所有阿根廷滑柔鱼的个体，耳石中 Na/Ca 都与温度呈负相关，并且不同的群体间 Na/Ca 存在显著性差异。这可能为利用 Na/Ca 鉴定不同阿根廷滑柔鱼不同群体提供了一个新的途径。同时，SPS 和 BNS 群体孵化后都由北向南进行索饵洄游，温度也随着逐步增加，对应的 Na/Ca 则逐步下降，总体变化趋势与假设条件下的洄游路线温度的变化完全符合，可能为利用 Na/Ca 研究头足类生活史提供了一个新的证明。但马金(2010)等通过研究认为，西北太平洋柔鱼 Na/Ca 与温度之间存在显著的线性正相关，与本书的研究结果恰好相反。在以后的研究中，如何更好地利用 Na/Ca 在头足类洄游中的应用还需要进一步深入研究。

(2)Ba/Ca

本研究中，几乎所有样本的 Ba/Ca 都随温度的增加而增加。这与其他学者对商乌贼(Zumholz et al.，2007)、巴塔哥尼亚枪乌贼(Arkhipkin et al.，2004)和西北太平洋柔鱼(马金，2010)的研究结果不符。一些学者认识，头足类耳石中 Ba 与盐度变化无关，认为 Ba 元素或可作为头足类温度环境史的最好代表(Zumholz et al.，2007)。而在另外一些研究中，有人认为一些腹足类的原壳(Arkhipkin，2004)和鱼类的耳石中的 Ba/Ca 与海水中 Ba/Ca 成正比。可见 Ba 元素在头足类耳石中的沉积特性并未得到统一的结论，如何利用 Ba/Ca 推测头足类的洄游史还需要更多的研究。

(3)K/Ca

本研究中，几乎所有的样本耳石中 K/Ca 都和温度呈正相关。这似乎意着 K/Ca 也可以用于推测阿根廷滑柔鱼生活史，因为 SPS 和 BNS 群体在孵化场孵化以后都南向洄游进行索饵，随之温度也逐步升高，K/Ca 也与温度保持相同的变化趋势。但目前为止，针对头足类 K/Ca 变化特性的研究还很少见。

(4)Mn/Ca

本研究中，Mn/Ca 与温度的关系相对复杂，不同的孵化群体间基本没有统一的规律可循。Arkhipkin 等(2004)通过对枪乌贼(*Loligo Cahi*)耳石的研究，得到 Mn/Ca 介于$(1\sim3)\times10^{-6}$。但是有学者通过研究认为，太平洋褶柔鱼(*Todarodes pacificus*)(Ikeda 等，2003)和水蛸(*Octopus dofleini*)耳石中 Mn/Ca 分别为$(22\sim35)\times10^{-6}$和$(22\sim40)\times10^{-6}$(Ikeda et al.，1999)，这可能与这些头足类自身生活的环境有关，也可能和测试方法不同有关。

(5)Sr/Ca

本研究表明，对于不同的孵化日期，阿根廷滑柔鱼耳石的 Sr/Ca 与温度的关系并不完全相同。2006 年 7 月、2007 年 5 月和 2007 年 6 月孵化的个体 Sr/Ca 与温度呈线性负相关，而 2006 年 6 月、2007 年 7 月和 2009 年 3 月孵化的个体 Sr/Ca 与温度呈线性正相关，2006 年 5 月和 2009 年 4 月孵化的个体 Sr/Ca 则与温度不存在相关性。一些研究认为，Sr 的含量与温度呈负相关(Ikeda et al.，2003；Bower 和 Ichii，2005；Bower，1996；Korzun et al.，1979；Bower et al.，1999)，这与本研究中 2006 年 7 月、2007 年 5 月和 2007 年 6 月孵化的个体 Sr/Ca 结果相同。但也有实验室研究认为，温度与耳石中 Sr 的含量无明显关系，这与本研究中 2006 年 5 月和 2009 年 4 月孵化的个体 Sr/Ca 变化特性相同。尽管 Sr/Ca 的变化被许多学者用来研究头足类的洄游史，并被认为其值的变化与是生长水域温度变化的反映(Bower 和 Ichii，2005；Lipinski，1979)，但这一观点却与饲养状态下头足类的 Sr/Ca 研究结果不吻合。假设温度是影响阿根廷滑柔鱼耳石中 Sr 含量的主导因素，并与温度呈负相关，那么本研究中 2006 年 7 月、2007 年 5 月和 2007 年 6 月孵化个体的洄游路线得到了验证，因为无论是 SPS 还是 BNS 群体，它们在孵化以后，都会向南洄游进入索饵场，这样它们生活的海域温度也会由北向南逐步增加，对应的 Sr/Ca 就会逐渐下降。但是，针对 2006 年 6 月、2007 年 7 月和 2009 年 3 月孵化的个体 Sr/Ca 则与温度呈现正相相关，则无法解释 SPS 和 BNS

的洄游路线。或者 Sr 在耳石中的沉积过程本来就是比较复杂的，不仅温度对其造成影响，其他外界环境和本身生物过程的多种因素也会对其形成影响。

(6)Mg/Ca

Mg 一直被认为在头足类耳石的生物矿化至关重要(Morris，1991)，但 Mg/Ca 与温度之间的关系一直没有统一的结论。一些研究认为，鱼类 Mg/Ca 和温度没有相关性，这与本研究中 2009 年 3 月孵化的阿根廷滑柔鱼耳石的研究结果相似。另外一些研究则认为 Mg/Ca 和温度呈正相关(Arkhipkin et al.，2004)，这与本研究中 2006 年 5 月、2006 年 6 月、2007 年 7 月和 2009 年 4 月孵化的个体研究结果相同。而本研究也得到，对于 2006 年 7 月、2007 年 5 月、2007 年 6 月孵化的个体 Mg/Ca 与温度呈负相关。

第四章　阿根廷滑柔鱼角质颚外部形态分析

角质颚是头足类的主要摄食器官，与耳石、内壳等其他硬组织一样，具有稳定的形态、良好的信息储存以及抗腐性蚀等特点(Clarke，1962)，被广泛应用于研究头足类的年龄和生长(Cobb et al.，1995；Hernández-Lopez et al.，2001；Raya 和 Hernández-González，1998)、群体划分(许嘉锦，2003)和资源评估(Lu 和 Ickeringill，2002；Jackson，1995)。了解和掌握角质颚外形变化和生长特性及影响因素，利用它们进行头足类年龄和生长、种群结构和生活史过程等渔业生物学和生态学信息研究具有重要意义。

第一节　影响阿根廷滑柔鱼角质颚外部形态变化因素分析

一、材料和方法

1. 材料来源

样品来自“新世纪 52 号”和“浙远渔 807 号”专业鱿钓船。采样时间、海域和样本组成见表 4-1。每个站点渔获中随机抽取柔鱼 10～15 尾，获得的样本经冷冻保藏运回实验室，共采集样本 3290 尾(其中 2007 年 308 尾、2010 年 2892 尾)。

表 4-1　阿根廷滑柔鱼样本组成

采样时间	采样海域		采样个数	平均胴长/mm	胴长标准差/mm
	纬度	经度			
2007.02	45°13′～45°58′S	60°23′～60°43′W	83	221.3913	28.1311
2007.03	40°02′～45°39′S	60°02′～60°18′W	59	238.5682	20.7974
2007.04	41°59′～46°53′S	57°55′～46°53′W	101	268.8182	33.7722
2007.05	45°27′～45°48′S	60°07′～60°19′W	65	290.75	40.9485
2010.01	45°21′～45°40′S	60°15′～60°39′W	1158	199.5774	19.3109
2010.02	45°17′～46°20′S	60°06′～60°31′W	961	217.5295	28.5682
2010.03	46°05′～47°14′S	60°05′～60°47′W	733	224.8805	14.8775

2. 生物学测定与角质颚提取

实验室解冻后对阿根廷滑柔鱼进行生物学测定，包括胴长、体重、性别、性成熟度等。胴长测定精确至0.1mm，重量精确至0.1g。

从头部口腔提取角质颚，最后得到完整角质颚样本3290对(雌2029对、雄1261对)，雌雄阿根廷滑柔鱼的胴长分别为103～856mm、140～298mm，体重分别为103～856g、98～703g。对取出的角质颚进行编号并存放于盛有75%乙醇溶液的10mL离心管中，以便清除包裹角质颚表面的有机碎屑。

3. 角质颚形态测量

首先沿水平和垂直两个方向进行校准，然后对角质颚的上头盖长(upper hood length，UHL)、上脊突长(upper crest length，UCL)、上喙长(upper rostrum length，URL)、上喙宽(upper rostrum width，URW)、上侧壁长(upper lateral wall length，ULWL)、上翼长(upper wing length，UWL)、下头盖长(lower hood length，LHL)、下脊突长(lower crest length，LCL)、下喙长(lower rostrum length，LRL)、下喙宽(lower rostrum width，LRW)、下侧壁长(lower lateral wall length，LLWL)、下翼长(lower wing length，LWL)12项形态参数(图4-1)进行测量，测量结果精确至0.1mm。

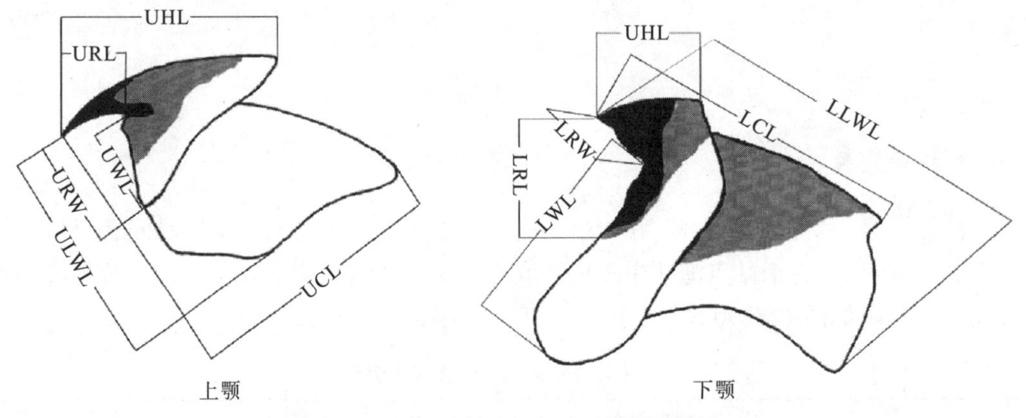

图4-1　阿根廷滑柔鱼角质颚外形测量图

4. 数据处理方法

首先用Levene′s法进行方差齐性检验，不满足齐性方差时对数据进行反正弦或者平方根处理(管于华，2005)。

然后分不同性别、不同性腺成熟度、不同胴长范围对反映各区生长的形态参数分别进行ANOVA分析，对于存在极显著性差异($P<0.01$)的参数做组间多重比较(管于华，2005)，以便分析不同因子对角质颚各区生长的影响。

最后利用UHL/UCL、URL/UCL、URW/UCL、ULWL/UCL、UWL/UCL和LHL/LCL、LRL/LCL、LRW/LCL、LLWL/LCL、LWL/LCL分别作为角质颚上颚和下颚各区的变化指标(钟文松，2003)，并采用ANOVA对它们进行分析，对于存在

极显著性差异($P<0.01$)的参数做组间多重比较，分析不同因子对它们的影响。

所有统计分析采用 SPSS 17.0 软件进行。

二、结　果

1. 角质颚外部形态特征

同其他柔鱼类角质颚相似，阿根廷滑柔鱼角质颚由上颚(upper beak)和下颚(lower beak)两部分组成，且上下两颚构成相似，都是由喙(rostrum)、肩部(shoulder)、翼部(wing)、侧壁(lateral wall)、头盖(hood)、脊突(crest)等主要部分以及翼齿(wing tooth)、翼皱(wing fold)等附属部分组成(图 4-2)。上颚头盖大，上、下边缘都呈现平滑曲线状，但下边缘弧度较上边缘稍大；喙部稍长呈弯曲状，且颚缘弯曲程度较大；脊突与侧壁前缘呈中度弯曲状，翼区长度较宽度稍大。同上颚头盖相似，下颚头盖很大，但下颚头盖与脊突分界处有一个明显的凹口(图 4-2)；喙部稍长呈弯曲状，翼区宽大，翼区和喙部的接合处存在一个下凹的颚角(jaw angle)，其基部存在一个脊突(图 4-2)。

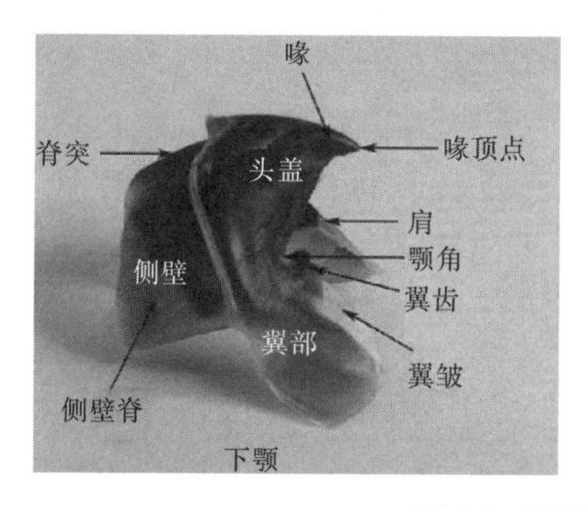

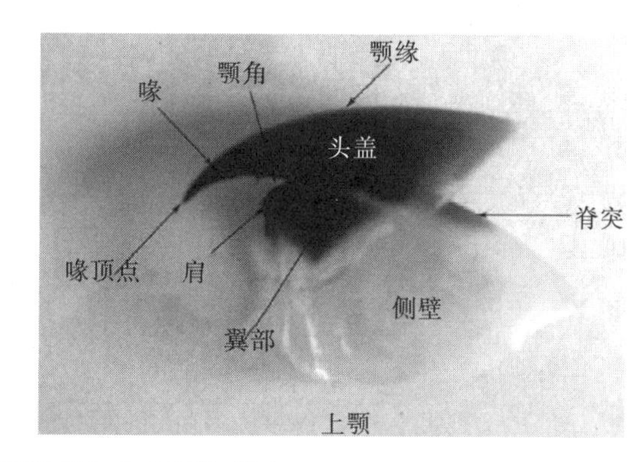

图 4-2　阿根廷滑柔鱼角质颚外形图

2. 角质颚外部形态测量

雌性样本中各形态参数值：UHL 为 9.98～19.89mm，UCL 为 12.19～24.85mm，URL 为 2.66～6.44mm，URW 为 2.28～5.1mm，ULWL 为 9.49～21.12mm，UWL 为 3～6.62mm，LHL 为 3.27～9.71mm，LCL 为 6.38～12.55mm，LRL 为 2.75～5.77mm，LRW 为 3.09～5.52mm，LLWL 为 9.23～13.73mm，LWL 为 5.52～11.71mm。雄性样本中各形态参数值：UHL 为 9.89～19.89mm，UCL 为 12.19～24.77mm，URL 为 2.66～6.44mm，URW 为 2.21～4.76mm，ULWL 为 10.15～20.49mm，UWL 为 3～6.62mm，LHL 为 3.24～6.71mm，LCL 为 12.19～24.77mm，LRL 为 2.33～5.26mm，LRW 为 2.02～4.93mm，LLWL 为 9.08～18.41mm，UWL 为 5.25～11.71mm。

3. 主成分分析

分别对上下颚6个形态参数分别进行主成分分析。从表4-2可以看出，对于上颚，其第一、第二解释形态参数的贡献率分别为78.79%、10.17%，累计贡献率约88.97%。第一主成分与雌性个体角质颚的UHL、UCL、URL、UWL、URW和ULWL都有近似相等的正相关，载荷系数均在0.38以上，其中UWL、URL的载荷系数最大，在0.42以上，因此第一主成分可以被认为是角质颚各区长度特征的代表。第二主成分与UCL和URW正相关，且与UCL载荷系数大于0.82，而于与UHL、URL、UWL和ULWL呈负相关，并且与URL呈中等程度的负相关，载荷系数达到−0.4792。第三主成分与URL有较大的正相关，与ULWL呈中等程度的负相关。第四主成分与UHL、UCL有中等程度正相关，与UWL有较大负相关，因此第二、第三和第四主成分可以被认为角质颚宽度和长度特征的代表。第五主成分分别与ULLW有较大的正相关，载荷系数在0.7以上，第六主成分与UWL有较大的正相关(表4-2)。

表4-2 阿根廷滑柔鱼角质颚上颚6个形态参数六个主成分负荷值和贡献率

外形参数	主成分分析					
	1	2	3	4	5	6
UHL	0.4066	−0.2735	−0.4108	0.5064	−0.5764	0.0495
UCL	0.3869	0.8298	0.1947	0.3425	0.0469	0.0651
URL	0.3904	−0.4729	0.7054	0.2665	0.2335	0.0284
UWL	0.4264	−0.0039	0.0053	−0.5821	−0.1546	0.6748
URW	0.4294	0.0444	0.0782	−0.465	−0.245	−0.7289
ULWL	0.408	−0.1045	−0.5381	0.0133	0.726	−0.0763
贡献率/%	78.79	10.17	4.77	3.18	2.41	0.64
累积贡献率/%	78.79	88.97	93.75	96.94	99.37	1

对于下颚，从表4-3可以看出第一、第二主成分解释形态参数的贡献率分别为81.99%、9.7%，累计贡献率约91.68%。其中，第一主成分与雄性个体角质颚的UHL、UCL、URL、UWL、URW和ULWL都有近似相等的正相关，载荷系数均在0.39以上，因此第一主成分可以被认为是耳石各区长度特征的代表。第二主成分与LRL、LWL有中等程度的正相关，并且与LWL载荷系数达到0.61。第三主成分与LHL有较大的正相关，载荷系数为0.74，而与LLWL呈较大负相关。第四主成分与LRW有较大的正负相关，因此第二、第三和第四主成分可以被认为角质颚长度和宽度特征的代表。第五主成分分别与LCL和LHL有较大的负相关，与LWL有中等程度正相关，第六主成分与LCL有较大程度负相关，与LRL有中等程度正相关(表4-3)。

表 4-3　阿根廷滑柔鱼角质颚下颚 6 个形态参数六个主成分负荷值和贡献率

外形参数	主成分分析					
	1	2	3	4	5	6
LHL	0.3929	−0.4903	0.7454	0.0248	0.1126	0.1906
LCL	0.4175	−0.301	−0.1719	0.0655	−0.4696	−0.6933
LRL	0.4092	0.4799	0.0708	0.1827	−0.6036	0.4466
LWL	0.3992	0.6141	0.2231	0.0403	0.4927	−0.4115
LRW	0.4188	−0.0571	−0.2983	−0.8249	0.1038	0.2027
LLWL	0.4114	−0.2415	−0.5206	0.5287	0.3858	0.2702
贡献率/%	81.97	9.7	3.51	1.73	1.63	1.44
累积贡献率/%	81.97	91.68	95.19	96.93	98.56	1

根据主成分载荷，阿根廷滑柔鱼雌雄个体角质颚长度参数 UCL、UHL、LCL、LHL 和宽度参数 UWL、LWL 可代替 12 项形态参数来描述角质颚的外形变化受到的影响。

4. 角质颚形态的影响因素

(1)性别对角质颚形态的影响

ANOVA 分析结果认为，不同性别间阿根廷滑柔鱼角质颚的 UCL($F_{159.298}=0.000<0.001$)、UHL($F_{96.4392}=0.000<0.001$)、UWL($F_{29.1752}=0.000<0.001$)、LCL($F_{56.8313}=0.000<0.05$)、LHL($F_{9.9778}=0.0016<0.05$)、LWL($F_{82.4912}=0.000<0.001$)，主要外形参数均呈现出现及显著差异(<0.001)。因此，分不同性别研究不同性腺成熟度和不同胴长范围对角质颚外部形态的影响。

(2)性腺成熟度对角质颚形态的影响

对于雌性个体，ANOVA 结果认为：UCL($F_{59.7598}=0.000<0.001$)、UHL($F_{55.7124}=0.000<0.001$)、UWL($F_{30.4889}=0.000<0.001$)、LCL($F_{34.4004}=0.000<0.001$)、LHL($F_{32.8098}=0.0016<0.001$))、LWL($F_{46.3892}=0.000<0.001$)，不同性腺成熟度间的变化均存在极显著性差异。

LSD 法进行多重比较认为：UCL、UHL、LHL、LWL 性腺成熟度 Ⅰ级与Ⅱ、Ⅲ、Ⅳ、Ⅴ级，Ⅱ级与Ⅳ、Ⅴ级，Ⅲ级与Ⅳ、Ⅴ级，Ⅴ级与Ⅴ级存在极显著性差异($P<0.001$)，而Ⅱ级与Ⅲ级则不存在显著性差异($P>0.05$)；UWL 和 LCL 则Ⅰ级与Ⅲ、Ⅳ、Ⅴ级，Ⅱ级与Ⅳ、Ⅴ级，Ⅲ级与Ⅳ、Ⅴ级，Ⅴ级与Ⅴ级存在极显著性差异($P<0.001$)，而Ⅰ级与Ⅱ级、Ⅱ级与Ⅲ级($P>0.05$)不存在显著性差异。总体而言，随着性腺的逐渐成熟，UCL、UHL、UWL、LHL、LCL 和 LWL 值都不断增加，但性成熟Ⅰ级、Ⅱ级增加幅度快、Ⅲ级以后增加幅度相对放慢。不同性腺成熟度下 6 个角质颚形态参数的均值变化如图 4-3 所示。

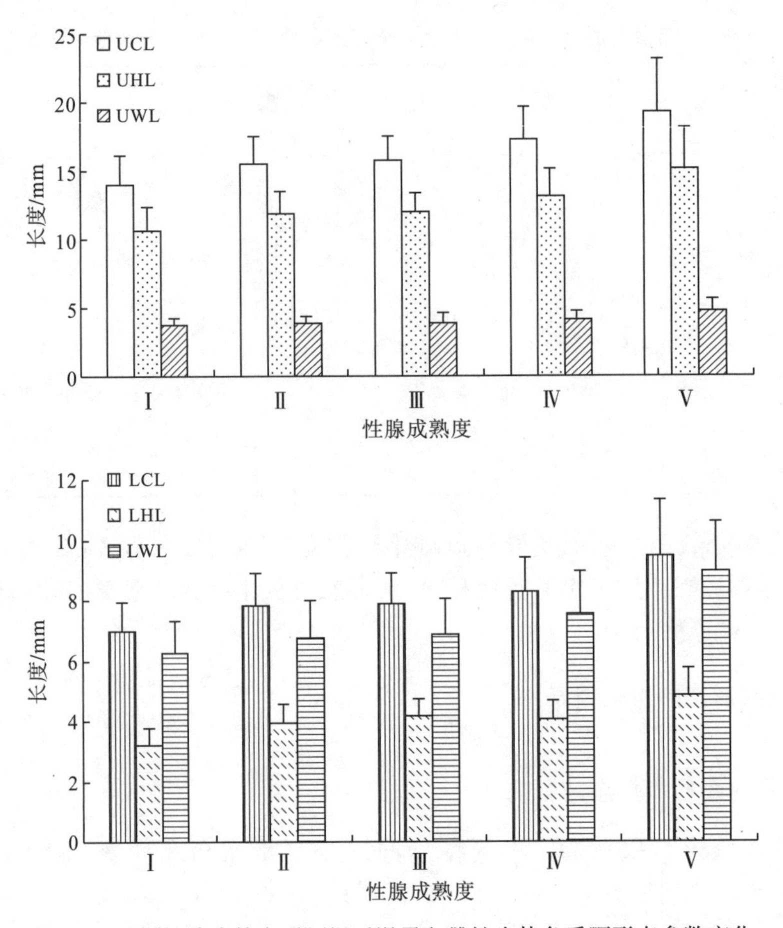

图 4-3　不同性腺成熟度下阿根廷滑柔鱼雌性个体角质颚形态参数变化

对于雄性个体，ANOVA 结果认为：UCL（$F_{47.9971}=0.000<0.001$）、UHL（$F_{34.0086}=0.000<0.001$）、UWL（$F_{18.1096}=0.000<0.001$）、LCL（$F_{27.6636}=0.000<0.001$）、LHL($F_{16.0161}=0.0016<0.001$)、LWL($F_{35.6131}=0.000<0.001$)，不同性腺成熟度间的变化均存在极显著性差异。

LSD 法进行多重比较认为：UCL、UHL、UWL、LCL、LHL 和 LWL 性腺成熟度Ⅰ级与Ⅳ、Ⅴ级，Ⅱ级与Ⅳ、Ⅴ级，Ⅲ级与Ⅳ、Ⅴ级，Ⅴ级与Ⅴ级存在极显著性差异($P<0.001$)，而Ⅰ级与Ⅱ级、Ⅰ级与Ⅲ级、Ⅱ级与Ⅲ级则不存在显著性差异($P>0.05$)。总体而言，随着性腺的逐渐成熟，UCL、UHL、UWL、LHL、LCL 和 LWL 值都不断增加，但性成熟度Ⅰ级、Ⅱ级增加幅度快、Ⅲ级以后增加幅度相对放慢。不同性腺成熟度下 6 个角质颚形态参数的均值变化如图 4-4 所示。

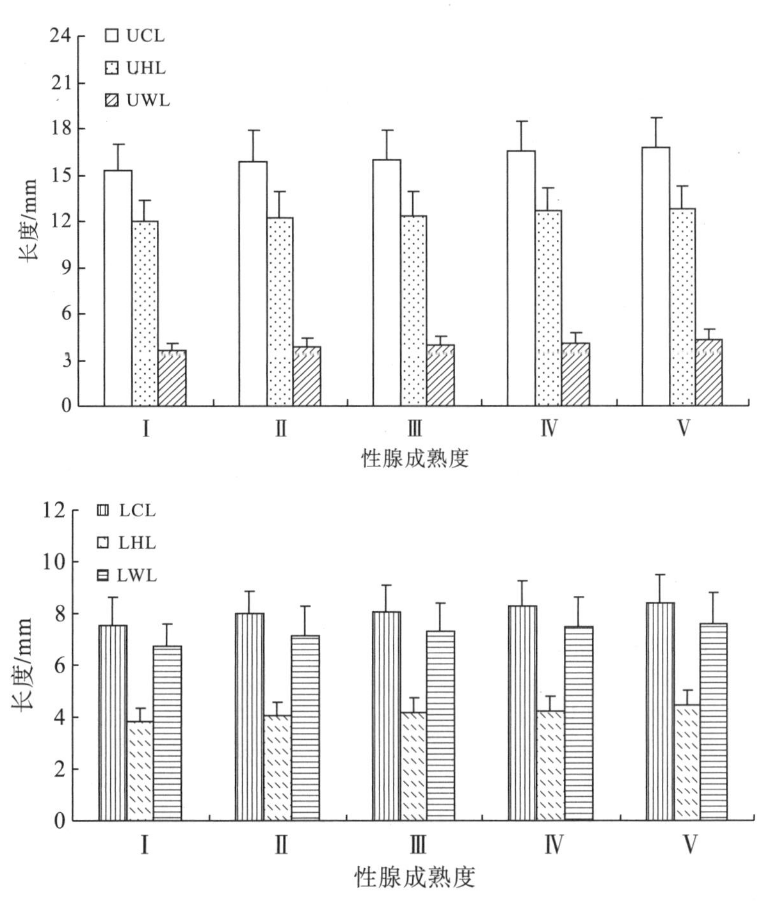

图 4-4　不同性腺成熟度下阿根廷滑柔鱼雄性个体角质颚形态参数变化

5. 不同胴长组对角质颚形态的影响

雌性样本中共分 5 个胴长组。ANOVA 结果认为：UCL($F_{529.6839}=0.000<0.01$)、UHL($F_{1444.1}=0.000<0.01$)、UWL($F_{1318.2}=0.000<0.01$)、LCL($F_{1453}=0.0047<0.01$)、LHL($F_{1451}=0.000<0.01$)、LWL($F_{251.6747}=0.000<0.01$)在 5 个胴长组间均存在极显著性差异。

LSD 法分析：对于雌性个体的 UCL、UHL、UWL、LCL、LHL 和 LWL，胴长组 100～150mm、150～200mm 与 201～250mm、251～300mm 和 301～350mm 之间，胴长组 201～250mm 与 251～300mm 和 301～350mm 之间，胴长组 251～300mm 和 301～350mm 之间都存在极显著性差异($P<0.01$)，而 100～150mm 与 150～200mm 之间则不存在显著性差异($P>0.05$)。总体而言，随着胴长的逐渐增加，UCL、UHL、UWL、LCL、LHL 和 LWL 值都不断增加，但胴长小于 200mm 时增加幅稍慢，胴长大于 200mm 以后各值增加幅度加快。6 个角质颚形态参数均值变化与胴长组的关系如图 4-5 所示。

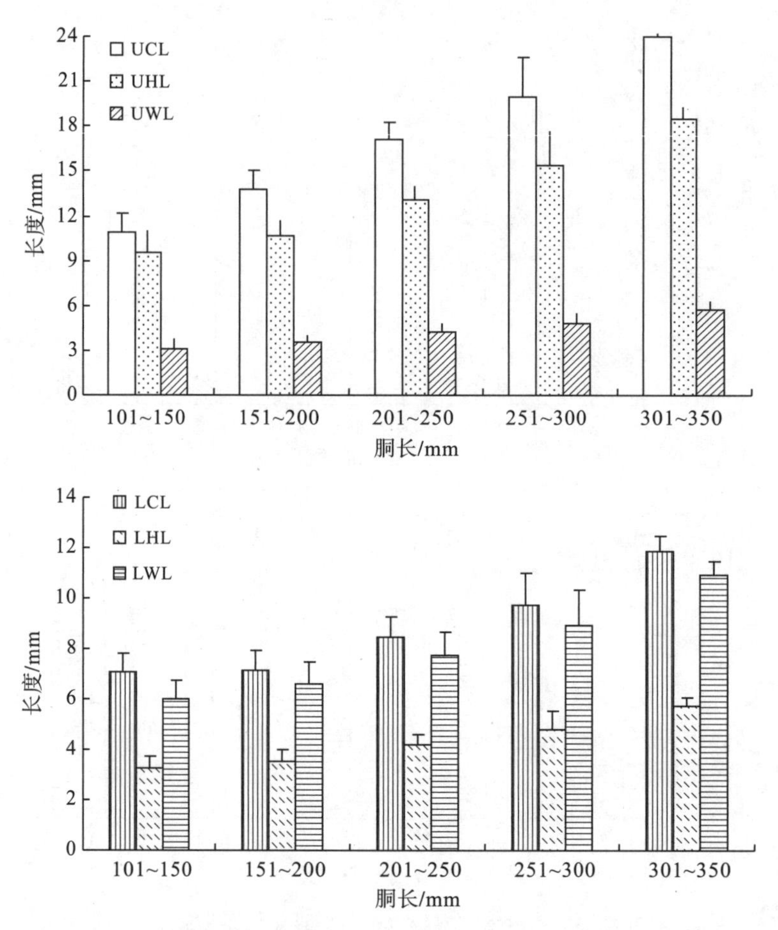

图 4-5 阿根廷滑柔鱼雌性个体角质颚形态参数分布与胴长关系

雄性样本中共分 4 个胴长组。ANOVA 结果认为：UCL($F_{613.2206}$=0.000<0.01)、UHL($F_{500.2518}$=0.000<0.01)、UWL($F_{139.469}$=0.000<0.01)、LCL($F_{259.659}$=0.0047<0.01)、LHL($F_{182.2905}$=0.000<0.01)、LWL($F_{286.7976}$=0.000<0.01)在 4 个胴长组间均存在极显著性差异。

LSD 法分析：对于雄性个体的 UCL、UHL、UWL、LCL、LHL 和 LWL，胴长组 100～150mm、150～200mm 与 201～250mm、251～300mm 和 301～350mm 之间，胴长组 201～250mm 与 251～300mm 和 301～350mm 之间，胴长组 251～300mm 和 301～350mm 之间都存在极显著性差异(P<0.01)，而 100～150mm 与 150～200mm 之间则不存在显著性差异(P>0.05)。总体而言，随着胴长的逐渐增加，UCL、UHL、UWL、LCL、LHL 和 LWL 值都不断增加，但胴长小于 200mm 时增加幅稍慢，当胴长大于 200mm 以后各值增加幅度加快。6 个角质颚形态参数均值变化与胴长组的关系如图 4-6。

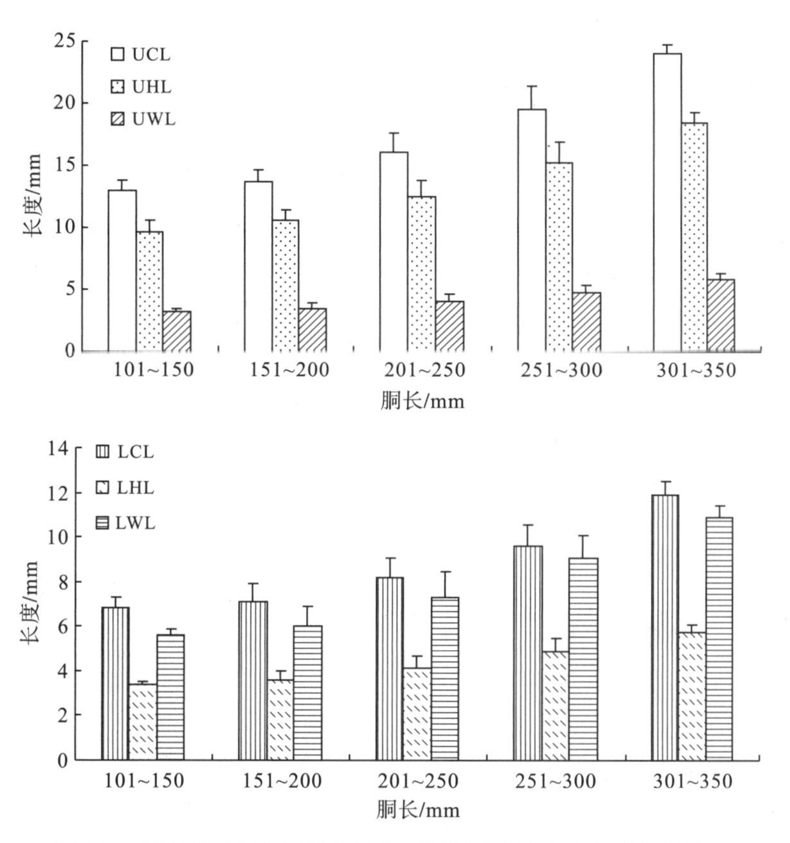

图 4-6　阿根廷滑柔鱼雄性个体角质颚形态参数分布与胴长组关系

6. 角质颚形态相对变化的分析

(1)不同部位与脊突长比值与胴长关系

研究结果表明，阿根廷滑柔鱼角质颚 UHL/UCL、URL/UCL、URW/UCL、UL-WL/UCL、UWL/UCL 在不同性别、不同性腺成熟度和不同胴长组间均不存在显著性差异，平均值分别维持在 78.04%、22.46%、17.28%、81.41%、23.07%(表 4-4)，并且随着胴长的增加比值基本稳定(图 4-7)。同样对于 LHL/LCL、LRL/LCL、LRW/LCL、LLWL/LCL、LWL/LCL 在不同性别、不同性腺成熟度和不同胴长组间也不存在显著性差异，比值的平均值分别维持在 50.69%、43.31%、41.13%、144.98%、93.68%，并随着胴长增加这些比值也基本衡定(图 4-7)。这说明在阿根廷滑柔鱼生长过程中，角质颚各区均匀生长，总体基本形态维持不变。

表 4-4　阿根廷滑柔鱼角质颚不同部位比值的均值和标准差

指标		上颚	下颚
UHL/UCL	平均值	0.7804	0.5069
	标准差	0.0267	0.0311

（续表）

指标		上颚	下颚
URL/UCL	平均值	0.2248	0.4331
	标准差	0.0219	0.0297
URW/UCL	平均值	0.1728	0.4112
	标准差	0.0151	0.0279
ULWL/UCL	平均值	0.8141	1.4499
	标准差	0.0254	0.0659
UWL/UCL	平均值	0.2371	0.9268
	标准差	0.0191	0.0532

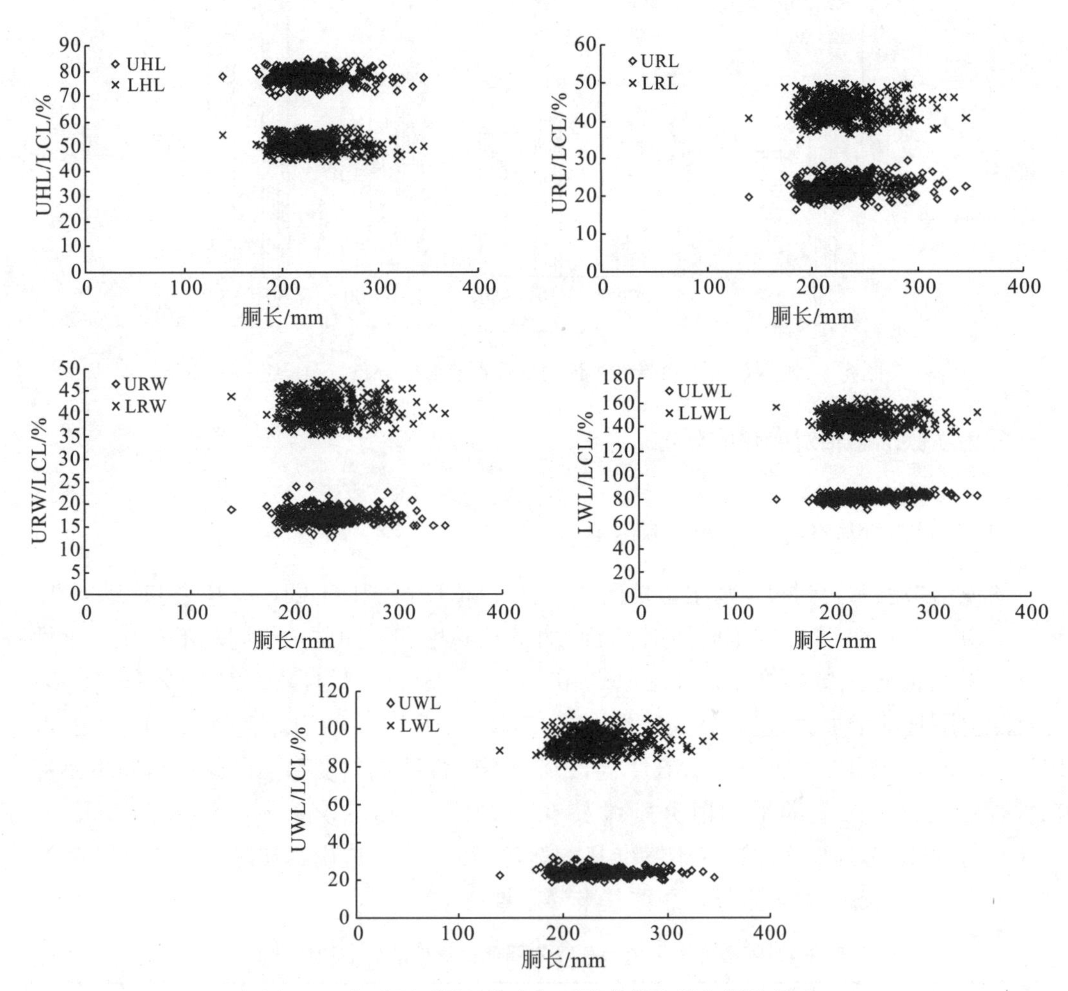

图 4-7 角质颚不同区长度与下脊突长比值与胴长关系

三、讨论与分析

1. 角质颚外部形态

同其他柔鱼类质角颚一样，阿根廷滑柔鱼角质颚也由上下颚两部分组成，并且结构都很相似，都由喙、肩部、翼部、侧壁、头盖、脊突等主要部分以及隆肋、翼齿、角点等附属部分组成)(Lu 和 Ickeringill，2002；董正之，1991)。

2. 角质颚外形变化受到的影响

研究表明，不同性别间阿根廷滑柔鱼外形变化存在差异性，这可能和阿根廷滑柔鱼本身的生长特性有关。阿根廷滑柔鱼个体的生长存在性别间差异，且基本是雌性个体生长速度较雄性快，这可能是造成雌雄个体间角质颚外形变化存在差异性的内存原因(陆化杰和陈新军，2012)。

研究还表明，不同性成熟和不同胴长范围间，阿根廷滑柔鱼角质颚主要外形参数存在显著性差异。总体而言，随着性腺的逐渐成熟，UCL、UHL、UWL、LHL、LCL 和 LWL 值都不断增加，但性成熟度Ⅰ级、Ⅱ级增加幅度快、Ⅲ级以后增加幅度相对放慢，因此性成熟度Ⅲ级可能是阿根廷滑柔鱼角质颚生长的拐点。总体而言，随着胴长的逐渐增加，UCL、UHL、UWL、LCL、LHL 和 LWL 值都不断增加，但胴长小于 200mm 时增加幅稍慢，胴长大于 200mm 以后各值增加幅度加快。

3. 角质颚相对尺寸变化

阿根廷滑柔鱼角质颚上额的 UHL、URL、URW、ULWL、UWL 与 UCL 的比值，其平均值分别维持在 78.04%、22.46%、17.28%、81.41%、23.07%；下颚 LHL、LRL、LRW、LLWL、LWL 与 LCL 的比值，其平均值分别维持在 50.69%、43.31%、41.13%、144.98%、93.68%，并且这些系数随着胴长增加基本不变，这说明在阿根廷滑柔鱼生长过程中，角质颚各区均匀生长，总体基本形态变化不大。Marcela 等(2001)通过对南巴西海域的阿根廷滑柔鱼角质颚的研究，认为 UHL、URL 与 UCL 的比值分别为 74.10%、22.83%，LHL、LRL 与 LCL 比值则分别为 58.56%、37.96%，与研究中结果基本相差不大，这说明在不同海域，阿根廷滑柔鱼角质颚生长比较稳定，各区的外形变化比较统一，也间接证明了利用角质颚对头足进行种群鉴定的可行性(Carvalho 和 Nigmatullin，1998；Malcolm，2001；刘必林和陈新军，2010)。

第二节　阿根廷滑柔鱼角质颚外部形态与胴长、体重的关系

一、材料与方法

1. 材料

样本来源及其生物学测定、角质颚提取、角质颚形态测量如上。

2. 分析方法

(1)外形特征因子选取

根据前面主成分分析结果，分别选 UCL、UHL、UWL、LCL、LHL 和 LWL 做为阿根廷滑柔鱼角质颚外形表征因子。

(2)外形特征因子选取

用线性($Y=a+b\times \mathrm{ML}$)、幂函数($Y=a\times \mathrm{ML}^b$)(Raya 和 Hernández González，1998)、对数函数($Y=a\times \log_b \mathrm{ML}$)和指数函数($Y=a\times e^{b\mathrm{ML}}$)(Hernández Lopez et al.，2001)模型分别拟合雌雄个体角质颚主要参数(单位为 mm)与胴长(ML，mm)和体重(BW，g)的关系。

采用最大似然法(Hiramatsu，1993；Cerrato，1990)估计模型生长参数，公式为：

$$L(\widetilde{L}\mid L_\infty,K,t_o,\sigma^2)=\prod_{i=1}^{N}\frac{1}{\sigma\sqrt{2\pi}}\exp\left\{\frac{-[L_i-f(L_\infty,K,t_o,t_i)]^2}{2\sigma^2}\right\}$$

式中，σ^2 为误差项方差(Imai et al.，2002)，其初始值设定为总体样本平均体长的15%(Buckland et al.，1993)。最大似然法取自然对数后估算求得(陈新军等，2011)，生长参数在 Excel 2003 中利用规划求解拟合求得。

应用 AIC 生长模型比较(Hiramatsu，1993；Cerrato，1990)。其计算公式为：

$$\mathrm{AIC}=-2\ln L(p_1,\cdots,p_m,\sigma^2)+2m$$

式中，$L(p_1,\cdots,p_m,)$为日龄体长数据的最大似然值，是模型参数的最大似然估计值，m 为模型中待估参数的个数。5 个生长模型中，取得最小 AIC 的模型即为最适生长模型。

二、结　果

1. 角质颚主要形态特征参数与胴长的关系

测量了 2856 枚(雌性 1850 枚，雄性 1006 枚)角质颚的 UHL、LHL、UCL 和

LCL，通过 ANOVA 检验分析表明，雌雄阿根廷滑柔鱼 UHL（$F=8.063$，$P=0.0047<0.05$）、LHL（$F=15.0791$，$P=0.0001<0.05$）、UCL（$F=9.568$，$P=0.0021<0.05$）、LCL（$F=23.9105$，$P=0.0001<0.05$）、UWL（$F=20.3964$，$P=0.0001<0.05$）和 LWL（$F=8.4588$，$P=0.0004<0.05$）与胴长的关系均存在显著性差异，因此分不同性别对阿根廷滑柔鱼 ML 与 UHL、LUL、UCL、LCL、UWL 和 LW 生长关系进行研究。

对于雌性样本，ANOVA 检验分析表明，不同群体间阿根廷滑柔鱼 UHL（$F=1.6742$，$P=0.0681>0.05$）、LHL（$F=2.9713$，$P=0.1255>0.05$）、UCL（$F=0.3759$，$P=0.2797>0.05$）、LCL（$F=1.3292$，$P=0.0673>0.05$）、UWL（$F=4.6913$，$P=0.1955>0.05$）和 LWL（$F=3.6648$，$P=0.0683>0.05$）与胴长之间的关系均不存在显著性差异，因此将两个群体混合对雌性阿根廷滑柔鱼 ML 与 UHL、LUL、UCL、LCL、UWL 和 LW 生长关系进行研究。分别采用线性、指数、幂函数及对数函数生长模型拟合两者生长方程，根据最大似然法，得出 4 个生长模型参数的最大似然估计值和 4 个模型的 AIC 值，并根据 AIC 大小选择最优生长模型(表 4-5)。经过研究，雌性样本 ML 与 UHL、LHL、UCL、LCL、UWL 和 LWL 都呈线性生长关系（图 4-8）。

雌性个体的关系式分别为：

UHL=0.674×ML−0.7457　　($R^2=0.7823$，$n=1580$)(图 4-8a)

UHL=0.059×ML−0.6056　　($R^2=0.7411$，$n=1580$)(图 4-8b)

UWL=0.1848×ML−0.8244　　($R^2=0.7463$，$n=1580$)(图 4-8c)

LHL=0.0186×ML−0.2696　　($R^2=0.8568$，$n=1580$)(图 4-8a)

LCL=0.059×ML−0.6056　　($R^2=0.6239$，$n=1580$)(图 4-8b)

LWL=0.0326×ML−1.0827　　($R^2=0.5167$，$n=1580$)(图 4-8c)

表 4-5　阿根廷滑柔鱼雌性个体 TSL 和生长模型 AIC 值构成

参数	模型	a	b	r^2	AIC
UHL	线性	0.059	−0.6056	0.7411	459.334
	幂函数	0.0417	1.0551	0.7251	531.624
	指数	3.944	0.0052	0.7194	610.809
	对数	11.6423	−50.4268	0.7057	615.936
UCL	线性	0.0674	−0.7457	0.7823	904.661
	幂函数	0.0617	1.0286	0.7599	989.796
	指数	5.1072	0.0051	0.7585	925.473
	对数	14.8779	−64.3677	0.7361	4035.701

（续表）

参数	模型	a	b	r^2	AIC
UWL	线性	0.1848	−0.8244	0.7463	4922.386
	幂函数	0.0704	1.1801	0.7521	4934.55
	指数	11.471	0.0057	0.7529	4930.211
	对数	42.3395	−187.371	0.7422	4982.271
LCL	线性	0.0186	0.2696	0.6239	969.006
	幂函数	0.0308	0.9057	0.6281	977.958
	指数	1.5375	0.0044	0.6248	970.959
	对数	3.3476	−13.9735	0.6194	999.495
LHL	线性	0.0369	0.1618	0.5261	113.916
	幂函数	0.0663	0.8906	0.5336	133.915
	指数	3.0514	0.0044	0.5289	148.175
	对数	6.5552	−27.2561	0.5239	159.286
LWL	线性	0.0326	1.0827	0.5165	691.470
	幂函数	0.0041	1.3865	0.5577	751.379
	指数	1.622	0.0068	0.5574	752.401
	对数	8.7311	−39.78	0.5346	814.348

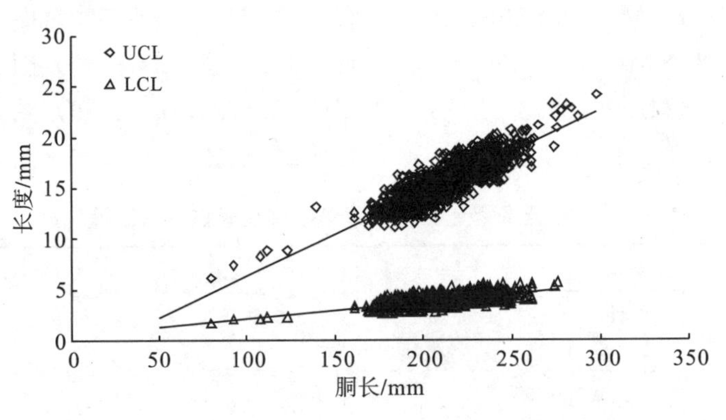

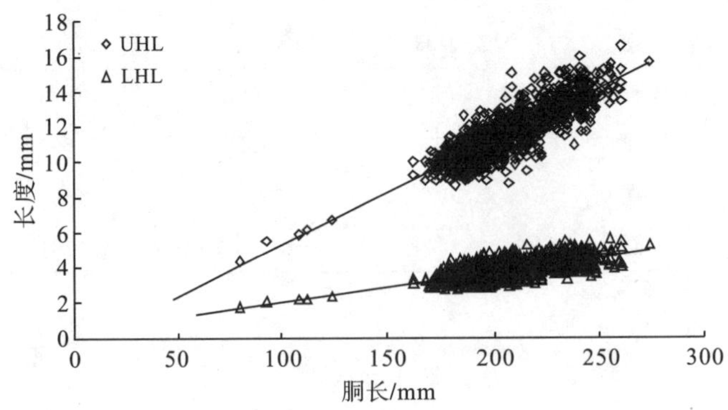

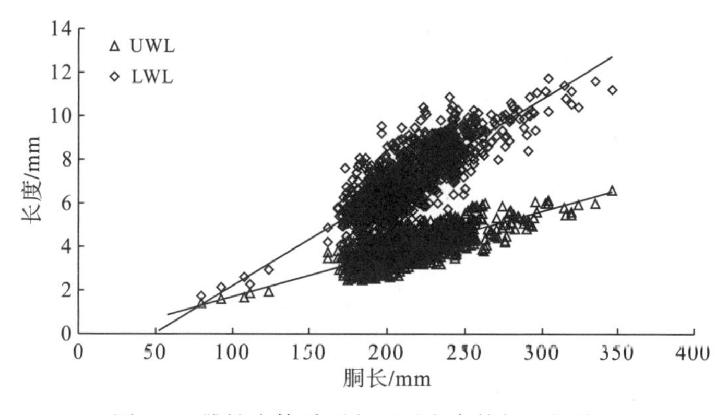

图 4-8　雄性个体质颚主要形态参数与胴长关系

对于雄性样本，ANOVA 检验分析表明，不同群体间阿根廷滑柔鱼 UHL($F=1.063$，$P=0.0871>0.05$)、LHL($F=3.0791$，$P=0.1263>0.05$)、UCL($F=0.5685$，$P=0.5212>0.05$)、LCL($F=3.9105$，$P=0.0942>0.05$)、UWL($F=0.3964$，$P=0.2415>0.05$)和 LWL($F=3.4588$，$P=0.4784>0.05$)也不与胴长的关系也不存在群体间的差异。因此将两个群体样本混合起来，研究雄性阿根廷滑柔鱼角质颚与胴长的生长关系。通过线性、指数、幂函数及对数函数生长模型拟合及最大似然法和 AIC 值的分析(表 4-6)，雄性样本 ML 与 UHL、LHL、UCL、LCL 和 UWL 都最适合用线性生长模型表示，而 ML 与 LWL 则最适合用指数生长模型表示(图 4-9)。

雄性个体的关系式分别为：

UHL=0.0586×ML−0.0433　　($R^2=0.7359$，$n=1006$)(图 4-9a)

UCL=0.0764×ML−0.3091　　($R^2=0.7834$，$n=1006$)(图 4-9b)

UWL=0.1943×ML+0.49086　　($R^2=0.5129$，$n=1006$)(图 4-9c)

LHL=0.3887×ML+1.0019　　($R^2=0.5518$，$n=1006$)(图 4-9a)

LCL=0.1507×ML−0.3586　　($R^2=0.6964$，$n=1006$)(图 4-9b)

LWL=0.3472×ML−2.4518　　($R^2=0.5818$，$n=1006$)(图 4-9c)

表 4-6　雄性个体生长模型的 AIC 数据组成

参数	模型	a	b	r^2	AIC
UHL	线性	0.0586	0.0433	0.7359	441.029
	幂函数	0.0412	1.0661	0.7347	439.198
	指数	3.7929	0.0056	0.7448	1101.566
	对数	11.6851	−50.1196	0.7756	310.388
UCL	线性	0.0764	−0.3091	0.7834	754.065
	幂函数	0.0523	1.0708	0.7881	868.556
	指数	4.8734	0.0056	0.7811	762.462
	对数	15.5034	−66.7678	0.76554	819.084

（续表）

参数	模型	a	b	r^2	AIC
UWL	线性	0.0194	0.49086	0.5129	3320.484
	幂函数	0.1547	1.0427	0.4729	3350.445
	指数	12.819	0.0054	0.4991	3356.273
	对数	37.8464	−161.408	0.4626	3366.295
LHL	线性	0.3887	1.0019	0.5518	3894.067
	幂函数	0.5367	0.9394	0.5409	3975.238
	指数	27.84	0.0051	0.5869	3917.547
	对数	66.58	−274.38	0.6139	4504.413
LCL	线性	0.4504	0.3586	0.6964	2132.351
	幂函数	1.5511	0.6116	0.6961	2137.646
	指数	15.26	0.0046	0.6596	2208.607
	对数	24.2549	−88.7992	0.6941	2141.701
LWL	线性	0.3427	−2.4518	0.5818	4230.092
	幂函数	0.0759	1.2827	0.5672	4283.529
	指数	17.654	0.0066	0.5623	4292.626
	对数	80.545	−358.061	0.5484	4318.319

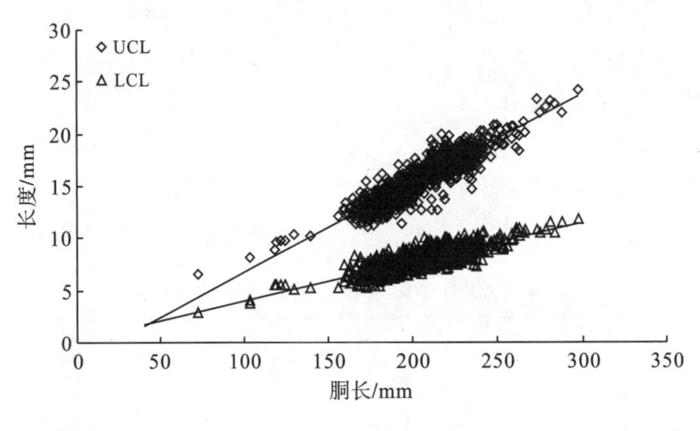

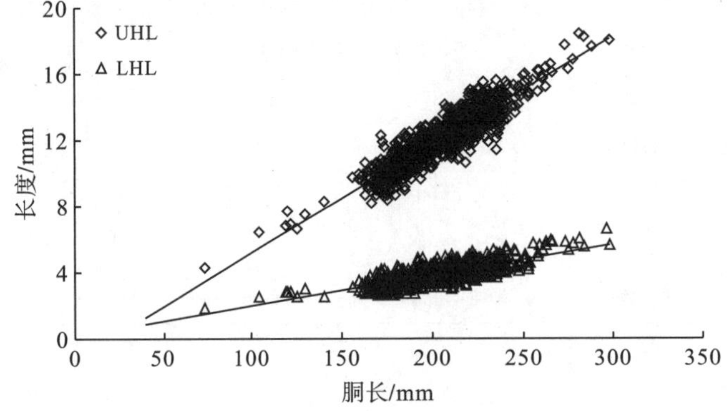

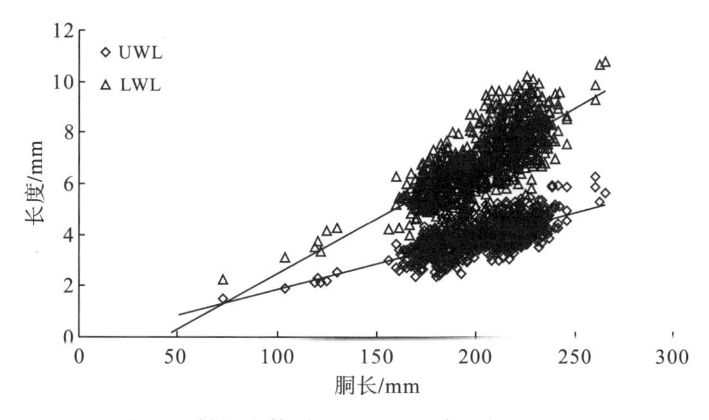

图 4-9　雄性个体质颚主要形态参数与胴长关系

2. 主要形态特征参数与体重的关系

通过 ANOVA 检验分析表明，阿根廷滑柔鱼不同性别间 BW 与 UHL(F=0.6337，P=0.4264>0.05)、LHL(F=0.1833，P=0.6687>0.05)、UCL(F=0.4874，P=0.4854>0.05)、LCL(F=1.5008，P=0.2212>0.05)和 LWL(F=0.0278，P=0.8678>0.05)、BW 与 UWL(F=7.7855，P=0.065>0.05)。同时，ANOVA 检验分析表明不同群体间 BW 与 UHL(F=1.378，P=0.073>0.05)、LHL(F=0.2796，P=0.1727>0.05)、UCL(F=0.2579，P=0.6791>0.05)、LCL(F=2.8716，P=0.0791>0.05)和 LWL(F=0.736，P=0.8137>0.05)、BW 与 UWL(F=8.9314，P=0.087>0.05)均不存在显著性差异，因此将两个群体、雌雄阿根廷滑柔鱼个体综合在一起，采用线性、指数、幂函数和对数生长模型拟合 UHL、LHL、UCL、LCL、LWL 与 BW 生长方程，而将雌雄分别开来研究 BW 与 UWL 的关系。通过 AIC 值的比较(表 4-7)，得到 UHL、LHL、UCL、LCL、UWL、LWL 与 BW 的关系都最适合用指数生长模型(图 4-10)。其关系式分别为：

$BW=14.86\times e^{0.2057\times UHL}$　(R^2=0.7959，n=2586)(图 4-10)

$BW=14.473\times e^{0.1625\times UCL}$　(R^2=0.8311，n=2586)(图 4-10)

$BW=29.977\times e^{0.4557\times UWL}$　(R^2=0.5808，n=2586)(图 4-10)

$BW=27.234\times e^{0.4578\times LHL}$　(R^2=0.5147，n=2586)(图 4-10)

$BW=18.715\times e^{0.2871\times LCL}$　(R^2=0.6426，n=2586)(图 4-10)

$BW=19.352\times e^{0.2888\times LWL}$　(R^2=0.5587，n=2586)(图 4-10)

表 4-7　阿根廷滑柔鱼主要形态参数与体重生长模型的 AIC 数据组成

主要外形参数	模型	a	b	r^2	AIC
UHL	线性	17.1423	−80.2668	0.6887	7279.387
	幂函数	0.2494	2.6861	0.7808	6587.311
	指数	14.86	0.2075	0.7959	6462.536
	对数	507.0683	−1052.3	0.7743	6611.278

（续表）

主要外形参数	模型	a	b	r^2	AIC
UCL	线性	13.1447	−36.0454	0.5296	7206.726
	幂函数	0.1431	2.6319	0.8269	6389.955
	指数	14.473	0.1625	0.831	6247.85
	对数	458.5863	−1053.8	0.7792	6588.784
UWL	线性	50.1544	39.8903	0.5179	7332.429
	幂函数	23.5629	1.5355	0.5759	7246.565
	指数	29.977	0.4557	0.5808	7206.727
	对数	307.7111	−222.919	0.5806	7232.886
LHL	线性	25.5611	−90.8793	0.4922	7372.485
	幂函数	2.1305	2.1839	0.5057	7100.699
	指数	27.234	0.4758	0.5047	7059.751
	对数	402.3088	−629.56	0.5147	7135.016
LCL	线性	52.0745	70.9251	0.5919	7414.766
	幂函数	17.3981	1.7886	0.5855	7278.125
	指数	18.715	0.2871	0.6426	7347.564
	对数	366.3515	−294.229	0.5939	7264.748
LWL	线性	28.9387	22.1881	0.5053	7244.585
	幂函数	11.6626	1.4556	0.5483	7151.905
	指数	19.352	0.2888	0.5587	7262.309
	对数	294.2359	−367.665	0.5727	7124.892

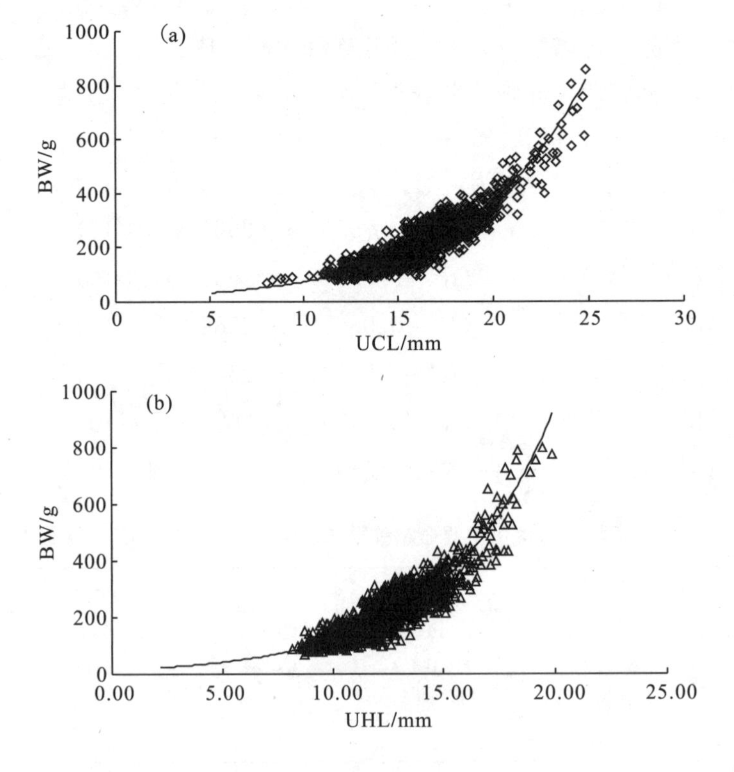

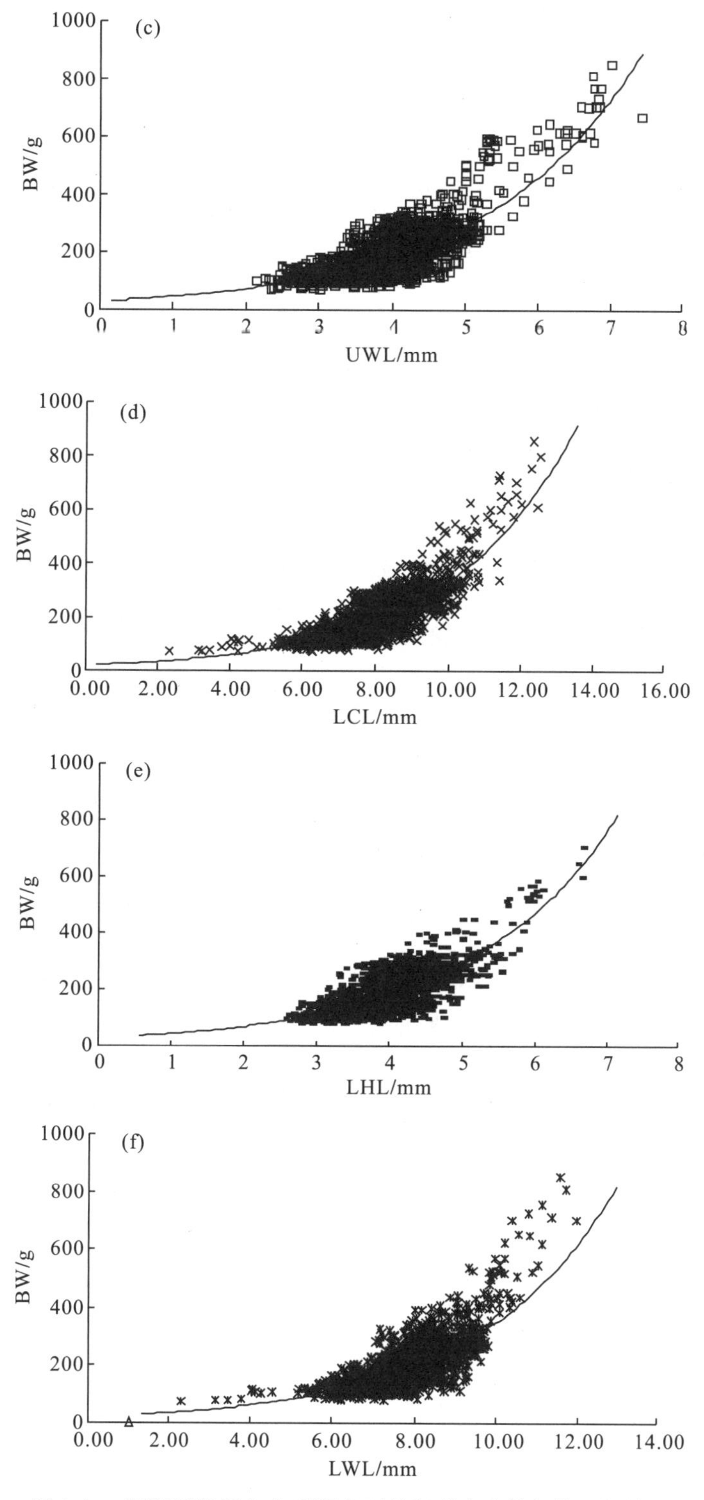

图 4-10　阿根廷滑柔鱼角质颚主要外部形态参数与体重的关系

三、讨　论

1. 角质颚主要形态参数与胴长关系

研究表明，雌雄阿根廷滑柔鱼主要形态参数 UHL、UCL、UWL、LHL、LCL、LWL 与 ML 关系并不完全一致，但是不同的群体间主要形态参数与胴长不存在显著性差异。雌性和雄性个体阿根廷滑柔鱼角质颚主要形态参数与 ML 均呈显著的线性函数关系，但数值存在差异。Marcela 等(1997)研究认为，在南巴西海域，RL 与 ML 最适合用线性模型表示，这与本研究中雄性样本 6 个主要形态参数中有 5 个与 ML 都呈线性生长关系相同。雌雄个体间，其角质颚生长与个体大小的关系出现差异，是本身个体生长特性造成的。

2. 角质颚主要形态参数与体重的关系

研究表明，阿根廷滑柔鱼角质颚的主要形态参数与体重既不存在性别间差异，也不存在群体间差异，并且其主要形态参数与体重之间都最适合用指数函数表示。这种特性为利用阿根廷滑柔鱼角质颚对其资源进行评估提供了可能。由于阿根廷滑柔鱼被许多鱼类及相关的哺乳动物捕食，同时角质颚本身具有耐腐蚀性，使其能够一定时间内保存下来。通过对这些残存的角质颚外部形态进行测量，并与体重进行轮换，可以对阿根廷滑柔鱼资源量的评估起到补充作用。

3. 其他问题的探讨

由于本研究样本为鱿钓机捕获，因此缺乏胴长小于 100mm 的幼年期个体，这可能给阿根廷滑柔鱼整个生命周期内角质颚生长的研究带来一定的偏差。同时，角质颚储存很多信息，以后的研究中可以重点针对其生长轮纹的鉴别、微量元素的沉积特点，为更好地研究阿根廷滑柔鱼年龄和生长、种群划分及探求其生活史提供依据。

第三节　阿根廷滑柔鱼角质颚外部形态与日龄的关系

一、材料与方法

1. 材料

样本来源及其生物学测定、角质颚提取、角质颚形态测量如上。

2. 分析方法

根据研究结果，本节可分冬季产卵群和秋季产卵群来研究角质颚的外形变化。分析方法如下：

首先根据主成分分析结果，分别选 UCL、UHL、UWL、LCL、LH 和 LWL 作为阿根廷滑柔鱼角质颚外形表征因子。

然后利用协方差分析角质颚形态是否存在群体、性别与年龄间显著差异。

再采用线性、指数、幂函数和对数函数等模型(陈新军等，2010；Rodhouse 和 Hatfield，1990)拟合角质颚的生长方程：

线性方程：

$$L = a + bt \tag{4-1}$$

指数方程：

$$L = a e^{bt} \tag{4-2}$$

幂函数方程：

$$L = at^{b} \tag{4-3}$$

对数函数方程：

$$L = a\ln t + b \tag{4-4}$$

式中，L 为外形参数(UHL、UCL 和 UWL 等)，单位为 mm；t 为年龄，单位为 d；a、b 为常数；

最后采用最大似然法(Hiramatsu，1993；Cerrato，1990)估计模型生长参数，并应用 AIC 生长模型比较(Imai et al.，2002；Buckland et al.，1993)。

3. 生长率估算

采用瞬时相对生长率 IRGR(Instantaneous relative growth rate)和绝对生长率 AGR(Absolute growth rate)来分析阿根廷滑柔鱼角质颚生长，其计算方程分别为(Chen et al.，2010)：

$$\mathrm{IRGR} = \frac{\ln R_2 - \ln R_1}{t_2 - t_1} \times 100\% \tag{4-5}$$

$$\mathrm{AGR} = \frac{R_2 - R_1}{t_2 - t_1} \tag{4-6}$$

式中，R_2 为 t_2 龄时角质颚外部形态参数(UHL、UCL 和 UWL 等)；R_1 为 t_1 龄时角质颚外部形态参数(UHL、UCL 和 UWL 等)；

二、结　果

1. 外部形态参数与日龄的生长关系

前面研究认为，不同产卵群间角质颚主要外部形态参数生长都存在显著性差异，而不同性别间主要外部形态参数则不存在显著性差异，所以分不同群体但不分性别研究其角质颚外部形态的生长。通过比较不同方程的拟合和 AIC 比较(表 4-8)，得到秋季产卵群角质颚各个参数的最适生长方程分别如下：

表 4-8　阿根廷滑柔鱼秋季产卵群角质颚外部形态参数生长模型

外形参数	生长模型	a	b	AIC	r^2
UHL	线性	0.0229	4.7672	244.9293	0.5567
	幂函数	0.4481	0.5736	215.7211	0.5657
	指数函数	6.1026	0.0022	216.0532	0.5687
	对数	7.1813	−29.1028	216.8651	0.5672
UCL	线性	0.0309	5.9624	317.0833	0.5831
	幂函数	0.5171	0.5938	316.1667	0.5847
	指数函数	8.1907	0.0021	320.2249	0.5776
	对数	8.7056	−34.307	316.5645	0.5841
UWL	线性	0.0124	0.2346	233.862	0.5325
	幂函数	0.0205	0.9215	224.434	0.6169
	指数函数	1.4344	0.0033	237.716	0.5893
	对数	3.4143	−15.485	238.391	0.6028
LHL	线性	0.0086	1.2029	265.211	0.5656
	幂函数	0.0871	0.662	264.684	0.5646
	指数函数	1.8808	0.0023	268.904	0.5651
	对数	2.4258	−10.0205	272.164	0.5599
LCL	线性	0.0181	2.4102	46.7511	0.6031
	幂函数	0.1789	0.6625	48.4312	0.6002
	指数函数	3.8321	0.0023	46.3851	0.6037
	对数	5.0367	−20.8612	53.5107	0.5914
LWL	线性	0.017	1.3795	96.4524	0.5991
	幂函数	0.0886	0.7594	83.7747	0.6504
	指数函数	2.9381	0.0027	81.1256	0.6612
	对数	4.9348	−21.367	88.1561	0.6327

$\mathrm{UHL}=0.4481\times \mathrm{Age}^{0.5736}$　　($R^2=0.5657$，$n=242$，图 4-11a)

$\mathrm{UCL}=0.5171\times \mathrm{Age}^{0.5938}$　　($R^2=0.5847$，$n=242$，图 4-11a)

$\mathrm{UWL}=0.0205\times \mathrm{Age}^{0.9215}$　　($R^2=0.6169$，$n=242$，图 4-11a)

$\mathrm{LHL}=0.0871\times \mathrm{Age}^{0.0662}$　　($R^2=0.5646$，$n=242$，图 4-11b)

$\mathrm{LCL}=3.3821\times e^{0.0023\mathrm{Age}}$　　($R^2=0.6037$，$n=242$，图 4-11b)

$\mathrm{LWL}=2.9348\times e^{0.0027\mathrm{Age}}$　　($R^2=0.6612$，$n=242$，图 4-11b)

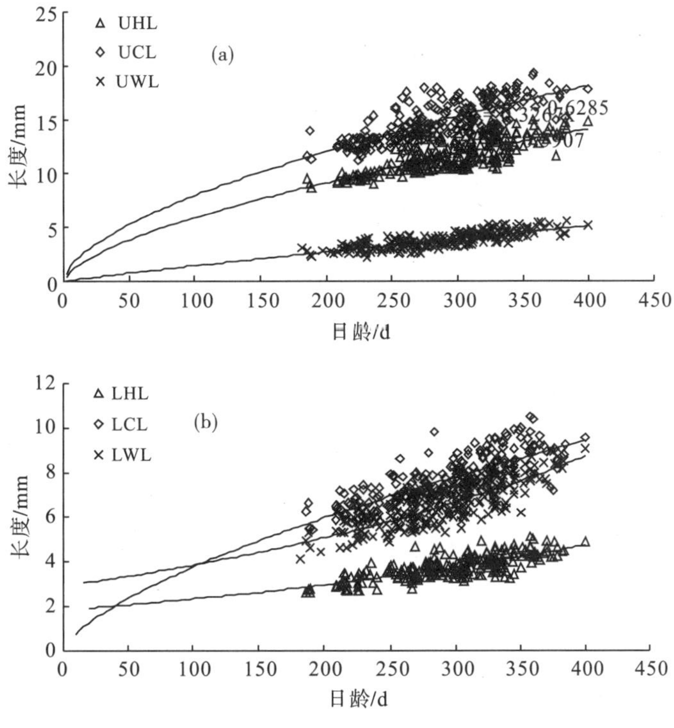

图 4-11　阿根廷滑柔鱼秋季产卵群角质颚外形参数与日龄的关系

通过比较不同方程的拟合和 AIC 值(表 4-9)，得到冬季产卵群角质颚各个形态参数的最适生长方程分别为：

表 4-9　阿根廷滑柔鱼冬季产卵群角质颚外部形态参数生长模型

外形参数	生长模型	a	b	AIC	r^2
UHL	线性	0.0293	6.0378	146.3171	0.5532
	幂函数	0.5981	0.5633	147.4894	0.5481
	指数函数	7.953	0.0021	152.2039	0.5518
	对数	7.9958	−30.696	166.3976	0.5391
UCL	线性	0.0412	6.6346	182.4189	0.6095
	幂函数	0.5946	0.6075	192.7227	0.6006
	指数函数	9.5374	0.0023	187.5364	0.6002
	对数	11.1471	−44.4876	196.5891	0.5853
UWL	线性	0.0136	0.5148	130.2331	0.5557
	幂函数	0.0304	0.8789	126.6332	0.5539
	指数函数	1.7487	0.0032	135.3346	0.5493
	对数	3.7499	−16.755	138.3218	0.5531
LHL	线性	0.0094	1.9171	79.7393	0.5271
	幂函数	0.1705	0.5838	80.0396	0.5283
	指数函数	2.5649	0.0021	85.0476	0.5239
	对数	2.6105	−10.115	82.9917	0.5281

（续表）

外形参数	生长模型	*a*	*b*	AIC	r^2
LCL	线性	0.0216	2.8726	60.2669	0.5929
	幂函数	0.2239	0.6545	67.8081	0.5861
	指数函数	5.86	−24.019	71.2703	0.5713
	对数	4.5203	0.0024	74.2653	0.6034
LWL	线性	0.0215	2.2754	740.258	0.6281
	幂函数	0.1472	0.7154	746.178	0.6245
	指数函数	3.974	0.0026	750.5673	0.6123
	对数	5.8902	−24.805	744.6898	0.6154

UHL=0.0293×Age+6.0378　　　　（R^2=0.5532，n=127，图 4-12a）

UCL=0.0412×Age+6.5346　　　　（R^2=0.6145，n=127，图 4-12a）

UWL=0.0304×$\text{Age}^{0.8789}$　　　　（R^2=0.6145，n=127，图 4-12a）

LHL=0.0094×Age+1.9171　　　　（R^2=0.6145，n=127，图 4-12b）

LCL=0.0216×Age+2.8726　　　　（R^2=0.6145，n=127，图 4-12b）

LWL=1.8493×Age+2.2754　　　　（R^2=0.6145，n=127，图 4-12b）

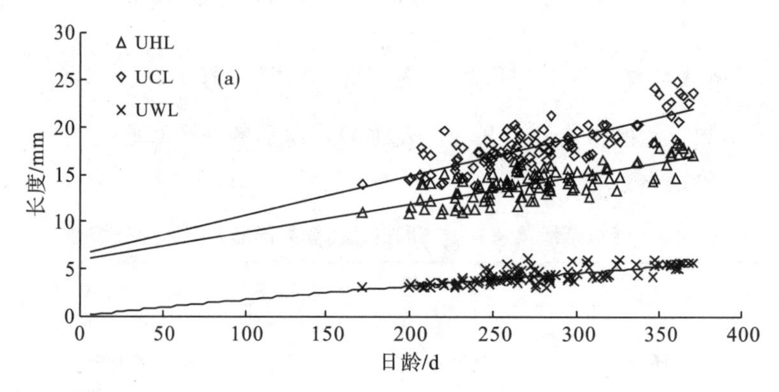

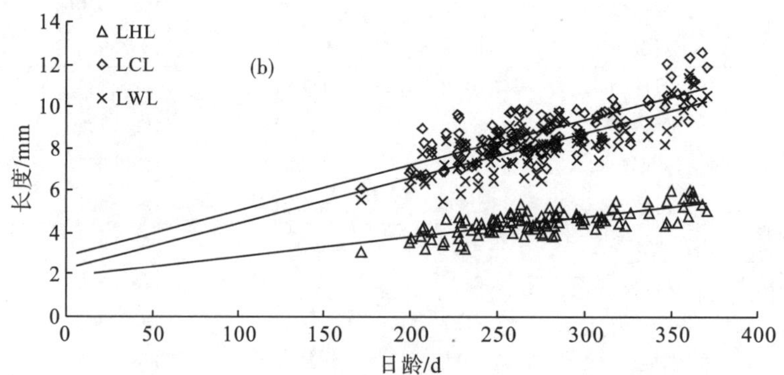

图 4-12　阿根廷滑柔鱼冬季产卵群角质颚外部形态参数与日龄的关系

2. 角质颚生长率

(1)秋季产卵群

研究表明，秋季产卵群 UHL、UCL 和 UWL 的绝对生长率都随着日龄的增加而呈现先增加后减小的趋势(表 4-10)，并且 UHL 和 UCL 都在 241～270d 达到峰值(分别为 0.045mm/d 和 0.072mm/d)，UWL 则在 301～330d 出现峰值(0.021mm/d)(图 4-13a)；LHL、LCL 和 LWL 绝对生长率则随着日龄增加而增加(图 4-13b)。

表 4-10　阿根廷滑柔鱼秋季产卵群角质颚绝对生长率

日龄/d	绝对生长率/(mm/d)					
	UHL	UCL	UWL	LHL	LCL	LWL
180	—	—	—	—	—	—
210	—	—	—	—	—	—
240	0.018509	0.03201	0.015141	0.012002	0.014905	0.019688
270	0.044555	0.07222	0.007121	0.011394	0.0189	0.010897
300	0.017174	0.068357	0.007934	0.006679	0.009883	0.015232
330	0.018509	0.057865	0.021354	0.006154	0.021251	0.018816
360	0.024902	0.05983	0.009456	0.009324	0.031799	0.017638
390	0.026433	0.053389	0.013849	0.0091	0.035603	0.027896

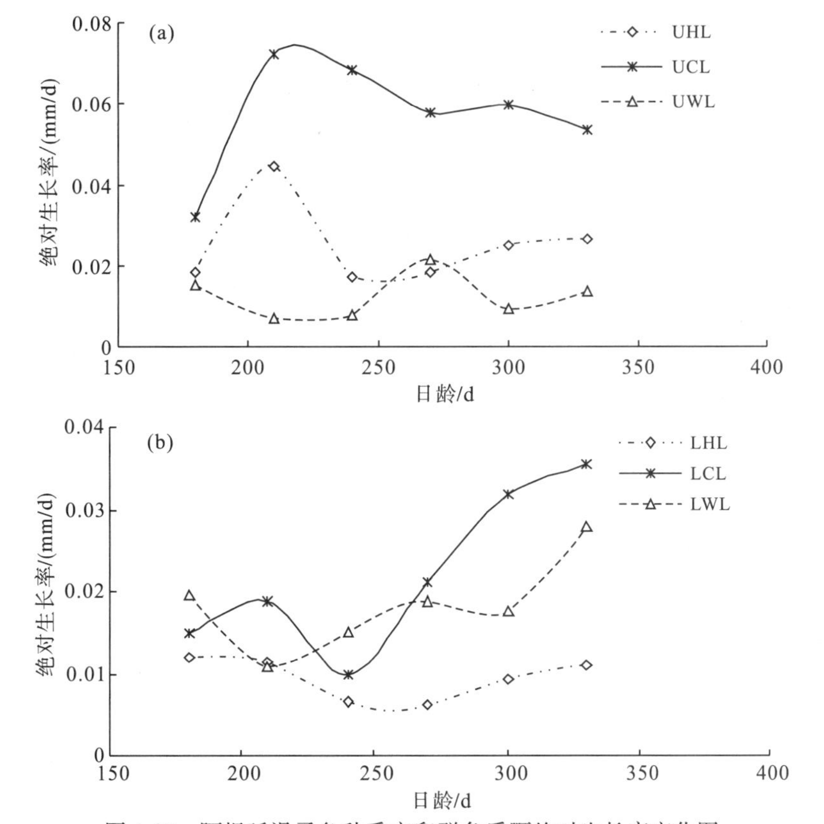

图 4-13　阿根廷滑柔鱼秋季产卵群角质颚绝对生长率变化图

秋季产卵群 UHL 和 UCL 的相对生长率都随着日龄的增加而先增加后减小(表4-11)，峰值(0.431%/d 和 0.307%/d)都出现在 241～270d，UWL 相对生长率则随日龄增加变化不太明显，但在 301～330d 出现峰值(0.247%/d)(图 4-14a)。LHL 和 LWL 相对生长率随着日龄的增加而减小，峰值(0.403%/d 和 0.371%/d)出现在 211～240d，而 LCL 相对生长率则随着日龄增加呈现波动趋势，峰值(0.278%/d 和 0.276%/d)分别出现在 241～270d 和 301～330d(图 4-14b)。

表 4-11　阿根廷滑柔鱼秋季产卵群角质颚相对生长率

日龄/d	相对生长率/(%/d)					
	UHL	UCL	UWL	LHL	LCL	LWL
180	—	—	—	—	—	—
210	—	—	—	—	—	—
240	0.196924	0.106701	0.170298	0.403815	0.236441	0.371486
270	0.40118	0.3074	0.21918	0.342803	0.277551	0.1891
300	0.152364	0.227858	0.228343	0.185693	0.13642	0.24755
330	0.156771	0.186216	0.246666	0.162392	0.27571	0.282403
360	0.199917	0.206101	0.216101	0.231903	0.174151	0.244614
390	0.199854	0.15113	0.203187	0.196461	0.061779	0.22536

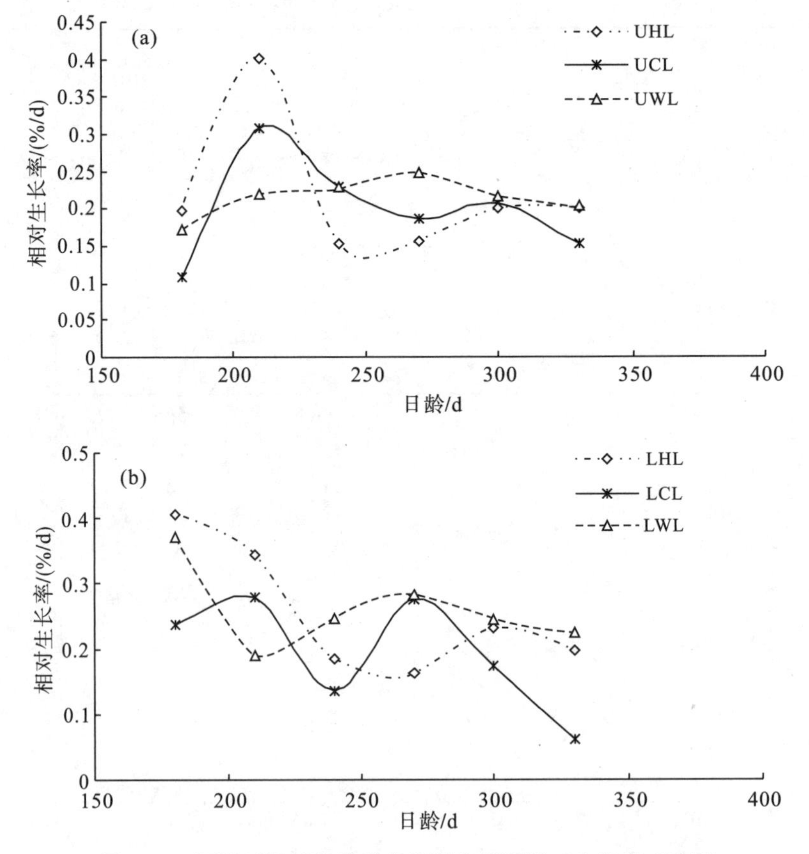

图 4-14　阿根廷滑柔鱼秋季产卵群角质颚相对生长率变化图

(2)冬季产卵群

冬季产卵群 UHL、UCL 和 UWL 的绝对生长率随着日龄的增加呈现波动趋势，但总体上呈现增加的趋势(表 4-12)，相应的峰值(0.055mm/d、0.108mm/d 和 0.138mm/d)基本上都出现在 330～360d(图 4-15a)。LHH、LCL 和 LWL 绝对生长率也随着日龄的增加呈现波动趋势，LHL 和 LWL 的绝对生长率峰值(分别为 0.016mm/d 和 0.357mm/d)都出现在 361～390d，LCL 峰值(0.042mm/d)则出现在 331～360d(图 4-15b)。

表 4-12 根廷滑柔鱼冬季产卵群角质颚绝对生长率

日龄/d	绝对生长率/(mm/d)					
	UHL	UCL	UWL	LHL	LCL	LWL
180	—	—	—	—	—	—
210	0.0445	0.052611	0.004889	0.024556	0.044944	0.037444
240	0.005708	0.009222	0.007944	0.007528	0.016847	0.01591
270	0.044261	0.056369	0.025762	0.014595	0.022256	0.027134
300	0.012411	0.010811	0.001533	0.002462	0.002606	0.017294
330	0.013898	0.064749	0.0194	0.005915	0.019179	0.01723
360	0.055056	0.10846	0.013806	0.013378	0.042867	0.036078
390	0.046056	0.077444	0.008222	0.016567	0.038356	0.036744

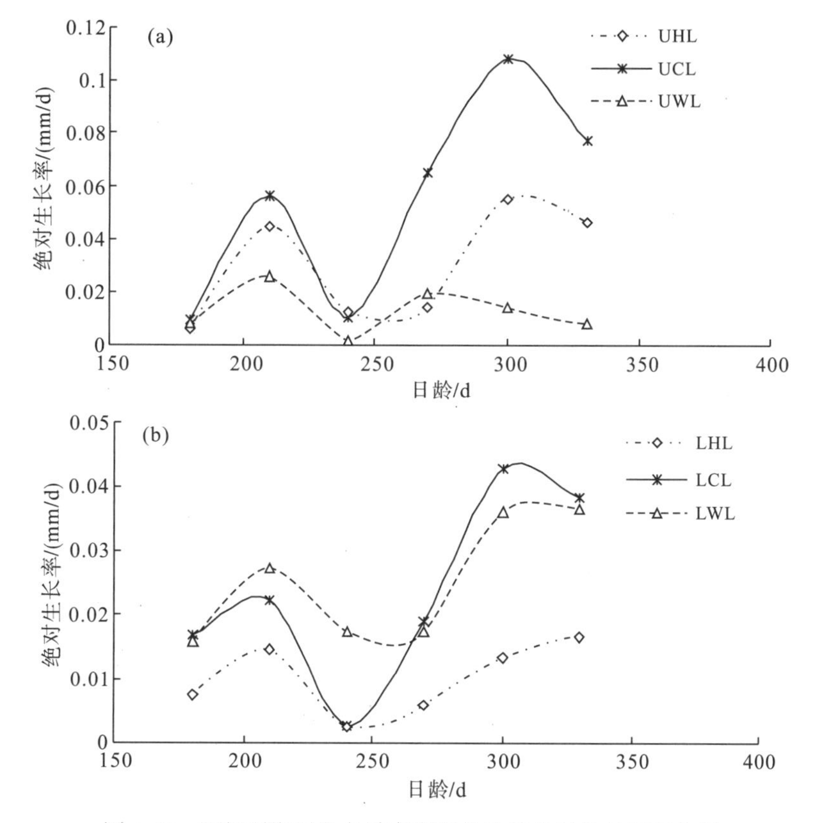

图 4-15 阿根廷滑柔鱼冬季产卵群角质颚绝对生长率变化图

冬季产卵群UHL、UCL和UWL的相对生长率都随着日龄的增加而呈现波动趋势(表4-13)，其中UHL两个峰值(0.336%/d和0.356%/d)分别出现在241～270d和331～360d，UCL两个峰值(0.337%/d和0.367%/d)分别出现在241～270d和301～330d，LWL两个峰值(0.676%/d和0.427%/d)分别出现在241～270d和301～330d(图4-16a)。LHL、LCL和LWL的相对生长率都随着日龄的增加也呈现波动趋势，并且两个峰值都出现在241～270d和331～360d(图4-16b)。

表4-13 阿根廷滑柔鱼冬季产卵群角质颚相对生长率

日龄/d	相对生长率/(%/d)					
	UHL	UCL	UWL	LHL	LCL	LWL
180	—	—	—	—	—	—
210	0.381818	0.355838	0.156557	0.716921	0.668653	0.614405
240	0.045959	0.058642	0.239694	0.192109	0.219701	0.230268
270	0.336354	0.337615	0.676455	0.343606	0.269668	0.359374
300	0.088526	0.061018	0.036233	0.054634	0.030198	0.138868
330	0.09642	0.343768	0.427433	0.127678	0.214195	0.144949
360	0.356706	0.306621	0.273915	0.271928	0.434135	0.368415
390	0.271611	0.074749	0.153046	0.308638	0.319877	0.349997

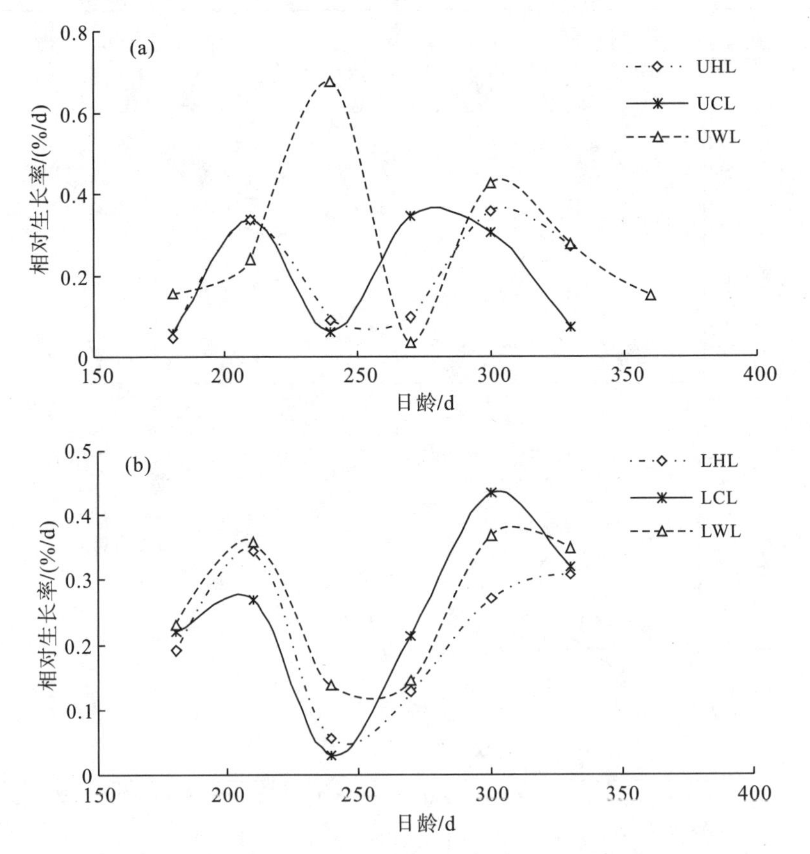

图4-16 阿根廷滑柔鱼冬季产卵群角质颚相对生长率变化

三、分析与讨论

1. 群体间的生长差异

角质颚是头足类重要的硬组织之一，由于其本身具备的特点，被广泛用于研究头足类的渔业生物学(Cobb 和 Pope，1995；Raya 和 Hernández-González，1998；许嘉锦，2003；Lu 和 Ickeringill，2002)。一些学者对于头足类的角质颚的外形变化做了相关的研究，尤其是外形参数与胴长之间的关系(Kazutaka 和 Taro，2006；Buckland et al.，1993；Clarke，1962；Gröger 和 Piatkowski，2000；Kashiwada et al.，1979)。研究表明，不同群体间阿根廷滑柔鱼角质颚外部形态参数与日龄之间存在显著性差异，但不存在性别间的差异。刘必林(2009)通过同属于柔鱼科的印度洋鸢乌贼角质颚研究，认为其下颚头盖部、脊突部、喙部和翼部均呈线性生长；上颚头盖部、脊突部和喙部也呈线性生长，而翼部则呈幂函数生长。这与本研究冬季产卵群角质颚外形生长特性完全相同。不同群体间阿根廷滑柔鱼角质颚生长存在显著性差异，可能和阿根廷滑柔鱼长距离洄游、大范围分布、多群体叠加及复杂的海洋环境等外部环境有关(Raya 和 Hernández-González，1998)，同时也可能和不同性成熟阶段、不同胴长范围等自身生长阶段等有关。由于角质颚是一种硬组织，具有耐腐蚀和不易消化等特点，因此本研究初步获得了阿根廷滑柔鱼不同产卵群体角质颚主要参数与日龄的关系，这为利用角质颚形态参数来鉴定阿根廷滑柔鱼种群以及日龄判别打下了基础。

2. 生长率变化特征

本研究虽然得到了阿根廷滑柔鱼秋季产卵群和冬季产卵群角质颚生长存在显著性差异，但其生长率的变化却存在相似之处。即绝对生长率总体上随着日龄增加而增加，相对生长率随着日龄增加呈现波动趋势，但总体上是在减小。阿根廷滑柔鱼角质颚外部形态参数生长率存在的这种变化可能和阿根廷滑柔鱼本身的生长特性有关。在不同的生命阶段阿根廷滑柔鱼本身的生长特性也不完全相同，通常生命早期，个体生长快，而性成熟后速度则会相应的减慢(Akihiko et al.，1997)。但是研究同样表明，无论是秋季还是冬季产卵群，阿根廷滑柔鱼质颚外形的生长率都存在相似的规律，且生长高峰点基本相同。这可能说明阿根廷滑柔鱼角质颚外部形态的生长具有其本身特性，并且这种特性不随着群体间的变化而变化，这也为利用角质颚进行年龄与生长和资源评估的研究提供了可靠的保证。

3. 展望与分析

许多研究表明，头足类角质颚外形参数与胴长之间存在着显著性相关性(Jackson，1995；刘必林和陈新军，2010)，许多学者通过研究残存在捕食者胃含物中的角质颚重新构建头足类的胴长及体重特性(Clarke，1962)，并以完善对头足类资源评估(Lu 和

Ickeringill，2002)。本研究构建了阿根廷滑柔鱼角颚主要外形参数与年龄之间的关系，为研究阿根廷滑柔鱼年龄提供了新的途径和参考；提示了不同产卵群之间角质颚不同的生长特性，也为利用角质颚研究头足类种群划分提供了科学依据。

由于本研究样本采集方式为鱿钓作业，渔具、渔法的限制难免会对样本个体大小的随机性造成一定的影响，需要在以后的调查和生产过程中给予补充。

第四节　角质颚色素沉着及其影响因子分析

一、材料和方法

1. 材料

样本来源及其生物学测定、角质颚提取、角质颚形态测量如上。

2. 角质颚色素沉着测定

参考 Hernández-García(2003)对短柔鱼的分级方法，结合阿根廷滑柔鱼角质颚的生长特点，将角质颚色素沉积分为 0~7 级，共 8 个等级(图 4-17)。各级的特征描述如表 4-14。

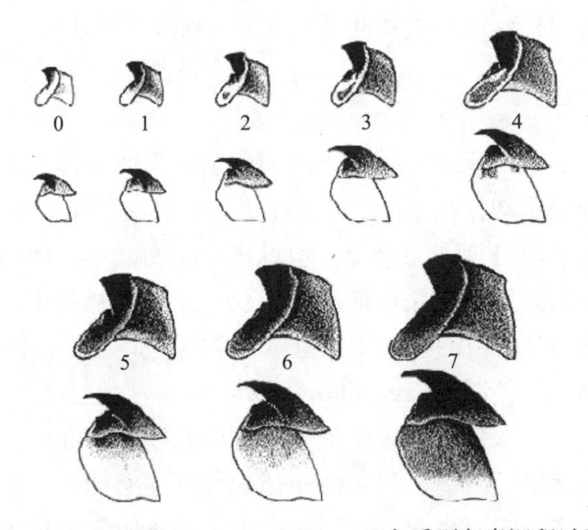

图 4-17　短柔鱼(*Todaropsis eblanae*)角质颚色素沉积过程

表 4-14　阿根廷滑柔鱼角质颚色素沉积特征描述

上颚	下颚	等级
翼部无色素，侧壁无任何色素沉积	仅有喙和头盖前端有色素沉积	0
肩部开始出现色素，侧壁无任何色素沉积	色素到达齿部，侧壁开始出现色素	1
头盖色素到达角点，侧壁无任何色素沉积	色素沉积到达肩部	2

（续表）

上颚	下颚	等级
颚缘与翼部连接处模糊，侧壁在翼部和头盖边缘开始有色素沉积	色素从肩部开始向下延伸，但与翼部界限明显	3
头盖部 1/2 被黑色素覆盖，并不断向后延伸；侧壁处色素在翼部和头盖边缘颜色加深，并向后延伸	黑色素延伸到达翼部并不断扩大，与翼部界限不明显	4
区域色素融合，侧壁少于 1/3 的部分已有色素沉积	肩部仅有一条窄带未有色素沉积，齿透明带仍然存在，但已很微弱	5
已无可分辨的单独色素块，侧壁约 1/2 部分有色素沉积	翼部由于色素沉积有轻微着色，在较远部分(正在生长处)有较宽的未着色区域；齿部仅有较小或无透明带；肩部软骨缩小或消失，形成透明带而出现齿	6
侧壁超过 2/3 已有色素沉积；肩部无透明带；上颚基本都有着色，喙端通常被腐蚀	色素完全沉积于下颚，呈深棕色，在头盖和肩部接近黑色；喙端通常被腐蚀，齿部不断减小，剖面观上可见两者已无连接	7

3. 数据处理

按月进行角质颚色素沉积各等级的频度分析，探讨不同月份渔获个体角质颚的色素沉积变化，以及优势组成。

按雌雄分析不同渔获个体(以胴长和体重表示)与色素沉积等级的关系，并尝试利用一般线性方程拟合二者之间的相关性，分析色素沉积与胴长、体重的关系。

由于阿根廷滑柔鱼为一年生的种类，产完卵即死，因此其性成熟等级实际上就意味着其个体的生长。为此，按雌雄不同性别性成熟与色素沉积等级的关系，探讨性成熟度对角质颚色素沉积的影响。

由于角质颚判定等级是以下颚作为依据(Hernández-García，2003)，同时角质颚的色素沉积主要部位集中在喙部、翼部以及侧壁部，因此本研究测定的 6 项形态数据中，选用 LHL、LRL、LLWL、LWL 分别与色素沉积等级建立关系式，探讨色素沉积等级与角质颚生长的关系。

二、结　果

1. 角质颚色素沉积等级划分

分析认为，1～3 月中阿根廷滑柔鱼渔获物的角质颚以 3 级色素沉积所占比例为最高(图 4-18)，达到了 40.86%，其他 1 月和 2 月分别为 35%、31.87%。三个月中色素沉积等级 0～2 级所占比例随月份的推移而降低，分别只有 33.75%、30.1% 和 16.48%；而 4～7 级所占比例的总体上出现增加趋势，分别为 31.25%、20.03% 和 51.64%。分析发现，角质颚色素沉积等级 7 级的个体在 1～2 月份没有出现，全部出现在 3 月份。

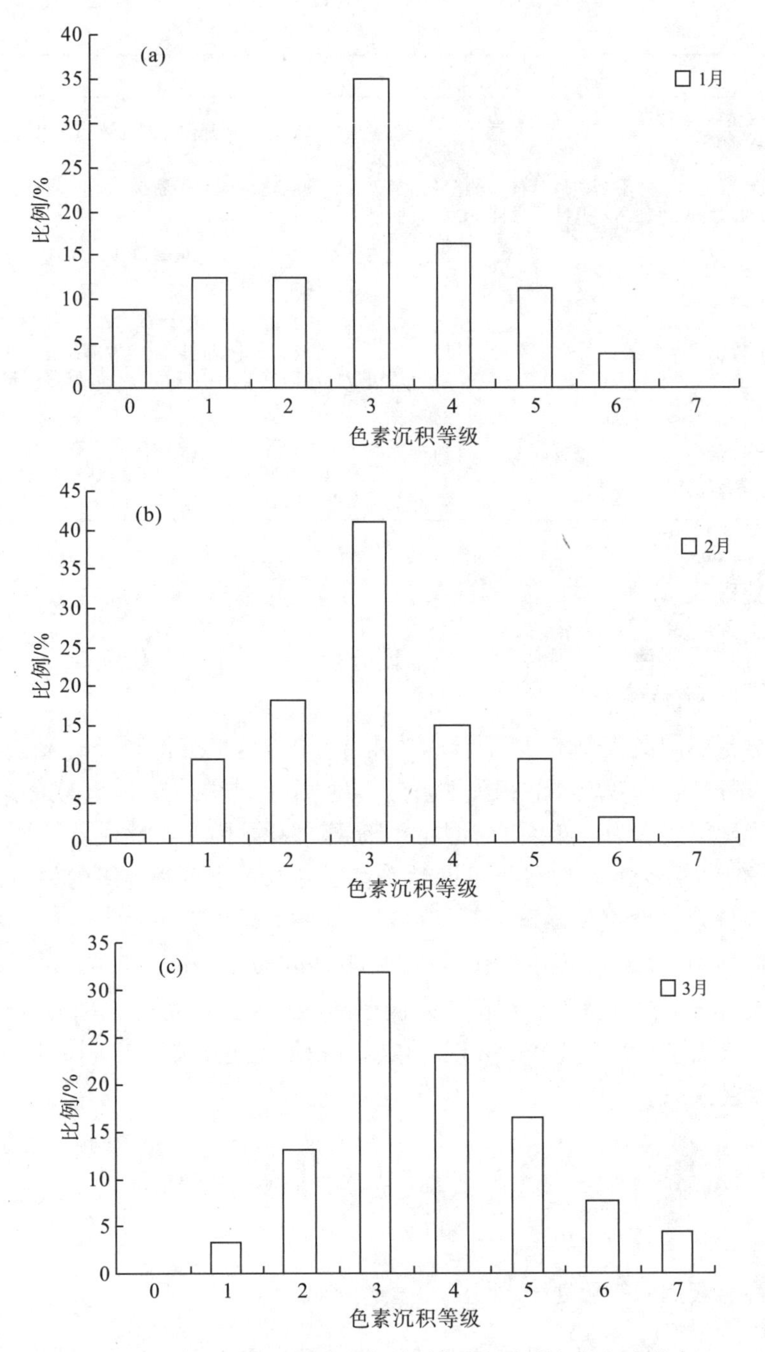

图 4-18　各月阿根廷滑柔鱼角质颚色素沉积等级的频度分布

2. 色素沉积等级与胴长和体重关系

统计分析发现，不同性别的胴长($t=1.70$，$P<0.05$)和体重($t=3.21$，$P<0.01$)均存在着差异，故将不同性别分开讨论。在胴长与色素沉积等级关系分析中发现，色素沉积等级随着胴长的增加而呈阶梯式分布(图 4-19a，b)。其中，雌性个体中色素沉积等级为 0～3 级的，其胴长多小于 210mm；色素沉积等级为 4～7 级的，其胴长多大

于 230mm。雄性个体中，色素沉积等级为 0～3 级的，其胴长多小于 200mm；色素沉积等级为 4～7 级的，其胴长多大于 220mm。

在体重与色素沉积等级关系分析中发现(图 4-19c，d)，雌性个体中色素沉积等级为 0～3 级的，其体重多小于 200g；色素沉积等级为 4～7 级的，其体重多大于 250g。雄性个体中，色素沉积等级为 0～3 级的，其体重多小于 200g；色素沉积等级为 4～7 级的，其体重多大于 250g。

色素沉积等级与胴长和体重的关系式如下：

雌性：$X=0.0344ML-4.4228$($R^2=0.3093$；$n=143$；$P<0.001$)

$X=0.0098BW+1.0619$($R^2=0.2342$；$n=143$；$P<0.001$)

雄性：$X=0.0378ML-4.7271$($R^2=0.2962$；$n=121$；$P<0.001$)

$X=0.0101BW+0.9617$($R^2=0.2485$；$n=121$；$P<0.001$)

式中，X 均为色素沉积等级；ML 和 BW 分别为胴长(mm)和体重(g)。

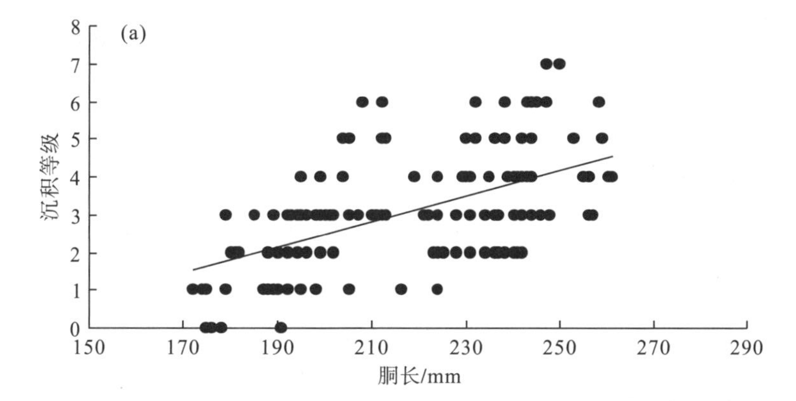

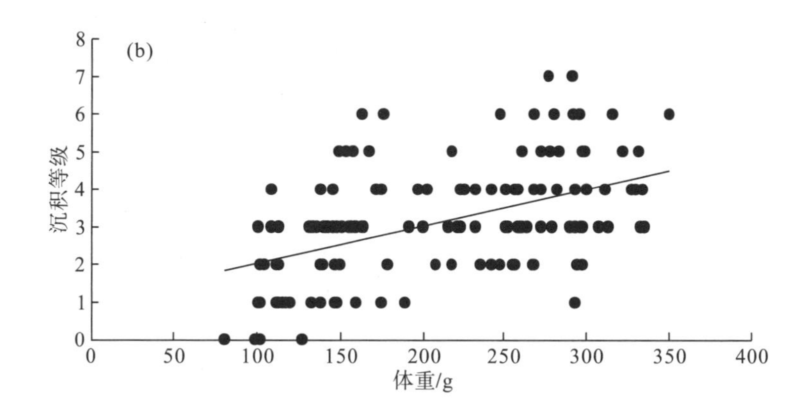

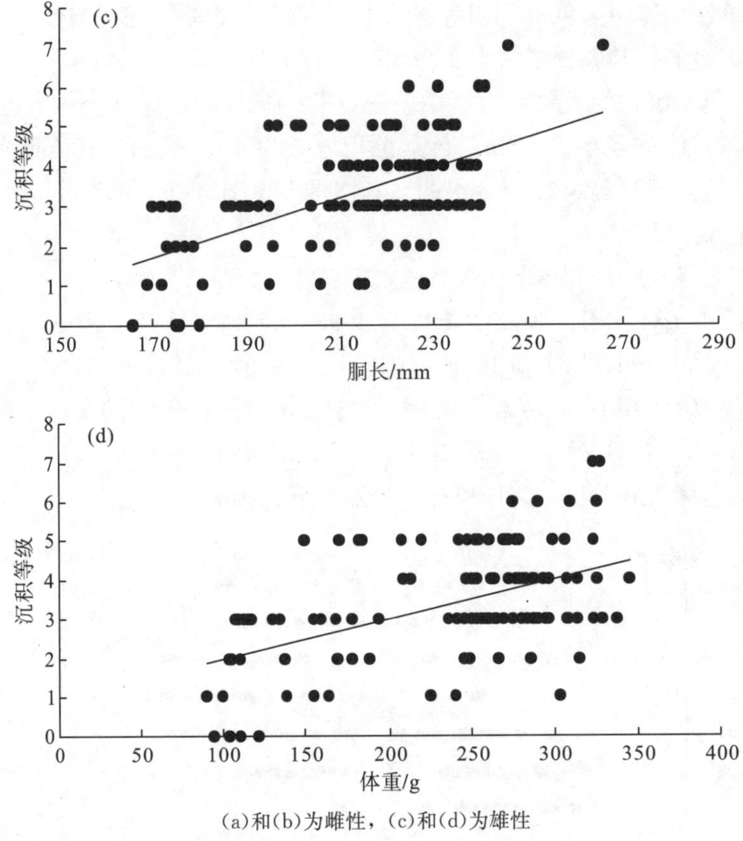

(a)和(b)为雌性，(c)和(d)为雄性

图 4-19 阿根廷滑柔鱼角质颚色素沉积等级与胴长和体重的关系

3. 色素沉积等级与性腺成熟度关系

从表 4-15 可发现，性腺成熟度为Ⅱ期的雌性个体，其角质颚色素沉积等级以 2～3 级为主，所占比例为 65.58%；性腺成熟度为Ⅲ期的雌性个体，其角质颚色素等级以 3～4 级为主，所占比例 58.93%；性腺成熟度为 IV 期的雌性个体，其角质颚色素等级以 3～5 级为主，所占比例为 90.91%。而雄性个体，性腺成熟度为Ⅱ、Ⅲ、Ⅳ和Ⅴ期的个体，它们的角质颚色素等级分别以 1～3 级、3 级、3 级、3 级为主，所占比例为 60.0%、50%、40.28%、46.15%(表 4-15)。

表 4-15 阿根廷滑柔鱼角质颚色素沉积等级与性腺成熟度的比例关系

性别	性腺成熟度等级	角质颚色素沉积等级							
		0	1	2	3	4	5	6	7
雌性	Ⅱ	4.92	11.48	34.43	31.15	9.84	1.64	4.92	1.64
	Ⅲ	1.79	12.50	7.14	42.86	16.07	8.93	8.93	1.79
	Ⅳ	0.00	0.00	4.55	27.27	31.82	31.82	4.55	0.00
	Ⅴ	0.00	0.00	0.00	0.00	0.00	0.00	0.00	0.00

（续表）

性别	性腺成熟度等级	角质颚色素沉积等级							
		0	1	2	3	4	5	6	7
雄性	Ⅱ	20.00	20.00	20.00	0.00	20.00	20.00	0.00	0.00
	Ⅲ	12.50	12.50	12.50	50.00	12.50	0.00	0.00	0.00
	Ⅳ	1.39	5.56	5.56	40.28	20.83	20.83	4.17	1.39
	Ⅴ	0.00	0.00	15.38	46.15	15.38	15.38	3.85	3.85

卡方检验表明：雌性 $\chi^2=44.4241$，$P=0.0001<0.01$；雄性 $\chi^2=25.5402$，$P=0.2245>0.05$，因此认为雌性个体性腺成熟度与角质颚色素沉积等级是显著的关联性，而雄性个体则不显著。

4. 色素沉积等级与角质颚形态关系

分析发现，角质颚色素沉积等级与其外部形态参数呈现出一定的相关性(图 4-20)。统计分析认为，除 LRL 外，其他角质颚形态参数与色素沉积等级关系显著。其关系式如下：

雌性：$X=1.2571\times \text{LHL}-1.9733(R^2=0.2424;\ n=143;\ P<0.001)$

$X=0.5656\times \text{LLWL}-3.4686(R^2=0.2828;\ n=143;\ P<0.001)$

$X=0.3345\times \text{LWL}+0.6193(R^2=0.118;\ n=143;\ P<0.001)$

雄性：$X=1.1182\times \text{LHL}-1.1029(R^2=0.165;\ n=121;\ P<0.001)$

$X=0.5534\times \text{LLWL}-3.2549(R^2=0.2778;\ n=121;\ P<0.001)$

$X=0.5978\times \text{LWL}-1.0591(R^2=0.256;\ n=121;\ P<0.001)$

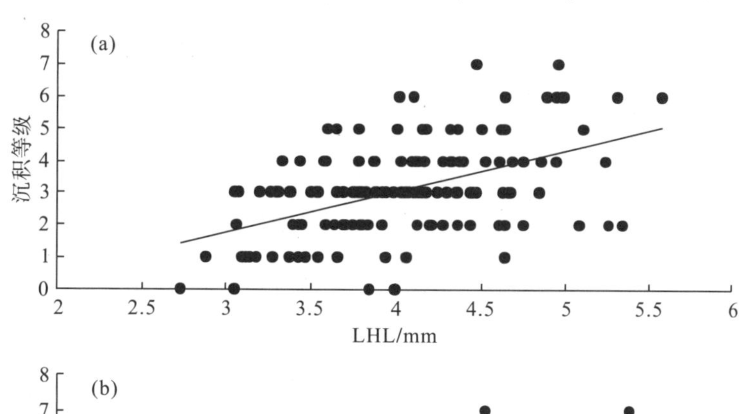

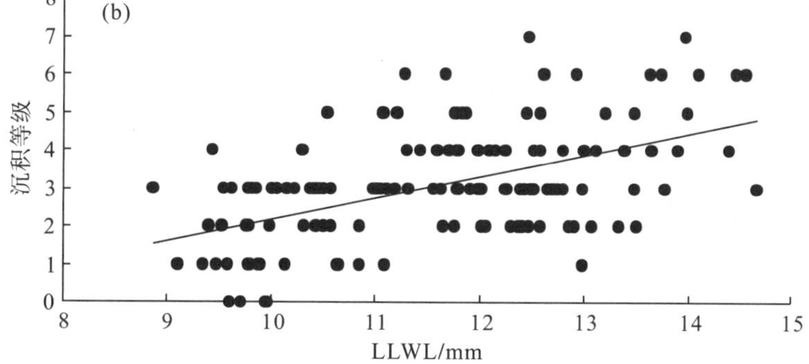

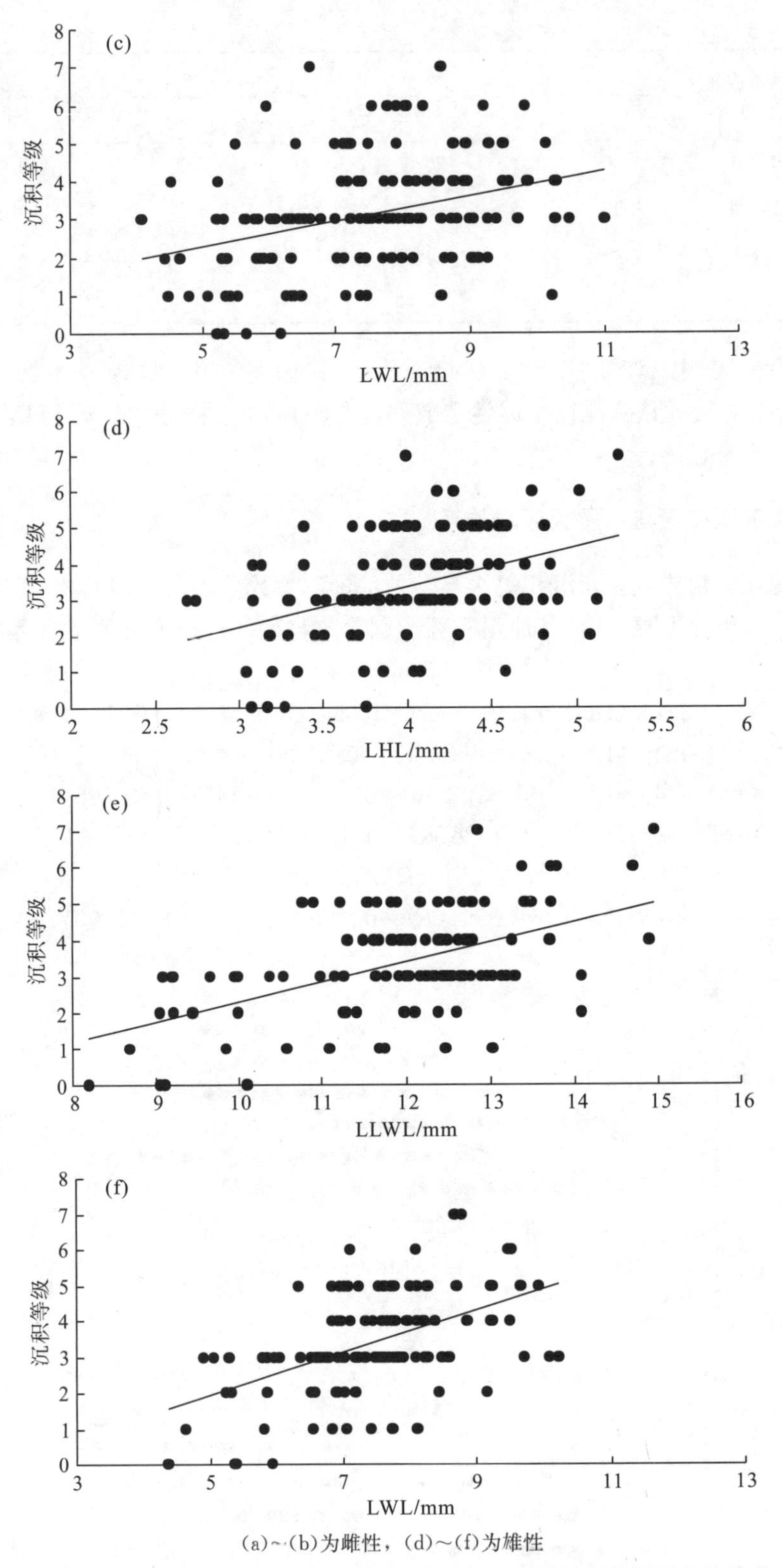

(a)~(b)为雌性，(d)~(f)为雄性

图 4-20　阿根廷滑柔鱼角质颚色素沉积等级与下角质颚各外部形态的关系

三、讨论与分析

1. 色素沉积与胴长、体重的关系

研究认为，随着渔汛的推迟，阿根廷滑柔鱼个体在不断地生长。角质颚色素沉积等级随着个体的生长而增大，但三个月中色素沉积等级3级所占比例为最高，1级以下和6级以上的个体相对较少。胴长和体重与色素沉积等级的关系表明，其式中的截距值，雄性个体都比雌性小。由此认为：在同等胴长或体重的条件下，雌性个体的角质颚色素沉积要快于雄性，实际上柔鱼类的雌性个体生长速度都要快于雄性，最大雌性个体要比雄性大(董正之，1991)。

2. 色素沉积与性腺成熟度的关系

研究认为，雌雄个体的性成熟度与其色素沉积等级之间的关系有明显差异。雌性个体的性成熟度与色素沉积等级具有显著关联性，雄性则没有。由于阿根廷滑柔鱼雄性个体成熟要比雌性早(Arkhipkin，1993)，所以雄性个体的色素沉积等级相对稍高，但不明显，由此我们可认为性腺成熟过程和角质颚色素沉积的过程并不同步，角质颚色素沉积的速度稍慢。雄性个体的取样局限性(缺少Ⅰ和Ⅴ期样本)可能也影响到研究结果。

3. 色素沉积与角质颚形态的关系

研究认为，总体上阿根廷滑柔鱼角质颚越大，其色素沉积等级越高。雌性个体的LHL、LLWL与角质颚色素等级的相关系数较高，雄性的LLWL、LWL与角质颚色素等级相关性较大。分析认为，LRL大于4.32mm或LWL大于6.37mm时，同等条件下雌性个体的色素沉积等级要高于雄性，反之则较低于雄性个体。研究也认为，阿根廷滑柔鱼雄性个体的角质颚一开始生长较快，但后期雌性的生长却快于雄性。这可能与雌雄个体的生长特性有关，即雄性个体先于雌性个体成熟。Hernández-García(2003)对短柔鱼(*Todaropsis eblanae*)角质颚色素沉积研究认为，色素沉积过程类似科氏滑柔鱼(*Illex coindetii*)(Hernández-García，1995)和褶柔鱼(*Todarodes sagittatus*)(Hernández-García et al.，1998)。Hernández-García(2003)研究认为，色素沉积等级为3～4级的个体很少，认为3～4级是头足类在发生转变的一个极短的过程，这与本研究结论有所不同，这可能是因为不同种类受不同生活环境的影响以及其本身生长不同有关。

4. 展望

本部分基于前人研究结果，利用角质颚外部形态参数和其色素沉积变化进行分析，掌握了其年间变化差异，并且探讨了色素沉积情况与个体生长以及角质颚各参数值之

关系。不同群体之间的角质颚生长情况有所不同。角质颚的生长与头足类的个体生长以及摄食有着很大的关联，本次样本中几乎所有的个体其摄食等级都为1级。由于没有对其胃含物做进一步分析，这使得无法对它们的关联性进行分析。在今后的研究中，应该多采集一些较小个体，使得样本更加全面。同时利用稳定同位素($\delta^{13}C$和$\delta^{15}N$)分析技术来研究角质颚与个体生长摄食的关系(Ruiz-Cooley et al.，2006；Hobson和Cherel，2006)，今后研究应予以更多的关注。

第五章　阿根廷滑柔鱼渔场分布及其与海洋环境关系

第一节　阿根廷滑柔鱼渔场形成环境条件

一、阿根廷滑柔鱼渔场分布及形成机制

阿根廷滑柔鱼渔场是巴西暖流和福克兰(马尔维纳斯)海流形成副热带辐合带而形成的。巴西暖流中沿南美洲大陆边缘向南极流动的这部分，也属于南大西洋副热带环流的一部分。36°S 以南与福克兰海流汇合之后，偏离大陆架边缘，向南转入深海水域。在巴西南部和乌拉圭沿海，巴西海流的水温和盐度分别变动在 18～28℃和 34.5～36.0。源自南极绕极流分支的福克兰寒流向北流动在阿根廷外海分成两支，西支流达 38°S 附近，当地称为福克兰海流内支(Rodhouse 和 Hatfield，1998)(图 5-1)。

福克兰寒流与巴西海流对沿岸水域存在影响，由于核心暖涡流的存在使得各个季节的阿根廷各海域有高浮游生物量。大陆架水域和福克兰海流之间边境有一陆架折坡锋面，整个春季和夏季有高浮游植物生物量。4 月底陆架折坡海区还保持着高浮游植物生物量，使得第二年冬季有更多浮游生物密集，出现第二个大量繁殖区。

根据海流交汇和生产情况，阿根廷滑柔鱼的主要作业渔场有以下 5 处(王尧耕和陈新军，2005；Rodhouse 和 Hatfield，1998)(图 5-1 和图 5-2)：①从 35°～40°S 阿根廷-乌拉圭共同水域大陆架和陆架折坡，3～8 月由这两个国家的拖网渔船作业，主要是冬季和春季产卵群为捕捞对象(图 5-1a)；②42°～44°S 北巴塔哥尼亚大陆架，作业时间为 12 月至翌年 2 月，主要捕捞夏季产卵群体(图 1b)；③)42°～44°S 陆架折坡，作业时间多半在 12 月至翌年 7 月。主要以南巴塔哥尼亚群体(图 5-1c)；④福克兰群岛，渔期主要是在 3～6 月(图 5-1d)；⑤在阿根廷南部陆架捕捞移向外海前的同一类群的亚成年鱿鱼(图 5-1e)。

总的来说，阿根廷滑柔鱼高产量和高密度分布主要为布宜诺斯艾利斯-北巴塔哥尼亚海域和 46°～49°S 大陆架南部海域这两个地区。渔期基本上为夏季到冬季，其中钓捕作业的盛渔期为 2～5 月，拖网作业的盛渔期为 4～7 月(图 5-3)。Waluda 等(1999)利用地理信息系统(GIS)技术和海洋遥感获得的海表面温度(SST)数据，分析了 1989～1996 年阿根廷滑柔鱼渔业生产数据，认为资源丰度最高的海域出现在福克兰东北和西北部。

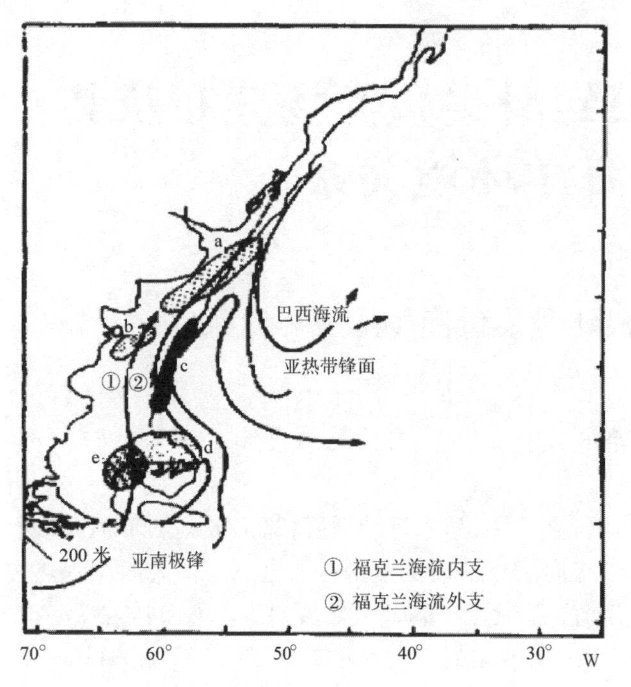

图 5-1 西南大西洋海域海流分布示意图(图中 a、b、c、d、e 表示渔场)

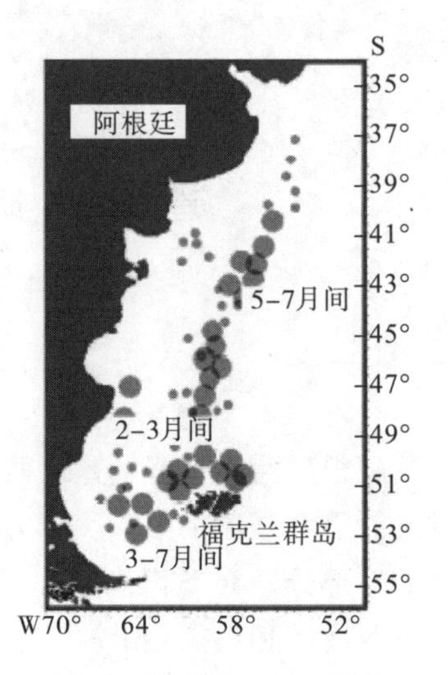

图 5-2 阿根廷滑柔鱼渔场分布示意图

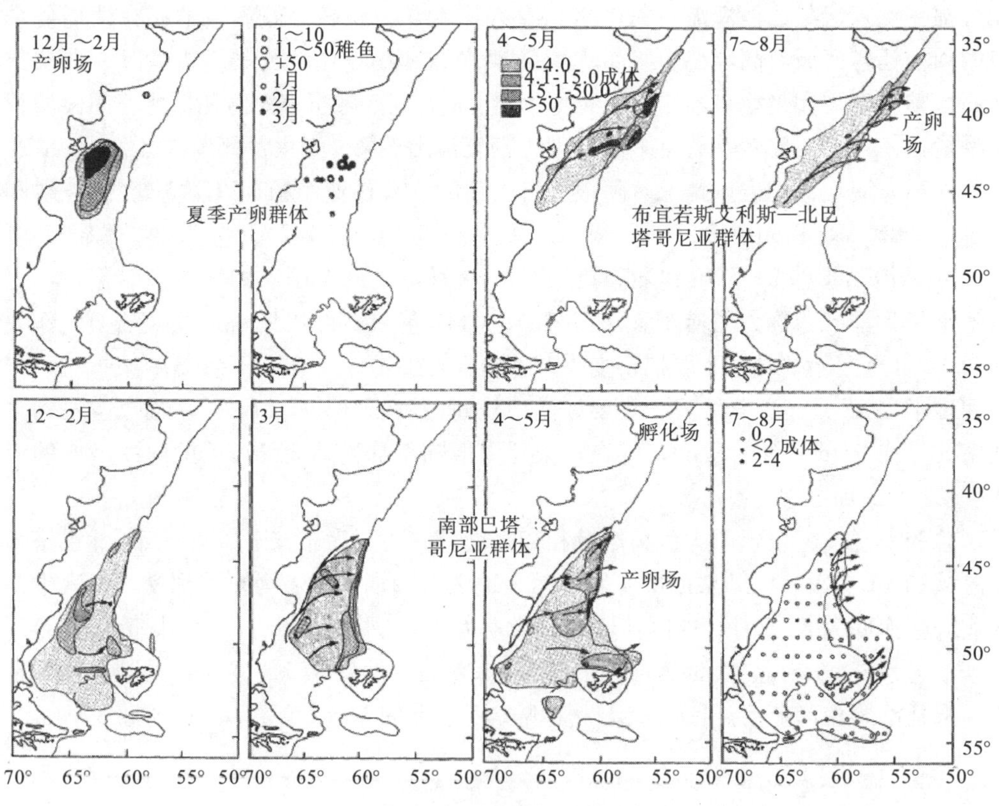

图 5-3 三个种群的幼体和成体及其产卵场分布示意图

二、渔场与各环境因子的关系

海洋环境因子对阿根廷滑柔鱼分布有着重要的影响。阿根廷滑柔鱼的适宜水温在2.1～13.5℃，巴西南部稚鱼的分布水温为12～17℃，性成熟和产卵群体的分布水温为4～12℃。在其生活不同阶段，水温的变化都会影响其生长和洄游。据陈新军等(2005)、刘必林和陈新军(2004)、陈新军和刘金立(2004)研究：2000年阿根廷滑柔鱼产量较高海域的SST为7～14℃，2001年则为9～10℃，2002为12～15℃；2003年为8～13℃，并以逐月降低约1℃的趋势递减。陆化杰和陈新军(2008)认为，2006年1～3月阿根廷滑柔鱼中心渔场最适SST为11～13℃，4～6月为8～11℃，且分布在海面高度距平值(SSHA)=0的海域。台湾学者Chen等(2007)对1996、1998、1999年三年的渔场的水温进行比较发现，1999年的中纬度水温(9.0℃)明显低于往年(11.43℃、11.83℃)，这也是造成1999年产量较高的原因之一。

其他海洋环境因子对阿根廷滑柔鱼渔场分布也会有一定的影响。张炜和张健(2008)认为，阿根廷滑柔鱼产量较高海域所对应的叶绿素浓度、海面高度、盐度分别为0.1～0.6mg/m^3、－20～0cm、33.7～34.0。伍玉梅等(2011)对2000～2008年阿根廷滑柔鱼的资源丰度与海洋环境因子(海表温和叶绿素a浓度)关系进行了分析，发现近9年资源量出现了较大变化，2004年以前呈下降的趋势，至2004年降至最低，2005年后逐年上升；与之相对应的时期，2000～2003年作业海域年均海表温度波动较大，但资源丰度较平稳，在2004～2008年年均海表温度和资源丰度的变动表现为显著的负相关；从叶绿素a浓度来看，2000～2004年年均叶绿素a与资源丰度的变动之间未呈现明显的相关性，2005～2008年两者表现为较强的正相关关系。郑丽丽等(2011)研究了2000～2007年西南大西洋阿根廷滑柔鱼产量分布和叶绿素a浓度的关系，分析认为1～5月叶绿素a浓度基本为0.1～3mg/m^3，并随月份推移而降低；渔区内叶绿素a浓度介于0.4～0.5mg/m^{3}渔场出现比例最高，渔场出现比例总体上呈偏态分布。

海流对阿根廷滑柔鱼的分布也有较大影响。巴塔哥尼亚北部外海海域和近岸高混合水域之间的潮锋面有较高的生产力。高浮游生物量密集区的存在为阿根廷滑柔鱼卵的孵化和幼体成长提供了良好的环境。福克兰寒流在福克兰群岛周围海域等地向东北方向运动过程中受海底斜坡的阻碍形成众多的环流，并产生强烈的上升流，正是环流和上升流的影响给渔场的形成和分布提供了有利条件。阿根廷滑柔鱼渔场一般都分布于水深梯度大、海底地势变化复杂、环流和上升流活动强烈的水域(王尧耕和陈新军，2005)。

此外，阿根廷滑柔鱼渔场形成与水深也有着密切的关系。Waluda等(1999)利用1989～1996年福克兰周边海域鱿钓生产资料(作业时间、渔获量和平均每小时CPUE)进行空间分布分析，发现单位捕捞努力量渔获量(CPUE)在200m等深线的陆坡海域为最高，而产量、平均每小时产量和捕捞努力量分布不完全一致(图5-4)。

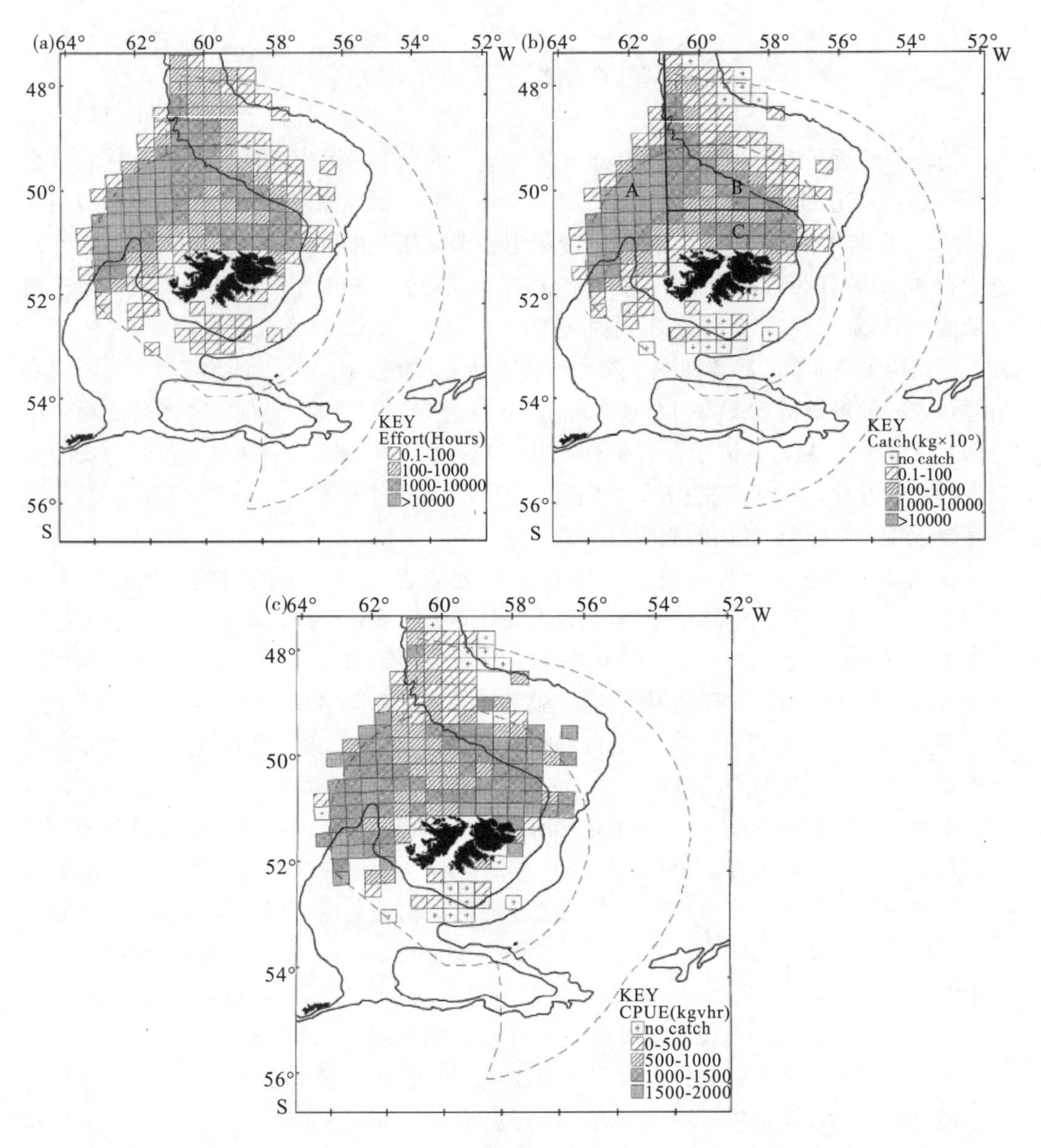

图 5-4 1989～1996 年福克兰海域产量、捕捞努力量和平均每小时产量(kg)分布图

第二节　阿根廷滑柔鱼渔场分布及其与海洋环境关系

一、2000 年阿根廷滑柔鱼产量分布及其与表温关系分析

1. 材料和方法

(1)材料来源

2000 年 1～5 月中国大陆鱿钓船生产统计数据来自上海海洋大学鱿钓技术组，数据包括日期、作业位置、产量。表温数据来自哥伦比亚大学网站 http：//iridl. ldeo. columbia. edu，数据包括位置、表温、表温距平均值，空间分辨率为经纬度 1°×1°。

(2)数据预处理

生产统计数据按经纬度 1°×1°空间分辨率进行统计，并按月进行处理。计算平均日产量(CPUE)，即为 1°×1°内的总产量除以该区域的总作业船次，单位为 t/d。

(3)分析方法

首先利用渔业地理信息软件 Marine Explorer 4.0 绘制全年和 1～5 月产量和 CPUE 的分布，及其表温和表温距平均值分布图，并进行叠加，以分析产量和平均日产量的空间分布及其与等温线分布的关系。

然后按表温 1℃的间距，分析作业产量、CPUE、作业次数与表温的关系，得出 1～5 月作业渔场的适宜水温范围。

最后利用非参数统计 K-S(Kolmogorov-Smirnov)检验方法进行适宜表温关系的显著性检验(Perry 和 Smith，1994；颜月珠，1985；魏季瑄，1991)。K-S 检验方法如下：

$$f(t) = \frac{1}{n}\sum_{i=1}^{n} l(x_i) \tag{5-1}$$

$$g(t) = \frac{1}{n}\sum_{i=1}^{n} \frac{y_i}{\bar{y}} l(x_i) \tag{5-2}$$

$$D = \max|g(t) - f(t)| \tag{5-3}$$

式中，n 为资料个数；t 为分组 SST 值(以 0.5℃为组距)；x_i 为第 i 月 SST 观察值；y_i 为第 i 月的 CPUE；$\bar{y}$ 为所有月的平均 CPUE；$l(x_i)$为若 $x_i \leqslant t$ 时，$l(x_i)$值为 1，否则为 0。

2. 结果

(1)产量与 CPUE 的分布

在 1～5 月生产期间，产量主要集中在 2～3 月，其月总产量均在 2×10^4 t 以上，而

1月、5月的产量 0.5×10^4t 左右，4月份产量约 1×10^4t。2～5月份的CPUE在15t/d以上(其中3月份超过20t/d)，而1月份约为10t/d(图5-5)。

根据产量的空间分布图分析，2～5月产量主要分布在45°S、60°W附近海域，但是各月产量分布有所不同。2～3月主要分布在45°～47°S、59°～60°W一带海域。4月主要还是分布在45°～46°S、59°～60°W一带海域，但也有少部分产量分布在47°S以南海域。5月主要产量分布在46°～47°S、60°～61°W海域，但部分产量分布在48°S以南海域。

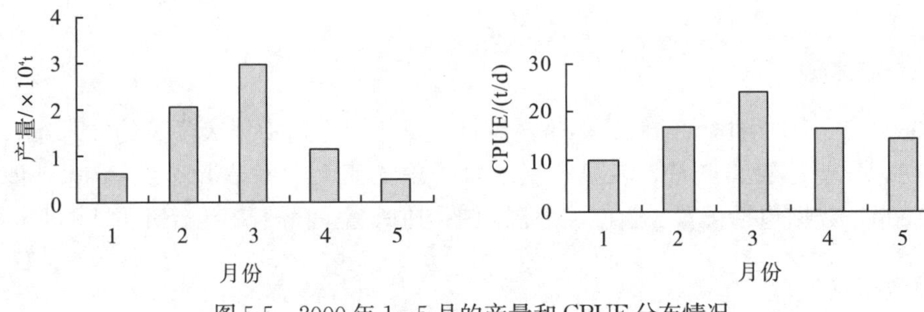

图5-5　2000年1～5月的产量和CPUE分布情况

根据CPUE的空间分布，各月份CPUE分布有较大差异(图5-6)。CPUE大于15t/d的作业渔场分布情况为：2月在44°～46°S、60°以及49°～51°S、61°～60°W海域；3月在44°～50°S、58°～62°W以及51°～53°S、63°～65°W海域；4月在48°～51°S、60°～62°W以及51°～53°S、64°～66°W；5月在46°～48°S、61°W海域。

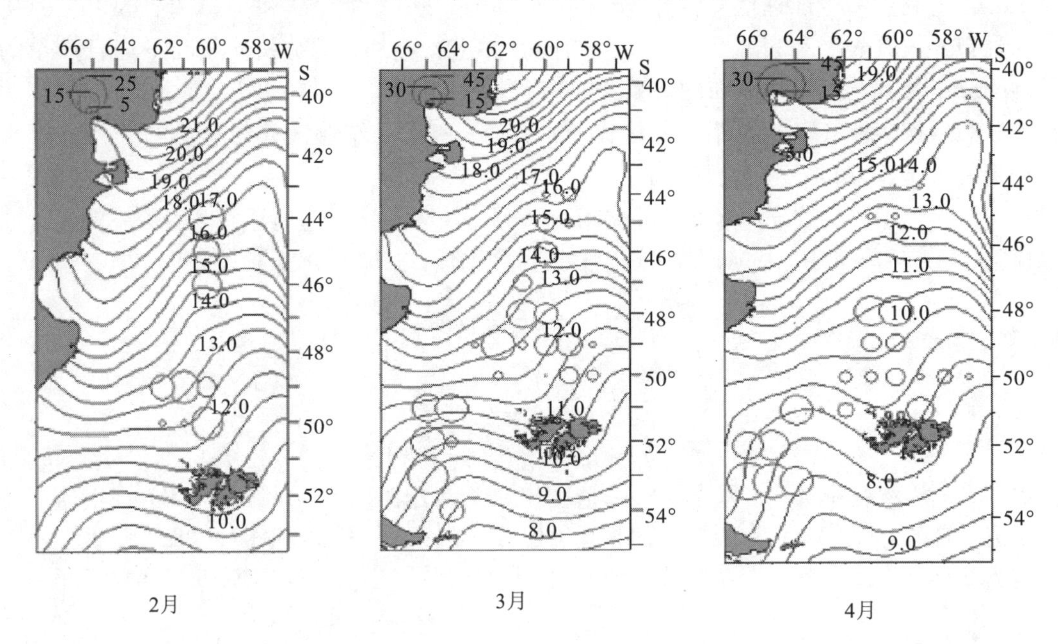

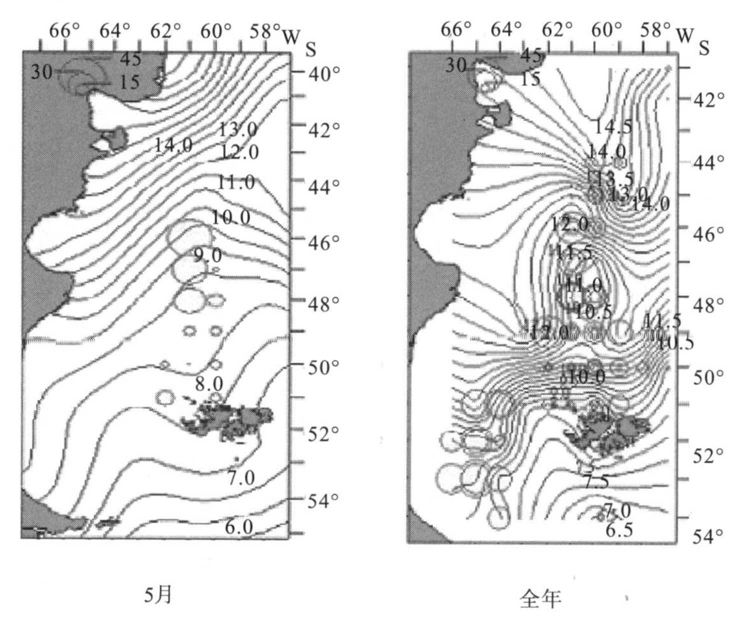

图 5-6 2000 年我国鱿钓捕获阿根廷滑柔鱼的各月 CPUE 分布

(2)产量及 CPUE 的分布与水温的关系

由图 5-7 可以看出，2000 年度 1～5 月作业渔场主要分布在表温为 7～14℃海域内。最高产量分布在表温 13℃附近的海域，其产量超过 3×10^4 t，约占总产量的 1/3；其次为表温 14℃的海域，其总产量约 1.5×10^4 t。

从图 5-7 中 CPUE 与表温的关系可发现，CPUE 大于 20t/d 的表温为 9℃和 15℃；表温 7～8℃、11～14℃的海域，CPUE 为 10～20t/d。

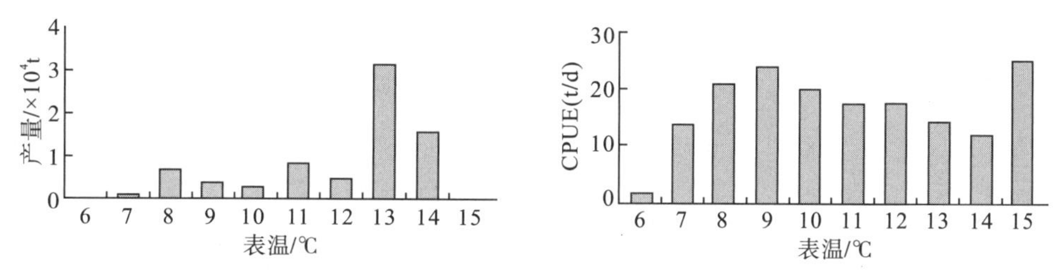

图 5-7 不同表温下产量和 CPUE 的分布情况

(3)产量、CPUE 的分布与表温距平均值的关系

从产量、CPUE 与表温距平均值的分布关系来看(图 5-8)，总产量在 5×10^3 t 以上的海域，其表温距平均值为 0.7℃和 1.1～1.4℃。而 CPUE 在 10t/d 以上的海域，其表温距平均值为−0.6～0.8℃和 1～1.4℃。但是各月情况有所不同，2 月份 CPUE 的分布集中在表温距平均值 0.5～1.3℃的海域；3 月份 CPUE 高产区全部处在表温距平均值为 0.2℃～1.2℃的海域；4 月份高 CPUE 集中分布在表温距平均值−0.5～0.7℃的海域；5 月份高 CPUE 的分布集中在表温距平均值−0.1～0.7℃的海域。

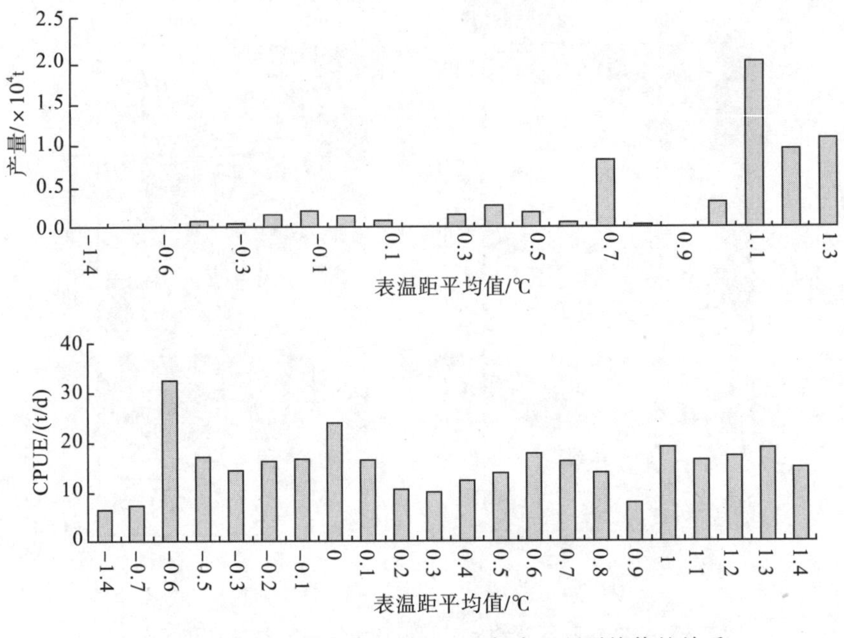

图 5-8　阿根廷滑柔鱼产量、CPUE 与表温距平均值的关系

(4)在不同表温下作业频度分析

根据图 5-9 可知，作业海域的表温主要集中在 6～15℃，其中主要为 7～14℃(作业次数的比例在 7%以上)。但是各月份作业渔场的适宜表温有所差别，2 月份为 11～12℃；3 月份为 10～12℃和 14℃；4 月份为 8～9℃；5 月份为 7～8℃。从以上分析可知，其适宜表温随着月份的推移有逐渐下降的趋势。

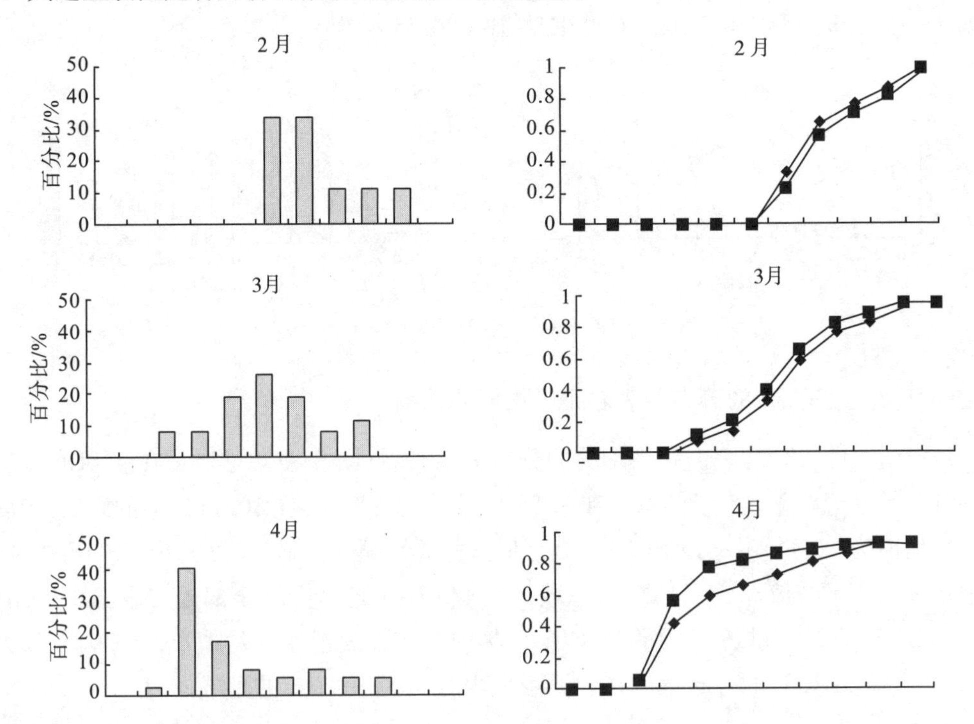

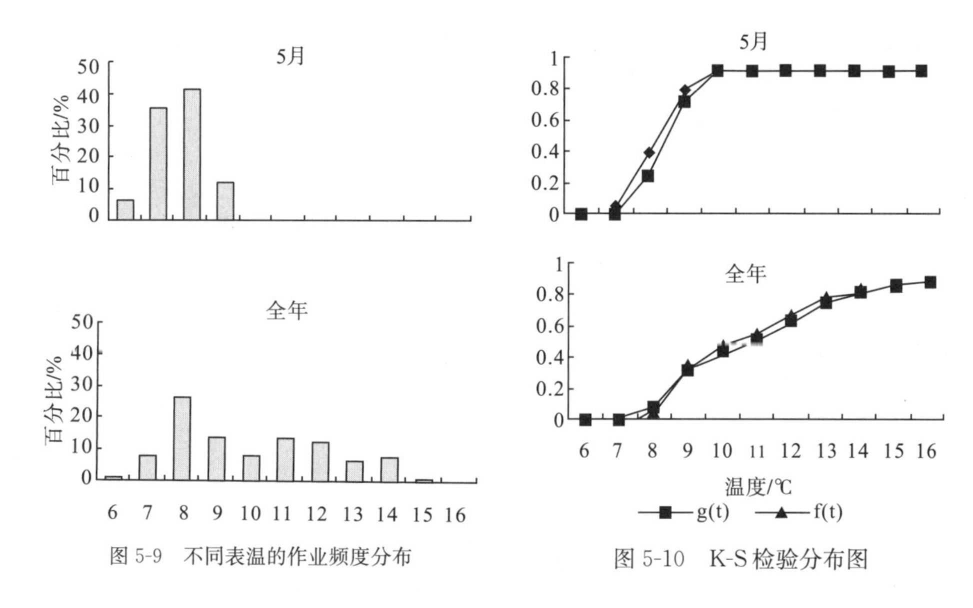

图 5-9　不同表温的作业频度分布

图 5-10　K-S 检验分布图

(5)K-S 检验

计算全年、各月 K-S 检验的统计量 D,并以 $\alpha = 0.10$ 作显著性检验,检验分布如图 5-10 所示。检验结果表明,在统计水平 $\alpha = 0.10$ 的水平下,假设检验条件 $F(t) = G(t)$ 成立,全年 $D = 0.0531 < P(\alpha/2) = 0.1292$,2 月 $D = 0.1054 < P(\alpha/2) = 0.3875$,3 月 $D = 0.0729 < P(\alpha/2) = 0.2332$,4 月 $D = 0.2028 < P(\alpha/2) = 0.2077$,5 月 $D = 0.1677 < P(\alpha/2) = 0.2947$。

3. 结论与分析

2000 年 1～5 月我国鱿钓船捕捞阿根廷滑柔鱼的区域分布在 44°～54°S 和 58°～66°W 内,其中 2～5 月主要集中在 45°～47°S、59°～61°W 海域,2～3 月的产量占全年总产量的 78%。

根据产量及 CPUE 与表温的关系,作业区域的表温主要为 7～14℃。各月份作业渔场的适宜表温有所差别,2～5 月间其适宜表温随着月份的推移有逐渐下降的趋势。这可能与阿根廷滑柔鱼在渔汛初期南下洄游期间,栖息在巴西海流和福克兰海流交汇区的暖水一侧,而在渔汛末期北上洄游期间,栖息在交汇区的冷水一侧有关。

根据产量与表温距平均值的关系分析,初步推测作业渔场表温比往年稍偏高(1℃左右),有利于渔场的形成和鱿钓产量的提高。据统计,2000 年 1～5 月 85%以上的产量集中在表温距平均值为 1.1～1.4℃的海域。

由于资料所限,1～5 月份的生产统计只采用了中国大陆鱿钓船的数据,可能对结果的分析带来一定的差异,但 1～5 月份国内外大批鱿钓生产船大多集中在该海域生产,因此分析所采用的数据具有一定的代表性。在以后的研究中,需要较长时间序列的生产数据和海洋环境资料(包括表温、盐度、叶绿素等)进行对比分析。

二、2001年阿根廷滑柔鱼产量分布与表温关系分析

1. 材料和方法

(1)数据来源

2001年2~8月我国鱿钓船在西南大西洋海域的生产统计资料由中国远洋渔业协会上海海洋大学鱿钓技术组提供，数据包括日期、作业位置、产量。

表温数据来自哥伦比亚大学网站 http：//iridl. ldeo. columbia. edu，数据包括位置、表温，空间分辨率为1°×1°。

(2)数据处理

按经纬度1°×1°空间分辨率进行统计，然后按月计算出各经纬度的作业船次、产量和CPUE。

(3)数据分析

利用 Mrine Explorer 4. 0 绘制2001年各月的产量和平均日产量分布图，并与表温分布图进行叠加。由于6~8月数据量少，因此与表温的关系不作分析。

利用式(5-1)、(5-2)、(5-3)进行K-S检验。

2. 结果

(1)产量、CPUE的时间分布

据统计，2~8月的总产量为49207t，作业船次为5883船·天，CPUE为8.4t/d。其中2~5月的累计产量占总产量的90.7%(2~3月占58.6%，4~5月占32.1%)，而6~8月仅占9.3%。2~5月的作业船次占总作业船次的89%，而6~8月仅占11%。3月的CPUE为最高，平均达10.4t/d，其次为2月的8.7t/d。

表5-1　2001年2~8月作业船次、产量和CPUE

月	作业船次/(船·d)	产量/t	CPUE/(t/d)
2~8月	5712	47197	8.3
2月	1341	11644	8.7
3月	1656	17196	10.4
4月	1156	8375	7.2
5月	1088	7425	6.8
6月	115	685	6.0
7月	149	621	4.2
8月	207	1251	6.0

(2)产量、CPUE 的空间分布及其与表温的关系

2001 年 2~8 月在 57°~64°W、40°~53°S 海域内生产，产量主要集中在 60°W、45°S 附近的公海渔场，其平均表温 9~10℃(图 5-11)，在表温 6~9℃的海域产量较少。2 月主要作业海域在 60°W、45°S 附近，产量达 1×10^4 t，并集中在表温为 12~14℃的海域。3 月主要作业海域仍在 60°W、45°S 附近，产量集中在表温为 12~13℃海域。4 月作业海域仍以 60°W、45°S 附近为主，但产量集中在表温为 9~11℃的海域。随着作业渔场的南移，5 月产量主要集中在表温为 7~9℃的海域。6 月分为两个海域作业，58°~60°W、40°~42°S 海域，表温为 11~13℃；58°~60°W、46°~48°S 海域，表温 5~7℃。2~6 月作业海域表温呈下降趋势，约从 13℃降到 6℃，平均每月下降 1.2℃。

7 月、8 月在 58°~62°W、40°~44°S 海域(位于阿根廷专属经济区内)作业，作业产量只有几百吨。宋伟华(2002)认为，7~8 月的渔获物主要为春季产卵种群。

从 CPUE 分布来看(图 5-12)，在福克兰群岛附近海域的作业渔场 CPUE 较高，平均表温为 6~8℃。2 月较高的 CPUE 分布在 60°W、45°S 附近海域，其表温为 11~15℃。3 月 CPUE 较高海域在 58°W、50°S 附近，其表温为 7~11℃。4 月 CPUE 要比其他月高，最大 CPUE 约 90t/d，分布在 64°W、54°S 附近海域，其表温为 7~9℃。5 月 CPUE 较高的海域在 60°~65°W、48°~52°S 附近，其表温为 7~9℃。

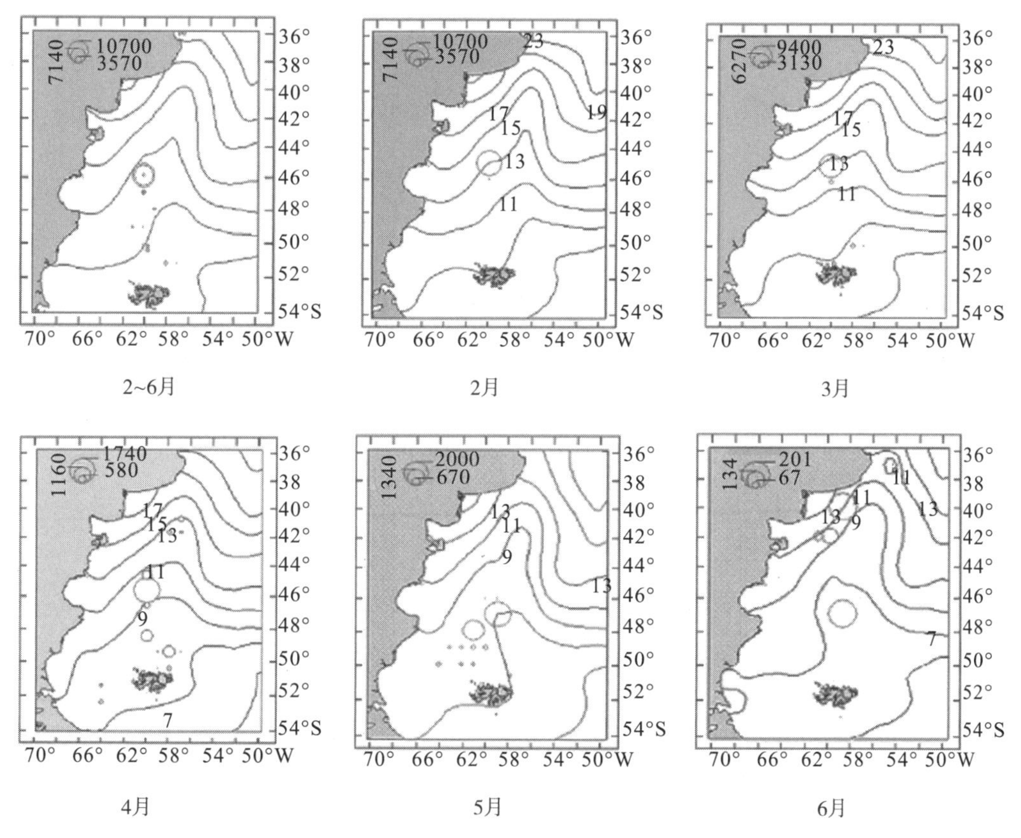

图 5-11　阿根廷滑柔鱼产量分布与表温关系

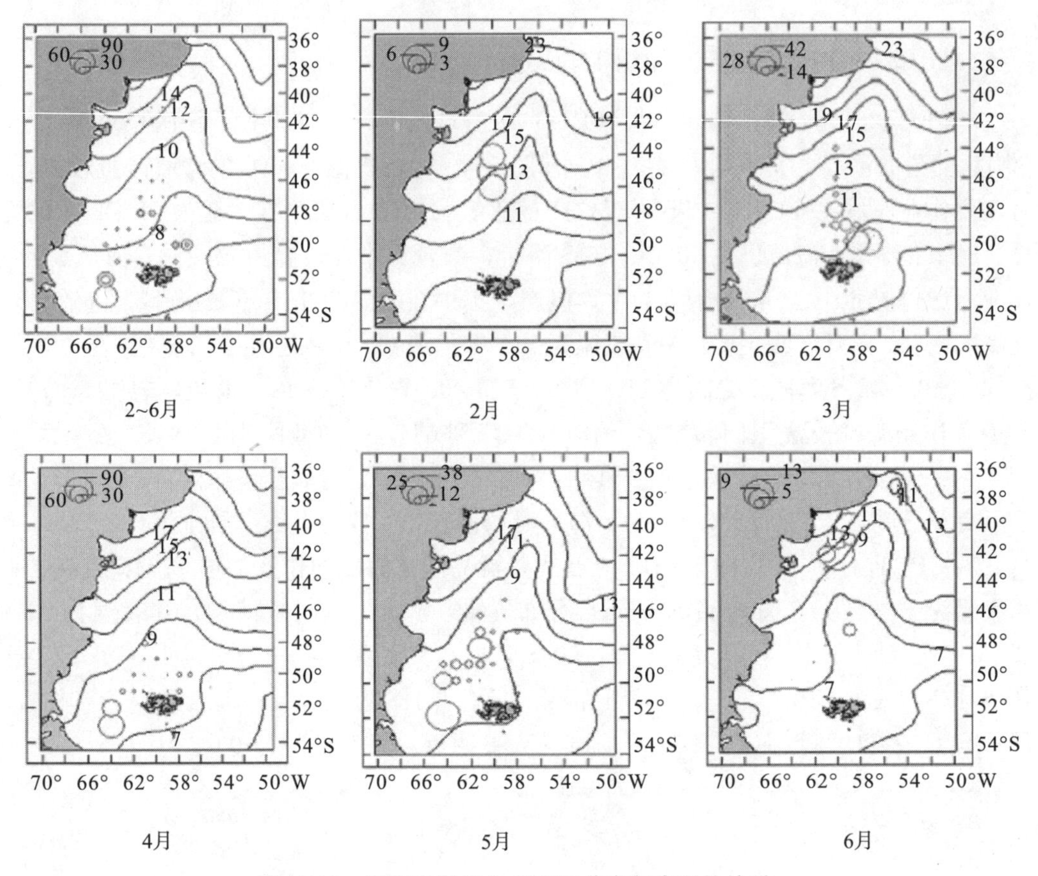

图 5-12　阿根廷滑柔鱼 CPUE 分布与表温的关系

(3) K-S 检验

对 2~6 月表温与 CPUE 关系进行 K-S 检验($\alpha=0.05$)，$D=0.124485<P(\alpha/2)=0.1767$。显著性差异不明显，即认为作业渔场表温的范围是合适的(图 5-13)。

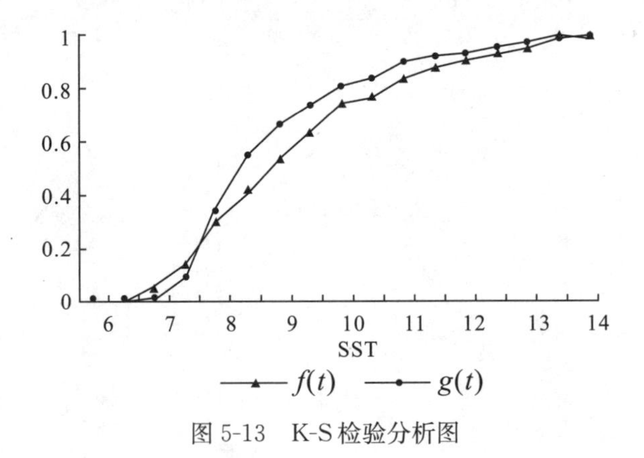

图 5-13　K-S 检验分析图

3. 讨论

(1)渔场分布及其变动

西南大西洋阿根廷滑柔鱼主要有两个渔场，分别是公海鱿钓渔场(40°S 以南、59°W 以西公海水域，其中以 45°～47°S 水域为主)、福克兰群岛暂时渔业保护与管理区(FICZ)和外部保护区(FOCZ)鱿钓渔场(唐议，2002)。2001 年的作业海域为 57°～64°W、40°～53°S 的阿根廷海域。2 月在 60°W、45°S 附近公海渔场作业，该海域位于大陆架水域和福克兰海流之间，整个春季和夏季浮游生物量高(舒杨，2000)，阿根廷滑柔鱼在此集中索饵，形成渔场。3 月开始柔鱼向南洄游，渔船转移到福克兰群岛渔场作业。福克兰群岛周围有很强的上升流(舒杨，2000)，上升流把底层的营养物质带到表层，浮游生物滋生，给阿根廷滑柔鱼带来丰富的饵料。SPS 种群产卵前集中在 44°S 以南的大陆架外部及斜坡海域，向南洄游可达到 54°S 火地岛附近水域，在洄游过程中索饵并迅速长大；主要索饵洄游时间为 2～6 月，但有些年间变化，7～8 月完成产卵洄游，44°S 以南的大陆架外部及斜坡便无渔获(唐议，2002；舒杨，2000)。从 2001 年的产量分布情况来看，2～6 月渔场由北向南移动产量随之减少，7～8 月 44°S 以南的大陆架外部及斜坡已无渔获，这正是索饵洄游的缘故。

(2)产量、CPUE 分布及其与表温关系

许多学者认为表温对渔场的存在有一定影响。李雪渡(1982)认为，鱼类对海洋表层温度的变化最为敏感，当表温在 0.1～0.2℃时，都会引起鱼类行动的变化。海表温度平面结构的变化会影响到渔场位置、鱼群集与散、鱼群停留渔场时间长短、洄游迟早、洄游路线和渔场转移。陈新军(1995，2001)认为，西北太平洋柔鱼渔场与表温因子存在一定关系。从研究结果可看出，表温与产量、CPUE 存在一定关系。2～6 月作业渔场的适宜表温为 5～14℃，但各月的适宜表温不同。2 月为 12～14℃，3 月为 12～13℃，4 月为 9～11℃，5 月为 7～9℃，6 月为 5～7℃，平均每月下降约 1.2℃。

三、2002 年阿根廷滑柔鱼渔场分布及与表温的关系分析

1. 材料和方法

(1) 生产数据的采集

2002 年我国大陆在西南大西洋阿根廷滑柔鱼生产统计数据由中国远洋渔业协会上海海洋大学鱿钓技术组提供，生产单位有中水烟台海洋渔业公司(13 艘)、山东远洋渔业总公司(4 艘)、苏州海宏渔业公司(2 艘)、辽宁大连海洋渔业集团(3 艘)、福建海洋渔业公司(1 艘)和天津远洋渔业公司(7 艘)，共计 30 艘鱿钓船。作业海域为 57°～65°

W、41°～49°S，作业水深为100m以内，作业时间为2002年1～6月。数据格式包括：日期、经度、纬度、作业次数、产量及平均日产量。

SST资料取自网站 http：//iridl.ldeo.columbia.edu，海区为49°～70°W、29°～60°S，时间为2002年1～6月。空间分辨率为1°×1°，时间分辨率为天。

(2) 数据预处理

将2002年1～6月份的生产统计数据库按经、纬度1°×1°进行统计和归类，并将其与表温数据库对应，按月对数据进行整合处理。本书所采用的CPUE(Catch per Unit Effort，即单位捕捞努力量渔获量，简称CPUE)定义为

$$\mathrm{CPUE} = \frac{C}{f}$$

式中，C 表示1°×1°渔区范围内一天的产量；f 表示1°×1°渔区范围内一天的作业船数。

(3)分析方法

利用Marine Explore 4.0绘制2002年1～6月表温分布图，并与各月的作业产量数据进行叠加；

按表温1℃的间距，按月分析其作业次数、作业产量与表温的关系，得出各月份鱿钓作业渔场的适宜水温范围，利用式(5-1)、(5-2)、(5-3)进行K-S检验。

分析表温变化与月平均日产量、CPUE的关系。

2. 结果

(1)产量、CPUE的时间和空间分布

从产量和CPUE组成来看，1～2月份的产量为最高，均在1×10^4t以上(图5-14)，其CPUE也是最高，均在10t/d以上(图5-15)。

从产量空间分布来看，1～6月渔汛期间，1～3月高产主要集中在45°S、60°W附近海域，4～6月高产主要集中在42°S、57°W附近海域。从CPUE的空间分布来看(图5-16)，1月CPUE在15t/d以上主要分布在45°S、59°W附近海域；2月CPUE在10t/d以上分布在44°S、60°W和46°S、60°W附近海域，作业渔场范围向南扩大；3月CPUE在10t/d以上分布在45°S、60°W附近海域；4月CPUE出现下降，在4t/d以上主要分布在41°～42°S、57°～59°W和46°～47°S、60°W附近海域；5～6月，CPUE较高的海区只有零星几个区域，主要集中在41°S、57°W和42°S、60°W一带，渔获产量较低。

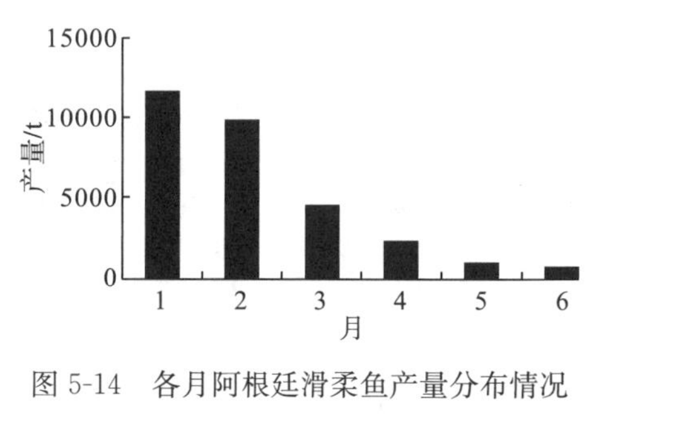

图 5-14　各月阿根廷滑柔鱼产量分布情况

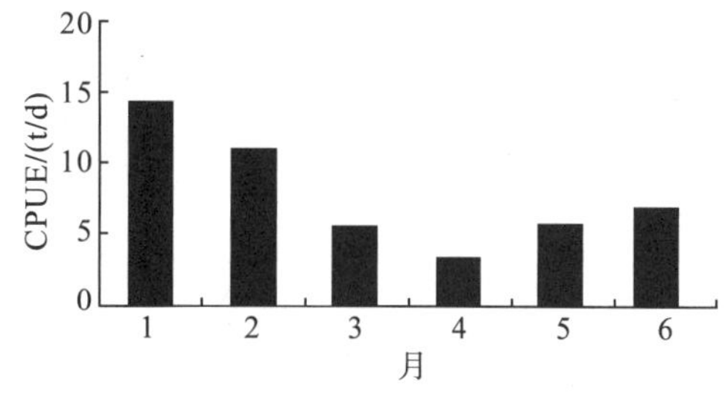

图 5-15　各月阿根廷滑柔鱼 CPUE 分布情况

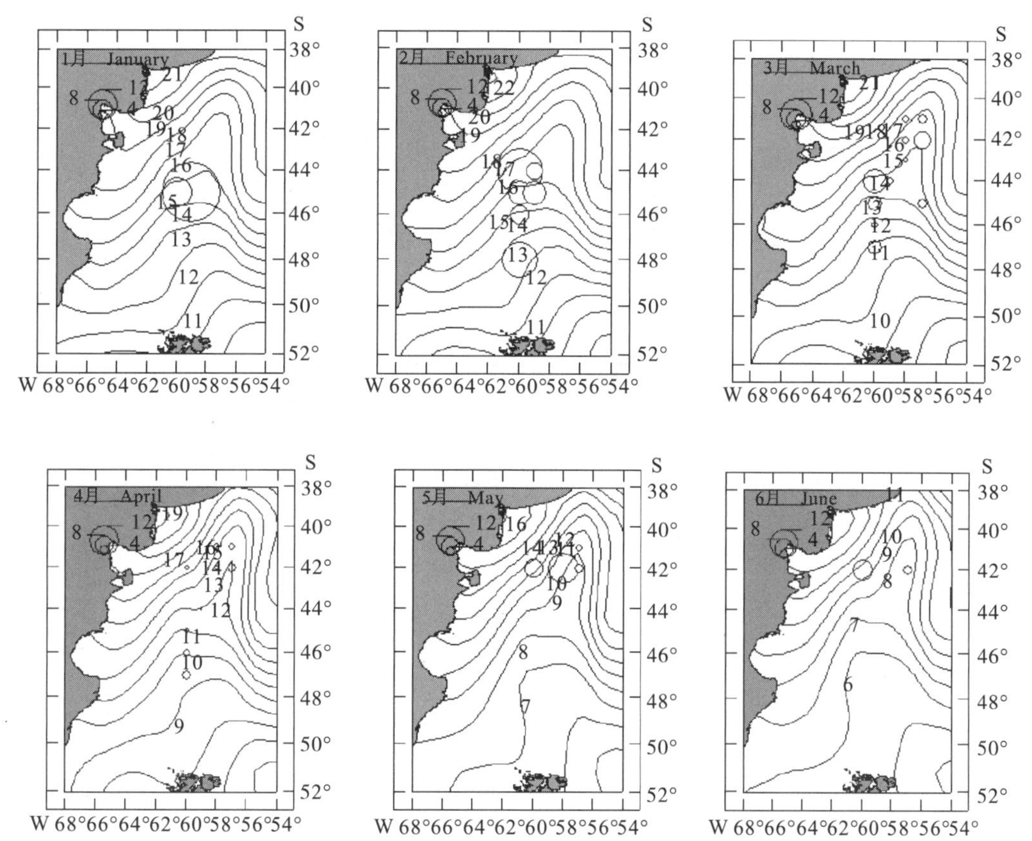

图 5-16　2002 年 1～6 月阿根廷滑柔鱼 CPUE 与表温的关系图

(2)产量、CPUE 分布与 SST 的关系

1～6 月作业渔场分布在表温为 7～15℃的海域(图 5-17)。总产量以表温为 14℃附近海域最高，其产量近 2×10^4 t。CPUE 较高的表温为 13～15℃(图 5-17)。

各月 CPUE 分布与表温的关系如图 5-17 所示。作业渔场基本上分布在福克兰寒流和巴西海流交汇区的前端。各月的表温有所差异：1 月份表温为 14～15℃，2 月份为 12～15℃，3 月份为 10～14℃，4 月份为 9～14℃，5 月份为 8～10℃，6 月份为 7～9℃。由以上分析可以得知，作业渔场的表温从 1 月份开始每月逐渐降低，平均每月降低约 1℃。

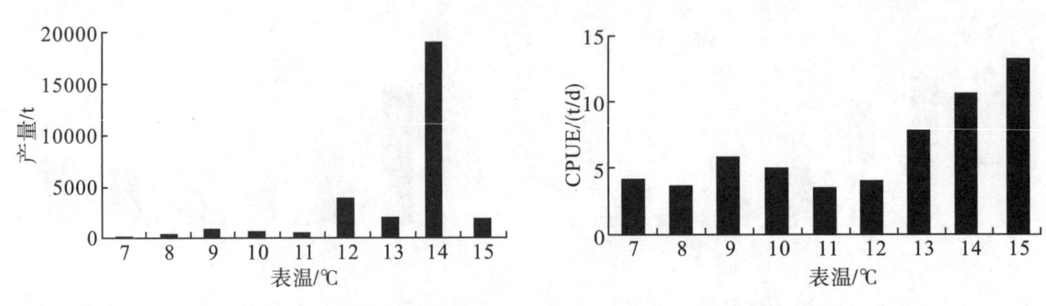

图 5-17 不同表温下阿根廷滑柔鱼产量和 CPUE 的分布情况

(3)各月不同表温的作业频率分析

由图 5-18 可知，作业渔场的表温在 7～15℃，其中以表温为 12～14℃的作业频率最高，其他表温下的作业频率都很低。对作业海区按月和 1°×1°分析各表温的出现频率，各月份作业的最适表温：1 月为 14℃，2 月为 14℃，3 月为 12～14℃，4 月为 12℃，5 月为 8～10℃，6 月为 7～9℃。由不同水温的作业频率分析可知，1～6 月作业渔场的表温逐月降低，平均每月降低约 1℃左右。

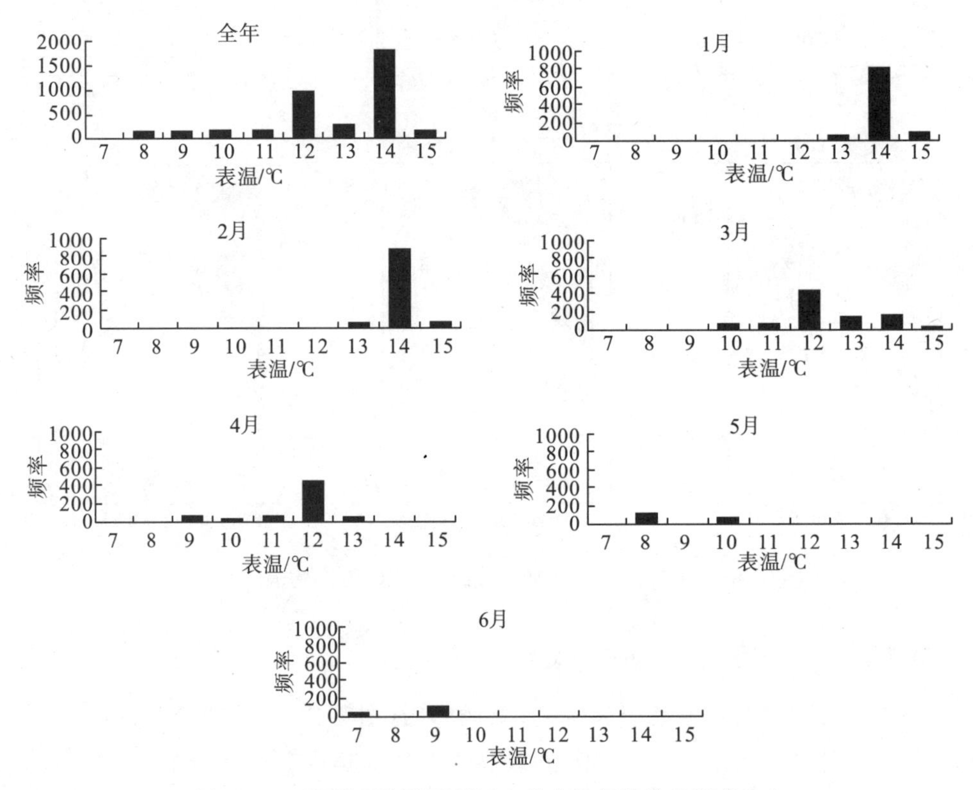

图 5-18 不同水温阿根廷滑柔鱼作业渔场的作业频率分布

(4) K-S 检验

计算全年、各月 K-S 检验的统计量 D,并以 $\alpha = 0.10$ 作显著性检验。检验结果表明，在显著水平 $\alpha = 0.10$ 的水平下，假设检验条件 $F(t) = G(t)$ 成立。即全年 $D = 0.1485 <$

$P(\alpha/2)=0.1847$，1月 $D=0.0463<P(\alpha/2)=0.5652$，2月 $D=0.0475<P(\alpha/2)=0.4680$，3月 $D=0.0612<P(\alpha/2)=0.3142$，4月 $D=0.0712<P(\alpha/2)=0.3524$，5月 $D=0.1291<P(\alpha/2)=0.5095$，6月 $D=0.1746<P(\alpha/2)=0.7764$，结果发现，全年及各月份 SST、CPUE 的差异均不显著（图 5-19）。这说明上述各月份作业海域与表温的关系是可以接受的。

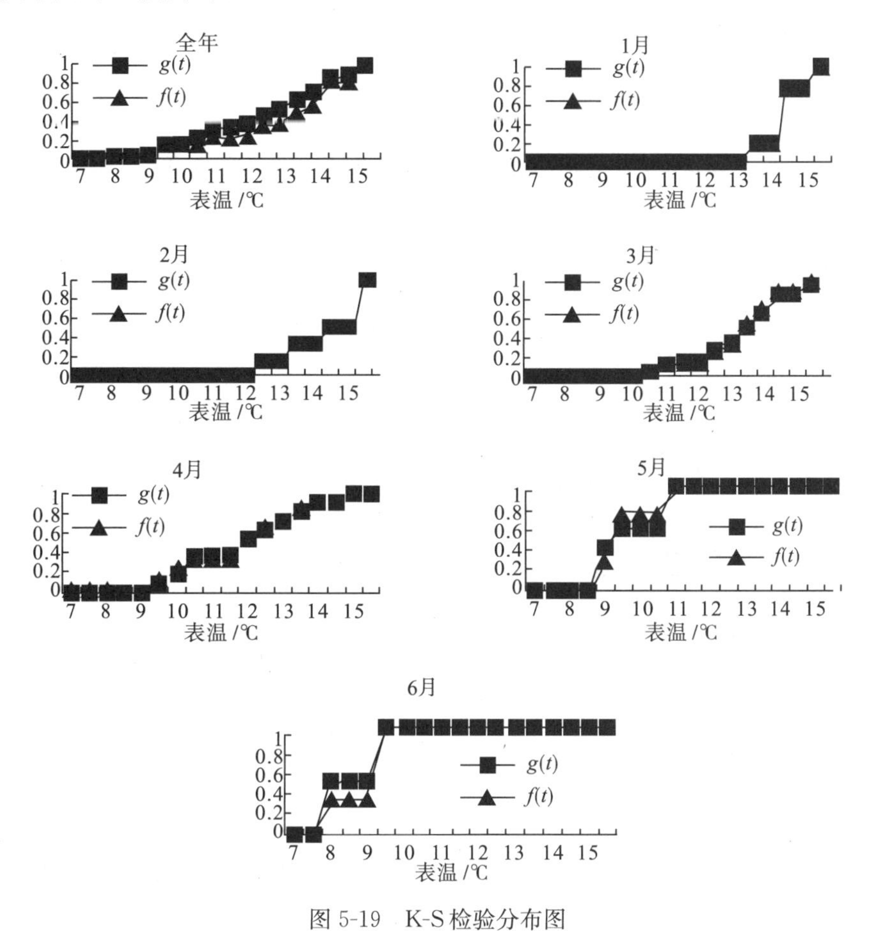

图 5-19 K-S 检验分布图

3. 结论和讨论

从作业海域和产量组成来看，1～3 月份主要集中在 45°S、60°W 附近海域。此时，其作业渔场正处在福克兰海流和巴西暖流的交汇区；而 4～6 月份主要在 42°S、57°W 附近海域，正处在福克兰海流的前锋区。结合阿根廷滑柔鱼洄游规律和种群分布特点（Brunetti et al.，1988），我们认为所捕捞的对象主要为冬季产卵种群（SPS）。其渔场分布也与福克兰海流、巴西暖流的势力强弱、分布与交汇等存在着很大的关系。

在 1～6 月作业期间，以 1～2 月的产量和 CPUE 最高。据统计，1～2 月的作业次数只占总作业次数的 45.94%，但产量却占了 65.35%。1～2 月的平均日产量达到了 11.54t/d，而其他月份的平均日产量只有 5.2t/d。

研究表明，表温与渔场形成的关系密切，各月作业渔场的最适表温不同：1 月为

14～15℃，2月为13～15℃，3月为12～14℃，4月为9～13℃，5月为8～10℃，6月为7～9℃，并且每月作业渔场的最适表温逐渐降低，平均每月下降约1℃。上述分析说明，阿根廷滑柔鱼对温度是极为敏感的。据报道，2004年2～4月由于作业海域表温的异常偏高，比往年高出3～4℃，导致鱿钓船的产量剧降。据统计，我国鱿钓船单船产量仅为正常年份的1/10，只有100t。

由于阿根廷滑柔鱼具有昼夜垂直移动现象，因此分析其水温的垂直结构也显得尤为重要。本书由于资料所限，未能展开研究，需要在今后的研究中加以补充。

四、2003年阿根廷滑柔鱼产量分布与表温关系分析

1. 材料和方法

(1)材料来源

2003年1～5月我国鱿钓船生产统计数据来自中国远洋渔业协会上海海洋大学鱿钓技术组，数据包括日期、作业位置、产量。表温数据来自哥伦比亚大学网站 http://iridl.ldeo.columbia.edu，数据包括位置、表温、表温距平均值(其值为当年表温值与同一时刻历史上表温平均值之差)，空间分辨率为1°×1°。

(2)数据预处理

生产统计数据按1°×1°空间分辨率进行统计，并按月进行处理。计算CPUE，即为1°×1°内日总产量与该区域总作业船数的比值。

(3)分析方法

首先利用渔业地理信息软件 Marine explore 4.0 绘制各月份产量和CPUE的分布图，以及表温和表温距平均值分布图，并进行叠加，以分析产量和CPUE的空间分布以及与等温线分布之间的关系。

然后按表温1℃的间距，分析作业产量、CPUE与表温的关系，得出1～5月作业渔场的适宜水温范围。

再按表温1℃的间距，分析作业船次与表温的关系(由于渔船都是在中心渔场作业，作业船次的多少在一定程度上代表着中心渔场可能性)，得出各月作业渔场的适宜水温范围。

利用式(5-1)、(5-2)、(5-3)进行K-S检验。

2. 结果

(1)产量、CPUE的分布

由图5-20可知，1～4月为主要渔期，其产量约占总产量的97.3%。从产量和

CPUE 分布来看，3 月份产量为最高，近 2×10^4 t，CPUE 也超过 15t/艘 · d。而 5 月份产量和 CPUE 均最低(图 5-20、5-21)。

1～5 月高产区主要集中在 45°S、60°W 附近海域(图 5-22a)。3～5 月的作业区域主要集中在 42°～47°S、57°～61°W(图 5-22e～f)，而 1～2 月则是在 47°S 以北海域(图 5-22a、b)。

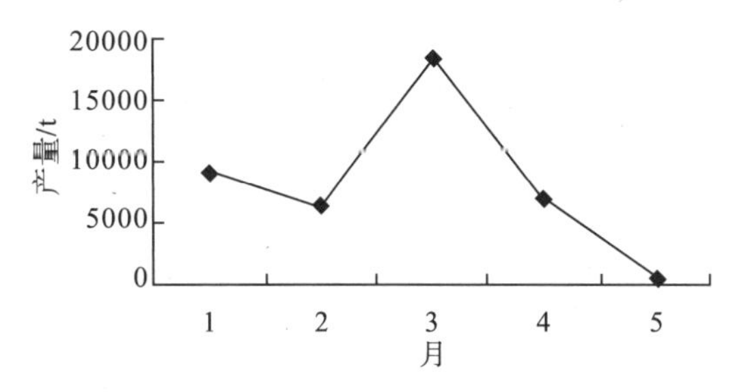

图 5-20　2003 年 1～5 月阿根廷滑柔鱼产量组成　　图 5-21　2003 年 1～5 月阿根廷滑柔鱼 CPUE 组成

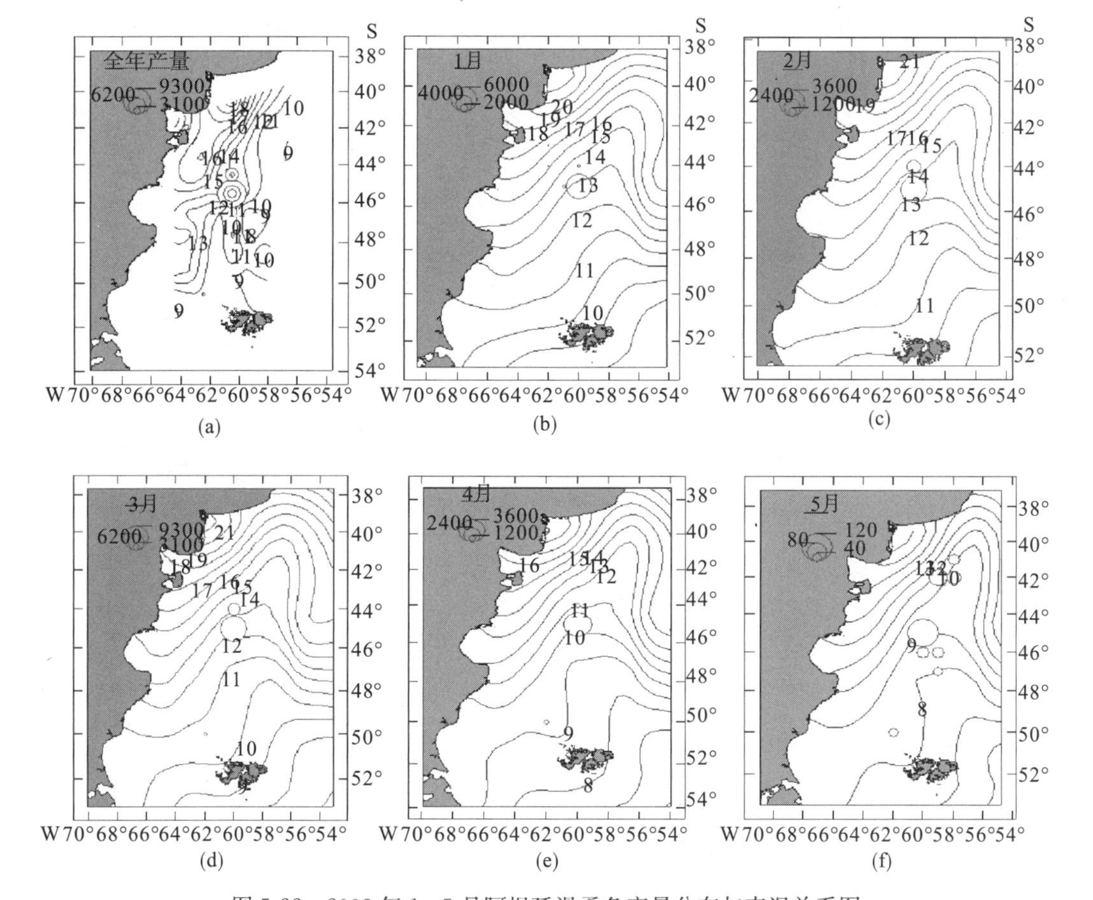

图 5-22　2003 年 1～5 月阿根廷滑柔鱼产量分布与表温关系图

但是，CPUE 的分布与产量存在着一定的差异(图 5-22，5-23)。1 月较高的产量和 CPUE 均分布在 45°S、60°W 附近海域，CPUE 最大值为 15t/d；2 月 CPUE 分布与产量有所差异，CPUE(15t/d 以上)分布在 44°S、62°W 和 49°S、64°W 附近海域，CPUE

最大值为 45t/d；3 月 CPUE(15t/d 以上)最南分布到 51°S 附近海域，最高值为 45t/d；4 月 CPUE(10t/d)分布在 48°～51°S、60°～64°W 一带，最高值则降至 18t/d；5 月 CPUE(8t/d 以上)主要分布在 40°～42°S、58°～60°W 海域，最高值为 18t/d。

(2)产量、CPUE 分布与表温的关系

产量、CPUE 分布与表温等温线的关系如图 5-22、5-23 所示。其作业位置主要分布在福克兰寒流和巴西暖流的交汇区，并处在福克兰海流分支的左侧。从图 5-24 可以看出，1～5 月份作业渔场的表温为 7～18℃，其中作业海区累计产量在 1×10^4t 以上的表温为 11～12℃。CPUE 最高的表温为 14℃，CPUE 在 10～15t/d 的表温为 10～11℃。从 CPUE 分布与表温等温线的关系图可知(图 5-23)，各月作业渔场的适宜表温有所差异，1～2 月适宜表温为 12～17℃，3 月适宜表温为 10～15℃，4 月适宜表温为 9～11℃，5 月适宜表温为 8～13℃。

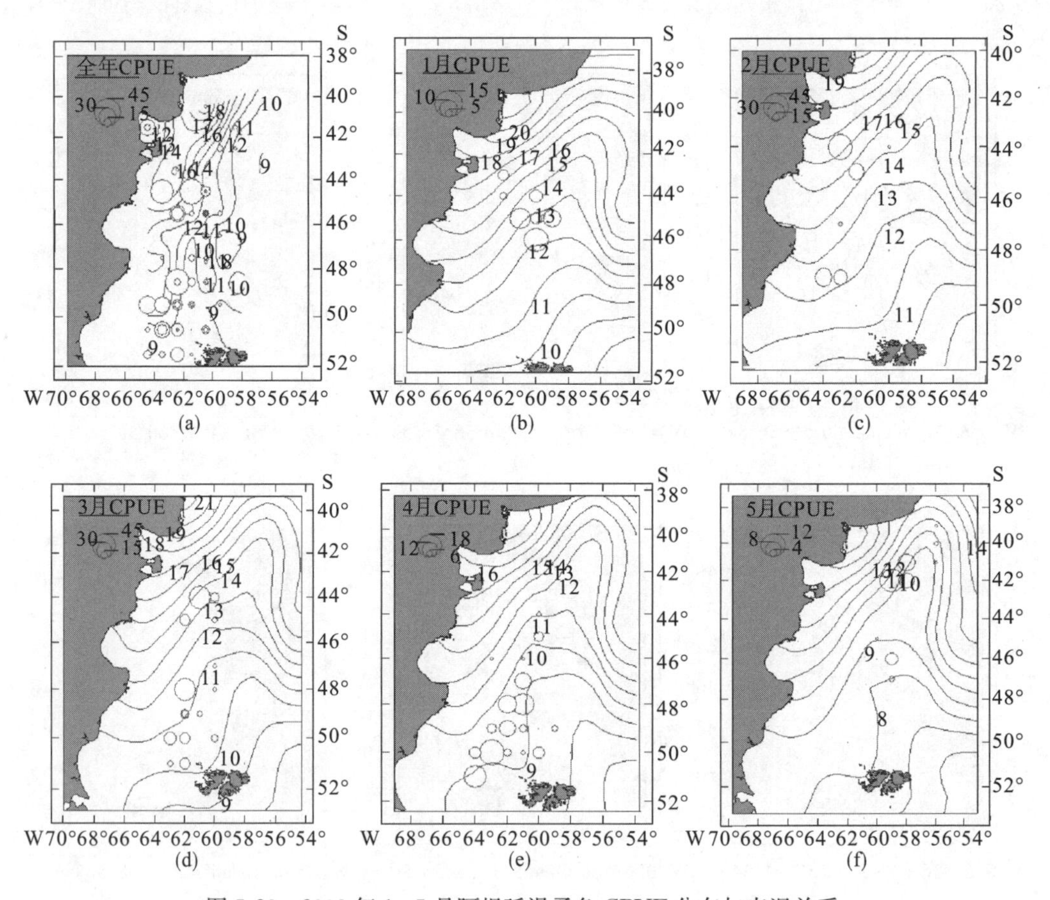

图 5-23　2003 年 1～5 月阿根廷滑柔鱼 CPUE 分布与表温关系

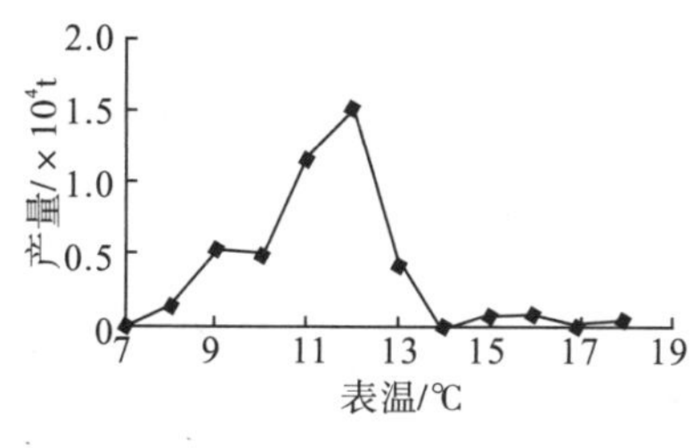

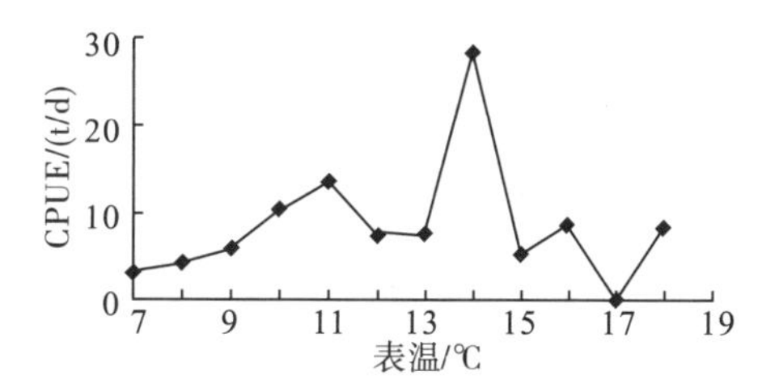

图 5-24　不同表温下阿根廷滑柔鱼产量和 CPUE 的组成

从表温距平均值与产量、平均日产量的分布来看(图 5-25)，高产量主要分布在距平均值为－0.7～－0.5℃附近海域，CPUE 在 10t/d 以上也分布在距平均值为－0.9～－0.3℃的海域，这说明 2003 年度 1～5 月份西南大西洋海域鱿钓作业渔场的表温比往年低。

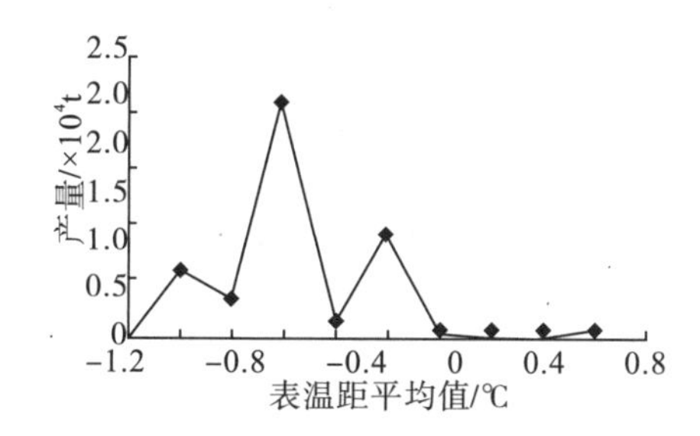

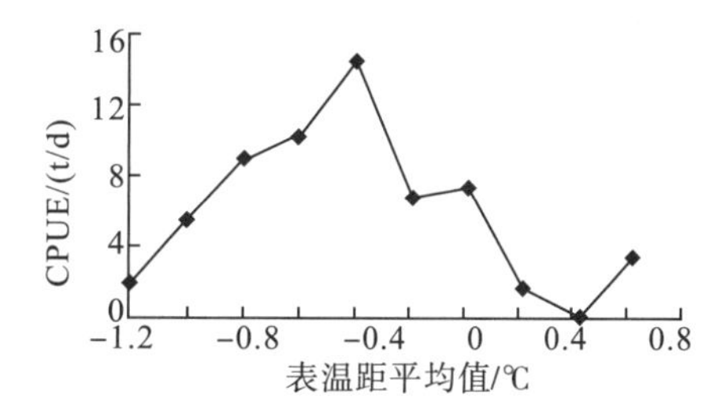

图 5-25　阿根廷滑柔鱼产量、CPUE 与表温距平均值的关系

(3)作业船次组成与表温的关系

从表 5-2 可知，渔船作业主要分布在表温为 7～18℃的海域，但主要为 8～13℃，其累计作业次数占 90%左右。但各月作业渔场的表温不相同，各月适宜表温为：1 月为 12～13℃；2 月为 11～13℃；3 月为 9～10℃；4 月为 8～9℃；5 月为 8～10℃。

表 5-2　作业船次组成与表温关系(%)

时间	表温/℃												
	7	8	9	10	11	12	13	14	15	16	17	18	19
1 月	0	0	0	0	13.2	29.5	29.3	0	14.1	13.9	0	0	0
2 月	0	0	0	8.4	32.2	24.7	17.9	8.5	0	8.4	0	0	0
3 月	0	0	23	38.7	17.4	5.1	10.2	0	0	0	0	5.6	0
4 月	0	29.4	42.2	8.8	16.4	3.2	0	0	0	0	0	0	0
5 月	7.3	39	32.1	21.6	0	0	0	0	0	0	0	0	0
全年	1.9	16.5	23.3	17.1	16.5	7.9	7.1	2.2	2.1	3.2	0	2.2	0

(4) K-S 检验

计算全年、各月 K-S 检验的统计量 D，并以 $\alpha=0.10$ 作显著性检验。检验结果表明，在显著水平 $\alpha=0.10$ 的水平下，假设检验条件 $F(t)=G(t)$ 成立。即全年 $D=0.1198<$

$P(\alpha/2)=0.1381$，1月 $D=0.0953<P(\alpha/2)=0.4361$，2月 $D=0.2488<P(\alpha/2)=0.3382$，3月 $D=0.0999<P(\alpha/2)=0.2785$，4月 $D=0.2126<P(\alpha/2)=0.2424$，5月 $D=0.2219<P(\alpha/2)=0.3255$（图 5-26）。

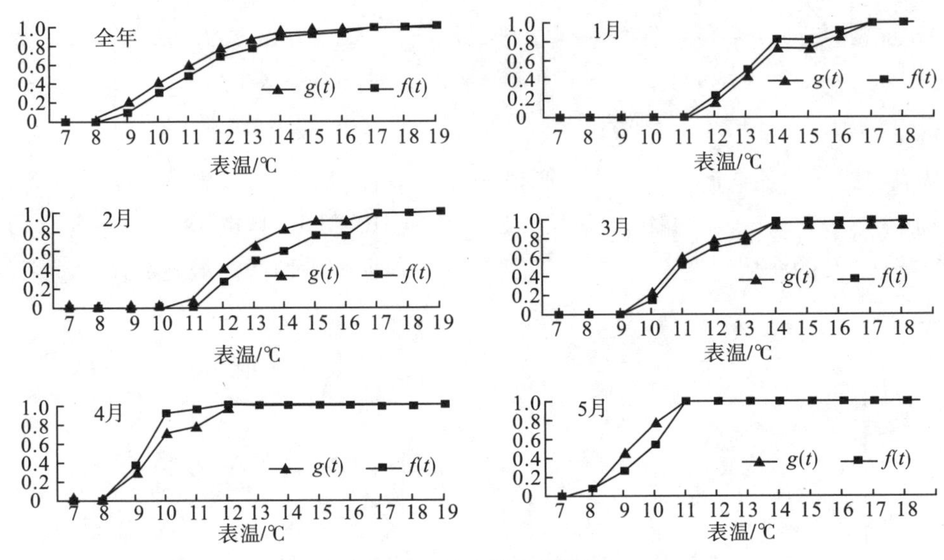

图 5-26 K-S 检验分析图

3. 分析与讨论

1～5 月我国鱿钓船主要集中在 45°S、60°W 附近的公海海域，中心作业渔场范围小。其中 1～4 月为主要的作业时间，约占总产量的 97.3%。在该区域主要捕捞南下索饵的 SPS 种群，其资源量大，是西南大西洋海域鱿钓船捕捞的主要对象。

阿根廷滑柔鱼渔场主要受到低温低盐的福克兰寒流和高温高盐的巴西暖流的共同影响。分析研究表明，作业渔场分布在两海流的交汇处，并处在福克兰寒流左边一侧。表温可作为渔场形成的指标之一，作业渔场的表温主要为 8～13℃。同时，各月的适宜表温有所差异，1 月为 12～13℃，2 月为 11～13℃，3 月为 9～10℃，4 月为 8～9℃，5 月为 8～10℃，上述结果经过 K-S 检验。随着时间的推移其适宜表温有所降低，这可能与阿根廷滑柔鱼 SPS 种群进行南北洄游有一定的关系。

由于资料所限，1～5 月的生产统计只采用了中国大陆鱿钓船的数据，不包括日本、韩国和我国台湾省等国家和地区鱿钓船，可能会对结果的分析带来一定的差异。但是根据生产船提供的信息和历史资料分析，1～5 月鱿钓船基本上集中在该海域生产，所采用的数据具有一定的代表性。在以后的研究中，需要较长时间序列的生产数据和海洋环境数据(包括水温、盐度、叶绿素等)进行对比分析。

五、2006年阿根廷滑柔鱼渔场分布及其与表温和海面高度的关系

1. 材料和方法

(1)材料来源

2006年1～6月我国鱿钓船在西南大西洋的生产统计数据来自中国远洋渔业协会上海海洋大学鱿钓技术组，数据包括日期、作业位置、产量。表温数据来自哥伦比亚大学网站 http：//iridl. ldeo. columbia. edu，空间分辨率为经纬度1°×1°。

(2)数据处理

生产统计数据按经纬度1°×1°空间分辨率进行统计，按月和旬进行处理，计算单船平均日产量(CPUE，单位 t/d)。

(3)分析方法

首先利用渔业地理信息软件 Marine explore 4.0 绘制各月份产量与表温、CPUE与SSHA的空间叠加分布图，以分析产量空间分布及其与表温和海面高度的关系。

然后按表温1℃的间距，分析作业产量、CPUE与表温的关系，得出各月作业渔场的适宜表温。

利用式(5-1)、(5-2)、(5-3)进行K-S检验。

2. 结果

(1)产量及平均日产量的时间分布

根据产量组成(图5-27)和CPUE组成(图5-28)，1月份产量占总产量的16.2%，CPUE为6.8t/d；2月份产量占总产量的16.4%，CPUE为7.4t/d；3月份产量最高，占总产量的33.2%，CPUE也最高，达到13.8t/d；4月份产量占总产量的20%，CPUE为8.7t/d；5月份产量占总产量的11.7%，CPUE为7.0t/d；6月产量最低，只占了总产量的2.3%，CPUE也相对较低仅为4.5t/d。总体来看，3～4月产量占了总产量的53.1%，CPUE也在8t/d以上。

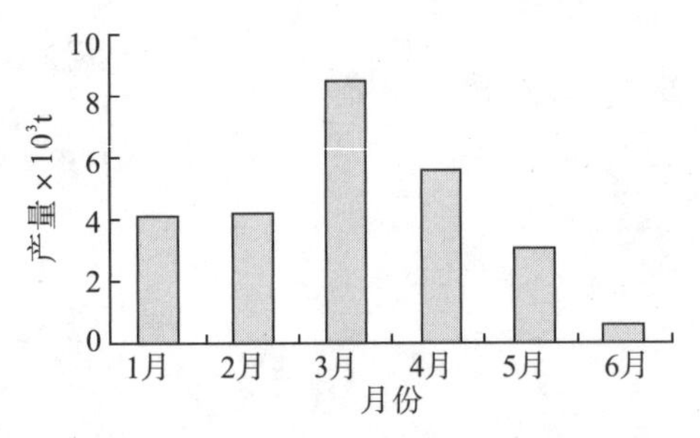

图 5-27　1～6 月阿根廷滑柔鱼月产量分布

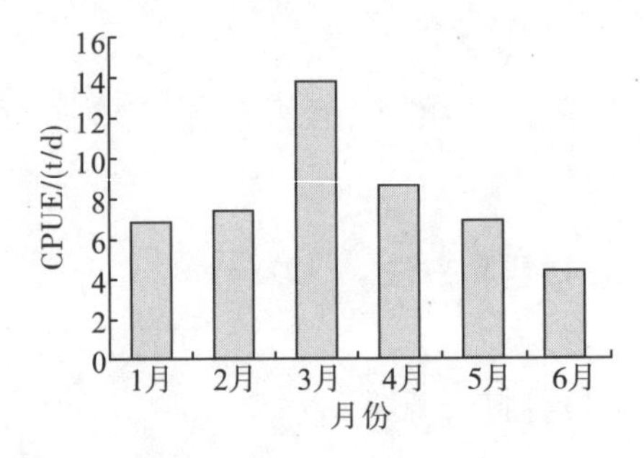

图 5-28　1～6 月阿根廷滑柔鱼 CPUE 月分布

(2)产量空间分布及其与表温的关系

1～3 月作业渔场主要分布在 45°S、60°W 附近海域(图 5-29 a、b、c)，各月适宜表温分别为 11～12℃、12～13℃、12～13℃。4～6 月作业渔场主要分布在 42°S、58°W 附近海域(图 5-29 e、f、g)，适宜表温分别为 11～13℃、9～11℃、8～9℃。从整体上分析，12～13℃的海域产量相对最高。

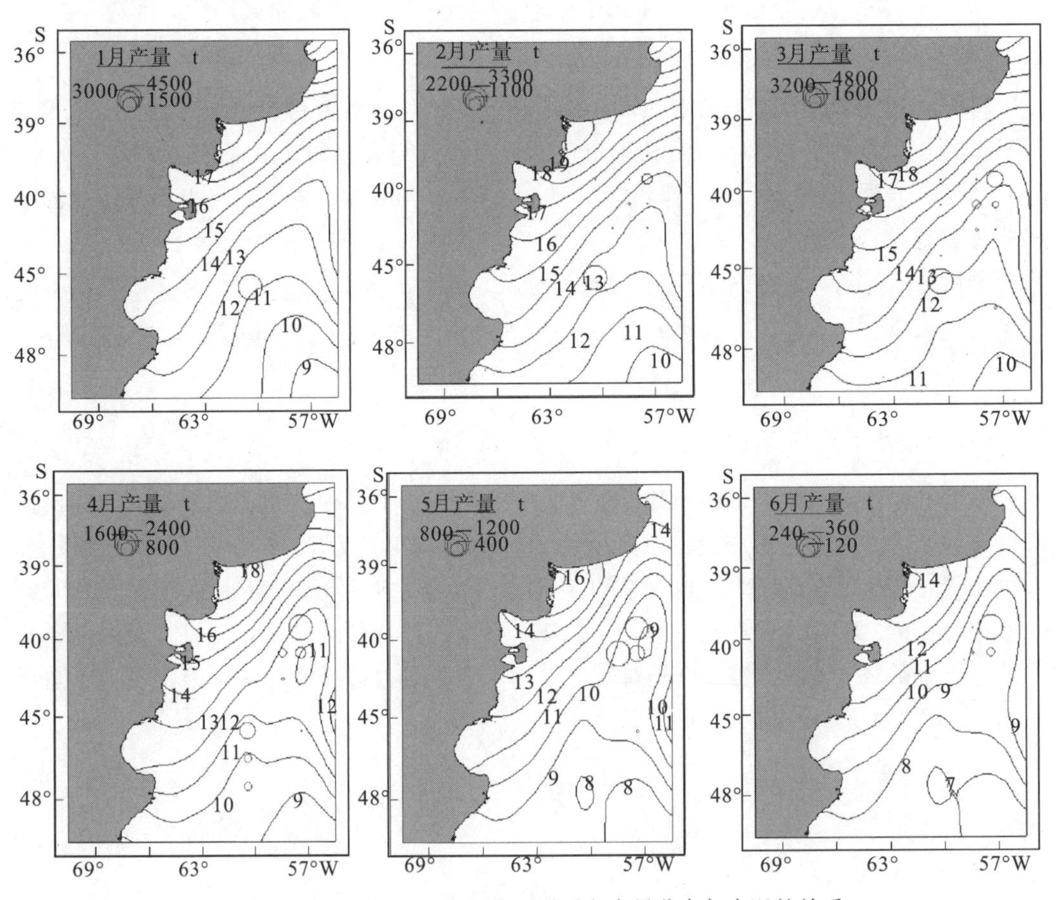

图 5-29　2006 年 1～6 月阿根廷滑柔鱼产量分布与表温的关系

(3) CPUE 分布与海面高度的关系

现按各旬对作业渔场分布与海面高度的关系进行分析。由于篇幅有限，仅给出 3 月份的海面高度分布图(图 5-30a，b，c)。

1 月上旬，作业渔场分布在 45°～46°S、60°～61°W 海域(SSHA≥0 附近)，平均 CPUE 为 6.73t/d；1 月中旬，作业渔场分布在 45°～46°S、60°～61°W 海域(SSHA<0 附近)，平均 CPUE 为 5.13t/d；1 月下旬，作业渔场分布在 45°～46°S、60°～61°W 海域(SSHA<0 附近)，平均 CPUE 为 10.13t/d。

2 月上旬，作业渔场分布主要分布在 45°～46°S、60°～61°W 海域(SSHA≤0 附近)，平均 CPUE 为 10t/d 左右；2 月中旬，作业渔场分布在 45°～46°S、60°～61°W 海域(SSHA≥0 附近)，平均 CPUE 为 5.02t/d，相对较低；2 月下旬，作业渔场分布在 41°～42°S、57°～58°W(SSHA≥0 附近)和 45°～46°S、60°～61°W(SSHA≥0 附近)海域，而且两个海域平均 CPUE 均大于 10t/d。

3 月上旬，作业渔场较为分散，分布在 41°～42°S、57°～58°W(SSHA≥0 附近)和 45°～46°S、60°～61°W(SSHA≤0 附近)两个海域，平均 CPUE 均大于 10t/d(图 5-30a)；3 月中旬，作业渔场也较为分散，但主要分布在 41°～42S、57°～58°W(SSHA≥0 附近)和 42°～43S、58°～59°W(SSHA≥0 附近)两个海域，平均 CPUE 均大于 20t/d，其中在 41.5°S、58.5°W 附近海域，其平均 CPUE 达到 25.28t/d(图 5-30b)；3 月下旬，作业渔场主要分布在 41°～42°S、57°～58°W(SSHA≥0 附近)和 45°～46°S、60°～61°W(SSHA≤0 附近)两个海域，平均 CPUE 也较高(图 5-30c)。

4 月上旬，作业渔场主要分布在 45°～46°S、60°～61°W(SSHA≥0 附近)，平均 CPUE 小于 10t/d；4 月中旬，作业渔场分布在 41°～42°S、57°～58°W(SSHA≤0 附近)，平均 CPUE=11.7t/d；4 月下旬，作业渔场分布相对分散，但主要分布在 41°～42°S、57°～58°W(SSHA<0 附近)和 42°～43°S、57°～58°W(SSHA<0 附近)两个海域，平均 CPUE 也较低。

5 月上旬，作业渔场分布 41°～42°S、57°～58°W(SSHA<0 附近)，平均 CPUE 低于 10t/d；5 月中旬，作业渔场分布在 41°～42°S、57°～58°W(SSHA<0 附近)，平均 CPUE 也较低；5 月下旬，41°～42°S、57°～58°W(SSHA≤0 附近)，平均 CPUE 仅为 5t/d。

6 月上旬，作业渔场分布在 41°～42°S、57°～58°W(SSHA<0 附近)，平均 CPUE=5.44t/d；6 月中旬，作业渔场分布在 41°～42°S、57°～58°W(SSHA≥0 附近)，平均 CPUE=5.07t/d；6 月下旬，作业渔场分布在 41°～42°S、57°～58°W 海域(SSHA≥0 附近)，平均 CPUE=2.25t/d。

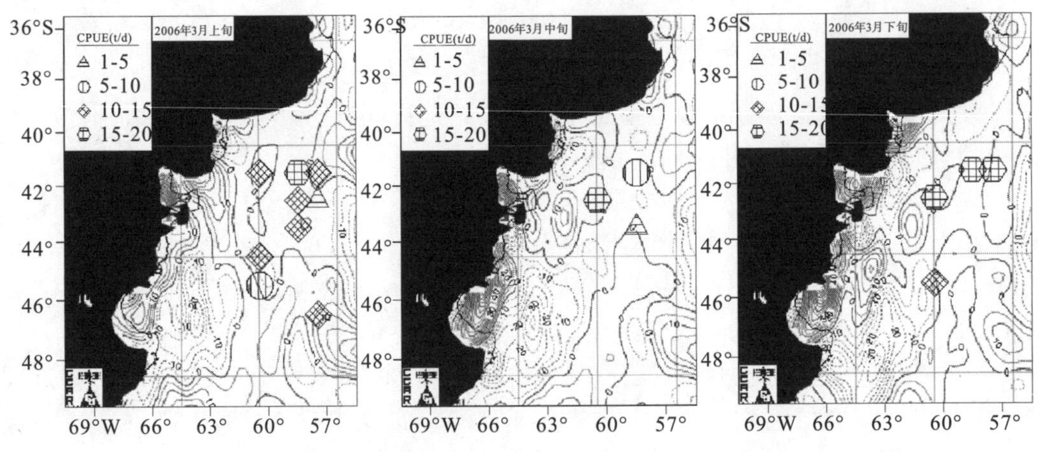

图 5-30　阿根廷滑柔鱼 CPUE 分布与海面高度距平均值的关系

(4) K-S 检验

计算所有月份 K-S 检验统计量 D，并以 $\alpha = 0.10$ 做显著性检验。检验结果表明，在显著水平 $\alpha = 0.10$ 的水平下，$D = 0.184 < P(\alpha/2) = 0.197$，此时假设检验条件 $F(t) = G(t)$ 成立，没有显著性差异，即认为各月作业渔场的表温范围是合适的(图 5-31)。

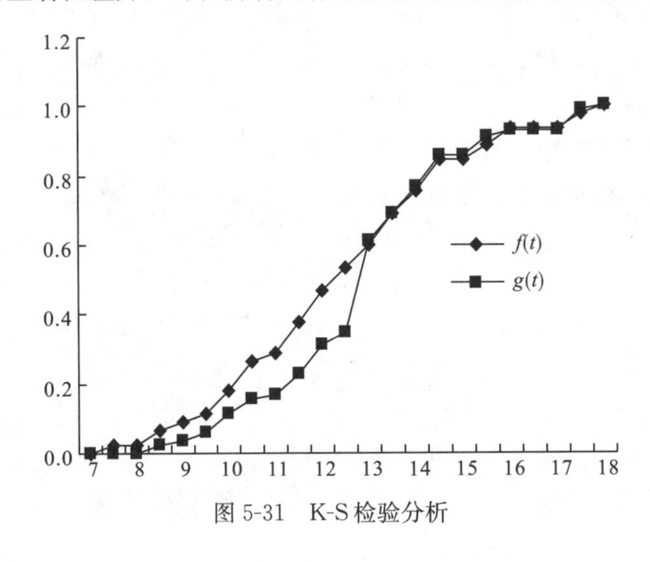

图 5-31　K-S 检验分析

3. 结论和讨论

统计表明，近 75%的总产量分布在 42°～45°S、58°～60°W 海域，且作业时间较长，CPUE 也相对较高。分析认为，该海域位于巴西海流和福克兰海流交汇区，整个春季和夏季浮游生物量高(舒扬，2000)，阿根廷滑柔鱼在此集中索饵并形成渔场。该海域已成为各鱿钓船的传统作业渔场(陈新军和刘金立，2005；陈新军和赵小虎，2005)。但是其渔场范围也会受到福克兰海流强弱的影响(Waluda et al.，1999)。

分析表明，各月份作业渔场分布有所差异。1～3 月份产量主要集中在 45°S、60°W 附近海域，其中 1～2 月份产量不高，3 月份产量大幅度地提高，其产量占总产量的

33.2%。4～6 月产量主要分布在 42°S、58°W 附近海域，其中 4 月份产量较高，比例达到 20%，5、6 月份产量明显下降，尤其是 6 月份仅占总产量的 2.3%。

各月份作业渔场的适宜表温不同。1 月份作业渔场适宜表温为 11～12℃，2、3 月份为 12～13℃，4 月份为 11～13℃，5 月份为 9～11℃，6 月份为 8～9℃，这与其他学者的研究结果基本相同(陈新军和刘金立，2005；陈新军和赵小虎，2005)。

研究认为，作业渔场分布在海面高度距平均值接近于 0 的附近区域(SSHA=0，SSHA≤0，SSHA≥0)。通常认为，海面高度小于平均海面值意味着海流的辐散或涌升(仉天宁等，2001；樊伟等，2004)，这样使得底层海域丰富的营养盐不断向上补充，初级生产力高，容易形成渔场。大量的观察和实践发现，高密度的鱼类群体并不是分布在浮游生物最高的上升流中心区域，而是分布在其边缘广阔海域。这一论断也得到本文结果的证实。

第三节　阿根廷专属经济区内阿根廷滑柔鱼渔场分布

一、材料和方法

1. 生产统计数据

(1) 数据预处理

生产数据按经纬度 1°×1°分月份进行预处理，并计算单位捕捞努力量渔获量 CPUE，其公式为：

$$CPUE = \frac{C}{f}$$

式中，CPUE 单位为 t/d；C 为 1°×1°渔区内 1 天的产量，f 为 1°×1°渔区内 1 天的作业船数。

(2) 数据分析

①按月份进行统计，分析各月渔获产量的变化及其盛渔期。

②分不同纬度、不同经度下，其渔获产量的分布情况，以获得各月产量的主要作业海域。

③分析各月 CPUE 和产量分布与表温的关系，以获得中心渔场最适的表温范围。同时，利用 Marine Explorer 绘制 CPUE 空间分布及其与表温关系，获得各月中心渔场的表温范围。

④利用式(5-1)、(5-2)、(5-3)进行 K-S 检验。

⑤由于 2010 年的统计数据仅为 2 月，故不以产量为标准，按照不同年份 CPUE 进行统计，分析各年渔场分布的变化，找出年间的差异。

⑥以渔获产量的空间分布变化来表达作业渔场的时空分布，利用重心分析法算出

2008～2011 年各月份作业渔场的重心，其公式为：

$$X = \sum_{i=1}^{j}(C_i \times X_i) / \sum_{i=1}^{j} C_i$$

$$Y = \sum_{i=1}^{j}(C_i \times Y_i) / \sum_{i=1}^{j} C_i$$

其中，X、Y 分别为某一年度的产量重心位置，分别是经度和纬度；C_i 为渔区 i 的产量；X_i 为某一年度渔区 i 中心点的经度；Y_i 为某一年度渔区 i 中心点的纬度；j 为某一年度渔区的总个数。

⑦计算各年产量重心间的欧式距离(Euclidean distance)，比较年间的变化情况(薛薇，2005)。欧式距离公式为：

$$D_{kl} = \sqrt{((X_k - X_l)^2 + (Y_k - Y_l)^2)/2}$$

式中，D_{kl} 为 k 年与 l 年产量重心之间的距离；X_k、Y_k 分别为 k 年度产量重心的经、纬度；X_l、Y_l 分别为 l 年度产量重心的经、纬度。

⑧根据计算后的欧式距离，将 2008～2011 各年的产量重心按照最短距离法进行聚类，分析比较其变化差异(唐启义和冯明光，2006)。

使用渔业地理信息软件 Marine Explorer 4.71 来进行 CPUE 分布示意图及其叠加图的绘制，K-S 检验和聚类分析均使用 SPSS 17.0 进行分析。

二、作业渔场分布及其与表温的关系比较

1. 渔获产量组成

2008～2011 年，在阿根廷专属经济区内共捕获阿根廷滑柔鱼 23276.68t。从图 5-32 可看出，阿根廷滑柔鱼在专属经济区内的作业时间为 2～8 月。其中，3 月份出现最高产量，占总产量的 31.68%；最低产量出现在 8 月份，仅为总产量的 0.96%；月间差别较为明显。盛渔期为 2～4 月，3 个月累计产量占总产量的 71.84%。从方差值来看，2 月份的产量波动最大，为 20.71%；8 月的产量波动最小，为 1.58%。

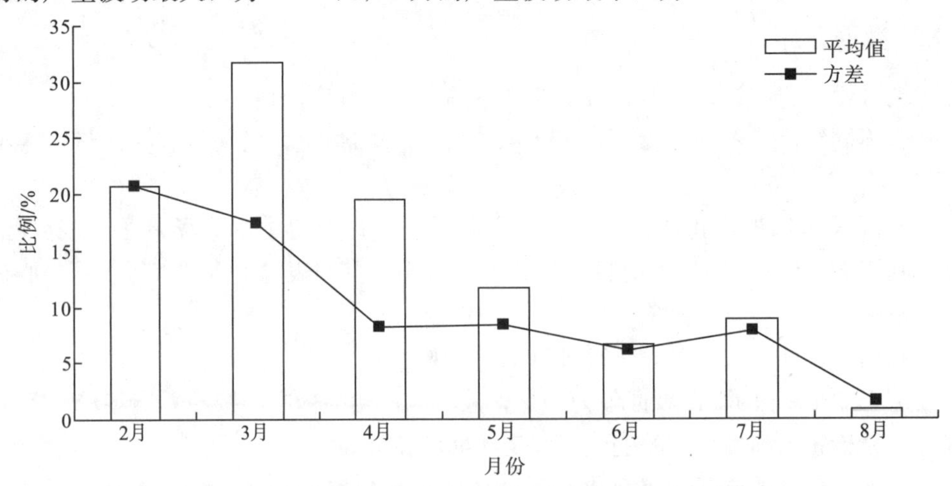

图 5-32　阿根廷专属经济区内阿根廷滑柔鱼各月产量分布

2. 渔场分布

从渔场空间分布来看，在纬度方向上(图 5-33a)，产量主要集中在 44°～52°S 海域，该区域的产量占总产量的 77.47%。其中最高产量出现在 47°～49°S 海域，占总产量的 37.83%；最低产量在 38°～40°S 海域，仅占总产量的 5.23%。在经度方向上(图 5-33b)，产量主要集中在 60°～65°W 海域，该区域捕捞的产量占总产量的 71.00%。其中最高产量出现在 63°～65°W 海域，占总产量的 42.48%；最低产量在 54°～56°W 海域，仅占总产量的 0.04%。分析也发现，各月作业渔场分布有较大的差别，2～8 月间随着时间的推移，作业渔场从 2 月的 46°～48°S、62°～64°W 海域，逐渐向 8 月的 40°～41°S、58°～60°W 海域移动，方向呈现出向东北方向移动的趋势。

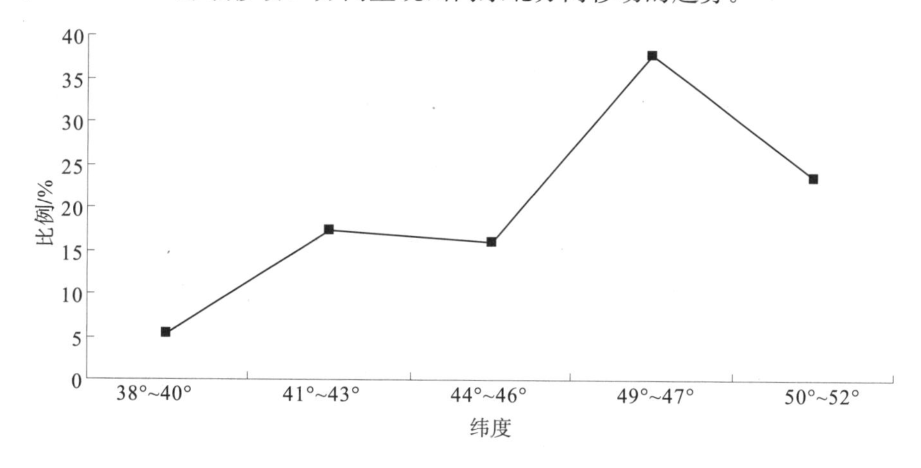

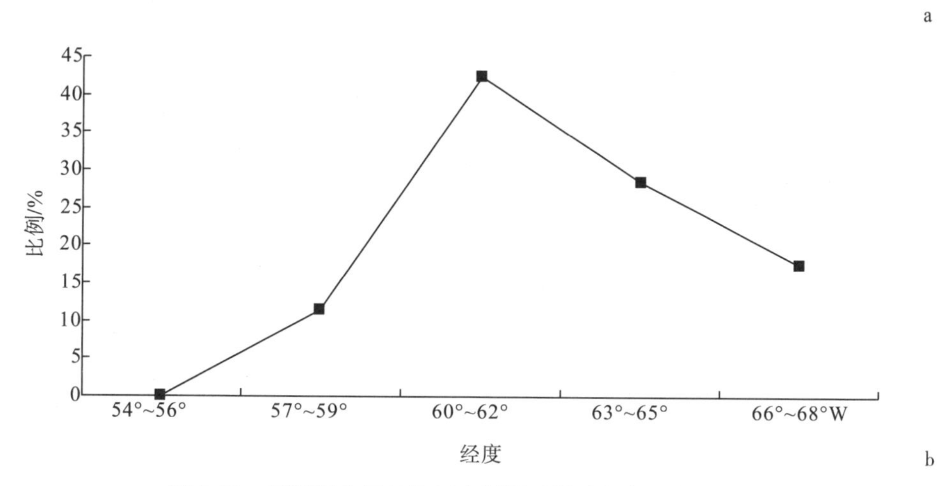

图 5-33　阿根廷专属经济区内阿根廷滑柔鱼产量的空间分布

3. CPUE 分布与表温的关系

各月产量主要分布海域及其适宜表温的关系见表 5-3。由表 5-3 可知，2 月份作业渔场主要分布在 61°～63°W、46°～48°S 海域，适宜 SST 为 11～14.5℃；3 月份主要分布在 64°～66°W、50°～52°S 海域，适宜表温为 9.5～12℃；4 月份主要分布在 66°～67°

W、49°～51°S海域，适宜表温为9～10℃；5月份主要分布在64°～66°W、47°～49°S海域，适宜表温为9～9.5℃；6月份主要分布在59°～61°W、40°～42°S海域，适宜表温为7～13℃；7月份主要分布在59°～60°W、41°～43°S海域，适宜表温为7.5～9℃；8月份主要分布在58°～60°W、39°～41°S海域，适宜表温为7.5～10℃。分析也发现，同一月份各年间中心渔场的最适表温也有所差异。其中2月（$F=14.086$，$P<0.01$），3月（$F=11.663$，$P<0.01$）和6月（$F=20.682$，$P<0.01$）均有显著差异，而4月（$F=0.085$，$P>0.05$），5月（$F=2.608$，$P>0.05$），7月（$F=0.894$，$P>0.05$）和8月（$F=0.402$，$P>0.05$）均没有差异。

表5-3　阿根廷专属经济区中心渔场各月最适表温的年间比较

月份	2008年	2009年	2010年	2011年
2	13～14.5	13～14.5	11～12.5	12.5～13
3	10～12	9.5～11.5	—	9.5～11.5
4	9～10	9～10	—	9～10
5	9～9.5	9～9.5	—	9～9.5
6	7～8	—	—	10～13
7	8～9	—	—	7.5～8.5
8	7.5～10	—	—	7～9.5

以2008年为例，分别绘制各月CPUE空间分布及其表温叠加图。由图5-34可知，2月份CPUE在20t/d以上的都集中在表温为13～15℃海域，且作业渔场分布较为集中。3月份CPUE增长较快，高CPUE海域有所南移，多集中在表温为11～12℃的海域。4月份高CPUE分布在49°～51°S海域，其表温为9～11℃，但在41°～43°S海域也有较高的CPUE。5月份高产区域稍有北移，CPUE在40t/d以上的都集中在表温为7.5～9℃的海域。6月份南部高CPUE海域仅在47°～48°S有分布，其表温为7～8℃，而42°S以北CPUE有所增加，其表温为10～12℃；7～8月份作业渔场北移趋势明显，高CPUE几乎都集中在表温为8～10℃的42°S以北海域。

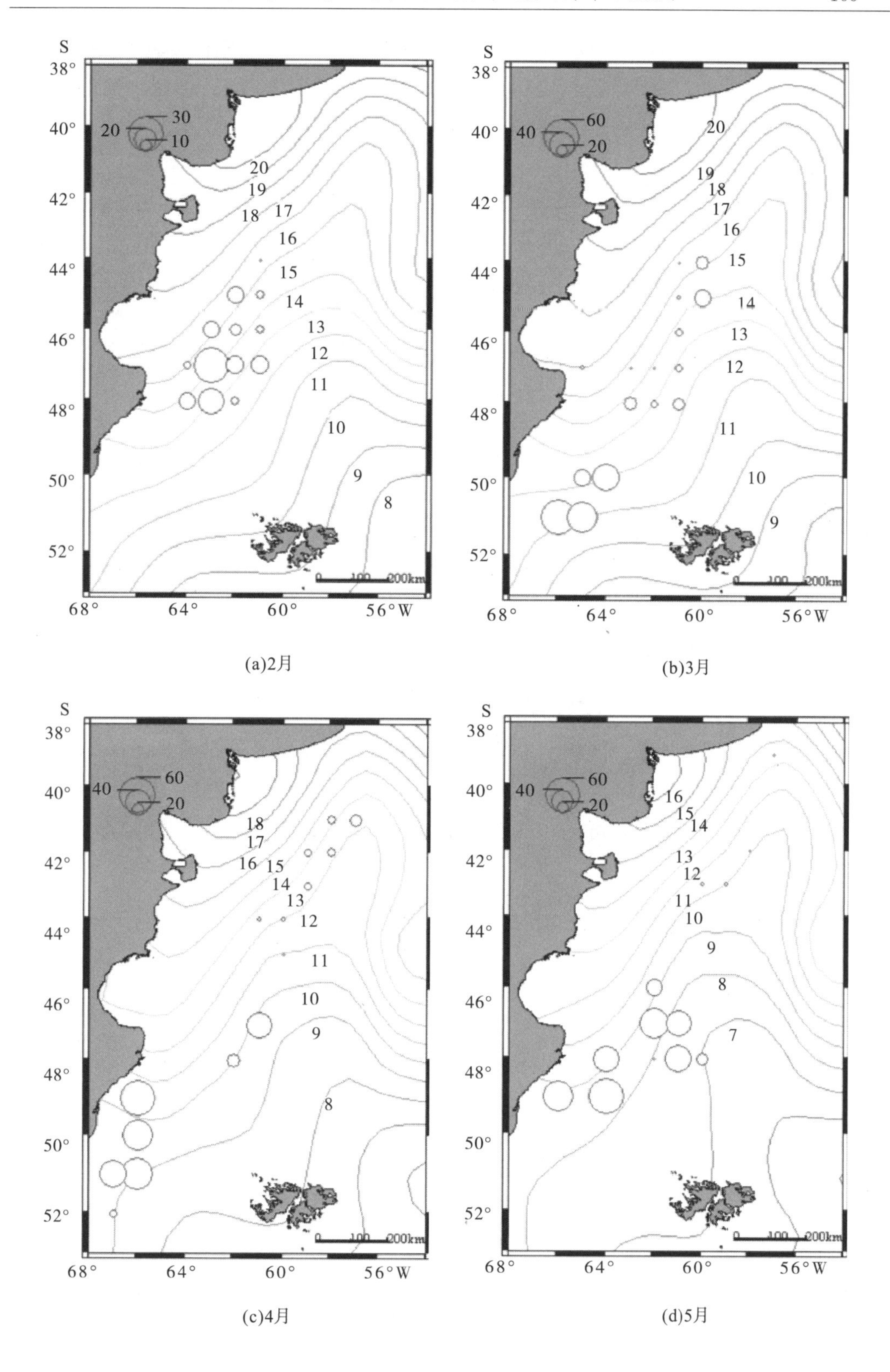

(a)2月　(b)3月

(c)4月　(d)5月

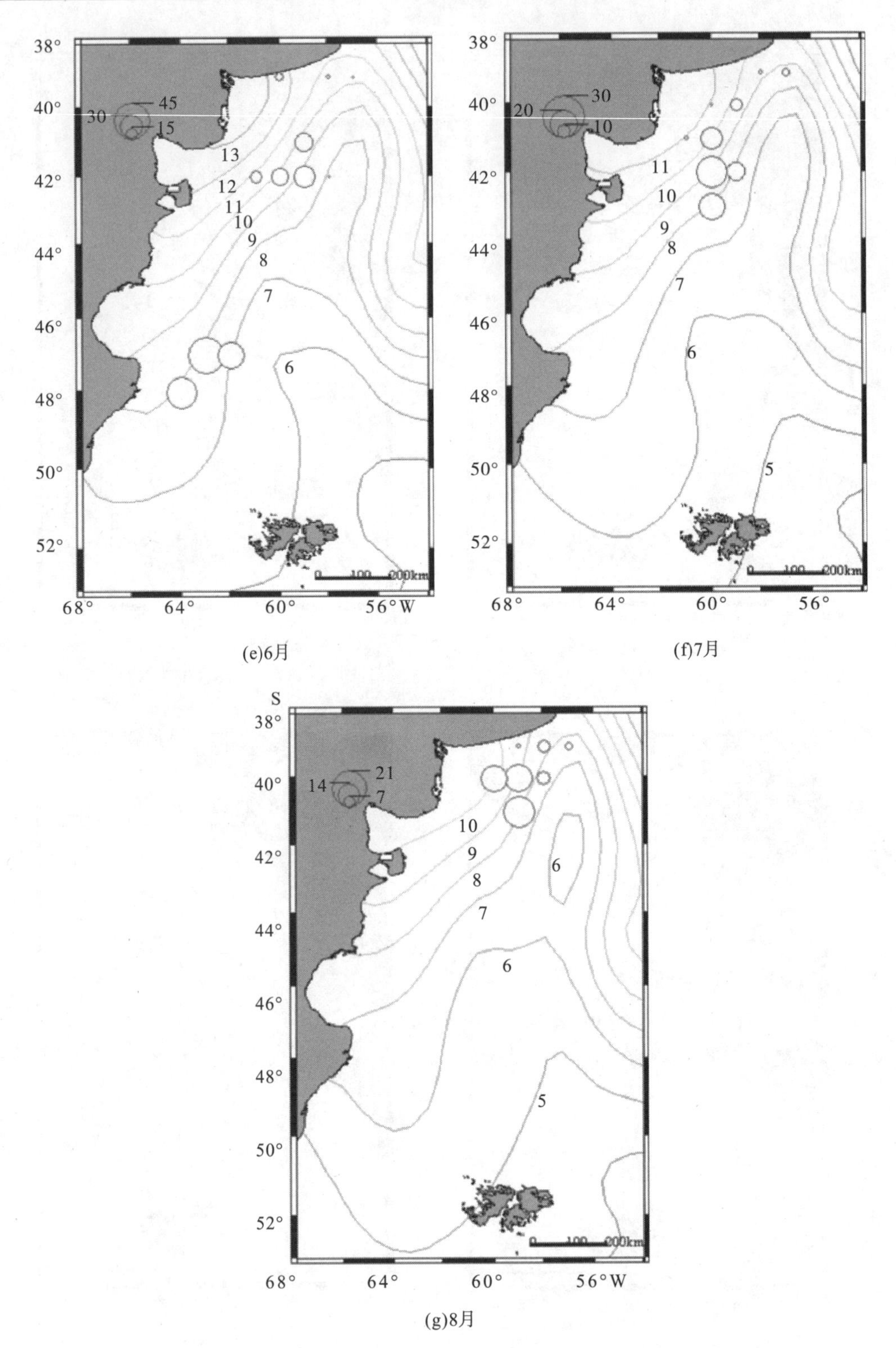

图 5-34　2008 年 2~8 月阿根廷专属经济区内阿根廷滑柔鱼 CPUE 分布与表温关系

4. K-S 检验

对各月 CPUE 与 SST 进行 K-S 检验，检验结果表明，2 月 $D=0.072<P(\alpha/2)=0.409$，3 月 $D=0.289<P(\alpha/2)=0.391$，4 月 $D=0.276<P(\alpha/2)=0.361$，5 月 $D=0.184<P(\alpha/2)=0.205$，6 月 $D=0.182<P(\alpha/2)=0.375$，7 月 $D=0.187<P(\alpha/2)=0.430$，8 月 $D=0.120<P(\alpha/2)=0.454$，各月 CPUE 与 SST 均没有出现显著性差异，因而认为各月作业渔场的最适 SST 范围是合适的。

三、作业渔场时空分布的年间比较

1. 不同年份 CPUE 分布

2008～2011 年在阿根廷专属经济区内，阿根廷滑柔鱼 CPUE 分布情况如图 5-35 所示。从图 5-35 可看出，2008 年平均 CPUE 值明显高于其他三年，并且主要分布在 46°～51°S 的区域，在 49°～51°S 海域其 CPUE 为最高；2009 年 CPUE 主要分布于 47°S 以北的海域，且 CPUE 值都在 25t/d 以下；2010 年 CPUE 主要分布于 46°～48°S 海域，仅有个别区域超过 30t/d；2011 年 CPUE 分布与 2009 年类似，主要分布于 47°S 以北的海域，大部分区域值小于 15t/d。四年渔场分布有较大的差异。

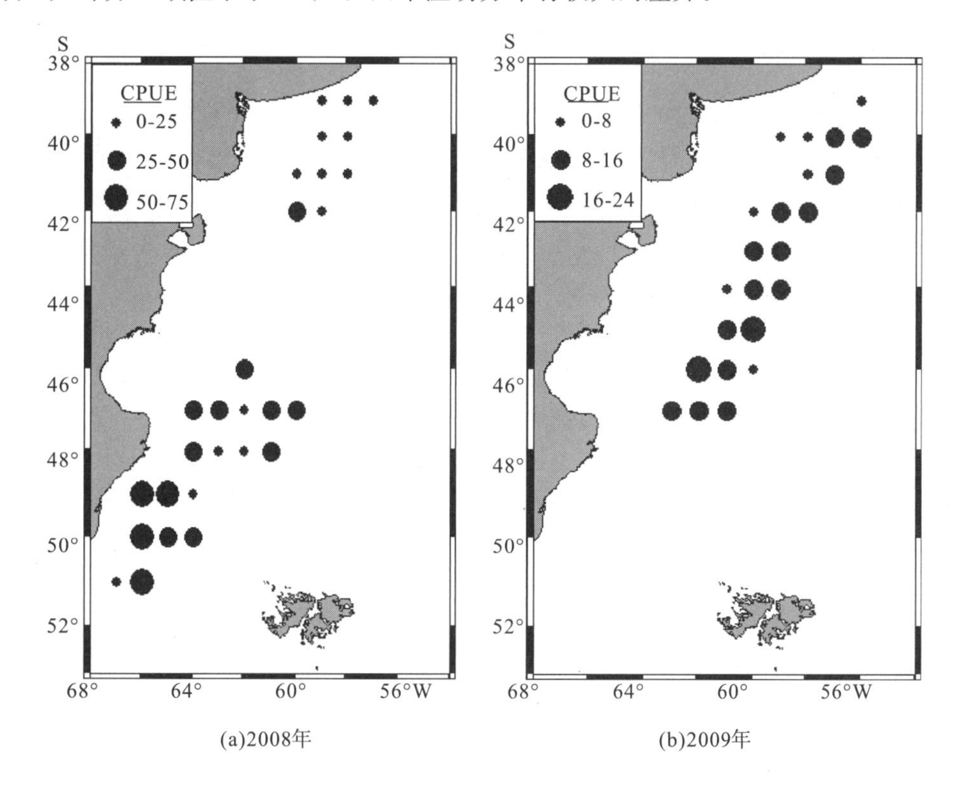

(a)2008年　　(b)2009年

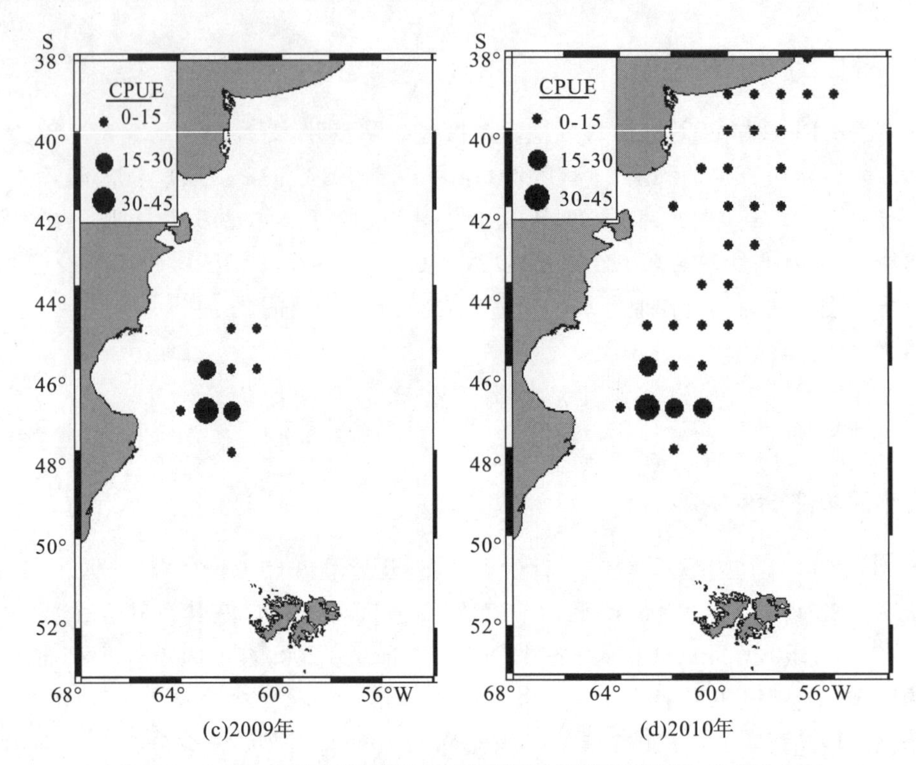

图 5-35 2008～2011 年阿根廷专属经济区内阿根廷滑柔鱼 CPUE 分布

2. 产量重心分布

各年不同月份产量重心如表 5-4。从经度上来看，各月产量的重心如下：2 月份主要集中在 61°～62°21′W 海域，3 月份主要集中在 60°～64°46′W 海域，4 月份主要集中在 58°～64°35′W 海域，5 月份主要集中在 59°～62°41′W 海域，6 月份主要集中在 58°～61°32′W 海域，7 月份和 8 月份主要集中在 58°25′～59°22′W 海域。在经度上，基本呈现出自西向东的趋势。

从纬度上来看，各月产量的重心如下：2 月份主要集中在 46°～47°16′S 海域，3 月份主要集中在 45°～49°46′S 海域，4 月份主要集中在 42°～49°15′S 海域，5 月份主要集中在 42°～47°33′S 海域，6 月份主要集中在 39°～44°41′S 海域，7 月份和 8 月份主要集中在 39°10′～41°12′W 海域。在纬度上，基本呈现出自南向北的趋势。

分析认为，2～8 月经度方向产量重心最大相差 6°，范围逐渐向东偏移；纬度方向上最大相差近 10°，范围逐渐向北偏移。总体上来说，渔场范围随着月份变化向东北方向移动，月间差异明显。

表 5-4 2008～2011 年阿根廷滑柔鱼各月产量重心位置

	2008		2009		2010		2011	
	经度(W)	纬度(S)	经度(W)	纬度(S)	经度(W)	纬度(S)	经度(W)	纬度(S)
2 月	62°00′	47°16′	61°54′	46°43′	62°21′	46°28′	62°21′	46°26′
3 月	64°46′	49°46′	60°38′	45°15′	—	—	61°03′	46°29′

（续表）

	2008		2009		2010		2011	
	经度(W)	纬度(S)	经度(W)	纬度(S)	经度(W)	纬度(S)	经度(W)	纬度(S)
4月	64°35′	49°15′	58°20′	41°59′	—	—	60°44′	45°54′
5月	62°41′	47°33′	59°07′	42°26′	—	—	59°19′	43°20′
6月	61°32′	44°41′	—	—	—	—	58°44′	39°00′
7月	59°22′	41°12′	—	—	—	—	59°07′	40°10′
8月	58°32′	39°24′	—	—	—	—	58°25′	39°10′
平均值	61°55′	45°36′	60°00′	44°06′	62°21′	46°28′	59°57′	42°55′

3. 产量重心聚类分析

经计算得出的产量重心进行欧式距离聚类，其结果如表5-5。从表5-5可知，四年中产量重心空间距离最小的是2008年和2010年，仅为0.9705；空间距离最大的是2010年和2011年，达到4.263。其他年份的产量重心距离都在1.17～3.33。

表5-5　专属经济区内阿根廷滑柔鱼各年产量重心分布空间距离

年份	2008	2009	2010	2011
2008	0	2.4303	0.9705	3.3041
2009		0	3.3305	1.1707
2010			0	4.263
2011				0

经过聚类分析得知，假设以空间距离1为阈值，可将四年的产量重心分为2类，即(2008年、2010年)、(2009年、2011年)(图5-36)。

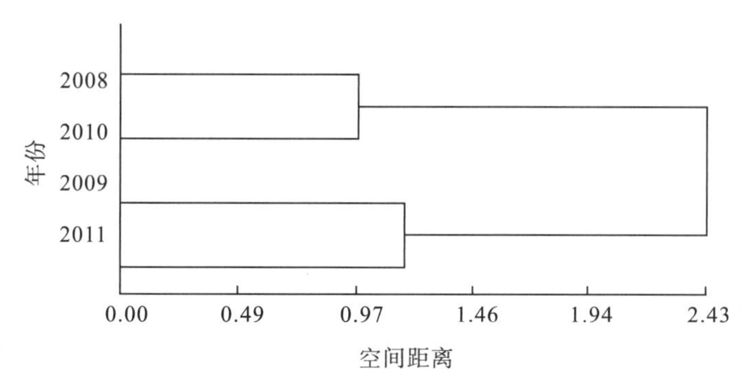

图5-36　阿根廷专属经济区内阿根廷滑柔鱼各年产量重心聚类结果

由于2010年仅有2月份的相关数据，不能很好的地与其他年份进行对比，因为将每年每个月单独进行聚类分析(图5-37)。从图5-37可看出，除了各年的2月在同一类中，其他每年各月的聚类情况都有所不同。

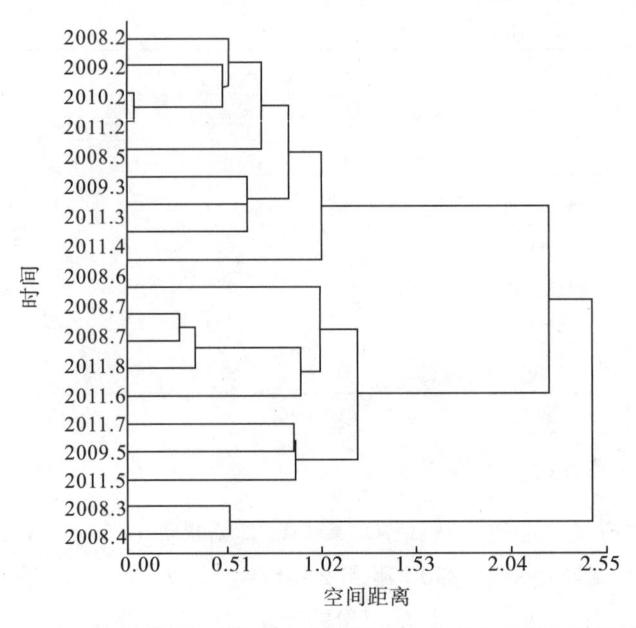

图 5-37　阿根廷专属经济区内阿根廷滑柔鱼各月产量重心聚类结果

四、专属经济区内渔场年间变化比较

1. 渔获产量变化

从四年的产量分布情况来看，在阿根廷专属经济区内产量较高月份分布在 2～4 月，其中 3 月 最高，随后开始下降，一直到 8 月渔汛期结束为止。另外分析发现，其渔获产量波动以 2～3 月较高，这说明这 2 个月资源变化较大，渔场可能不太稳定，这种变化可能是由于鱿钓船的主捕群体－南部巴塔哥尼亚种群(South Patagonic stock，SPS)其资源年间变化大所引起。而其他月份产量的变化(方差)均低于 10%，相对较为稳定，其主要群体主要为布宜诺斯艾利斯－巴塔哥尼亚北部种群(Bonaerensis-Northpatagonic Stock，BNS)，夏季产卵群(summer-spawning stock，SSS)，及春季产卵群(spring-spawning stock，SpSS)，尽管其资源量少，但总体上相对稳定。

2. CPUE 空间变化

本研究中，专属经济区内阿根廷滑柔鱼的产量主要集中在 44°～52°S、60°～65°W 的海域，占总产量的 70%以上，最高产量出现在 47°～49°S、63°～65°W 海域，超过总产量的 30%。这与先前在公海捕捞的区域和产量分布情况较为接近(陈新军等，2005；陈新军和赵小虎，2005；张洪亮等，2008)，虽然处于不同的作业区域，但是都是沿着专属经济区 200 海里划界线进行作业(Waluda et al.，2008)。四年内在阿根廷专属经济区内阿根廷滑柔鱼分布情况均有所差异。2008 年阿根廷滑柔鱼平均 CPUE 高于其他三年，主要分布在 46°～48°S 和 49°～51°S 两个海域，渔场位置靠南；而 2009～2011 年作业渔场都主要集中在48°S以北地区，且产量相对都较低。

已有研究认为，由于阿根廷外海处于高温高盐的巴西暖流和低温低盐的福克兰寒流的交汇处，此处有核心暖涡流存在，使得该海域具有高浮游生物量，这为阿根廷滑柔鱼的生长提供了良好的条件(舒扬，2000)。高生产力海域在不同的季节，所形成的原因也有所不同。冬季在巴西南部沿海，高生产力的海区是来源自拉普拉塔河径流和福克兰海流内支向北移动的大陆架沿岸水域。冬季和春季，浮游动物高密集区分布在巴西和福克兰海流外海之间的锋区，密集区也伴有冷水性上升流(王尧耕和陈新军，2005)。从空间的分布的角度，张炜和张健(2008)对西南大西洋公海阿根廷滑柔鱼研究认为，稚柔鱼开始从近海孵化场向中部北巴塔哥尼亚大陆架洄游，此海域正为索饵和产卵的场所，本研究中与该研究结果基本一致。但每年的分布情况有所不同(张炜和张健，2008；伍玉梅等，2011)。从海流的角度来说，在西南大西洋，巴西暖流和福克兰寒流具有季节性。夏季巴西暖流较强，流动方向是向南且离岸的，冬季福克兰寒流强，流动方向是向北且靠岸的，这也对阿根廷滑柔鱼的分布造成了一定的影响(Castello et al.，1991；Ciotti，1990)。

3. CPUE与SST的关系

有关学者认为(李雪渡，1982)，鱼类对海洋表层温度的变化最为敏感，即使水温只变动0.1～0.2℃也会引起鱼类行动的相应变化。刘必林和陈新军(2004)、陈新军和刘金立(2004)、张洪亮等(2008)通过对西南大西洋公海海域阿根廷滑柔鱼渔场分布研究认为，表温与作业渔场分布有着较为密切的关系。Waluda等(2001)通过遥感分析认为，阿根廷滑柔鱼的分布与温度梯度有着直接的关系，而与水深也有着间接的关系。在本研究中，随着时间的推移，同一地区的表温不断下降，这使得阿根廷滑柔鱼开始洄游，所对应的高产渔场的最适表温也不断下降，这可能是因为阿根廷滑柔鱼在渔汛初期南下洄游期间，栖息在巴西海流和福克兰海流交汇区的暖水一侧，而在渔汛末期北上洄游期间，栖息在交汇区的冷水一侧(陈新军等，2005)。而阿根廷滑柔鱼的洄游主要是随着表温的变化而变化，这同时也促使了渔场的位置开始改变。从得出的结论可知，阿根廷滑柔鱼的适宜表温在7～14℃，与之前学者对阿根廷滑柔鱼公海渔场的研究结果相似(张洪亮等，2008；伍玉梅等，2011)，适温的范围较大，这一方面可能是因为阿根廷滑柔鱼对环境温度变化具有较大的承受力(Bazzino et al.，2005)，这一点在滑柔鱼中也有证实(Brodziak和Hendrickson，1999)。另一方面可能是因为不同群体具有不同的适宜表温所造成的。而不同年份之间也有所差别，以各年差别最大的3月为例，2008年3月份，在63°～64°W、49°～50°S海域产量较高，表温在10～12℃，而2009年与2011年在60°～61°W、45°～46°S海域产量较高，表温也在10～12℃。据此可认为，作业渔场的年间变化也和表温的变化有着很密切的关系。

4. 产量重心的年间聚类变化

通过不同年份聚类分析后发现，2008年与2010年为一类，2009年与2011年为一类，可能是因为这两年间的环境情况相类似，这从2009年与2011年不同月份的渔场重心也可以验证这点。在对不同月份进行聚类分析时，发现各年的2月份均为一类，说明这四年2月的空间差异并不明显。而之后的各月都分布在不同的类群里，仅有部分月有所相同，如2009年和2011年的3月和5月，在同一年相邻的几个月都在一个类群内，如2008年3月、4月，2009年4月、5月，2011年6月、7月、8月。张洪亮等(2008)在对2007年和2008年1～6月西南大西洋公海捕捞的阿根廷滑柔鱼产量进行聚类分析时发现，1～3月为一类，4～6月为一类。造成以上的原因可能是因为各年的环境情况都有所不同，而在同一年内相邻月份环境差异并不大。

Brunetti等(1998)根据体型大小、成熟时个体大小和产卵场的分布，将阿根廷滑柔鱼分为南巴塔哥尼亚群(SPS)、布宜诺斯艾利斯－巴塔哥尼亚群(BNS)、夏季产卵群(SSS)和春季产卵群(SpSS)4个种群，并且说明了不同区域主要分布的群体。以往主要捕捞的群体对象为南巴塔哥尼亚群(SPS)，结合本研究的情况来看，2009年和2011年整体渔场的北移可能是捕捞了较多的夏季产卵群(SSS)和春季产卵群(SpSS)等个体较小的群体所造成的。

本研究通过2008～2011年在阿根廷专属经济区内阿根廷滑柔鱼CPUE的空间分布及其与海表温的关系进行了研究比较，分析结果具有一定的意义。由于厄尔尼诺等海洋现象的影响，也会使得西南大西洋海表层温度有着一定程度的变化(翟盘茂等，2003)，这对阿根廷滑柔鱼洄游及分布也有一定的影响。阿根廷滑柔鱼与其他物种之间存在着捕食与被捕食或者竞争的关系，而其他物种的活动发生变化，也势必会对阿根廷滑柔鱼的活动造成影响(Angelescu 和 Prenski，1987；Arkhipkin 和 Middleton，2002)。此外，阿根廷滑柔鱼渔场的时空分布还受到如叶绿素a(郑丽丽等，2011)、盐度(张炜和张健，2008；伍玉梅等，2011)、浮游生物等其他因素影响。因此在今后的研究中，应该加强长时间序列的样本采集工作，并且结合不同群体的特点以及多项及海洋环境数据，同时由于阿根廷滑柔鱼的捕捞范围较小，所以可以将线内与公海捕捞的情况结合起来，综合分析作业渔场的变化，为合理利用阿根廷滑柔鱼资源提供依据。

第四节　阿根廷滑柔鱼栖息地指数模型及渔场预报

一、基于分位数回归的阿根廷滑柔鱼栖息地模型研究

1. 材料与方法

(1)商业性鱿钓渔业数据

2000～2004年1～6月我国鱿钓船在西南大西洋的生产统计数据来自上海海洋大学鱿钓技术组，数据包括日期、作业位置、产量，1～6月为阿根廷滑柔鱼主渔汛。

(2)环境数据

表温(5m)、表层盐度(5m)和 57m 层盐度、海表面高度 SLH 来自自美国哥伦比亚大学 网站(http：//iridl. ldeo. columbia. edu)，叶绿素浓度(Chl-a)来自美国 NASA 网站(http：//oceancolor. gsfc. nasa. gov)。空间为 49. 25°～66. 75°W、37. 25°～54. 75°S，分辨率为 0. 5×0. 5°方格。时间为 2000～2004 年 1～6 月。

(3)数据处理

①CPUE 的定义。将各月每一渔区(0. 5°×0. 5°)的渔获量除以作业次数，即单位日产量(t/d)。

②表层盐差由表层 5m 盐度与 57m 盐度相减而得。

(4)分位数回归法

分位数回归是根据 x 估计 y 的分位数(quantile)的一种方法(季莘和陈锋，1998)。其模型为：$\hat{y}_Q = a_Q + b_Q x$，与一般直线回归不同的是，这里 y_Q 表示给定 x 的条件下，y 的 Q 分位数的估计值。$0<Q<1$。参数估计一般用加权最小一乘(weighted least absolute，WLA)准则，即使 $\sum |\hat{y}_Q - a_Q - b_Q x_i| h_{iQ}$ 达到最小。这里，

$$h_{iQ} = \begin{cases} 2Q & 若\ y_{iQ} > a_Q + b_Q x_i \\ 2(1-Q) & 若\ y_{iQ} \leqslant a_Q + b_Q x_i \end{cases}$$

即在回归线上方的点(残差为正)，权重为 $2Q$，在回归线下方的点(残差为负)，权重为 $2(1-Q)$。通常可通过线性规划迭代求解，其初值用加权最小二乘估计值。

(5)基于分位数回归的单因素栖息地建模分析

HSI 模型可用简单数值模拟生物体对其周围栖息环境要素反应。构建 HSI 模型的过程中，最重要的一个步骤是如何把鱼类对栖息水域中各环境要素的反应用一个合适的适应性指数(index of suitability，SI)来表示。其次计算出生物对各环境要素的 SI，然后通过一定的数学方法把各种的 SI 关联在一起形成最后的 HSI 模型。最常见的关联算法有：几何平均值算法和算术平均值算法。此外，为保证 HSI 模型的可靠性，还要求进行关联的各 SI 数值具有相对的一致性。基于分位数回归的阿根廷滑柔鱼栖息地模型建立过程如图 5-38。

首先，利用分位数回归方法分别对 5m 表温、5m 盐度、57m 盐度、SLH、Chl-a、表层盐差与阿根廷滑柔鱼 JR 的关系进行回归分析。Q 从 0 到 1 进行全程搜索，用秩得分检验(rank-score test)来计算 P 值的大小，根据 P 值的大小来检验各参数项是否等于零，当参数检验值 $P<0.05$ 时，表明该参数拒绝为零假设，即该参数项有效；而当参数检验值 $P>0.05$ 时，表明该参数接受为零假设，即剔除该参数项。采用上界点分析的原则，挑选具有最大响应的最佳上界分位数回归方程。最佳上界分位数回归方程的 Q 最大取值依据温度这一主导因素。分位数回归使用 Blossom 软件(http：//www.

fort. usgs. gov/Products/Software/)。

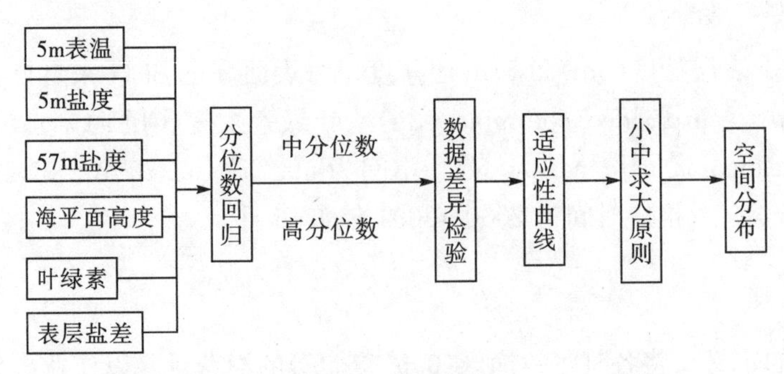

图 5-38　建模流程

本书选取了高分位数和中位数下的单个环境变量与 CPUE 的回归关系式，以期比较不同分位数对适应性曲线的影响。根据单个环境变量与 CPUE 的回归关系式，以 5m 表温、5m 盐度、57m 盐度、SLH、Chl-a、表层盐差等自变量来修正两种分位数下应变量 CPUE 的数值，这个数值被认为是潜在的 CPUE 定义为 $CPUE_Q$。为了保证同一时间地点不同环境变量拟合数值的一致性，书中以 5m 表温与 CPUE 的分位数回归关系式拟合的数值为依据，然后对不同环境变量拟合数值进行配对样本 t 检验，确定它们的分位数取值 Q。然后利用 $CPUE_Q$ 计算各环境变量的 SI 指数，绘制适应性曲线。SI 指数公式为

$$SI = \frac{JR_Q}{JR_{Q\max}}$$

式中，$JR_{Q\max}$ 为 JR_Q 的最大值。

研究表明，阿根廷滑柔鱼对栖息环境有相对固定的适应范围，因此这里考虑采用了不确定性决策中的小中求大原则来确定阿根廷滑柔鱼栖息地适宜度指数。即选取不同环境变量拟合预测出的 SI 的最小值。但同一地点取过去几年数个最小值中的最大值。其公式为：

$$HSI = \max\{\min(SI_1, SI_2, SI_3, SI_4, SI_5)_{2000}, \cdots, \min(SI_1, SI_2, SI_3, SI_4, SI_5)_{2004}\}$$

式中，SI_1、SI_2、SI_3、SI_4、SI_5 分布指阿根廷滑柔鱼对 5m 表温、5m 盐度、57m 盐度、SLH、Chl-a、表层盐差的适应性指数。

最后利用 Marine Explorer 4.0 绘制阿根廷滑柔鱼 HSI 空间分布地图。

2. 结果

根据不同分位数下回归关系式各参数的秩得分检验结果，表明各系数均显著地大于零($P<0.05$)。各分位数回归方程均能较好地解释自变量与应变量的关系。

(1)中位数下的回归关系式

研究表明，5m 表温、5m 盐度、57m 盐度、SLH、Chl-a、表层盐差与阿根廷滑柔鱼 CPUE 的分位数回归关系式中，分位数 Q 取值分别为 0.50、0.48、0.47、0.53、0.43、0.43。各环境变量与 CPUE 的关系式如下：

5m 表温：$\ln(CPUE+0.93)=\exp(-0.053X+2.815)$ $X\in[6.7, 20.0]$

5m 盐度：$\ln(CPUE+0.93)=\exp(-1.498X+52.804)$ $X\in[33.35, 34.86]$

57m 盐度：$\ln(CPUE+0.93)=\exp(-1.011X+36.346)$ $X\in[33.37, 34.87]$

SLH：$\ln(CPUE+0.93)=\exp(0.025X+2.505)$ $X\in[-64.03, 10.38]$

Chl-a：$\ln(CPUE+0.93)=\exp(-0.155/X+2.384)$ $X\in[0.12, 5.01]$

表层盐差：$\ln(CPUE+0.93)=\exp(-5.310X+2.065)$ $X\in[-0.47, 0.33]$

不同环境因素拟合的 $CPUE_Q$间不存在显著的差异($P>0.05$)(表 5-6)，达到了 HSI 模型对数据的要求。

表 5-6 中位数 $CPUE_Q$值配对样本 t 检验

环境变量	5m 盐度	57m 盐度	海表面高度	叶绿素	盐度差
			P 值		
5m 表温	0.7223	0.9124	0.9773	0.7949	0.7686
5m 盐度		0.3550	0.6459	0.8493	0.8640
57m 盐度			0.9314	0.6689	0.5719
海表面高度				0.7571	0.7602
叶绿素					0.9648

(2)高分位数下的回归关系式

研究表明，5m 表温、5m 盐度、57m 盐度、SLH、Chl-a、表层盐差与阿根廷滑柔鱼 CPUE 的分位数回归关系式中，分位数 Q 的取值分别为 0.90、0.89、0.86、0.90、0.81、0.81。各环境变量与 CPUE 的关系式如下：

5m 表温：$\ln(CPUE+0.93)=\exp(-0.052X+3.538)$ $X\in[6.7, 20]$

5m 盐度：$\ln(CPUE+0.93)=\exp(-1.160X+42.118)$ $X\in[33.35, 34.86]$

57m 盐度：$\ln(CPUE+0.93)=\exp(-1.043X+38.172)$ $X\in[33.37, 34.87]$

SLH：$\ln(CPUE+0.93)=\exp(0.021X+3.197)$ $X\in[-64.03, 10.38]$

Chl-a：$\ln(CPUE+0.93)=\exp(-0.075/X+2.917)$ $X\in[0.12, 5.01]$

表层盐差：$\ln(CPUE+0.93)=\exp(-2.423X^2-0.384X+2.768)$

$X\in[-0.47, 0.33]$

不同环境因素拟合的 $CPUE_Q$间不存在显著地差异($P>0.05$)(表 5-7)，达到了 HSI 模型对数据的要求。

表 5-7 高分位数 $CPUE_Q$值配对样本 t 检验

环境变量	5m 盐度	57m 盐度	海表面高度	叶绿素	盐度差
			P 值		
5m 表温	0.1835	0.2279	0.2378	0.2765	0.2983
5m 盐度		0.7445	0.8740	0.5033	0.4858

（续表）

环境变量	5m 盐度	57m 盐度	海表面高度	叶绿素	盐度差
57m 盐度			0.9886	0.6415	0.6066
海表面高度				0.6526	0.6844
叶绿素					0.9954

(3)适应性曲线比较

不同分位数下，不同环境因素对应的适应性曲线的表现有明显地差异：5m 表温和 57m 盐度对应适应性曲线无显著地差异；而其他环境因素对应的适应性曲线在高分位数时，SI 值明显地高于中分位数时的 SI 值(图 5-39)。

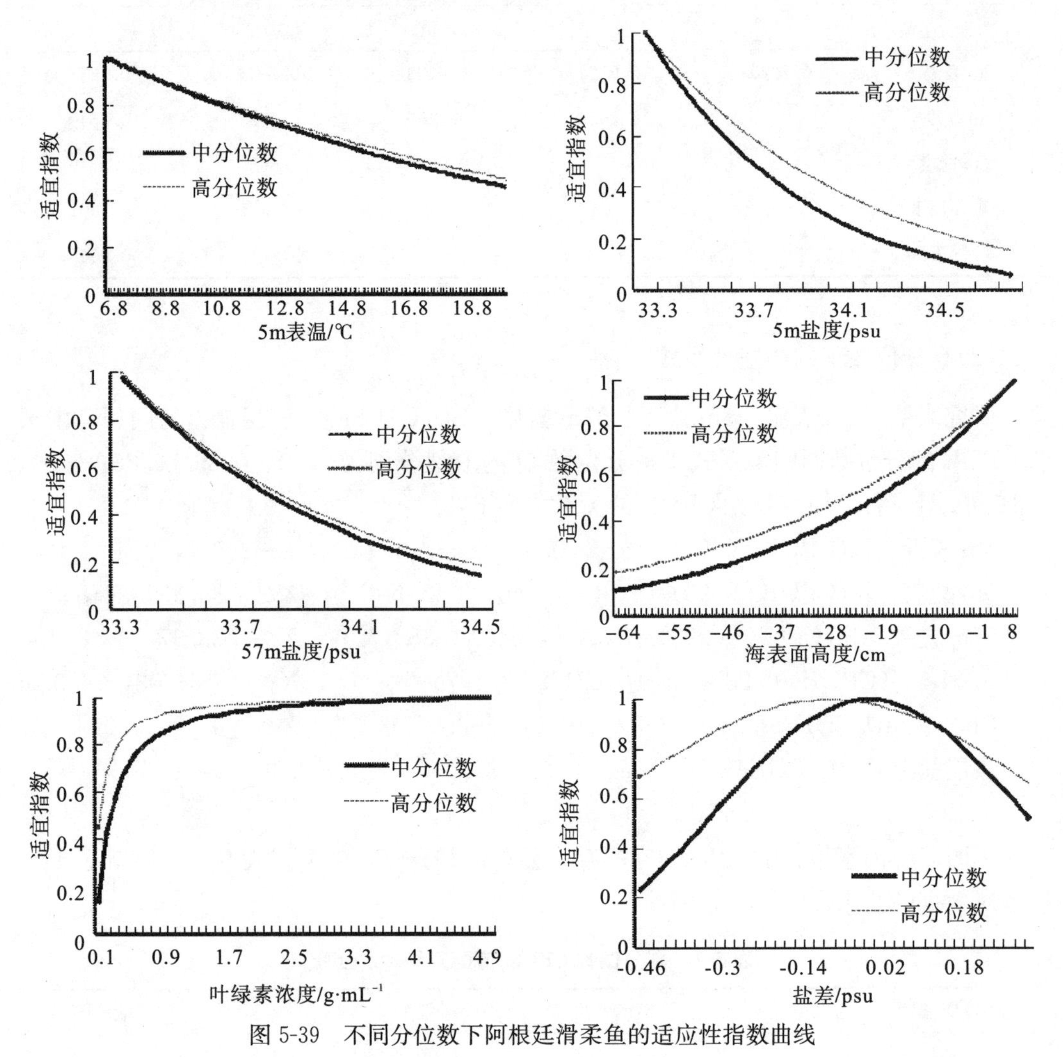

图 5-39　不同分位数下阿根廷滑柔鱼的适应性指数曲线

(4) 中分位数下的 HSI 空间分布

阿根廷滑柔鱼适宜空间分布随时间发现有明显的季节变化，且栖息适度指数从阿根廷沿海向外海逐渐减小(图 5-40)。1～2 月主要适宜区集中在 60°W 以西的阿根廷 200 海里内(HIS 基本上在 0.5 以上)，而在 58°W 以东、42°～55°S 海域，其 HSI 很低，均在 0.3 以下。值得注意的 66°～62°W、49°S 附近海域有一阿根廷滑柔鱼不宜生存区(图 5-40)。

3 月份开始，最适 HSI 范围开始缩小，58°W 以东海域不适宜的空白区进一步扩大。值得注意的是，在 60°W 以西海域的不宜生存区进一步扩大，在 4 月份消失，6 月份不适宜生存区在阿根廷沿海大量出现(42°～49°S，61°W 以西)。

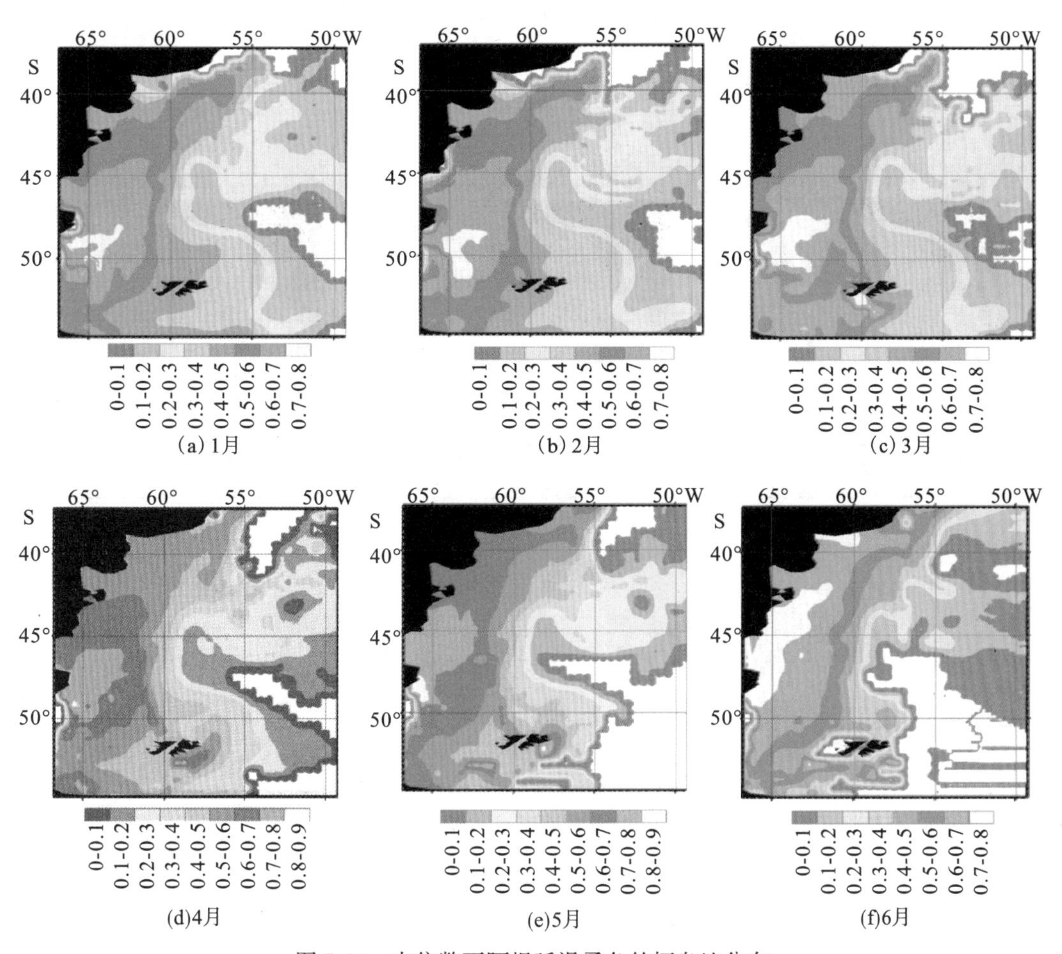

图 5-40 中位数下阿根廷滑柔鱼的栖息地分布

(5)高分位数下的 HSI 空间分布

高分位数下阿根廷滑柔鱼 HSI 空间分布是对其栖息地分布的乐观估计。其最适分布模式(HSI 大于 0.6)以及 58°W 以东海域的 HSI 分布模式与中位数下的 HSI 空间分布模式基本一致(图 5-41)，但 2 月和 6 月 HSI 分布差异较为明显。在高分位数下，2 月不适宜区分布在 47°～52°S、62°W 以西海域，其范围明显比中位数情况下大；6 月在阿根廷沿海海域均为适宜海区，而中位数情况下出现一片不适宜生存区(图 5-41)。

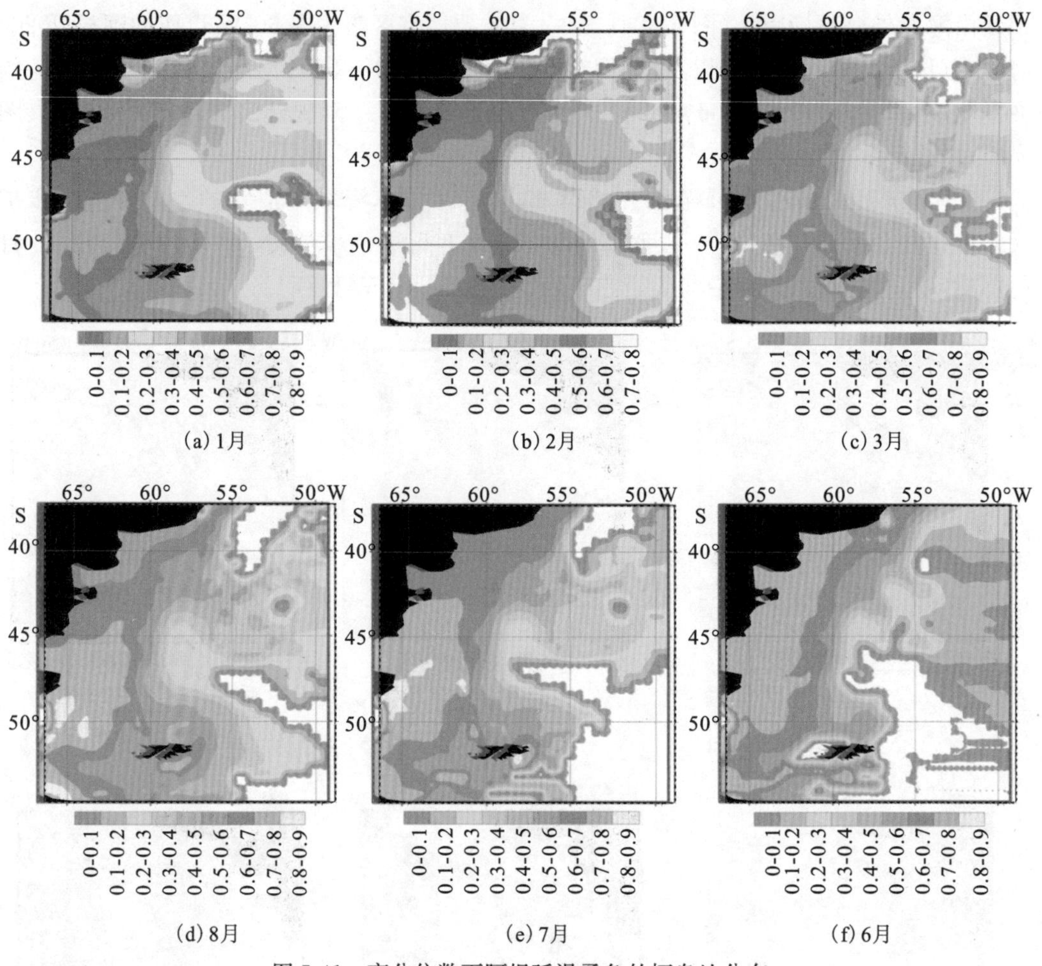

(a) 1月 (b) 2月 (c) 3月

(d) 8月 (e) 7月 (f) 6月

图 5-41 高分位数下阿根廷滑柔鱼的栖息地分布

3. 分析与讨论

(1)阿根廷滑柔鱼分布与环境因素的关系

阿根廷滑柔鱼渔场是在福克兰寒流与巴西暖流交汇区形成，整个春季和夏季浮游生物量高(舒扬，2000)，因此其表温、盐度、海面高度及叶绿素是影响渔场的重要因子。各月份作业渔场的适宜表温有所差异，但主要集中在 8～12℃(陈新军和刘金立，2005；陈新军和赵小虎，2005；陆化杰和陈新军，2008)。

前人研究认为，作业渔场分布在海面高度距平均值接近于 0 的附近区域(陆化杰和陈新军，2008)。通常认为，海面高度小于平均海面值意味着海流的辐散或涌升，这样使得底层海域丰富的营养盐不断向上补充，初级生产力高，容易形成渔场。大量的观察和实践发现，高密度的鱼类群体分布在上升流边缘广阔海域(陈新军，2004)。这一论断也得到本书结果的证实。

(2)阿根廷滑柔鱼的空间分布

从 HSI 分布的月变化可看出(图 5-40 和图 5-41)，适合阿根廷滑柔鱼海域主要分布在 60°W 以西、42°～53°S 的阿根廷沿海海域，这与阿根廷和我国 2000～2004 年鱿钓船生产情况基本接近(陈新军和刘金立，2005；陈新军和赵小虎，2005；陆化杰和陈新军，2008)。据统计，我国鱿钓船近 75%的总产量分布在 42°～45°S、58°～60°W 的公海海域(陆化杰和陈新军，2008)，而在阿根廷 200 海里专属经济区内因受到限制无法作业。上述区域正好位于巴西海流和福克兰海流交汇区，阿根廷滑柔鱼在此集中索饵并形成渔场，但其渔场范围也会受到福克兰海流强弱的影响(Waluda et al.，1999)。

(3) HSI 模型

HSI 模型在我国海洋渔业中的研究还刚刚起步，而在国外已经被广泛地应用，如美国地理调查局国家湿地研究中心鱼类与野生生物署早在 20 世纪 80 年代初提出了多达 157 个 HSI 评价模型(Paul 和 Geoff，2003)。王家樵(2006)曾利用单因素 HS 模型(温度、盐度、溶解氧、温跃层深度等)对印度洋大眼金枪鱼的栖息地分布进行了探讨(王家樵，2006)；冯波等采用温度、温差、氧差 3 个环境因素同样对印度洋大眼金枪鱼栖息地分布进行了研究，取得了较为理想的结果(冯波等，2007)。

同样，分位数回归方法目前在很多领域有广泛的应用，特别是在医学、计量经济学等领域。而分位数回归模型在鱼类生态学研究领域应用的还不是很多。对于本文的数据集合分布特征，分位数回归是一种良好的选择。考虑到 Q 接近 0 和 1 时，分位数回归模型越易受到极端值的影响，越是不稳定(冯波等，2007)，因此在取用分位数回归方程时宜考虑 $Q=0.4\sim0.95$。

在本研究中，采用中位数和高位数 2 种不同情况，对其栖息地模型进行比较分析，其研究结果也有所差异。究其原因还有待于进一步研究。同时，不同模型在今后的研究中还须考虑变量的交互作用，改善模型的预测效果。

二、利用栖息地指数预测西南大西洋阿根廷滑柔鱼渔场

1. 材料与方法

(1)数据来源

阿根廷滑柔鱼渔获数据来源于上海海洋大学鱿钓技术组。时间为 2000～2005 年 1～5 月。海域为 50°～65°W、40°～55°S(图 5-42)，空间分辨率为 30′×30′，时间分辨率为月。数据内容包括作业位置、作业时间、渔获量和作业次数。

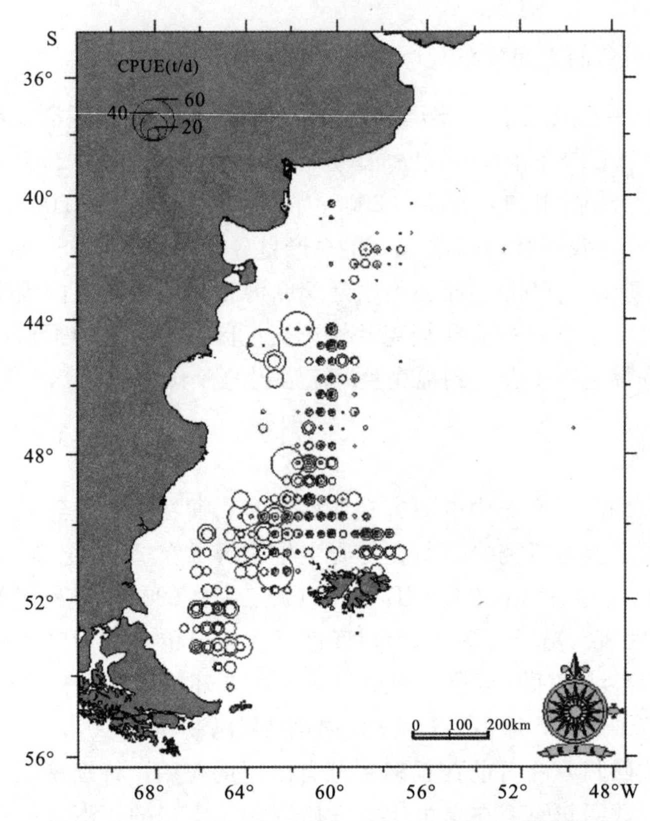

图 5-42　2000～2004 年阿根廷滑柔鱼 CPUE 分布示意图

西南大西洋海域表温资料来源于 NASA 网站海洋数据中心(PODAAC，http：//podaac. jpl. nasa. gov/DATA _CATALOG /index. html)，空间分辨率为 30′×30′，数据的时间分辨率为月。叶绿素(Chl-a)数据来自 NASA 网站(http：//oceancolor. gsfc. nasa. gov/SeaWiFS/)，空间分辨率为 9km，并转化为 30′×30′，数据的时间分辨率为月。

(2)数据处理

作业次数即捕捞努力量，通常认为可代表鱼类出现或鱼类利用情况的指标(Andrade 和 Garcia，1999)。CPUE 可作为表征资源密度的指标(Bertrand et al.，2002)。因此，利用作业次数和 CPUE 分别与表温、Chl-a 来建立适应性指数(SI)模型(图 5-43)。

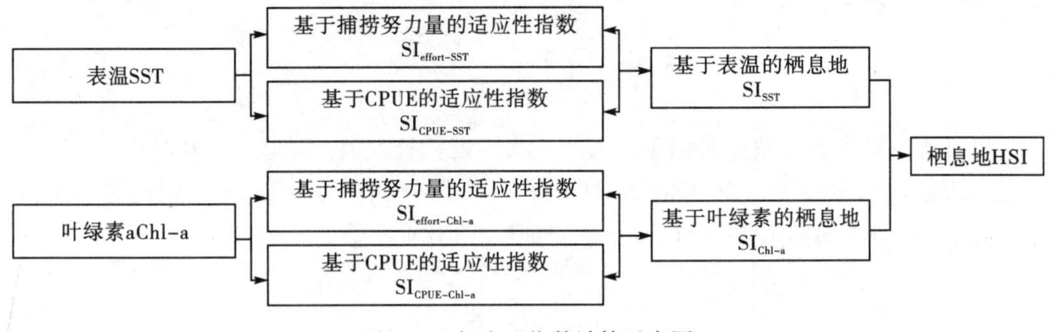

图 5-43　栖息地指数计算示意图

假定最高作业次数 NET_{max} 或 $CPUE_{max}$ 为阿根廷滑资源分布最多的海域，认定其适应性指数 SI 为 1，而作业次数或 CPUE 为 0 时通常认为是阿根廷滑柔鱼资源分布最不适宜的海域，并认定其 SI 为 0(Mohri，1999)。SI 计算公式如下：

$$SI_{i,NET} = \frac{NET_{ij}}{NET_{i,\max}} \text{ 或 } SI_{i,CPUE} = \frac{CPUE_{ij}}{CPUE_{i,\max}}$$

式中，$SI_{i,NET}$ 为 i 月以作业次数为基础获得的适应性指数；$NET_{i,\max}$ 为 i 月的最大作业次数；$SI_{i,CPUE}$ 为 i 月以 CPUE 为基础获得适应性指数；$CPUE_{i,\max}$ 为 i 月的最大 CPUE。

$$SI_i = \frac{SI_{i,NET} + SI_{i,CPUE}}{2}$$

式中，SI_i 为 i 月的适应性指数

利用正态和偏正态函数分别建立表温(SST)、Chl-a 和 SI 的关系模型。利用 DPS 软件进行求解。通过此模型将 SST、Chl-a 和 SI 两离散变量关系转化为连续随机变量关系。

利用算术平均法(arithmetic mean，AM)计算获得栖息地综合指数 HSI。HSI 值在 0(不适宜)到 1(最适宜)变化。计算公式如下：

$$HSI = \frac{1}{2}(SI_{SST} + SI_{GSST})$$

式中，SI_k 为 SI 与(表温)SST、SI 与 GSST 的适应性指数

根据以上建立的模型，对 2005 年 1～5 月 SI 值与实际作业渔场进行验证，探讨预测中心渔场的可行性。

2. 研究结果

(1)作业次数、CPUE 与 SST 和 Chl-a 的关系

1 月份，作业次数主要分布在 SST 为 13～16℃和 Chl-a 为 0.3～1.2mg/m³海域(图 5-44a，5-45a)，分别占总作业次数的 76.4%和 61.4%，其对应的 CPUE 分别为 5.5～12.5t/d 和 4.7～10.5t/d；2 月份，作业次数主要分布在 SST 为 13～16℃和 Chl-a 为 0.3～0.9mg/m³海域(图 5-44c，5-45c)，分别占总作业次数的 93.7%和 48.1%，其对应的 CPUE 分别为 3.1～10.8t/d 和 7.9～10.0t/d；3 月份，作业次数主要分布在 SST 为 12～14℃和 Chl-a 为 0.1～0.9mg/m³海域(图 5-44e，5-45e)，分别占总作业次数的 59.4%和 82.4%，其对应的 CPUE 分别为 10.5～12.5t/d 和 8.0～11.5t/d；4 月份，作业次数主要分布在 SST 为 10～12℃和 Chl-a 为 0.2～0.6 mg/m³海域(图 5-44g，5-45g)，分别占总作业次数的 49.8%和 80.9%，其对应的 CPUE 分别为 4.6～7.1t/d 和 5.1～5.8t/d；5 月份，作业次数主要分布在 SST 为 7～10℃和 Chl-a 为 0.1～0.6mg/m³海域(图 5-44i，5-45i)，分别占总作业次数的 70.7%和 88.1%，其对应的 CPUE 分别为 4.0～10.0t/d 和 5.9～7.8t/d。

(2)SI 曲线拟合及模型建立

利用正态和偏正态模型分别进行以作业次数和 CPUE 为基础的 SI 与 SST、Chl-a 曲线

拟合(图 5-44 和图 5-45)，拟合 SI 模型见表 5-8，模型拟合通过显著性检验($P<0.01$)。

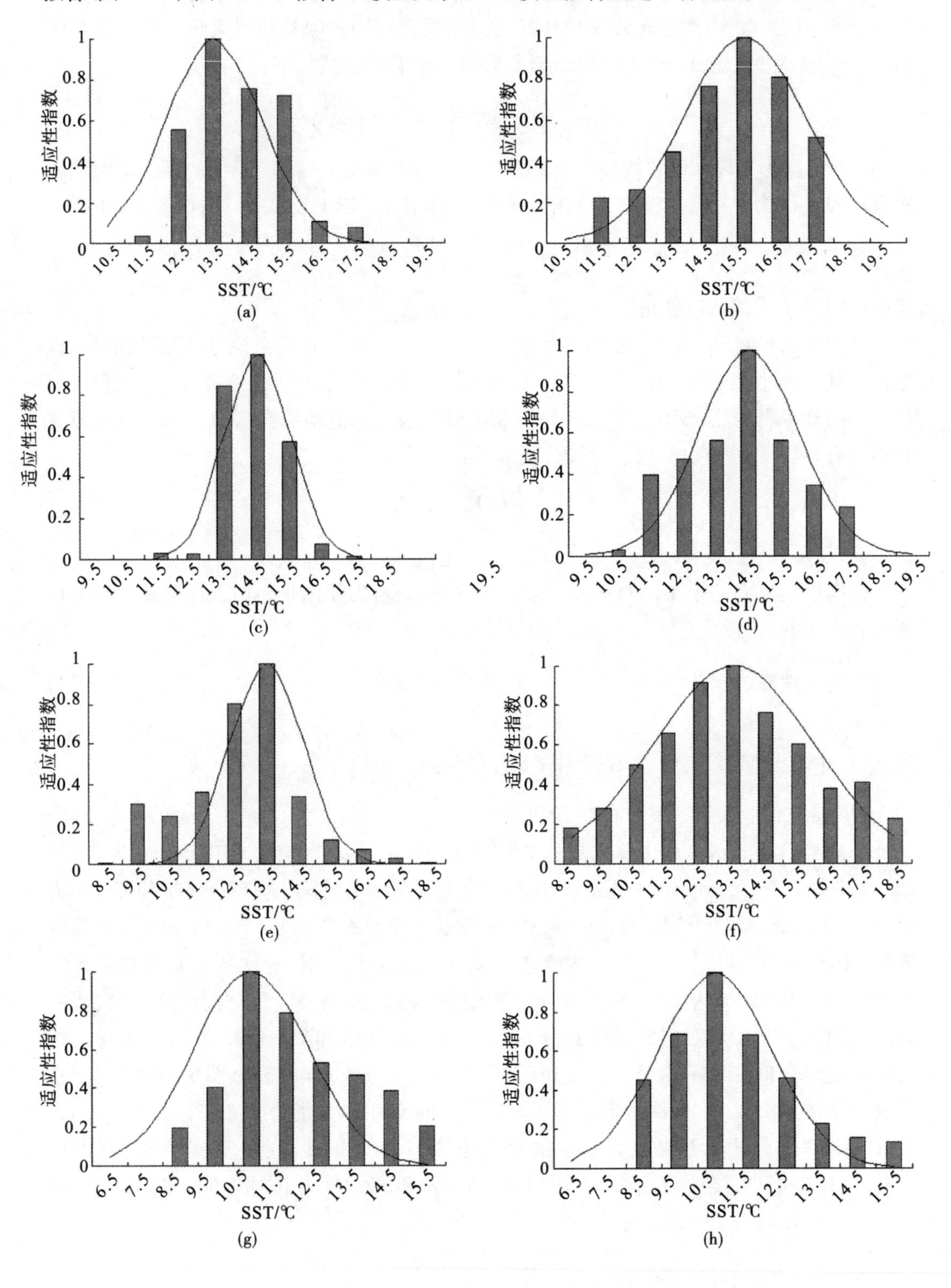

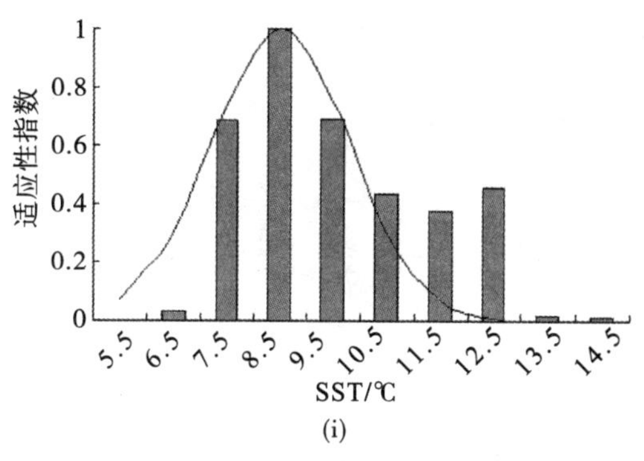

(i)

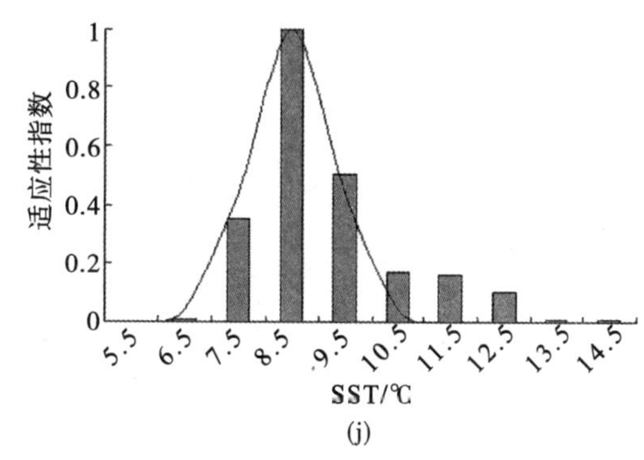

(j)

(a)、(c)、(e)、(g)和(i)为以作业次数为基础的适应性指数；(b)、(d)、(f)、(h)和(j)为以 CPUE 为基础的适应性指数

图 5-44　西南大西洋阿根廷滑柔鱼 1～5 月作业次数、平均日产量与 SST 的关系

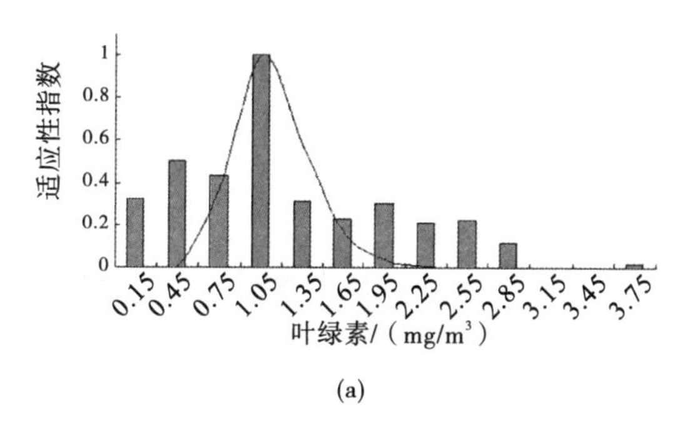

(a)

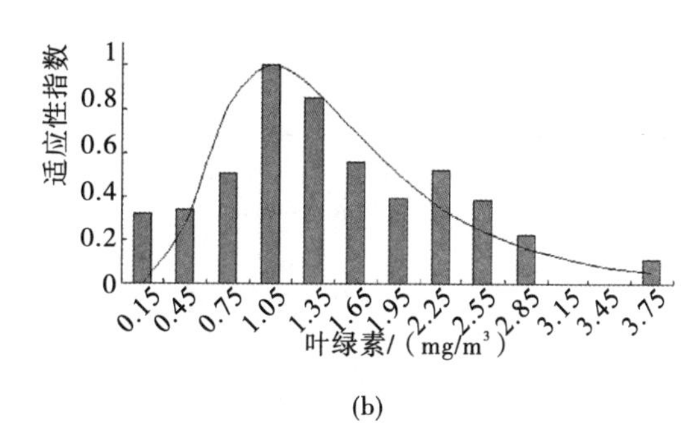

(b)

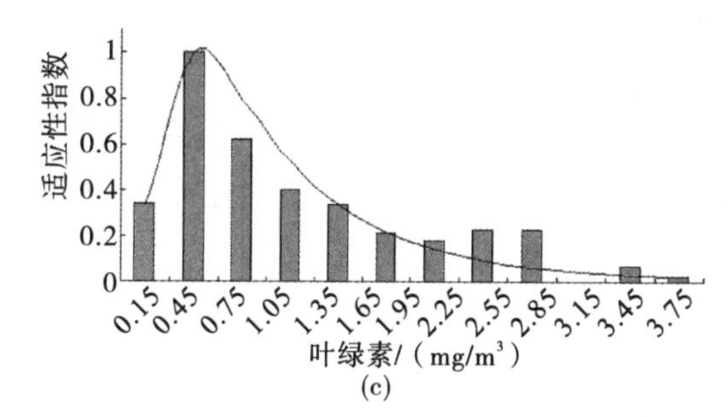

(c)

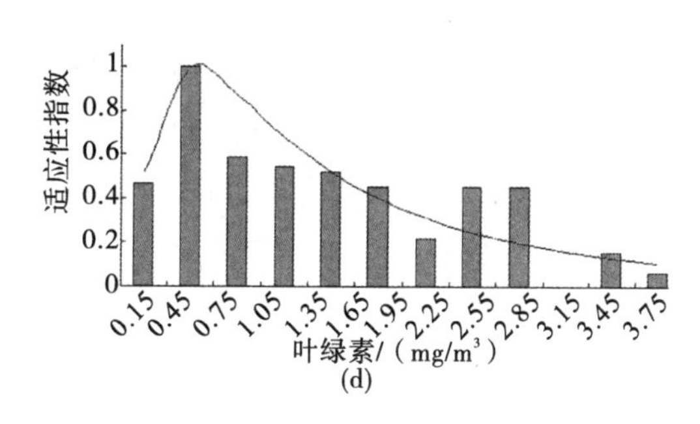

(d)

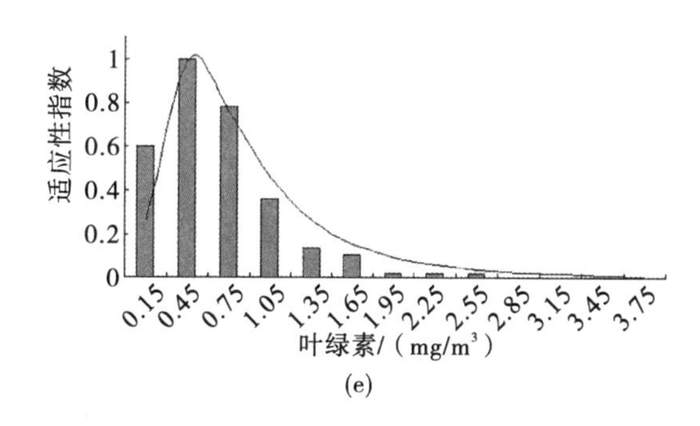

(e)

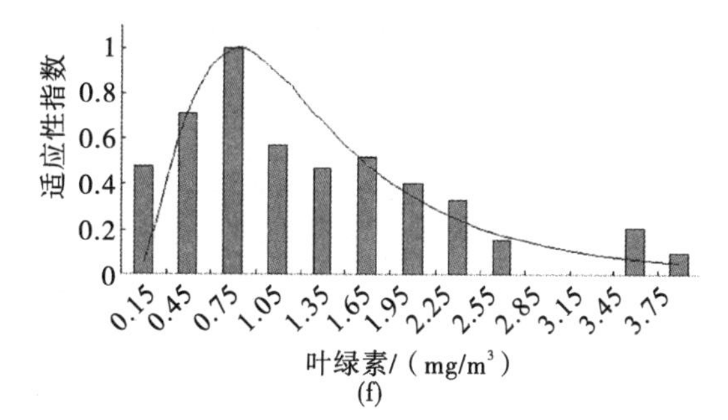

(f)

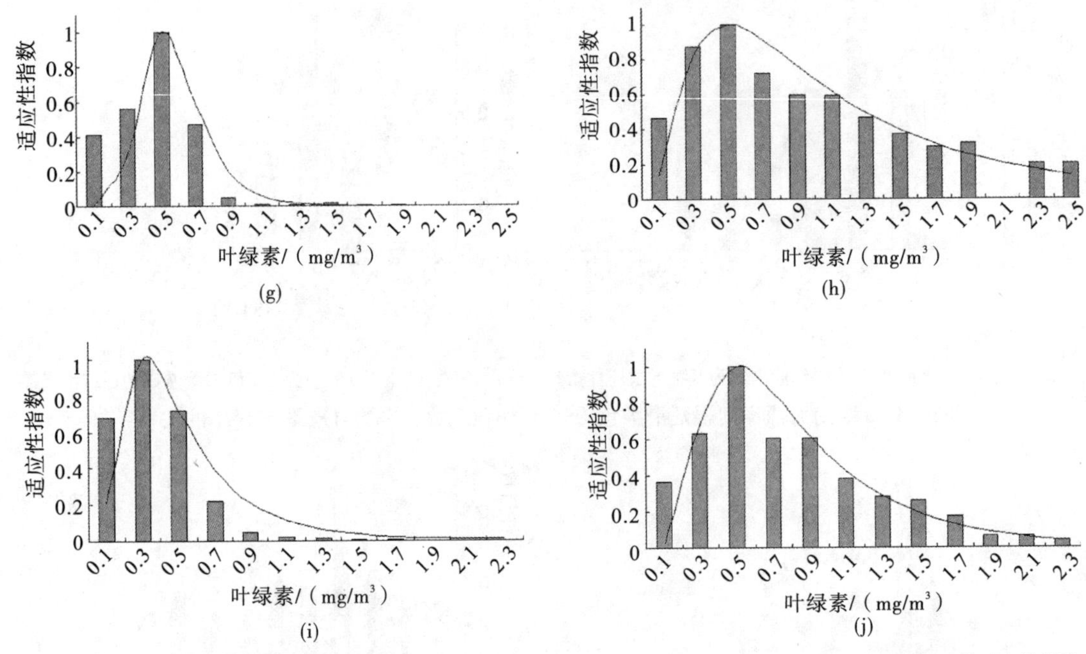

(a)、(c)、(e)、(g)和(i)为以作业次数为基础的适应性指数；(b)、(d)、(f)、(h)和(j)为以 CPUE 为基础的适应性指数

图 5-45　西南大西洋阿根廷滑柔鱼 1～5 月作业次数、平均日产量与叶绿素 a 的关系

(3) HSI 模型分析及其验证

根据表 5-8 中各月适应性指数，计算获得 2000～2004 年 1～5 月栖息地指数 HSI(表 5-9)。从表 5-9 可知，当 HSI 为 0.6 以上时，1 月份作业次数比例分别占 81.79%，CPUE 均在 7.8t/d 以上；2 月份作业次数比例分别占 76.00%，CPUE 均在 7.0t/d 以上；3 月份作业次数比例分别占 84.33%，CPUE 均在 9.5t/d 以上；4 月份作业次数比例分别占 75.82%，CPUE 均在 7.0t/d 以上；5 月份作业次数比例分别占 81.52%，CPUE 均在 6.1t/d 以上。

表 5-8　1～5 月阿根廷滑柔鱼适应性指数模型

月份	适应性指数模型	P value
1 月	$SI_{effort-SST}=\exp[-0.2753(X_{SST}-13.5)^2]$	0.027
	$SI_{CPUE-SST}=\exp[-0.1671(X_{SST}-15.5)^2]$	0.0001
	$SI_{effort-Chl-a}=\exp(-8.5001\ln X_{Chl-a}-0.0488)^2$	0.0234
	$SI_{CPUE-Chl-a}=\exp[-1.8174(\ln X_{Chl-a}-0.0488)^2]$	0.0001
2 月	$SI_{effort-SST}=\exp[-0.4833(X_{SST}-14.5)^2]$	0.0008
	$SI_{CPUE-SST}=\exp[-0.2172(X_{SST}-14.5)^2]$	0.004
	$SI_{effort-Chl-a}=\exp[-0.9113(\ln X_{Chl-a}+0.7985)^2]$	0.0001
	$SI_{CPUE-Chl-a}=\exp[-0.5406(\ln X_{Chl-a}+0.7985)^2]$	0.0001

（续表）

月份	适应性指数模型	P value
3月	$SI_{effort-SST}=\exp[-0.3972(X_{SST}-13.5)^2]$	0.006
	$SI_{CPUE-SST}=\exp[-0.0806(X_{SST}-13.5)^2]$	0.0001
	$SI_{effort-Chl-a}=\exp[-1.1022(\ln X_{Chl-a}+0.7985)^2]$	0.0001
	$SI_{CPUE-Chl-a}=\exp[-1.1648(\ln X_{Chl-a}+0.2877)^2]$	0.0003
4月	$SI_{effort-SST}=\exp[-0.1915(X_{SST}-10.5)^2]$	0.0446
	$SI_{CPUE-SST}=\exp[-0.2008(X_{SST}-10.5)^2]$	0.0003
	$SI_{effort-Chl-a}=\exp[-4.6032(\ln X_{Chl-a}+0.6931)^2]$	0.002
	$SI_{CPUE-Chl-a}=\exp[-0.7694(\ln X_{Chl-a}+0.6931)^2]$	0.0001
5月	$SI_{effort-SST}=\exp[-0.2995(X_{SST}-8.5)^2]$	0.0224
	$SI_{CPUE-SST}=\exp[-0.8093(X_{SST}-8.5)^2]$	0.0003
	$SI_{effort-Chl-a}=\exp[-1.2993(\ln X_{Chl-a}+1.2040)^2]$	0.001
	$SI_{CPUE-Chl-a}=\exp[-1.3809(\ln X_{Chl-a}+0.6931)^2]$	0.0001

表 5-9 2000～2004 年 1～5 月不同 SI 值下 CPUE 和作业次数比例

HSI	1月		2月		3月		4月		5月	
	CPUE /(t/d)	作业次数比例/(%)	CPUE /(t/d)	作业次数比例/(%)	CPUE /(t/d)	作业次数比例/(%)	CPUE /(t/d)	作业次数比例/(%)	CPUE /(t/d)	作业次数比例/(%)
[0，0.2)	4.84	0.57	1.00	1.93	1.20	1.30	1.44	2.18	3.53	1.35
[0.2，0.4)	6.33	1.47	4.55	4.87	4.01	1.78	3.20	1.77	4.03	3.52
[0.4～0.6)	6.63	16.17	6.09	17.20	4.72	12.59	3.68	20.23	5.66	13.61
[0.6～0.8)	7.85	32.18	7.09	30.67	9.59	39.28	7.06	36.52	6.11	35.22
[0.8～1.0]	9.51	49.61	11.25	45.33	11.40	45.05	10.94	39.30	7.80	46.30

利用栖息地模型，根据 2005 年 8～10 月 SST 和 Chl-a 值，分别计算各月的 HSI 值，并与实际作业情况进行比较。分析发现，HSI 大于 0.6 海域主要分布在：1 月份为 59°～65°W、45°～51°S 的海域，作业渔船主要集中在 60°～61°W、45°～47°S 海区；2 月份为 59°～63°W、44°～51°S 海域，作业渔船主要集中在 59°～61°W、44°～47°S，60°～62°W、49°～50°30′S；3 月份为 56°～64°W、43°～50°S 海域，作业渔船主要分布在 59°～62°W、44°30′～50°30′S；4 月份为 58°～64°W、47°～51°30S，作业渔船主要分布在 60°～62°30′W、48°～51°S；5 月份为 58°～63°W、46°～51°S，作业渔船主要分布在 60°～61°30′W、47°～50°S。从表 5-10 可以看出，当 HSI 大于 0.6 时，其作业次数比例均在 76%以上，平均 CPUE 均在 7.2t/d。这基本说明了该模型获得较好的渔场预测结果。

表 5-10 2005 年 1～5 月不同 SI 值下 CPUE 和作业次数比例

HSI	1月		2月		3月		4月		5月	
	CPUE /(t/d)	作业次数比例/(%)	CPUE /(t/d)	作业次数比例/(%)	CPUE /(t/d)	作业次数比例/(%)	CPUE /(t/d)	作业次数比例/(%)	CPUE /(t/d)	作业次数比例/(%)
[0, 0.2)	4.12	2.59	2.18	1.31	0	1.00	3.90	1.80	1.90	1.60
[0.2, 0.4)	3.65	1.07	4.07	7.51	3.11	1.78	4.22	7.01	4.17	9.20
[0.4～0.6)	4.59	13.20	4.16	13.50	8.29	10.32	4.29	12.59	7.12	12.60
[0.6～0.8)	7.31	38.37	7.21	39.10	12.20	42.15	8.21	32.80	8.13	33.10
[0.8～1.0]	7.58	44.77	12.8	38.58	9.31	44.75	12.13	45.80	9.25	43.50

3. 讨论

(1)阿根廷滑柔鱼渔场分布与海洋环境因子的关系

阿根廷滑柔鱼是一种短生命周期的种类，资源和渔场变动极易受到 SST 等海洋因子的影响(王尧耕和陈新军，2005；Waluda et al.，2001；陈新军和刘金立，2004)。SST 通常可作为西南大西洋海域寻找阿根廷滑柔鱼中心渔场的指标(陈新军和刘金立，2004；陈新军和赵小虎，2005)。阿根廷滑柔鱼一般随着巴西暖流南下索饵成长，在巴西暖流和福克兰寒流交汇处、饵料丰富海域生长，并由此形成渔场。因此，本书利用 SST 和 Chl-a 作为海洋环境因子，研究其与渔场分布的关系，是可行的。

本研究根据 2000～2004 年 1～5 月我国鱿钓船的生产统计数据及其表温资料，获得的各月最适 SST 和 Chl-a 范围，其最适表温范围基本上与前人研究结果(陈新军和刘金立，2004；陈新军和赵小虎，2005；陈新军等，2005；刘必林和陈新军，2004)相同。

(2)柔鱼适应性指数模型分析

SI 模型表明，柔鱼资源密度与 SST 存在着正态分布关系($P<0.01$)，与 Chl-a 存在着偏正态的关系。这一关系也在其他鱼类和柔鱼类 SI 值与海洋环境的关系中得到证实(Eastwood et al.，2001；Zainuddin et al.，2006；Chen et al.，2010)。但是，以作业次数为基础的 SI 值与以 CPUE 为基础的 SI 值还是不同，产生这一差异原因可能有：①作业渔船分布多的海区，其资源量不一定是最高的，有可能渔船未在所有中心渔场作业；②作业渔船多的海区，由于渔船间的相互影响(比如集鱼灯相互影响)，导致平均日产量出现下降；反之，在作业渔船少的海区，其平均日产量则较高。因此，本研究综合了上述两种情况，其综合 SI 值取二者的平均值，以全面客观反映柔鱼适应指数模型。但是，在验证分析中发现一些 HSI 高的区域分布在等深线 200m 以外海域，但是事实上阿根廷滑柔鱼分布较少，可能需要考虑海底水深的因子。

(3)栖息地指数模型的完善

尽管阿根廷滑柔鱼渔场分布与表温、Chl-a 关系密切，栖息地指数模型也取得了较高的预测精度。但是阿根廷滑柔鱼具有昼夜垂直移动现象，通常其深层温度以及温跃层有无也是寻找中心渔场的指标之一(陈新军，2004)。此外，其他海洋环境指标如海面高度距平均值等影响到阿根廷滑柔鱼资源分布(陆化杰和陈新军，2008)，因此在今后研究中需要进一步综合上述环境因子，加以综合分析与研究。同时，可结合实时海况资料对阿根廷滑柔鱼渔场分布进行实时动态分析，为渔业生产提供科学依据。

三、西南大西洋阿根廷滑柔鱼中心渔场预报的实现及验证

渔情预报是渔场学的重要研究内容，准确的渔情预报可为捕捞生产提高渔获产量并降低燃油成本(陈新军，2004)。海洋遥感和地理信息系统技术的发展为渔情的准确预报提供了可能。但是，渔情预报的基础是掌握和了解研究对象的渔场分布规律及其与海洋环境之间的关系，因此用何种方法和模型来建立、表达中心渔场与海洋环境之间的关系，显得尤为重要。目前，常用的方法有频度分析法(陈峰等，2010；陈新军和赵小虎，2006)、案例推理法(张月霞等，2009)、模糊类比法(苗振清和严世强，2003)等。阿根廷滑柔鱼是西南大西洋海域重要的经济种类，也是我国鱿钓船的主要捕捞对象。据 FAO 统计，2006～2008 年产量在 70 万～96 万 t(FAO，2010)。研究认为，阿根廷滑柔鱼渔场分布与表温等关系极为密切(陈新军，赵小虎，2005；陈新军等，2005)。如何结合多个环境因子，借助地理信息系统技术来实现阿根廷滑柔鱼渔场的智能化和可视化，以降低渔船寻找中心渔场的盲目性，这也是渔业企业和科研部门极为关注的问题。为此，本书重点尝试利用栖息地指数方法来建立渔情预报模型，研发自主的软件预报系统，从而实现智能型的中心预报；同时，也提出了一种检验渔情预报精度的方法。

1. 材料和方法

(1)渔情预报模型

依据 2001～2007 年我国鱿钓船生产统计和表温(SST)、叶绿素 a(Chl-a)、海面高度距平均值(SSHA)等海洋环境数据，建立基于各环境因子的适应性指数(表 5-11)，并利用算术平均法建立栖息地指数模型。其栖息地指数计算公式为：

$$I_{HSI}=(SI_{SI\text{-}SST}+SI_{SI\text{-}Chl\text{-}a}+SI_{SI\text{-}SSHA})/3$$

式中，SI_{HSI}为栖息地指数；$SI_{SI\text{-}SST}$为阿根廷滑柔鱼对表温的适应性指数；$SI_{SI\text{-}Chl\text{-}a}$为阿根廷滑柔鱼对叶绿素 Chl-a 的适应性指数；$SI_{SI\text{-}SSHA}$为阿根廷滑柔鱼对海面高度的适应性指数。

表 5-11 西南大西洋阿根廷滑柔鱼各环境因子的适应性指数

月份	适应性指数 SI	表温/℃	海面高度距平均值	叶绿素 a
1月	1	13～14	−20～−10	1～2
	0.5	12～13，14～16	−10～0	0.3～1，2～3
	0.1	11～12，16～18	−40～−30，0～10	0.1～0.3，3～5
	0	<11，≥18	<−40，≥10	<0.1，≥5
2月	1	13～16	−20～0	1～2
	0.5	11～13，16～17	−30～−20.0～10	0.3～1，2～3
	0.1	10～11，17～18	−40～−30	0.1～0.3，3～4
	0	<10，≥18	<−40，≥10	<0.1，≥4
3月	1	12～14	−20～0	0.5～1
	0.5	10～12，14～16	−30～−20，0～10	0.1～0.5，1～2
	0.1	8～10，16～18	−40～−30	2～3
	0	<8，≥18	<−40，≥10	<0.1，≥3
4月	1	10～12	−20～0	0.1～0.5
	0.5	9～10，12～15	−30～−20	0.5～1.0
	0.1	8～9，15～16	−40～−30，0～10	1～3
	0	<8，≥16	<−40，≥10	<0.1，≥3
5月	1	8～9	−20～0	0.1～0.5
	0.5	7～8，9～13	−30～−20	0.5～1
	0.1	6～7，13～15	−40～−30，0～10	1～4
	0	<6，≥15	<−40，≥10	<0.1，≥4

(2)验证的生产统计和海洋环境数据

原始生产数据为 2009 年 1～4 月西南大西洋阿根廷滑柔鱼渔场生产数据，将产量数据按月份处理成空间分辨率 0.5°×0.5°。

环境数据为 2009 年 1～4 月西南大西洋阿根廷滑柔鱼作业渔区的 SST、Chl-a 及 SSHA 数据，下载自 OceanWatch 网站(http：//oceanwatch. pifsc. noaa. gov/las/)。环境数据的时间分辨率为月，其中 SST 的空间分辨率为 0.1°×0.1°，Chl-a 空间分辨率为 0.05°×0.05°，SSHA 数据空间分辨率为 0.25°×0.25°。

以 SST、Chl-a 以及 SSHA 为模型输入，计算出每个 0.5°×0.5°内的平均栖息地指数(HSI)。

(3)渔情预报系统的开发

软件系统采用第四代可视化交互语言 IDL 6.0 以及 ANSIC 语言开发，利用 IDL 在矩阵运算上的优势，实现了大数据量的快速处理。本软件采用面向对象的方式开发，具有良好的容错能力，可维护性好。同时，软件也充分发挥了 IDL 和 ANSI C 语言良好的跨平台特性，只需要简单地重新编译，便可在 HP UNIX 和 Windows 操作系统下的跨平台运行。

系统的运行环境为 Windows xp 或者 HP UNIX 环境，具体软硬件要求为：内存为 512MB 以上；硬盘空间为 10GB 以上；显示要求为具有 1024×768 分辨率，32 位真彩色显示能力；其他软件支持：IDL Virtual Machine 6.0 以及 GCC 编译器(Unix 环境下)。软件在进行渔情预报模型计算时涉及到很多的矩阵运算，因此推荐使用 2GB 以上内存及双核以上的 CPU 以获得更快的运行速度。

渔情预报的界面见图 5-46。该界面体现了功能友好、操作简单、明了易懂等特点。

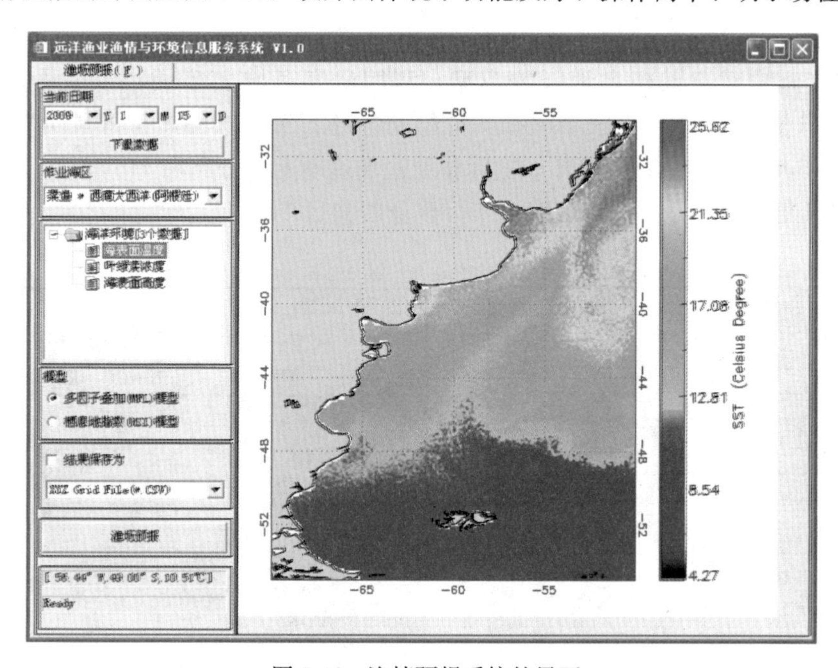

图 5-46 渔情预报系统的界面

(4)模型验证方法

模型验证的基本方法是将生产统计数据和栖息地指数分级，看其级别是否能对应以及是否具有相关性。将 2009 年生产统计数据和栖息地指数均分为 5 个级别。由于每个月的产量规模和渔场适应性并不相同，因此将生产统计数据采用自然边界法(natural breaks)进行划分，其标准如表 5-12。

表 5-12 各月渔区渔获产量 5 个等级的划分情况 (单位：t)

月份	等级 1	等级 2	等级 3	等级 4	等级 5
1	<15	15～60	60～120	120～500	>500
2	<40	40～95	95～140	140～230	>230
3	<55	55～120	120～250	250～390	>390
4	<15	15～30	30～55	55～80	>80

同样，栖息地指数也划分为 5 个等级，即：0.0≤HSI<0.1，记为等级 1；0.1≤HSI<0.3，记为等级 2；0.3≤HSI<0.5，记为等级 3；0.5≤HSI<0.7，记为等级 4；0.7≤HSI≤1.0，记为等级 5。

对于同一个作业渔区(0.5°×0.5°)，如果其产量数据级别与栖息地指数级别相同或相差之绝对值小于等于 2，则认为模型能够准确预测该渔区渔场形成的情况，即渔场的适宜度；如果级别相差之绝对值大于 2，则认为模型不能正确预测。

2. 结果

(1)栖息地指数分布及其与产量叠加分布

根据文献中建立的栖息地指数模型，利用研究海域 2009 年 1～4 月各月 SST、Chl-a、SSHA，获得了各渔区 HSI 值，并绘制各月 HSI 分布图，并将同期产量进行空间叠加(图 5-47)。从图 5-47 可知，实际作业渔场基本上都分布在 HSI 为 0.5 以上的海域，但 HSI 值为 0.5 以上的渔区要比实际作业的渔区多。

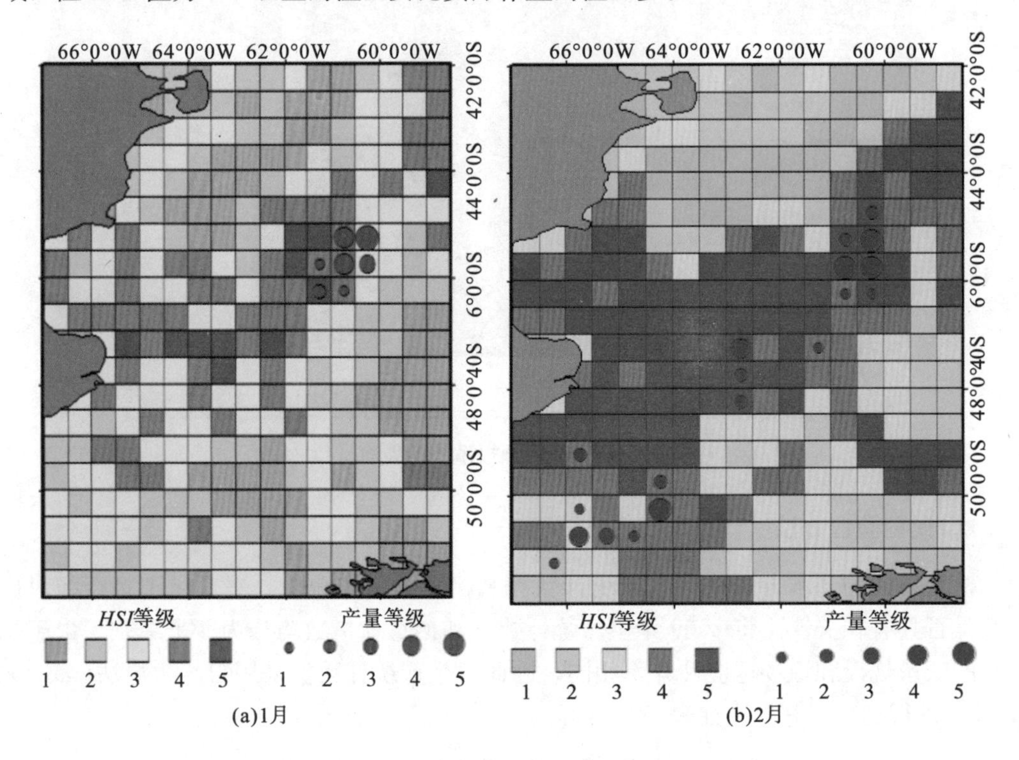

(a)1月　　(b)2月

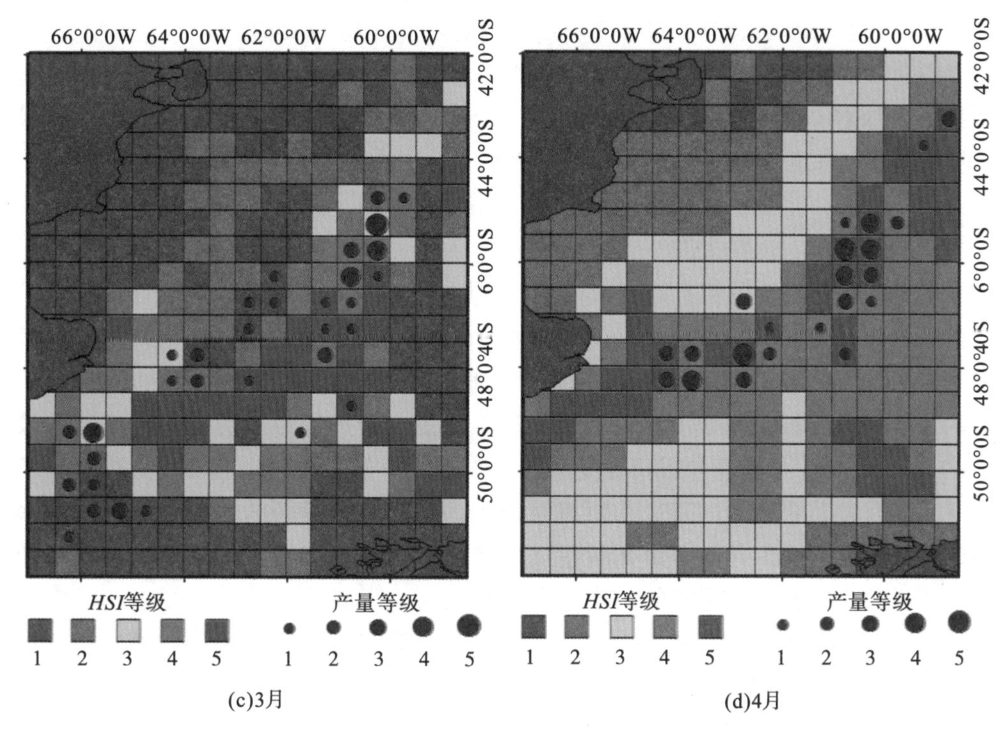

图 5-47　2009 年 1～4 月阿根廷滑柔鱼产量分布及其栖息地指数

(2)渔场预报验证

根据表 5-13 统计，1～2 月份中心渔场预报准确率在 57%以上，期间作业渔区数分别为 7 个和 19 个；3～4 月份预报准确率提高到 72%～74%，期间作业渔区数分别增加到 34 个和 22 个。1～4 月份预报平均准确率为 68.29%。

表 5-13　中心渔场预报结果统计

月份	作业渔区数	预测正确		预测不正确	
		渔区数	比例	渔区数	比例
1	7	4	57.14%	3	42.86%
2	19	11	57.89%	8	42.11%
3	34	25	73.53%	9	26.47%
4	22	16	72.73%	6	27.27%
合计	82	56	68.29%	26	31.71%

(3)验证结果的相关性分析

首先，计算分级前各月产量和全年产量与 HSI 的相关性检验，并以 $\alpha=0.05$ 做显著性检验。通过相关性检验表明，各月份与全年的产量和 HSI 的显著性水平都小于 0.05，即可以认为各月份和全年的渔获产量与 HSI 关系密切。

其次，计算分级后各月产量和全年产量的等级，并与 HSI 对应等级进行相关检验，探讨它们之间的相关程度。分析发现，分级后各月份与全年产量等级与 HSI 的显著性水平都小于 0.05，即可认为分级后各月份与全年产量等级与 HSI 关系密切。HSI 模型可较为准确地用来预测阿根廷滑柔鱼中心渔场。

3. 讨论与分析

本研究根据已建立的栖息地指数模型，利用 SST、Chl-a 和 SSHA 三个海洋环境因子，借助自主开发的渔情预报系统，实现了渔情预报可视化。根据 2009 年 1～4 月各月实际产量分布与理论计算获得 HSI 分析，其平均渔场预报精度达到了 68.29%。值得注意的是，1～2 月预报精确度相对较低，这主要是由于渔场形成的适宜环境范围较广(图 5-47)；而 3～4 月渔情预报精确度达到 72%以上，这 2 个月适宜渔场形成的环境范围比前 2 个月相对小(图 5-47)。在所有月份中，实际作业渔场的范围基本上落在渔情预报的理论范围内。因此，本研究所建立的渔情预报模型和开发的软件系统用来预测阿根廷滑柔鱼中心渔场是可行的。

当然，渔情预报的精度和检验方法还有进一步改进的地方，比如在模型构建中需要考虑水温锋面(即水温水平梯度)、海洋环境因子的时空尺度等，也可以通过新的生产统计数据来不断更新和完善渔情预报模型。这些都需要在今后的渔情预报系统研发中加以考虑。

第六章　环境对阿根廷滑柔鱼资源补充量的影响

第一节　鱿鱼类资源量变化与海洋环境关系的研究

鱿鱼类是重要的海洋经济动物，通常包括柔鱼类(Ommastrephidae)和枪乌贼类(Loliginidae)，它们具有生命周期短、生长快等特点，资源极为丰富且极易受到环境的变化而波动(周金官等，2008)。随着世界传统底层渔业资源的普遍衰退以及人类对海洋蛋白质需求的不断增加，鱿鱼类作为优质动物蛋白质的来源和新兴渔业(主要指钓捕作业为主)越来越受到世界各国和地区的重视，被认为是未来最具开发潜力的渔业之一(周金官等，2008)。近几十年来，世界头足类渔业发展较快，其产量在世界海洋渔获量中的比例也不断增加，从 20 世纪 70 年代的 1%增加到目前的 5%以上(周金官等，2008)，2011 年世界头足类总产量超过 430 万 t，其中 70%以上为鱿鱼类(FAO，2013)，其中主要的经济种类有十几种。我国是生产头足类的主要国家之一，年头足类总产量超过 100 万 t。

随着鱿鱼类资源开发力度和规模的不断扩大，鱿鱼类产量不断增长，但几乎所有鱿鱼类资源和渔获量均出现剧烈波动的现象。例如，2006 年东太平洋茎柔鱼(*Dosidicus gigas*)的产量是 2000 年的 5 倍，1998 年因厄尔尼诺现象的影响秘鲁外海茎柔鱼产量达到自开发以来的最低值(周金官等，2008)；西南大西洋阿根廷滑柔鱼(*Illex argentinus*)在 2004～2005 年资源量突然急剧下降后又有所回升，同一时期内太平洋褶柔鱼(*Todarodes pacificus*)的资源量也有所下降(FAO，2005)。这种被认为是鱿鱼类特有、无规律性、突发性的资源波动给科学研究者带来了很大的挑战(Caddy，1983)，也给渔业生产者和管理者带来很大的不确定性。研究者们从最初直接揭示资源分布与环境因子的关系(Caddy，1983；Rowell et al.，1985)，到解释环境变动如何影响到鱿鱼类生活史各个阶段(Rowell et al.，1985；Anderson 和 Rodhouse，2001；Arkhipkin et al.，2000，2004；Augustyn et al.，1994；Ichii et al.，2009)，都表明了鱿鱼类资源量的波动与海洋环境甚至全球气候之间都存在着极为密切的关系(Agnew et al.，2000，20002；Bakun 和 Csirke，1998；Bellido，2002；Dawe et al.，2000；Pierce et al.，1998；Waluda et al.，1999；Cao et al.，2009)。鱿鱼类对环境变动极为敏感的特点，使得人们在对其进行资源评估和管理时，环境因素成为一个必不可少的要素。此外，鱿鱼类又处于生态系统中承上启下的中间地位，其资源的变动直接影响到整个生态系统的稳定性(Agnew et al.，2002)。因此，研究鱿鱼类资源变化和环境波动的关系，对今后科学利用该资源、保护海洋生态都有着极为重要的意义。另外，在当今极端环境基本没有预兆的情况下(Robinson et al.，2005)，掌握二者的关系对预测海洋环境的变化也有一定的意义。

一、鱿鱼类生活史及生态地位

鱿鱼类为短生命周期的物种，通常寿命不超过2年(Roberts，1998)。一生只产卵一次，产卵后即死亡(Roberts，1998)，因此每一代的资源量多少都完全取决于上一代亲体所产生补充量以及补充量在进入该种群前的存活率，这种生活史模式不同于长生命周期鱼类。如果人们还是利用已有的传统模型对其补充量进行预测，以及描述亲体与补充量关系，其准确性将大大降低(Pierce和Boyle，2003)。其原因在于：①环境变化对其生活史各个阶段(孵化、稚仔鱼、成鱼和产卵)的影响很大(Waluda et al.，2001；Villanueva，1995，2000；Villa et al.，1997；Sims et al.，2001；Rodhouse et al.，1994；Boletzky，1986；Boyle et al.，1995；Moreno等，2007；Ichii et al.，2009)(图6-1)。其中从孵化到稚仔鱼被认为是一个非常重要的阶段，也是目前最不被了解的阶段(Pierce和Boyle，2003)，研究环境变化对该阶段的影响对准确估算鱿鱼类孵化成功率有着重要的意义；②鱿鱼类没有剩余群体，只有当代的补充群体。

鱿鱼类是海洋生态系统中重要组成成份，其在海洋生态系统的营养阶层中处于中间地位，作为捕食者，鱿鱼类主要捕食一些小鱼和小虾；作为饵料，其主要被海洋大型鱼类和哺乳动物捕食。因此鱿鱼类资源量的变动直接影响其捕食者和食物的种群数量从而影响整个生态系统的结构。例如目前一些作为鱿鱼类捕食者的传统捕捞对象种类资源量的下降被认为是这些鱿鱼类资源量增长的原因之一(周金官等，2008；Agnew et al.，2002)。

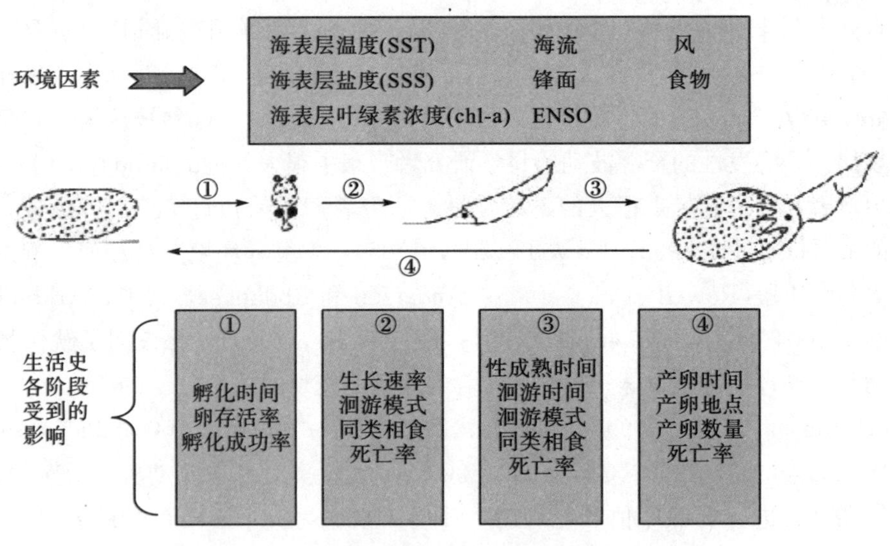

图6-1　鱿鱼类生活史中受到环境因子影响的示意图

二、鱿鱼类栖息环境

鱿鱼类分布广泛，主要分布在区域性的重要大洋性生态系统中，如各大洋的高流速的西部边界流、大尺度沿岸上升流和大陆架海域(Roper，1983；Roper et al.，1984)(图 6-2)。其中栖息在各大洋西部边界流和上升流附近海域的种类，资源量极大，也是目前海洋环境变化对鱿鱼类影响的研究重点(Anerson 和 Rodhouse，2001)。典型的有西南大西洋的阿根廷滑柔鱼、北太平洋的柔鱼和日本周边海域的太平洋褶柔鱼均分布在西部边界流海域。西部边界流从赤道附近携带大量的热量与高纬度冷水海流相遇后，在锋面形成涡流和一些异常的水团，这种环境特征能够给鱿鱼类不同生活史阶段带来营养和合适生存环境(O'Dor，1992；Mann 和 Lazier，1991)。例如分布在北太平洋的柔鱼，属于大洋性洄游的种类，每年进行着南北洄游(Saijo et al.，1970)，北上的黑潮不但帮助其输送稚仔鱼和浮游植物，而且黑潮北上到高纬度与亲潮相遇而形成的锋面和涡流等，这些都有助于提高高纬度海域形成丰富的初级生产力(Bower 和 Ichii，2005)。同样在西南大西洋海域，巴西暖流和福克兰海流交汇处形成的暖水团，给阿根廷滑柔鱼的补充群体提供了适宜的海洋环境(Waluda et al.，2001)。

图 6-2　主要鱿鱼类在海洋大尺度海流中的分布示意图

①黑潮与亲潮交汇区－北太平洋柔鱼(*Ommastrephes bartramii*)；②加利福尼亚寒流上升流区域－乳光枪乌贼(*Loligo opalescens*)；③秘鲁寒流上升流区域－茎柔鱼(*Dosidicus gigas*)；④巴西暖流和福克兰海流交汇区－阿根廷滑柔鱼(*Illex argentinus*)；⑤新西兰西部东澳暖流区域－新西兰鱿鱼(*Nototodarus sloanii*)⑥印度洋西北部上升流海域－鸢乌贼(*Sthenoteuthis oualaniensis*)；⑦本格拉寒流上升流区域－好望角枪乌贼(*Loligo reynaudi*)

而与沿岸上升流生态系统有关的鱿鱼类，主要有分布在秘鲁寒流区域的茎柔鱼(*D. gigas*)、本格拉寒流区域的好望角枪乌贼(*Loligo reynaudi*)、加利福尼亚寒流区域的乳光枪乌贼(*Loligo opalescens*)和印度洋西北部海域的鸢乌贼(*Sthenoteuthis oualaniensis*)。这些低流速东部边界流通过表层埃克曼作用，将底层富含营养盐海水输送至表层，从而为鱿鱼类提供丰富的营养物质(Demarcq 和 Faure，2000)。而分布在近岸大陆架海域的鱿鱼类则主要受到陆地河流、降水等环境因素的影响(Bakun 和 Csirke，1998)。

这些海域的环境特点虽然为鱿鱼类提供了适宜的栖息条件，但是其自身的时空变动以及外因诱导使其发生的变化都会给鱿鱼类生活史的各个阶段带来影响。例如黑潮发生大弯曲、厄尔尼诺现象的出现，使得西北太平洋柔鱼冬春生西部群体产卵场海域适合产卵和孵化的水温范围减少，从而减低了柔鱼孵化的成功率(Cao et al.，2009)；由于西北太平洋柔鱼秋生群体在生活史的前半周期所栖息环境中的初级生产力要比冬春生群体丰富，因此秋生群体在前半周期的生长速率大于冬春生群体(Ichii et al.，2009)；巴西暖流的减弱使得阿根廷滑柔鱼栖息环境中适合生存的水温范围大大降低，导致其死亡率增加，从而进一步影响到来年的补充量(Waluda et al.，2001)。总之，只有当栖息地环境的变化与波动对鱿鱼类生存和生长有利，并且在时间上与鱿鱼类生活史阶段同步，才会有利于鱿鱼类资源补充量的发生、发展和增加，否则会大幅度减少，这也是鱿鱼类被称为生态机会主义者的原因。

三、资源量变动与环境因子关系

1. 研究方法

20 世纪 80 年代初，Caddy(1983)和 Rowell 等(1985)首先提出头足类的分布及资源量和海洋环境的关系。20 世纪 90 年代以后，研究者们从水温入手开始了相关的研究。最初的研究只是简单地揭示了温度与鱿鱼类分布及资源量的关系为寻找渔场提供一定的理论依据(Augustyn，1991；Sauer et al.，1991；Roberts 和 Sauer，1994；Rasero，1994；Pierce et al.，1998；陈新军，1997，1999)，并没有过多地考虑其他环境因子和解释内在的联系即影响机制。随着研究方法的发展，研究者们开始考虑更多的环境因素，包括 SST、SSS、SSH、Chl-a、锋面等，将鱿鱼类生活史各个阶段分开考虑，并试图解释环境变量对鱿鱼类资源量变动的影响机制。

在研究方法发展的同时，数理统计方法和模型的应用也在不断地深入，从最初的单一因子变量的回归模型和相关性分析到现在多因子变量的复杂数理模型，包括应用 Generalized Linear Models(GLM)、Generalized Additive Models(GAM)来解释各种环境因子对鱿鱼类资源量分布与变化的影响程度等，例如田思泉等(2006)利用 GAM 模型分析阿拉伯北部公海海域鸢乌贼渔场分布及其与海洋环境因子关系，结果表明了产量与表温、50m 水温和 200m 水温以及各层盐度的关系密切。类似的还有栖息地指数模型(habitat suitability index model)，田思泉等(2009)利用该模型分析了北太平洋柔鱼栖息地环境变量与其分布的关系，揭示了关键性环境变量以及其适合范围。另外还包括应用 Auto-Regressive Integrated Moving Average(ARIMA)(Efthymia et al.，2007)等时间序列分析法来分析环境变量对资源量分布和变化的延迟影响和时间上的自相关性，这些模型主要为时间模拟（temporal modelling）即利用数据在时间序列上的变化找出变量之间的关系。另外由于 Geographic Information Systems（GIS）的发展，一些空间模拟（spatial modelling）的模型也得到了较大的发展，包括应用 Generalized Additive Mixed Models（GAMM）来分析环境变量影响资源量空间上的分布（Viana et al.，2009），等等。最后在模型的计算过程中，许多新的方法也被应用，例如 bootstrapping、人工神经网络算法（artificial neural networks，ANN）和贝叶斯算法（Bayesian models）（Georgakarakos et al.，2006），从而使得模型得到的结果更准确。

2. 柔鱼类资源变动与环境因子关系

柔鱼类中大洋性种类的研究较为深入，环境变动被认为对该种类的资源量变动起着决定性的影响，尤其是海表层温度作为直接影响因子对其生活史各个阶段都有深刻的影响，因此研究者们常常利用其产卵场的海表层温度等主要环境因素的变动解释其资源量（补充量）的变化。Waluda 等（2001）利用福克兰群岛海域阿根廷滑柔鱼产卵场的海表层适合其产卵水温的范围大小一定程度上解释了其补充量的变化；Sakurai 等（2000）认为太平洋褶柔鱼也有相同的情况；Cao 等（2009）利用北太平洋柔鱼冬春生西部群体产卵场与索饵场的适合水温范围解释了其资源量的变化。以上的研究都认为温度影响了柔鱼类孵化生活史阶段从而影响了其资源量的变动，并且解释了温度变化的原因即能够影响温度变化的其他环境因子（间接环境因子），这些间接环境因子通过影响其栖息环境的表层温度而间接地影响其资源量的变动。例如巴西暖流的强弱能够影响福克兰群岛附近阿根廷滑柔鱼产卵场海表层适合其产卵的水温范围（Bower 和 Ichii，2005）；黑潮强弱和路径变化能够影响北太平洋柔鱼冬春生西部群体产卵场适合水温范围（Cao et al.，2009）；厄尔尼诺现象、拉尼娜现象和气候变化等都能够通过影响柔鱼类栖息地的海表层温度组成和结构而对其资源量造成一定的影响（Chen et al.，2007；Gonzalez et al.，1997；Waluda et al.，2006）。

总之，环境影响柔鱼类资源量的关键阶段是从孵化到稚仔鱼的生活史阶段，因为该阶段柔鱼主要是被动地受到环境的影响，不能主动地适应环境的变化。当稚仔鱼发育到成鱼后，柔鱼个体拥有了较强的游泳能力，能够通过洄游等方式寻找适宜的栖息环境而主动地适宜环境的变化。

3. 枪乌贼类资源变动与环境因子关系

枪乌贼类通常栖息于沿岸的大陆架上，与大洋性柔鱼类经历的环境条件有所区别，没有进行大规模远距离的洄游，也没有受到大尺度海流的影响。然而海表层水温变动对枪乌贼的资源量变化也有一定的影响（Robin 和 Denis，1999），例如 Agnew 等（2000）利用海表层水温的环境变量和亲体量的大小解释了福克兰群岛附近巴塔哥尼亚枪乌贼（*Loligo gahi*）补充量的变动；Challier 等（2005）认为英吉利海峡福氏枪乌贼（*Loligo forbesi*）的补充量与水温的关系较为密切，但并不像柔鱼类那样属于决定性的环境因素。除了温度外枪乌贼的资源量还受到其他很多环境因素的直接影响。由于枪乌贼会在近岸大陆架海域进行洄游活动，因此海水的深度与枪乌贼生活史各个阶段有着密切的联系(Arkhipkin 等，2000)。苏格兰海域的福氏枪乌贼(*Loligo forbesi*)资源量被认为在大陆架中等深度的暖水域中最为丰富(Viana et al.，2009)，其资源量也一定程度上受到表温的影响(Bellido et al.，2001)。有研究表明好望角枪乌贼产卵场海域的海水浑浊度与溶解氧气浓度是其生活史中产卵阶段的关键环境因子(Augustyn et al.，1994)，海水过于浑浊而能见度太低使得其交配和产卵成功率降低从而资源量下降。另外降雨、风、潮汐等环境变化都可能对其资源量产生影响。

4. 阿根廷滑柔鱼资源补充量变化机制研究进展

Bakun 和 Csirke(1998)分析认为，柔鱼类所需的栖息地应满足以下条件：①物理海洋进程提供丰富的食物，如上升流；②食物的聚集补充机制，如聚合流模式和锋面系统；③能够使种群维持现状的海流机制。他们认为西部边界流符合这三个条件，所以形成了包括阿根廷滑柔鱼在内众多不同种类柔鱼类的渔场。该过程是在密度跃层所完成的，卵漂浮在某一水层，该水层有合适的温度和较少的天敌。孵化出来的幼体随着水密度的变化而到表层，达到聚合锋区，在锋区形成的涡流促使富有营养物质的水形成上升流。这对资源补充量的形成有着重要的影响。

阿根廷滑柔鱼资源量的年间变化很大。Waluda 等(2001)利用遥感获得的产卵场 SST 数据进行分析，发现冬季成体在产卵场受到 SST 的影响很大。时间序列分析发现，西南大西洋 SST 与热带太平洋厄尔尼诺现象有着一定的联系，太平洋地区与捕捞区域南巴塔哥尼亚地区有 2 年半的时间差，而与产卵场北巴塔哥尼亚地区有 4 年的时间差。这也说明处于大西洋的阿根廷滑柔鱼资源补充量变动与太平洋地区的厄尔尼诺现象有关。随后，Waluda 等(2001)进一步结合产卵场表温资料，分析了阿根廷滑柔鱼资源补充量变动与表温关系。结果表明：产卵场海域锋面所占比重低或适宜水温海域所占比重高，则来年补充到该渔业的资源量就多，反之资源量就少；而产卵场海域锋面越弱，卵和幼体就会停留(或漂流)至靠近大陆架的区域。Waluda 等(2008)通过遥感方法监测了 1993～2005 年捕捞船队的分布情况，从中推测阿根廷滑柔鱼资源的分布变化。Sakurai 等(2000)认为，柔鱼类的栖息地 SST 越合适，资源补充量就越高。在对阿根廷滑柔鱼资源进行时间序列分析后，也得出相似的结论(张炜和张健，2008)。Sacau 和 Pierce(2005)收集了 1988～2003 年阿根廷滑柔鱼拖网(主要来自欧洲国家)和鱿钓(主要来自亚洲国家)的生产数据，将其 CPUE 与相关环境因子进行分析，发现每年的 1～4 月 CPUE 相对较高，且最高值分布在 42°S 和 46°S，即福克兰群岛北侧，同时利用广义线性模型(Generalised additive models，GAMs)分析认为，高 CPUE 在较暖和较深的水层。Crespi-Abril 等(2012)认为 37°S 以南大陆坡向外的区域，海表温和叶绿素 a 浓度对阿根廷滑柔鱼胚胎发育和繁殖有着明显的季节性限制；而在 44°～48°S 沿岸区域非常适应阿根廷滑柔鱼的生长和繁殖，对其资源量有着较大的影响。

四、小　结

鱿鱼类作为一种短生命周期的生态机会主义者（ecological opportunists）（Anderson 和 Rodhouse，2001），环境变化对其资源量波动的影响一直受到研究者的关注，研究方法也在不断发展。目前在揭示二者关系的同时，也在一定程度上解释了其中的影响机制，然而大多数研究还不能完全利用环境变量来描述资源量的变化，即使二者关系十分显著，这种关系也没有经过验证，也就是说目前想要利用这种关系来预测资源量的变化还比较困难，事实也证明了以往的大多数利用环境变量来预测鱿鱼类资源的研究都没能经受住时间的考验（Pierce 和 Boyle，2003）。因此，笔者认为目前全球对于鱿鱼类资源的开发力度在不断增加，科学地对其资源量进行评估和管理是当务之急，现阶段研究鱿鱼类资源量和环境变化的关系是为了弥补传统资源评估方法在短生命周期鱼类上的不足。因此，就目前而言既不能单一地只考虑环境因素而忽略其自身的种群动力过程，也不能只考虑种群动力过程而忽略环境因素，应该将二者同时考虑，发展出适合鱿鱼类的资源评估和预测模型。然而大多数鱿鱼种类经商业性开发不到 40 年，就目前掌握的数据想要短期内彻底弄清其资源量和环境变化的关系是不切实际的。建议今后的研究重点应该放在环境因子对鱿鱼类生活史影响最大的孵化到稚仔鱼阶段上，加大对鱿鱼类产卵场及其栖息环境、洄游分布等重要生活史阶段的调查和了解。

第二节　西南大西洋海洋环境分析

西南大西洋海域其海洋学最明显的特征是存在南极绕极流（Antarctic Circumpolar Current，ACC）。福克兰寒流起源于南极绕极流的北部分支，并且与亚南极锋面汇合。福克兰寒流主要携带南极冷水团，从南极锋面起，北上沿着巴塔哥尼亚大陆架边缘直至 38°S 左右海域，并且在那里与巴西暖流汇合。其中一些小规模的次表层流则携带寒冷、高营养的海水向东运动，通常福克兰群岛西部海域被视为福克兰寒流的内边界（图 6-3）。

巴西暖流为西部边界流，起源于南大西洋亚热带环流，沿着大陆架向南流动，直到与北上的福克兰寒流汇合。巴西暖流与福克兰寒流的汇合，使南极冷水团和亚热带暖水团直接接触，进而提高了这个海域的初级生产力（图 6-3）。在夏季，以表温 14.5°C 为指标。在巴西海流与福克兰海流的辐合区即巴塔哥尼亚海域，该海域水产生物资源丰富，是世界上主要的作业渔场。

巴塔哥尼亚大陆架是世界是最大、最平的大陆架之一，并且在其等深线 200m 处存在大陆架锋面，形成了另外一个高生产力海域。西南大西洋海洋学环境存在大尺度的变动，南极绕极流的力度直接影响到其变动的规模。例如，向北流动的福克兰寒流，从大陆架对外扩散的程度，以及巴西暖流从大陆架边缘纬度方向的扩散程度都存在季节变化，并且这些变化都与南极绕极流的年间差异密切相关。

巴西暖流与福克兰寒流的交汇海域的海洋学也存在大范围、大尺度的变化。南向运动的暖流在运动过程中存在大范围的偏离，并且形成了不稳定、高速度的水团，造成这个海域频繁发生的涡流、环流等。同样，沿着大陆架运动的福克兰寒流也存在这种多变的、中尺度的变化。这些海流相互交汇及其变动对西南大西洋渔业资源变化及其时空分布变化产生了重要的影响。

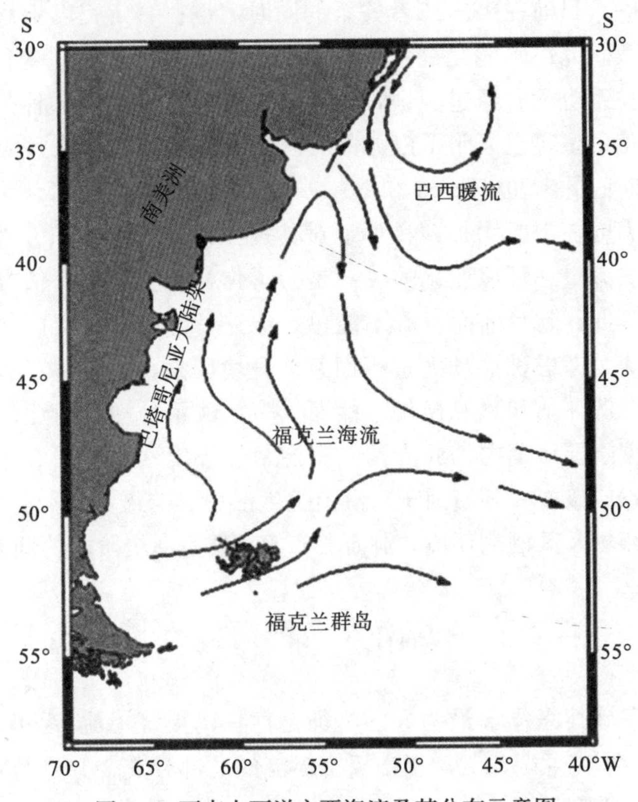

图 6-3　西南大西洋主要海流及其分布示意图

以西南大西洋海域(30°～55°S、45°～65°W)表温和海流分布为例逐月进行说明(以2012 年 1～12 月为例)，1 月份表温相对较高，12℃等温线向北的前锋分布在 48°S、57°W附近海域(图 6-4)，福克兰寒流势力相对较弱(图 6-4)。

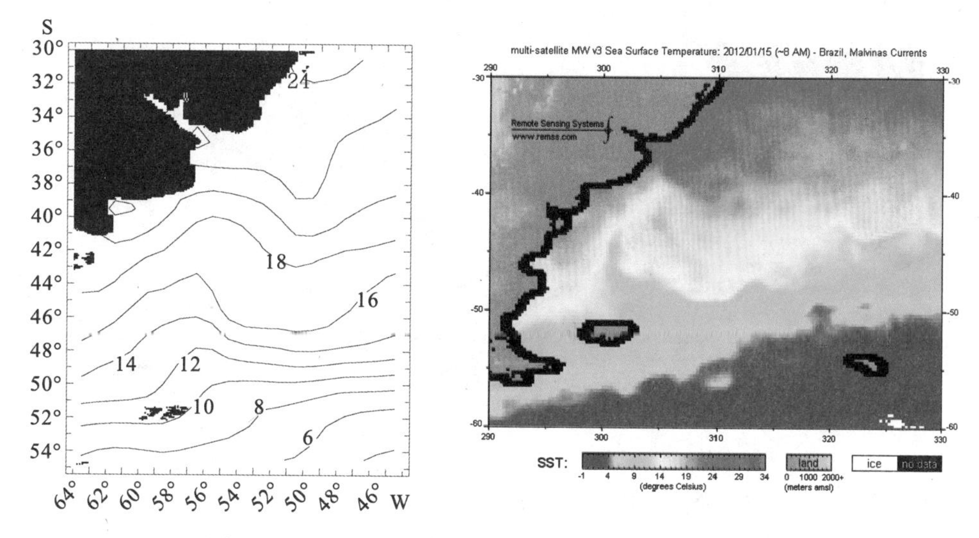

图 6-4　2012 年 1 月份西南大西洋表温和海流分布示意图

2 月份表温比 1 月份偏高，12℃等温线向北的前锋分布往南移动，分布在 50°S、56°W 附近海域(图 6-5)，福克兰寒流势力比 1 月份弱(图 6-5)。

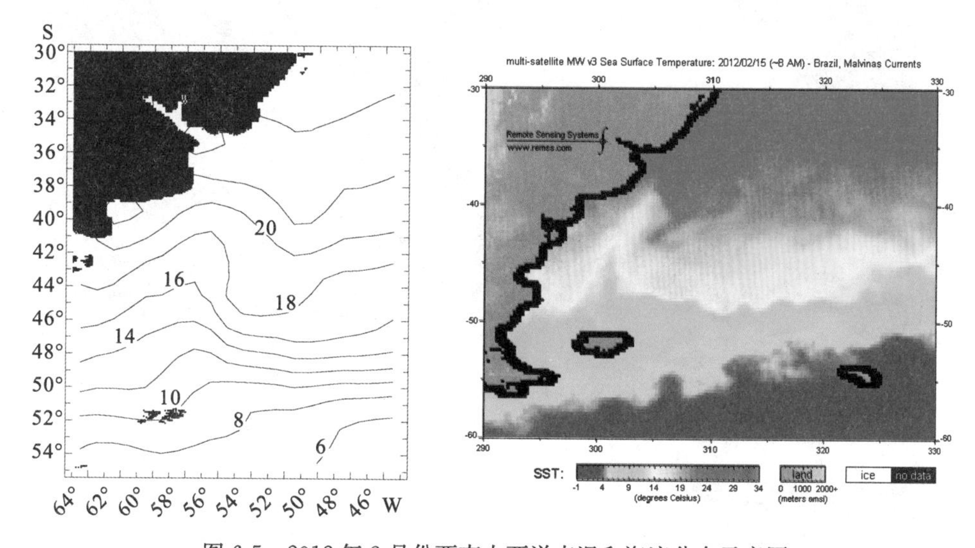

图 6-5　2012 年 2 月份西南大西洋表温和海流分布示意图

3 月份表温开始下降，12℃等温线向北的前锋分布在 47.5°S、59°W 附近海域(图 6-6)，福克兰寒流势力开始加强，并与巴西暖流形成较为明显的流界(图 6-6)。

4 月份表温继续下降，福克兰海流势力明显继续加强，12℃等温线向北的前锋分布在 41°S、57°W 附近海域，与巴西暖流形成明显的流界(图 6-7)。

5 月份表温继续下降，福克兰海流继续加强，12℃等温线向北的前锋分布在 40°S、57°W 附近海域(图 6-8)，与巴西暖流形成明显的流界(图 6-8)。

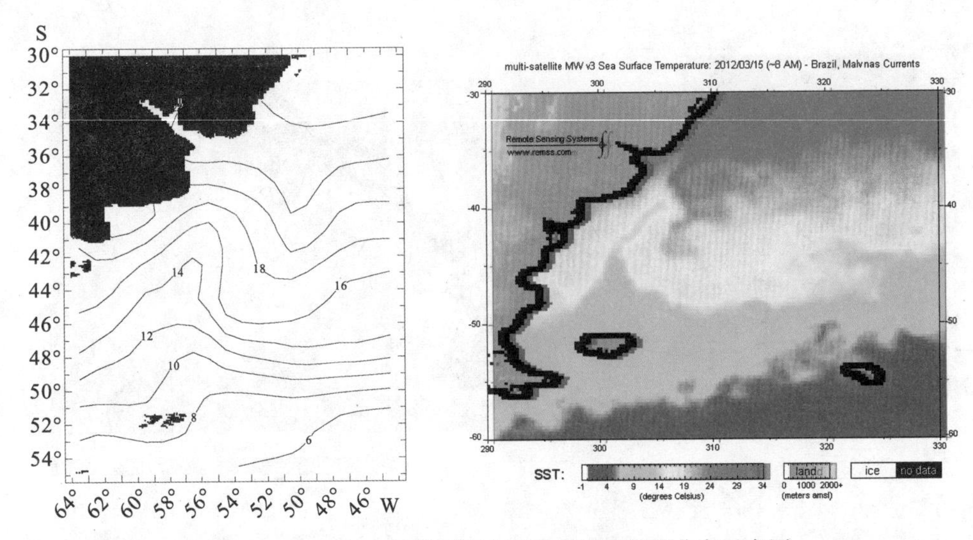

图 6-6　2012 年 3 月份西南大西洋表温和海流分布示意图

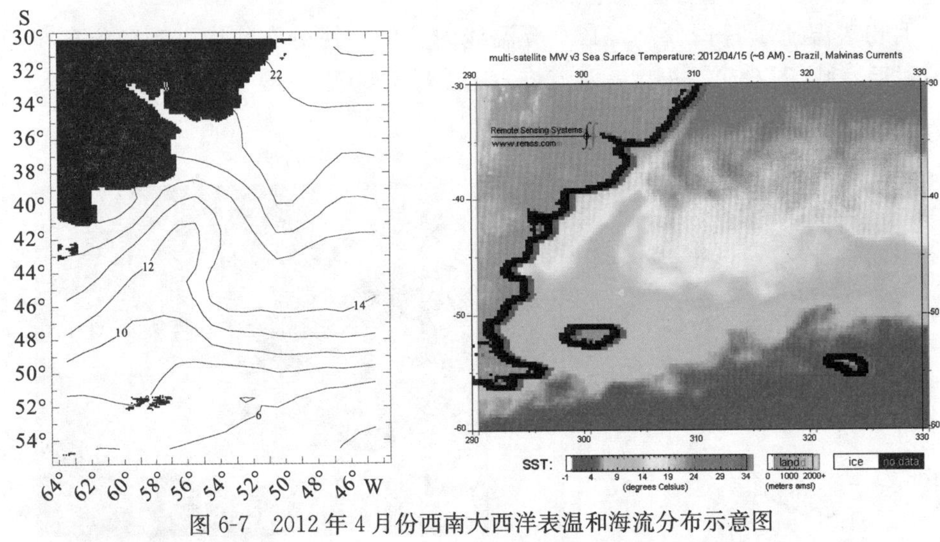

图 6-7　2012 年 4 月份西南大西洋表温和海流分布示意图

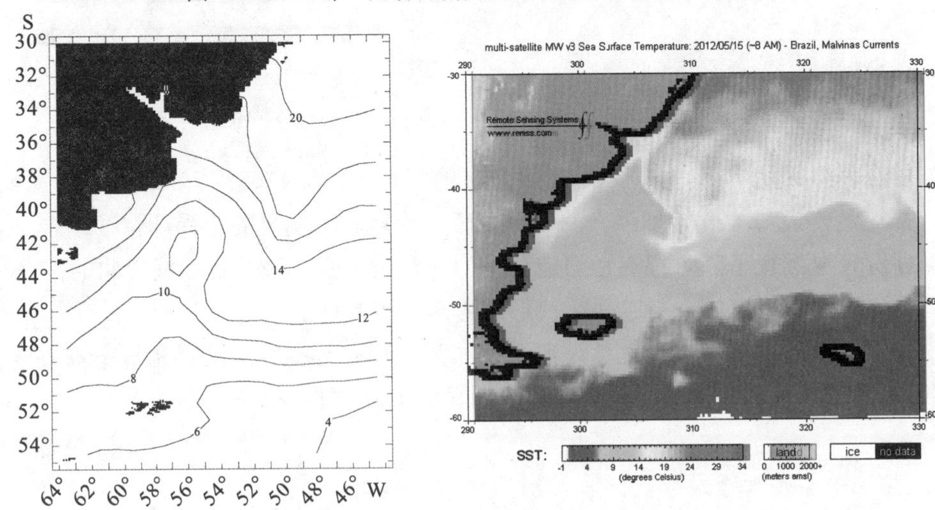

图 6-8　2012 年 5 月份西南大西洋表温和海流分布示意图

6 月份表温继续下降，福克兰势力继续加强，12℃等温线向北的前锋分布在 37°S、59°W 附近海域(图 6-9)，并与巴西暖流形成较为明显的流界(图 6-9)。

7 月份表温继续下降，福克兰海流势力明显继续加强，12℃等温线向北的前锋分布在 34°S、55°W 附近海域，与巴西暖流形成明显的流界(图 6-10)。

8 月份表温与 7 月份基本接近，福克兰海流继续保持强势，12℃等温线向北的前锋分布在 34°S、55°W 附近海域(图 6-11)，与巴西暖流形成明显的流界(图 6-11)。

9 月份表温开始上升，巴西暖流开始加强，12℃等温线向北的前锋分布在 36°S、55°W 附近海域(图 6-12)，并与巴西暖流形成较为广阔的流界(图 6-12)。

10 月份表温继续上升，巴西暖流继续加强，12℃等温线向北的前锋分布在 38°S、56°W 附近海域，并与巴西暖流形成较为广阔的流界(图 6-13)。

11 月份表温继续上升，巴西暖流继续加强，12℃等温线向北的前锋分布在 41°S、57°W 附近海域(图 6-14)，与巴西暖流形成流界(图 6-14)。

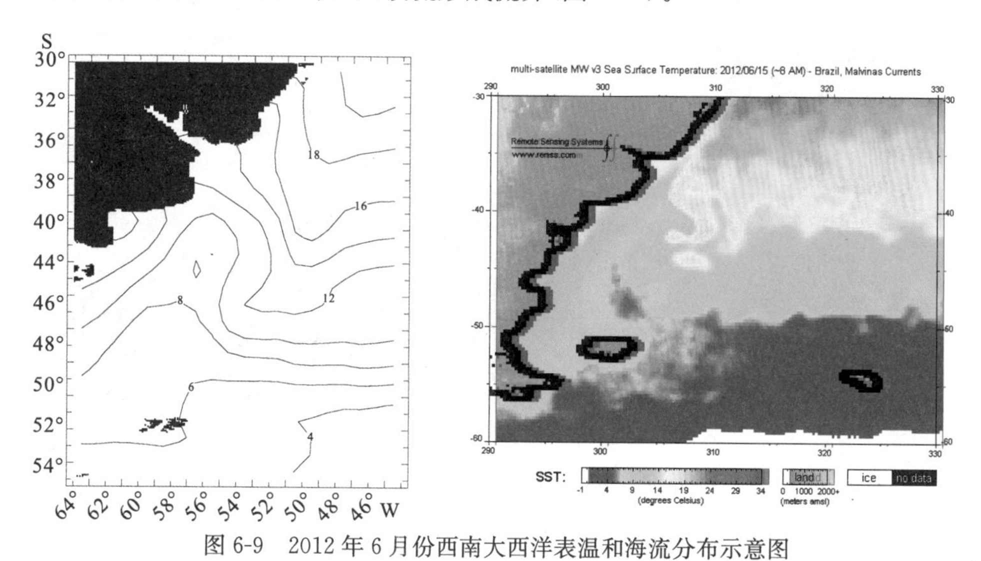

图 6-9　2012 年 6 月份西南大西洋表温和海流分布示意图

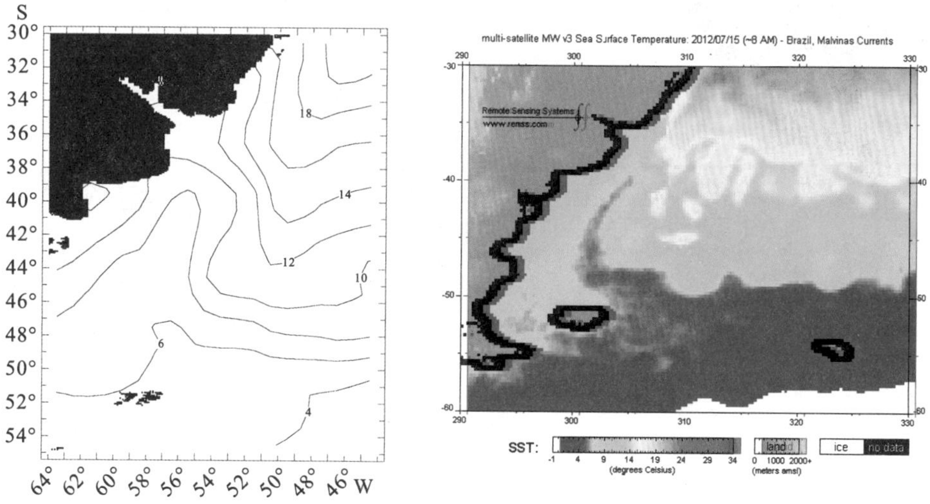

图 6-10　2012 年 7 月份西南大西洋表温和海流分布示意图

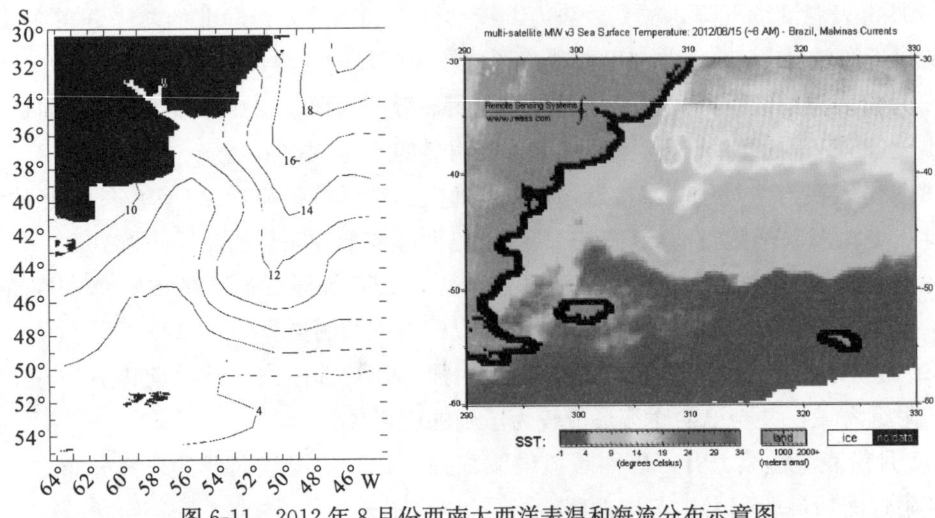

图 6-11　2012 年 8 月份西南大西洋表温和海流分布示意图

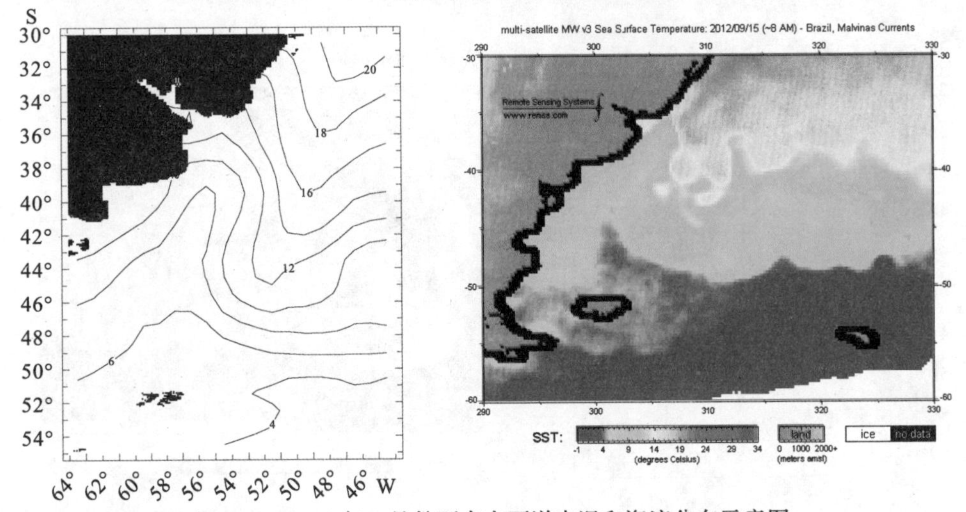

图 6-12　2012 年 9 月份西南大西洋表温和海流分布示意图

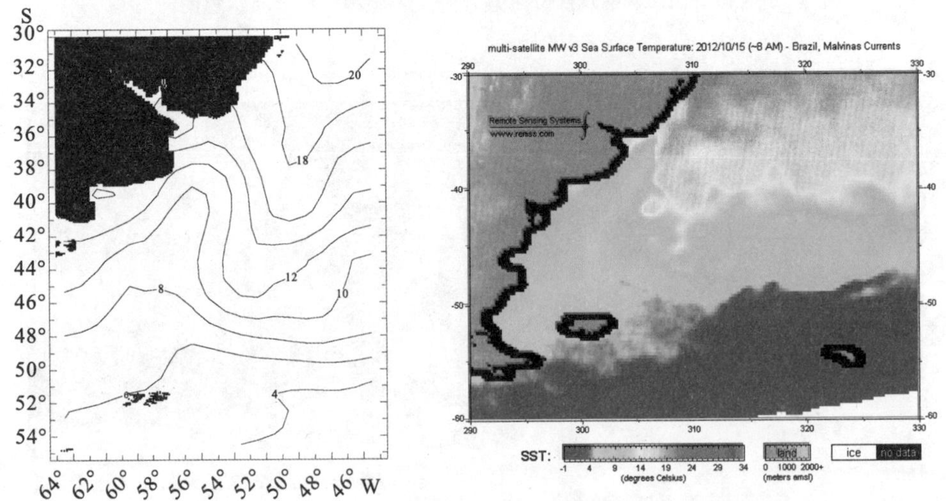

图 6-13　2012 年 10 月份西南大西洋表温和海流分布示意图

12月份表温继续上升，巴西暖流继续加强，12℃等温线向北的前锋分布在44°S、58°W附近海域(图6-15)，并与巴西暖流形成较为明显的流界(图6-15)。

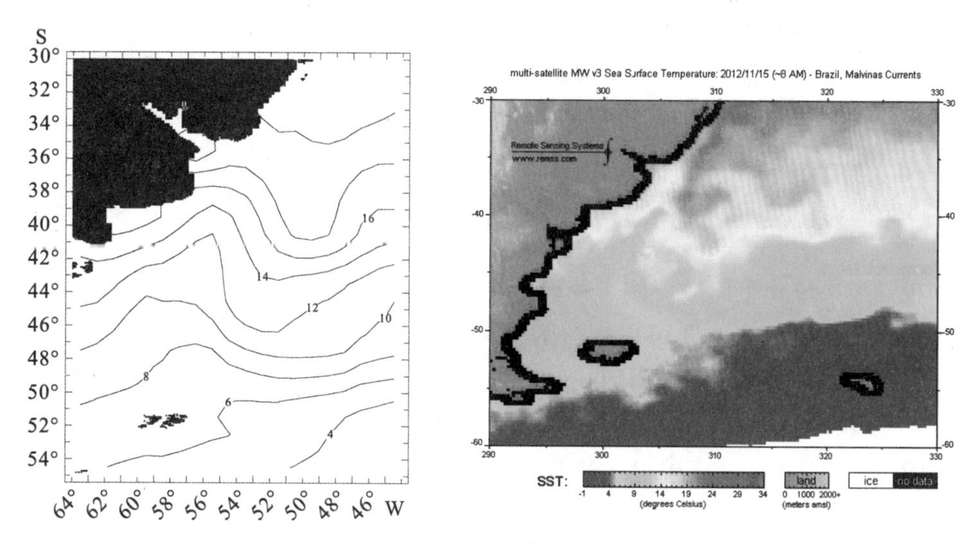

图6-14　2012年11月份西南大西洋表温和海流分布示意图

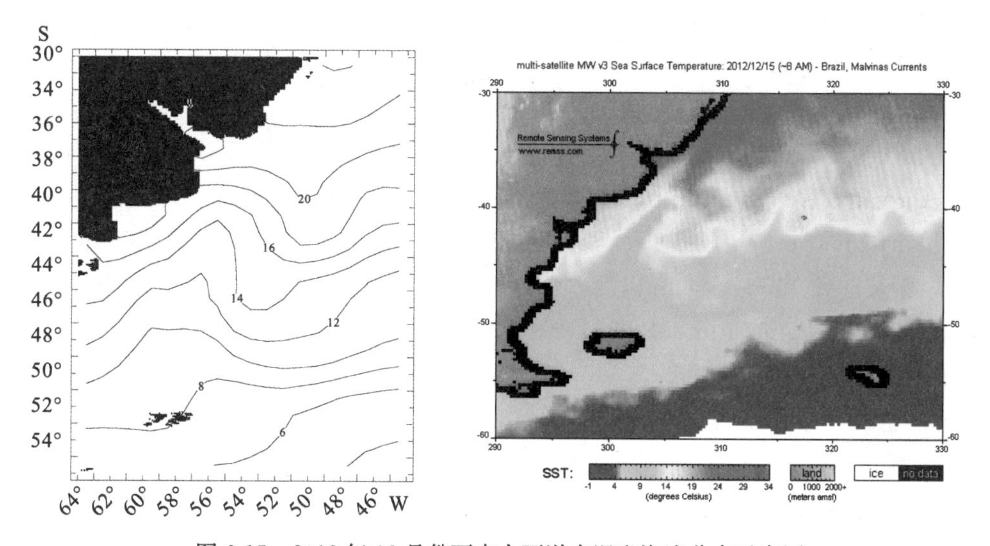

图6-15　2012年12月份西南大西洋表温和海流分布示意图

第三节　海洋环境对阿根廷滑柔鱼资源补充量的影响

目前，所有已规模开发利用的柔鱼类均生活在复杂的海洋环境下，对渔场分布和变化特点以及资源补充量变化规律的把握是进行柔鱼类资源评估和管理的基础。阿根廷滑柔鱼是短生命周期种类，尽管其自身具有很强的自我调节能力，可以在较短时间内对海洋环境变化进行反应，并很快适应这种变化，但海洋环境变动对其影响依然显著。已有研究表明，阿根廷滑柔鱼产卵场海表温适宜范围的大小一定程度上可用来解释其补充量的变化(Schwarz和Perez，2010)，阿根廷滑柔鱼渔场变化与海洋环境关系的研究也已经展开(刘必林和陈新军，2004；陈新军和刘金立，2004；陆化杰和陈新军，2008；张炜和张健，2008)，但以往研究尚不能解释海洋环境因子如何具体影响中心渔场的形成及其变化。为此，本节的目的在于了解海洋环境因子对西南大西洋阿根廷滑柔鱼渔场分布的影响，深入探讨资源补充量与海洋环境因子的关系，并根据上述研究结果对2012年西南大西洋阿根廷滑柔鱼资源补充量进行预测分析。

一、阿根廷滑柔鱼的群体组成及洄游习性

阿根廷滑柔鱼分布比较广阔，种群结构比较复杂。已有研究表明，根据其孵化季节、产卵场的位置等，主要可以划分为夏季产卵群(Summer spawning stock，SSS)、冬季产卵群(Hatanaka，1986；Brunetti，1981；叶旭昌和陈新军，2002)、秋季产卵群和春季产卵群(Nigmatullin，1986；Nigmatullin，1989；Haimovici 和 Perze，1990；Haimovici et al.，1995)。其中，春季产卵群又称南巴西群(Southern Brazil Stock，SBS)，秋季产卵群又称为布宜诺斯艾利斯－巴塔哥尼亚群(Bonaerensis-Northpatagonic Stock，BNS)，而冬季产卵群则又称为南巴塔哥尼亚种群(South Patagonic Stock，SPS)。除了上述四个主要群体外，在其他海域出现其他小型的产卵群(Haimovici 和 Perze，1990；Hatanaka et al.，1985)或者规模不大的仔稚鱼群体(Brunetti，1990；Leta，1987)，这些群体的鉴别和划分还需进一步细化和深入。

一般认为，SPS的孵化场在28°～38°S(Haimovici et al.，1995；Haimovici et al.，1998；Carvalho 和 Nigmatullin，1998)，仔稚鱼被巴西海流向南输送到南部暖水区进行觅食(Parfeniuk et al.，1993；Santos 和 Haimovici，1997；Vidal 和 Haimovici，1997)，胴长达到100～160mm以后，返回并穿过阿根廷外海到达38°～50°S的大陆架上(Carvalho 和 Nigmatullin，1998；Parfeniuk et al.，1993)。1～4月阿根廷滑柔鱼开始向南洄游至49°～53°S海域；4～6月阿根廷滑柔鱼性成熟后，重新回到大陆坡边缘开始向北洄游到产卵场(Arkhipkin，1993)。还有学者认为，成熟SPS个体(性成熟为Ⅲ、Ⅳ和Ⅴ期，胴长170～380mm)于每年的3～5月(不同年份的聚集时间略有不同)聚集在44°S的大陆架和大陆坡，7～8月完成产卵洄游(Brunetti，1988；Koronkiewicz，1986；Uozumi 和 Shiba，1993；Nigmatullin，1989；Hatanaka et al.，1985；Otero et al.，1981；Brunetti 和 Perez，1989；Rodhouse et al.，1995)。目前对其确切的产卵场尚未完全定论，通常认为可能在福克兰海流或者巴西海流控制下的44°S大陆架，然后在巴西海流中产卵，随后卵粒和仔稚鱼被巴西海流逐渐向北输送(Koronkiewicz，1986；Brunetti 和 Ivaonvic，1992；Rodhouse et al.，1992)。

BNS于每年6～7月聚集在巴西与福克兰海流汇合(Haimovici et al.，1998；Carvalho 和 Nigmatullin，1998)的30°～37°S大陆架海域，仔稚鱼于夏季和秋节向南洄游到46°～47°S海域进行觅食，性成熟以后开始聚集在250～350m深的大陆架边缘，随后向北洄游到产卵场(Arkhipkin，2000)。一些学者认为，BNS产卵前在4～9月聚集在35°～43°S海域(Brunetti，1988)，性成熟以后向大洋深处洄游交配和产卵，只有一小部

分已受精的个体出现在 36°S 和 37°30′S 海域。然后 BNS 的仔稚鱼向东洄游至大陆架水域，个体成熟后于夏季和秋季向产卵海域洄游。

SSS 于每年的 12 月至次年 2 月聚集在大陆坡中部及外围 42°～47°S 海域进行产卵，并且这个群体的整个生命周期都生活在大陆架海域内（Brunetti 和 Elean，1998；Haimovici et al.，1998；Carvalho 和 Nigmatullin，1998；Nigmatullin，1989）。

二、渔场时空分布及其与表温的关系

1. 材料和方法

（1）数据来源

采用 2000～2010 年我国西南大西洋 39°～51°S、57°～67°W 海域的阿根廷滑柔鱼渔业统计数据，来源于中国远洋渔业分会上海海洋大学鱿钓技术组，数据字段包括日期、经度、纬度、产量、作业次数，时间分辨率为天，空间分辨率为 0.5°×0.5°（定义为 1 个渔区）。

鱼类是冷水动物，鱼类与外界的温度之差一般在 0.5°左右。此外，阿根廷滑柔鱼渔场的大背景是冷水性的福克兰海流与暖水性的巴西海流交汇而成，因此水温的高低实际上间接地表达了海流情况。同时，前人大量研究认为，阿根廷滑柔鱼与表温关系极为密切。水温也是目前利用海洋遥感获取最为方便和最为准确的资料，也是船长寻找中心渔场最为常用的因子。因此本研究中选择表温（SST）和表温距平均值（SSTA），其数据来源于哥伦比亚大学网站：http：//iridl.ldeo.columbia.edu，时空分辨率分别月和 1.0°×1.0°。

（2）分析方法

1）渔场分布与纬度、经度的关系

按每一经度、每一纬度的分辨率统计各月渔获量和作业次数，并计算 2000～2010 年各月所占的比例，估算其平均比例，以分析其空间分布及其变动。

2）以名义 CPUE 为基础的渔场重心计算及其分布

名义 CPUE 为每天每艘鱿钓船的捕捞量。以 CPUE 为基础计算阿根廷滑柔鱼渔场分布的重心。计算公式为：

$$LONG_j = \frac{\sum LONG_i \times CPUE_{ij}}{\sum CPUE_{ij}} \tag{6-1}$$

$$LATG_j = \frac{\sum LATG_i \times CPUE_{ij}}{\sum CPUE_{ij}} \tag{6-2}$$

式中，$LONG_j$ 表示渔场重心的经度；$LATG_j$ 表示渔场重心的纬度；$LONG_i$ 表示第 i

个渔区中心点的经度；$LATG_i$ 表示第 i 个渔区中心点的纬度；$CPUE_{ij}$ 表示第 i 个渔区第 j 个月的 CPUE(t/d)；

3)渔场分布重心和表温关系分析

利用相关性分析方法，研究选定海域(39°～51°S、57°～67°W)1～5 月间渔区中心纬度和经度和对应时间 SST、SSTA 是否存在相关性。如果存在相关性，则利用回归分析方法分析 SST、SSTA 纬度和经度中心的关系。

2. 结果

(1) 渔场在经纬度方向上分布

1)纬度方向渔场分布

2000～2010 年，不同月份间，阿根廷滑柔鱼渔场产量分布在纬度上存在着显著性差异($F_{13.07}=6.19$，$P<0.05$,)(图 6-16)，这表明阿根廷滑柔鱼中心渔场的时空分布变化显著。在纬度方向上，1～5 月间中心渔场主要分布在 41.5°～47.5°S 海域。1～2 月份，产量主要分布在 46.5°S 附近海域，比重均超过 57.87%；3 月以后产量分布逐步向南移动，3 月主要分布在 45.5°S 和 46.5°S 附近海域，其产量分别占总量的 29.89%和 39.63%；4～5 月份，产量主要分布在 42.5°S 海域，其比例分别为 24.42%和 32.88%(图 6-16)。

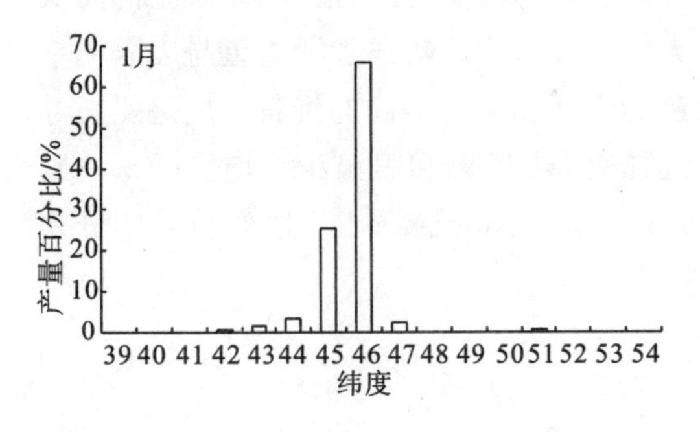

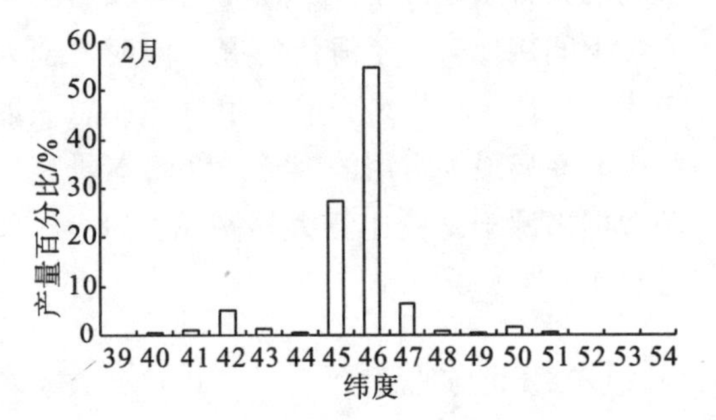

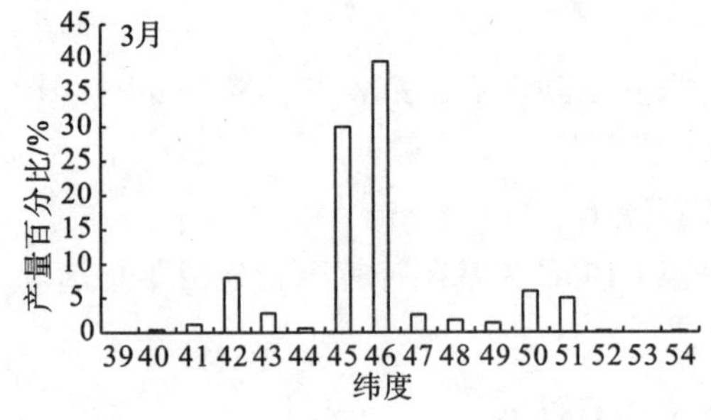

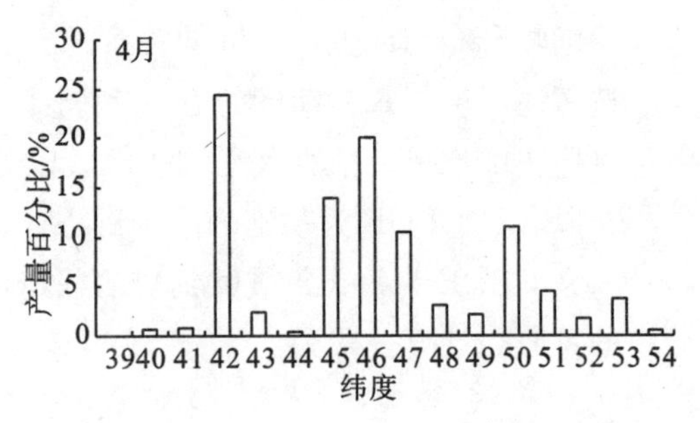

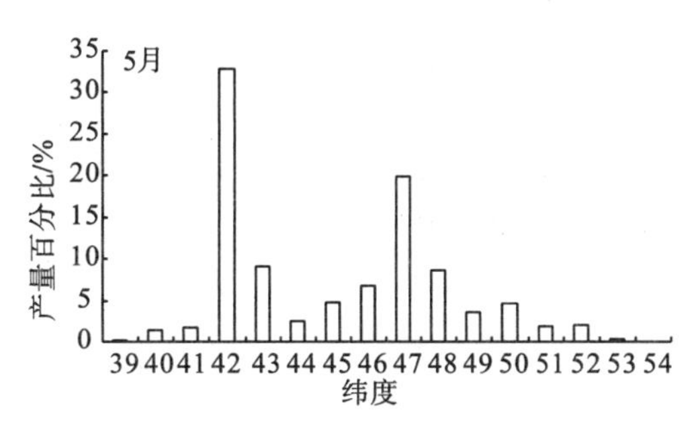

图 6-16　2000~2010 年 1~5 月阿根廷滑柔鱼渔场各月捕捞量百分比的纬度分布

2000~2010 年，不同月份间阿根廷滑柔鱼渔场(39°~51°S、57°~67°W)作业次数重心在纬度上也有显著性差异($F_{8.73}$=4.28，P<0.05)，且与产量的分布基本一致。1~5 月，主要分布在 41.5°~47.5°S 海域。其中，1~2 月份作业次数主要分布在 46.5°S 附近海域，比例均超过 67.69%；3 月以后作业次数分布逐步向南移动，3 月主要分布在 45.5°S 和 46.5°S 海域，其作业次数分别占总数的 26.95%和 45.23%；4~5 月份主要分布在 42.5°S 海域，其比例分别为 21.97%和 31.41%(图 6-18)。

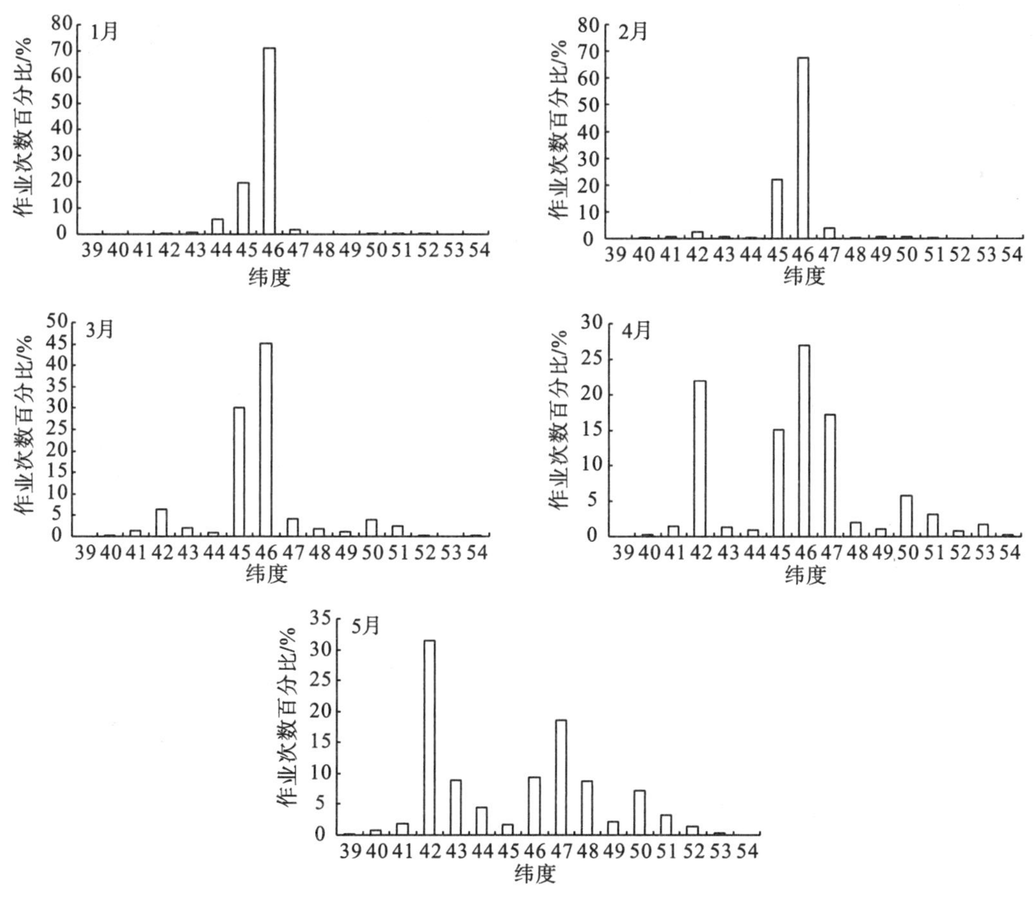

图 6-17　2000~2010 年 1~5 月阿根廷滑柔鱼渔场各月作业次数百分比的纬度分布

2)经度方向渔场分布

2000～2010 年，不同月份间阿根廷滑柔鱼产量分布在经度上变化也比较明显，其中 1 月、2 月、3 月间不存在显著性差异($P>0.05$)，而 1 月和 5 月($P<0.05$)、2 月和 5 月间($P<0.05$)的产量分布在经度上存在显著性差异(图 6-18)。

1～5 月，中心渔场主要分布在 58.5°～66.5°W 海域。其中，1～3 月份产量主要集中在 61.5°W 附近海域，产量比例均超过 73.92%；4 月以后产量分布逐步向西移动，4 月主要分布在 61.5°W 海域，其产量比例只 46.98%，58.5°W 附近海域产量比例已经上升到 21.29%；5 月 61.5°W 附近海域产量继续下降，而 58.5°W 产量比例持续上升，所占比例分别为 35.16%和 30.43%(图 6-18)。

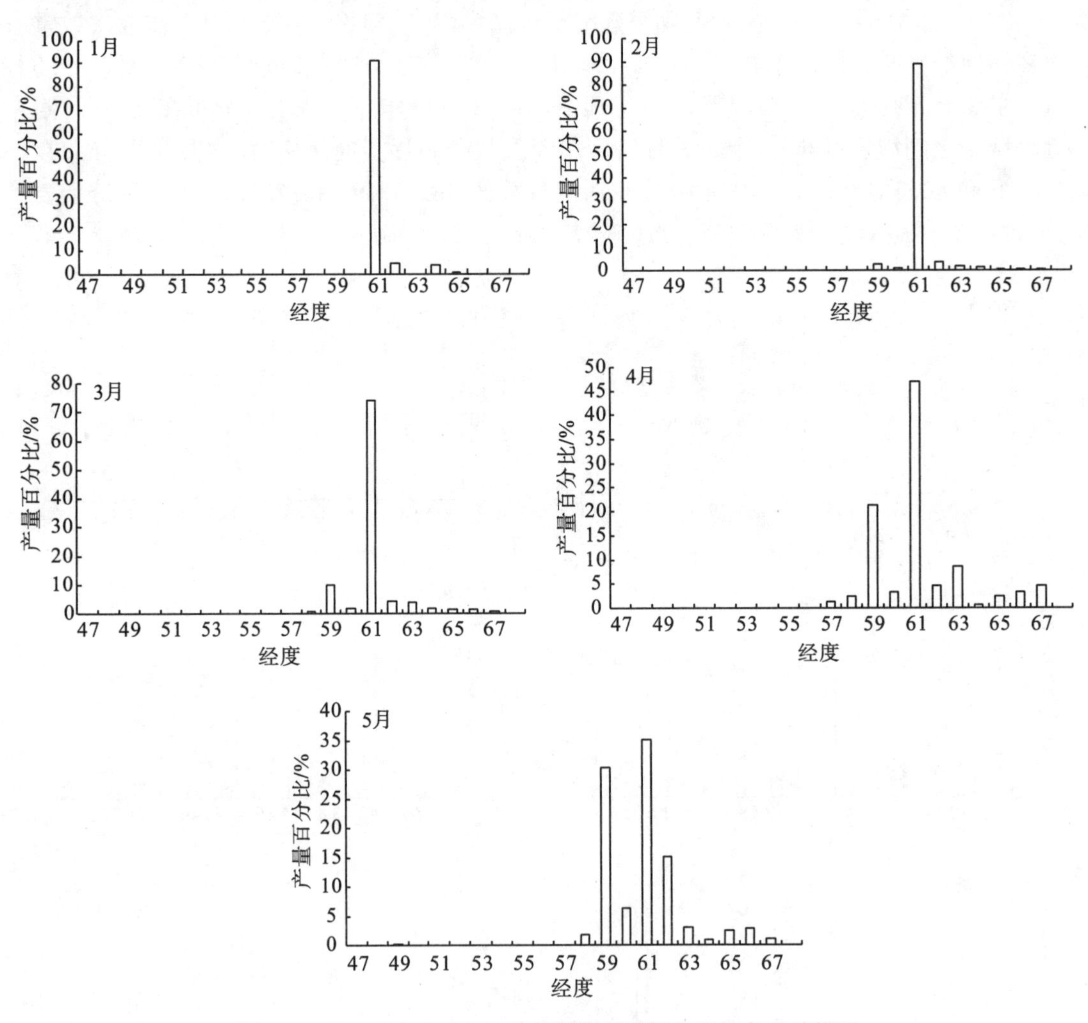

图 6-18　2000～2010 年 1～5 月阿根廷滑柔鱼渔场各月捕捞量百分比的经度分布

2000～2010 年不同月份间，阿根廷滑柔鱼渔场作业次数分布在经度上也存在明显变化，且变化趋势同产量分布变化趋势基本保持一致。1 月、2 月、3 月间不存在显著性差异($P>0.05$)，而 1 月和 5 月($P<0.05$)、2 月和 5 月间($P<0.05$)的作业次数分布

在经度上存在显著性差异。1～5 月，作业次数主要分布在 58.5°～66.5°S 海域。其中，1～3 月作业次数主要集中在 61.5°W 附近海域，作业次数的比例都超过 79.73%；4 月以后作业次数分布逐步向西移动，4 月主要分布在 61.5°W 附近海域，其作业次数比例为 51.57%，而 58.5°W 附近海域的作业次数比例已上升到 21.78%；5 月 61.5°W 附近海域作业次数继续下降，而 58.5°W 作业次数持续上升，所占比例分别为 38.16%和 28.07%(图 6-19)。

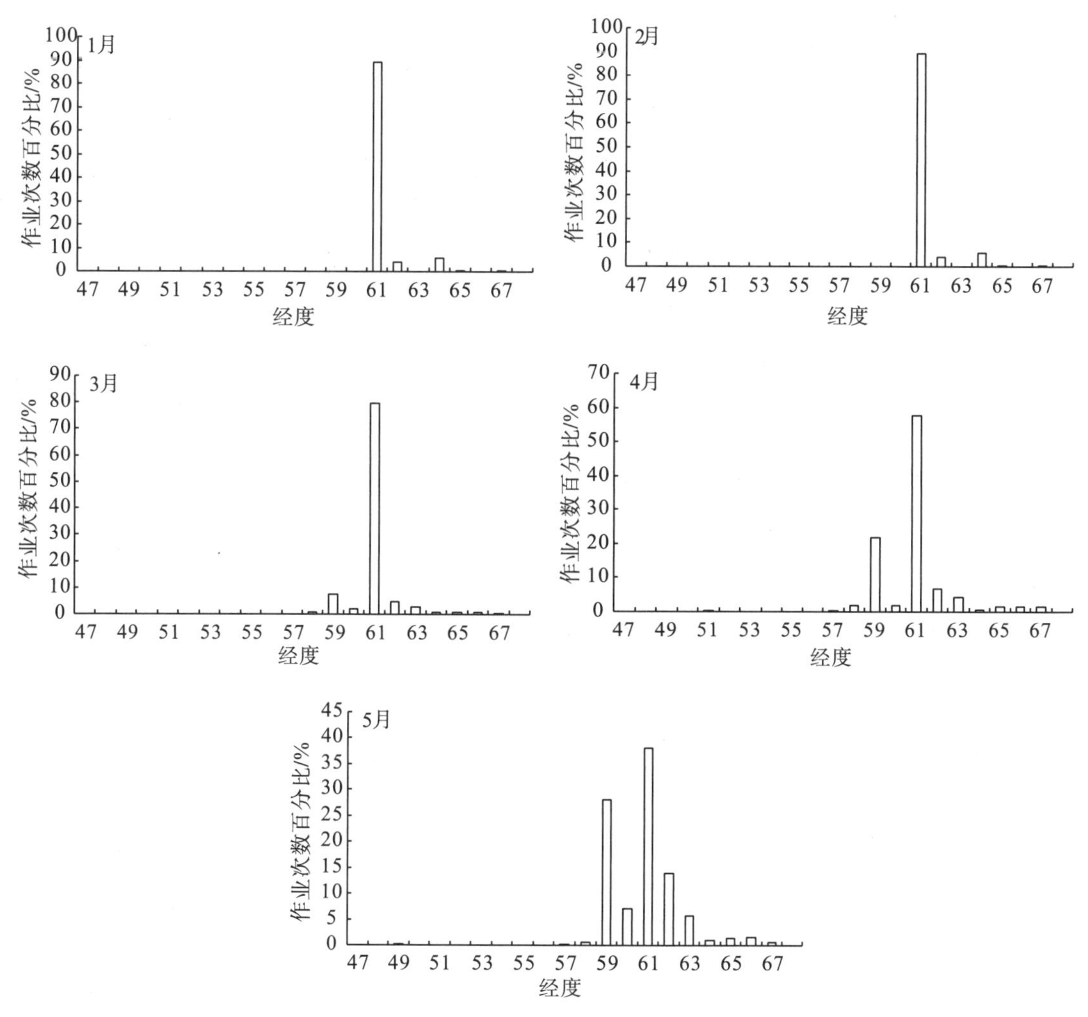

图 6-19　2000～2010 年 1～5 月阿根廷滑柔鱼渔场各月作业次数百分比的经度分布

(2) 渔场重心的年间变化

2000～2010 年，阿根廷滑柔鱼渔场重心在经度方向年间变动并不显著($F_{12,86}=1.94$，$P>0.05$)，主要在 58.5°～65.5°W 变动(图 6-20)，而纬度方向渔场重心变动显著($F_{9,34}=3.12$，$P<0.05$)。1～5 月，渔场重心基本遵循逐步向南变化的规律。1 月渔场重心处于 5 个月中的最北部，2 月开始南移，5 月到达最南部(图 6-20)。1～5 月各月

渔场重心的平均经度分别为 45. 21°S、44. 88°S、44. 44°S、43. 93°S 和 43. 29°S。在经度方向，1 月渔场重心处于 5 个月中的西部，2 月开始东移，5 月到达最东部(图 6-20)。1~5 月各月渔场重心的平均纬度分别为 60. 84°W、60. 75°W、60. 29°W、59. 75°W 和 59. 53°W。

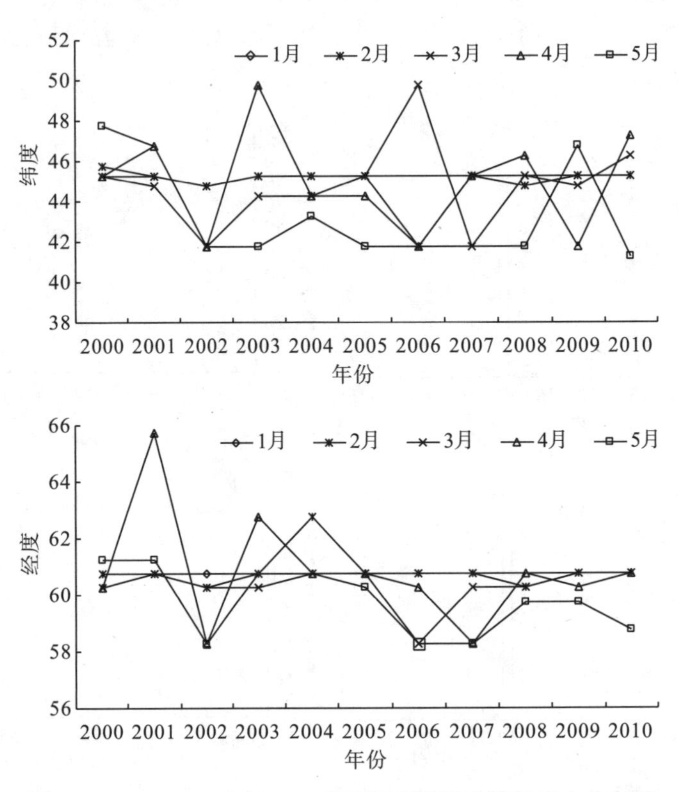

图 6-20　2000~2010 年 1~5 月阿根廷滑柔鱼渔场重心分布图

(3) 阿根廷滑柔鱼渔场时空分布与 SST 和 SSTA 的关系

相关性分析表明，2000~2010 年西南大西洋阿根廷滑柔鱼渔场纬度重心($P<0.05$)和经度重心分布与对应位置的 SST(之间均存在相关性($P<0.05$)。对于纬度而言，随着 SST 的增加纬度基本呈现增加趋势。同样，对于经度而言，随着 SST 的增加经度也呈现逐步增加的趋势(图 6-21)。因此利用阿根廷滑柔鱼渔场时空分布的纬度重心和经度重心，与对应海域的 SST 建立线性回归模型，结果表明二者有显著正向线性相关(图 6-21)。

2000~2010 年，由于阿根廷滑柔鱼渔场重心对应位置 SSTA 存在正负两种水平，因此分正负两种水平对阿根廷滑柔鱼渔场纬度重心与对应位置 SSTA 的关系进行研究。相关性分析表明，纬度分布和 SSTA 之间存在显著相关性($P<0.05$)。利用阿根廷滑柔鱼渔场纬度重心与对应海域的 SSTA 建立线性回归模型，结果表明无论是正水平和负水平，二者均有显著线性相关(图 6-22)。

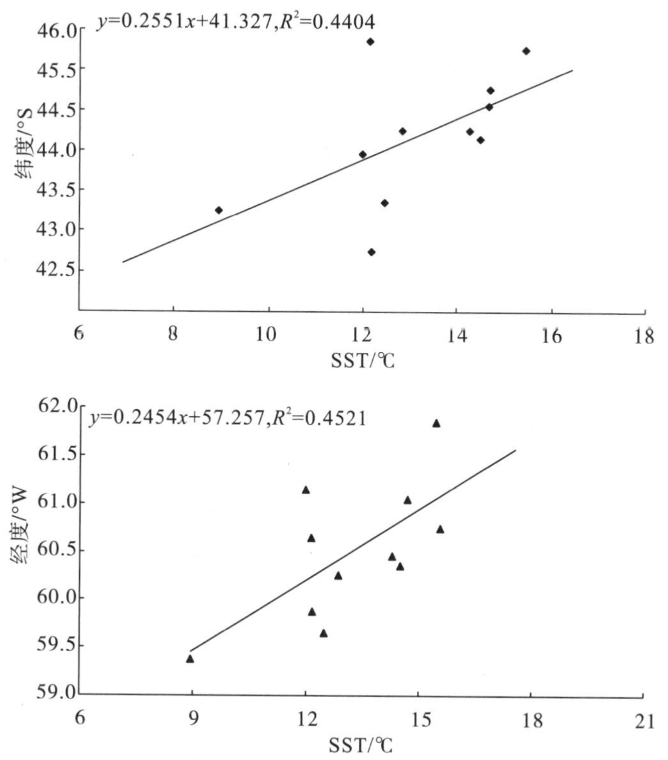

图 6-21　2000～2010 年阿根廷滑柔鱼时空分布经纬度重心和 SST 关系

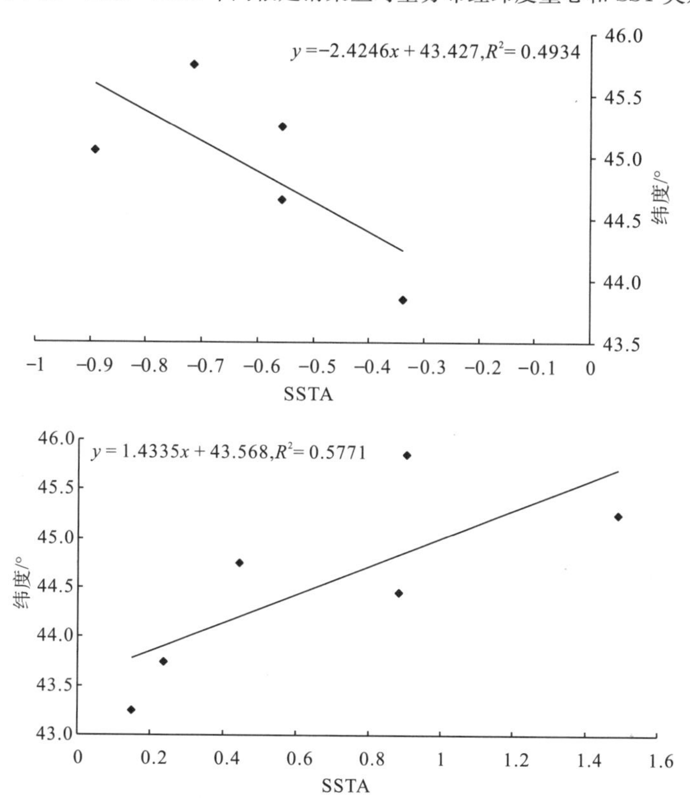

图 6-21　2000～2010 年阿根廷滑柔鱼时空分布纬度重心和 SSTA 的关系

同样，分正负两种水平对阿根廷滑柔鱼渔场重心的经度与对应位置 SSTA 的关系进行研究。相关性分析表明，经度分布和 SSTA 之间($P<0.05$)存在显著相关性。利用阿根廷滑柔鱼渔场经度重心与对应海域的 SSTA 建立线性回归模型，结果表明无论是正水平和负水平，二者均有显著线性相关(图 6-23)。

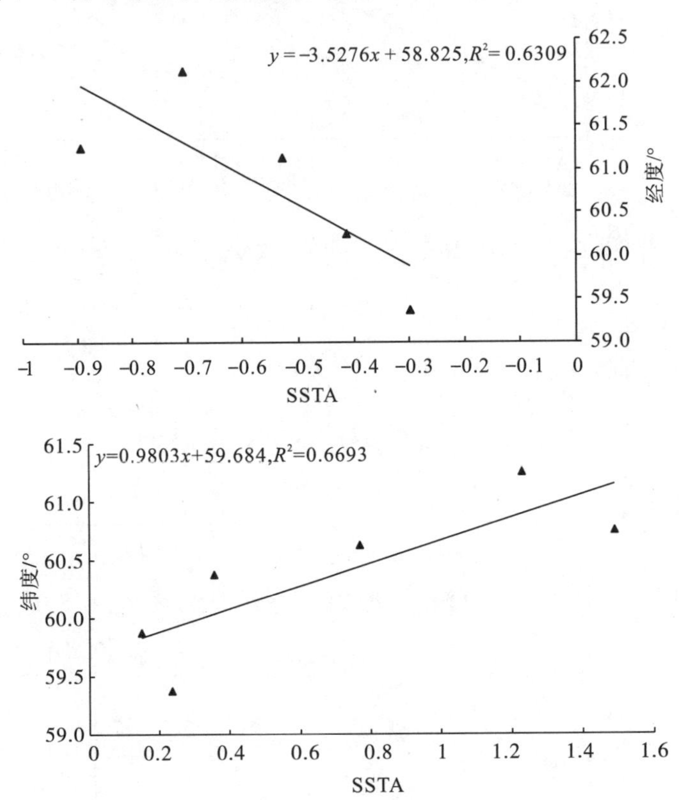

图 6-23　2000～2010 年阿根廷滑柔鱼时空分布经度重心和 SSTA 的关系

3. 讨论

(1)渔场重心变化

研究表明，2000～2010 年阿根廷滑柔鱼渔场而言，无论是产量还是作业次数，无论是经度还是纬度，1 月、2 月、3 月间的变化不存在显著性差异，而 4 月和 5 月后开始出现显著性变化。总体而言，1～5 月纬度呈现由北向南的移动过程，而经度则没有规律性的变化。一些学者通过研究也表明，西北太平洋柔鱼 CPUE 纬度 8、9、10 月间主要在 41°～44°N 南北变动，而经度重心年间变动不显著，并且没有规律可循(曹杰，2010)。相关性分析表明，纬度的变化与经度的变化存在相关性($P<0.05$)，因此笔者推测，对西南大西洋阿根廷滑柔鱼渔场而言，经度的变化是纬度变化的间接反映。而纬度变化之所以存在一定的规律性，是因为纬度的位置和海洋环境(如 SST 和 SSTA)存在一定的相关性。Waluda 等(2008)通过海洋遥感照片对 1993～2005 年整个西南大西洋阿根廷滑柔鱼作业渔场进行了研究，认为 45°～47°S 海域内捕捞努力最高，这与本研

究中1～3月中国大陆鱿钓渔业产量中心和作业次数中心位置完全相同。而本研究认为4月开始，产量中心和作业次数中心开始南移，5月时重心位置已经在42.5°S。这与Waluda等(2008)的研究存在出入，原因可能是研究的时间和空间分辨率不同。本研究针对2000～2010年中国大陆鱿钓渔业每个月的作业渔场进行研究，并且只针对公海渔场。Waluda等(2008)的研究则以年为单位进行，并且针对西南大西洋海域整个阿根廷滑柔鱼渔场，主要分为3个，即阿根廷专属经济区内渔场、福克兰群岛周围海域渔场及公海渔场(FAO，1994；Waluda et al.，2002)。

(2) 渔场时空变化与环境因子的关系

研究表明，西南大西洋阿根廷滑柔鱼CPUE经纬度重心变化和SST、SSTA存在相关性。2000～2010年，纬度和经度都随着SST的增加呈现增加趋势。当SSTA为负值时，纬度和经度都随着SSTA的增加而减小，当SSTA为正值时纬度和经度则都随着SSTA的增加而增加。即纬度和经度总体上在一定范围内随着SSTA波动的增大而增加。曹杰(2010)研究认为，西北太平洋柔鱼索饵场155°E以西40°～43°N、150°～155°E海域的SSTA与柔鱼时空分布纬度重心关系密切，并且二者有显著的正向线性相关，这与本研究纬度中心和经度中心与SSTA的关系研究结果相似。目前，对于阿根廷滑柔鱼渔场变动与海洋环境的关系，很多学者已经做了研究(刘必林和陈新军，2004；陆化杰和陈新军，2008；张炜和张健，2008；Waluda et al.，2002)。一些学者虽然没有量化渔场变化与海洋环境的关系，但也提出了阿根廷滑柔鱼渔场的变动是海洋环境变化的间接反映(Payne，1998)。通常认为，巴西暖流与福克兰寒流汇合海域，营养盐丰富，是阿根廷滑柔鱼重要的饵料场，这也是促使阿根廷滑柔鱼穿越整个大陆架及大陆坡海域洄游至该海域的重要动力(O'Dor，1992)。这种洄游也从根本上带动了作业渔船在时间和空间上的变动(O'Dor和Coelho，1993)。

三、海洋环境对阿根廷滑柔鱼资源补充量的影响

1. 材料和方法

(1)环境因子选择

前人研究表明，40°～42°S、56～58°W海域通常被认为是福克兰海域商业性重要捕捞群体(SPS)的孵化场(Csirke，1987；Basson et al.，1996)(图6-24)，同时也是巴西海流和福克兰海流的交汇区(Rodhouse，1995；Brunetti和Ivaonvic，1992；Leta et al.，1992)。根据国外其他学者的研究(Arkhipkin和Scherbich，1991；Arkhipkin和Laptikhovsky，1994；Brunetti，1981)，SPS产卵孵化时间为6～8月，因此本研究选定产卵海域(40°～42°S、56°～58°W)6～8月SST和SSTA作为海洋环境因子，并假设当年6～8月的SST和SSTA对下一年SPS的资源补充量会产生影响，并通过统计方法加以验证。

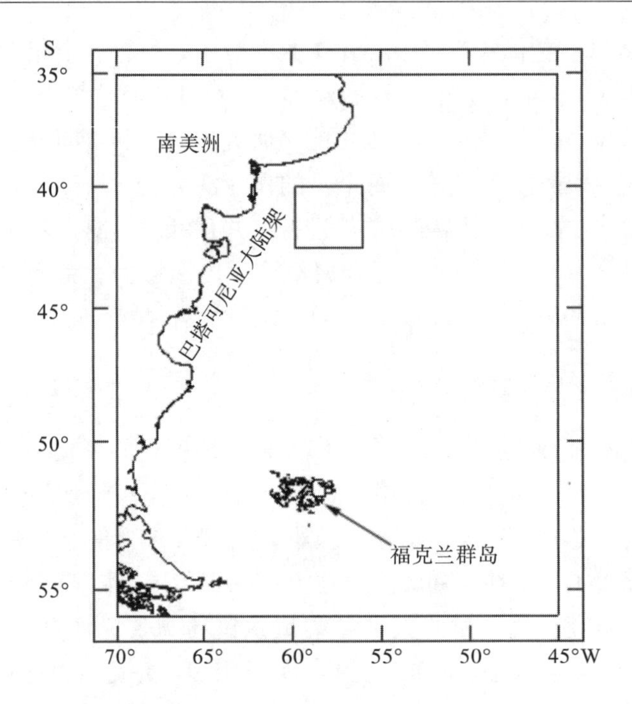

图 6-24　阿根廷滑柔鱼产卵场推定海域分布示意图(40°～42°S、56°～58°W)

(2) 渔业数据

本研究采用福克兰海域阿根廷滑柔鱼的产量数据，具体产量数据及许可捕捞渔船数量来源于福克兰政府渔业管理部门，时间为 1998～2008 年。由于福克兰海域阿根廷滑柔鱼渔业受到严格、科学的管理，并且比较成功，因此单位努力量捕捞量(CPUE)定义为每艘船每年的捕捞量(Waluda et al.，2001)。

(3)海洋环境数据

研究认为，阿根廷滑柔鱼 SPS 资源补充量与前一年是否成功产卵与孵化密切相关(Boyle，1990)，并且合适的 SST(>12℃)和 SSTA(>0)对阿根廷滑柔鱼成功孵化至关重要(Waluda et al.，1999；Pierce 和 Guerra，1994；Boyle 和 Boletzky，1996)。同时，阿根廷滑柔鱼仔稚鱼主要生活在 0～30m 水深(Waluda et al.，2001)。因此，本研究利用产卵场的 SST 和 SSTA 因子对下一年阿根廷滑柔鱼资源补充量的影响进行分析。SST 和 SSTA 数据来源于哥伦比亚大学网站：http：//iridl. ldeo. columbia. edu，时空分辨率分别为月和 1. 0°×1. 0°。

(4)数据分析

首先计算出 1998～2008 年 6～8 月产卵场 40°～42°S、56°～58°W 内 4 个点(40. 5°S、56. 5°W，40. 5°S、57. 5°W，41. 5°S、56. 5°W，41. 5°S、57. 5°W)的 SST 和 SSTA 的平均值，以此作为当年当月的 SST 和 SSTA 数值指标。

然后计算出 1998～2008 年每年福克兰 SPS 鱿钓产量和 CPUE，以此作为资源补充量的指标。

再利用相关性分析对 11 年间选定的 6～8 月每月 SST、SSTA 和次年产量及 CPUE 数据进行统计分析，以此判断产卵场 SST 和 SSTA 是否对一下年的资源补充量形成影响。如果影响存在，则利用线性回归等公式建立海洋环境因子与资源补充量的关系。

最后根据 2011 年产卵场 6～8 月的 SST 和 SSTA 数据，预测 2012 年阿根廷滑柔鱼资源补充量。

2. 结果

(1)福克兰海域阿根廷滑柔鱼产量及 CPUE 组成

统计分析显示，1998～2008 年福克兰海域阿根廷滑柔鱼产量年间波动较大，CPUE 基本也呈现相似的变化趋势(图 6-25)。1999 年福克兰海域阿根廷滑柔鱼产量最高，达到 26.625 万 t。此后 2000～2002 年，产量开始急剧下降，到 2002 年时已降到 13.41 万 t。2004 年、2005 年也处于低水平，2006 年后产量开始上升，到 2007 年恢复到历史正常水平 16.12 万 t。CPUE 变化趋势和产量变化趋势基本保持一致：1999 年 CPUE 最高，为 3059.8t/艘，此后 2000～2002 年，开始急剧下降，到 2002 年只有 107.29t/艘，2003 上升到 847.33t/艘，之后 2004 年、2005 年处于低水平，2006 年后产量开始上升，到 2007 年恢复到历史正常水平 2149.36t/艘。2006 年 CPUE 出现异常，尽管当年产量相对偏低，但 CPUE 却相对较高为 1991.02t/艘，这可能和当年生产渔船数量减小有关(图 6-25)。

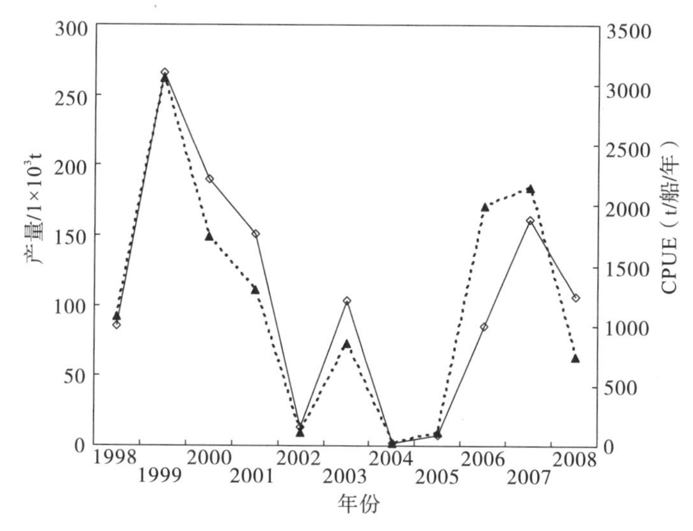

图 6-25　1998～2008 年福克兰海域阿根廷滑柔鱼产量及 CPUE 分布图

(2)CPUE 和孵化场海洋环境因子的关系

相关性分析表明，对于推定的孵化场，只有 6 月份 SST 和次年的 CPUE 存在显著相关性(P=0.048<0.05)，而 7 月(P=0.151>0.05)和 8 月(P=0.249>0.05)SST 和

次年 CPUE 之间不存在相关性。回归分析表明，选取产卵场 6 月 SST 和次年的 CPUE 呈线性正相关(图 6-26)。

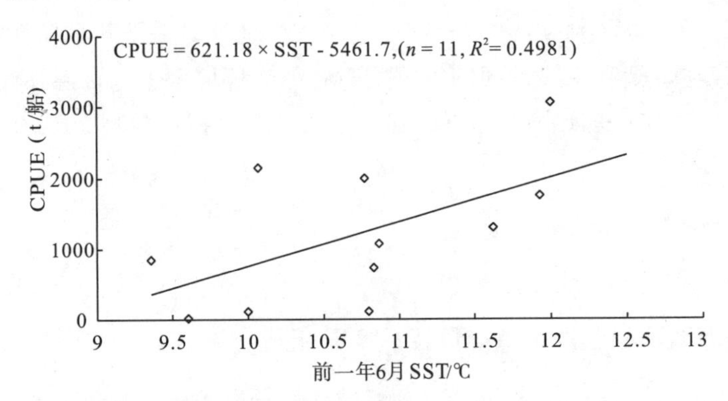

图 6-26　1998～2008 年福克兰海域阿根廷滑柔鱼 CPUE 和孵化场前一年 6 月 SST 关系

同样，在分析 6～8 月 SSTA 与来年阿根廷滑柔鱼 CPUE 的关系时，相关性分析表明，只有 6 月(P=0.043<0.05)SSTA 和次年的 CPUE 存在显著相关性，7 月(P=0.251>0.05)和 8 月(P=0.517>0.05)均不存在相关性。回归分析表明，6 月孵化场海域 SSTA 和次年的 CPUE 之间呈线性正相关(图 6-27)。

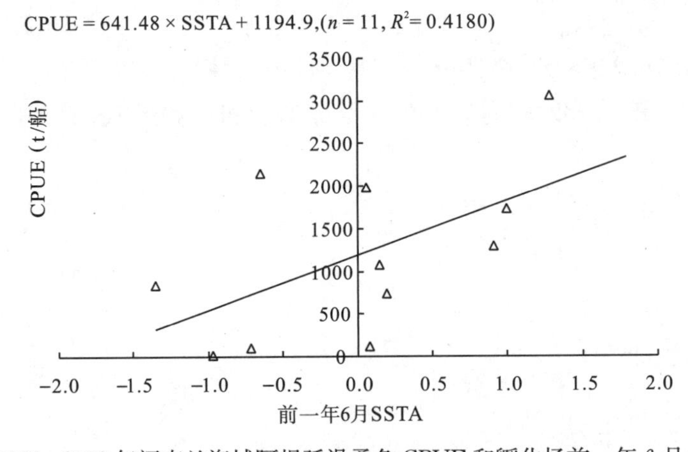

图 6-27　1998～2008 年福克兰海域阿根廷滑柔鱼 CPUE 和孵化场前一年 6 月 SSTA 关系

综上所述，当推定产卵场海域 SST 相对较高时(如 1998、1999、2005 和 2006 年，平均温度达到 11.22℃)，次年的阿根廷滑柔鱼 CPUE 就会相对稍高。而当推定产卵场海域 SST 较低时(如 2001、2003 和 2004 年，平均温度为 9.40℃)，次年的产量则会偏低。同样，当推定产卵场海域 SSTA 相对较大时(如 1998、1999、2005 和 2006 年，平均为 0.38℃)，次年的 CPUE 就会相对稍高，而 SSTA 较小时(如 2003 年和 2004 年，平均仅为−0.44℃)，下一年的 CPUE 也会相对较低。

(3)2012 年阿根廷滑柔鱼资源补充量预测

前面研究认为，利用孵化场 6 月份的 SST 和 SSTA 用于预测来年福克兰海域阿根廷滑柔鱼资源补充量是可行的。总体而言，当 6 月 SST 高于 10℃、SSTA 大于 0 时，次年阿根廷滑柔鱼产量可能会相对较高，而当6月SST低于10℃、SSTA小于0，次年的产量和CPUE应可能会较低。6月SST和SSTA与次年的产量和CPUE基本成正相关。为此，本研究根据2011年孵化场海域6月的海洋环境状况来预测2012年阿根廷滑柔鱼资源补充量。根据遥感数据分析，2011年6月份SST平均为11.04℃，SSTA平均为0.52℃，因此推测2012年福克兰海域阿根廷滑柔鱼资源补充量会处在较好的水平，其预测的CPUE为1404.9～1515.2t/船。

3. 讨论

通过分析，1998～2008年福克兰海域阿根廷滑柔鱼产量年间波动较大，CPUE基本也呈现相似的变化趋势。按照产量的高低，可以将2000～2010年分为3个不同的阶段：2000～2001年为高产年，2002～2004年为低产年，2006～2008年为高产年。通常认为，这种变化与大范围海洋环境变化有关，尤其是厄尔尼诺和拉尼娜现象(Boyle，1990)。

通过对孵化场(40°～42°S、56°～58°W)6～8月的表温与福克兰海域阿根廷滑柔鱼SPS群体的CPUE相关性分析，结果表明，7～8月该海域SST和SSTA对于次年的CPUE没有显著相关性，而6月的SST和SSTA则与次年CPUE存在相关性，并基本呈正线性相关。其他学者研究认为，在假设产卵海域(32°～39°S，49°～61°W)6～7月间阿根廷滑柔鱼最适温度(16～18℃)海域面积占全部产卵场海域面积比例越大，次年的阿根廷滑柔鱼资源丰度也越高(Waluda et al.，2001)。而16～18℃水团主要来源于巴西暖流，巴西暖流越强，满足条件的水团范围也越大，对应下一年的CPUE也就越高。这个结论也间接证明了本研究中得到的SST和SSTA越高，下一年CPUE也会相对越高的结果。

头足类早期生活阶段是否顺利直接影响到以后其资源量的大小，然而这个阶段是比较脆弱的，不仅仅只受到海域环境因素的影响(Boyle，1990)，还受到来自外部和内部的捕食者的影响(曹杰，2010)。加之阿根廷滑柔鱼是一年生种，产卵以后便死亡，因此阿根廷滑柔鱼早期生活经历的海洋环境对于资源补充力量是一个比较重要的影响因子。

Agnew等(2000)研究认为，对福克兰海域的巴塔哥尼亚枪乌贼(*Loligo gahi*)温度对其资源补充量影响较大，当秋季温度稍低时，次年的资源补充量对应也可能越高，Challier等(2002)通过对英格兰海峡巴塔哥尼亚枪乌贼(*Sepia officinalis*)的研究也得到了类似的结论。这说明，产卵场环境条件对鱿鱼类资源补充量的影响是很大的，关系是密切的。

研究认为，6月产卵场SST高于10℃、SSTA大于0时，次年阿根廷滑柔鱼资源补充量可能会相对较高，而当6月SST低于10℃、SSTA小于0，次年的资源补充量应可能会较低。当年的6月SST和SSTA与次年的CPUE基本成正相关。

CPUE经常被用于研究阿根廷滑柔鱼的资源丰度(Waluda et al.，1999；2001)。由于在福克兰海域作业渔船的功率大小、船长水平、集鱼灯功率等不同，名义CPUE可能反映不了其真实的资源丰度，经过标准化后的CPUE用于今后的研究，其相关性可能会更加密切。

尽管以前一些学者对海洋环境影响西南大西洋阿根廷滑柔鱼资源丰度进行了研究，也提出了一些假设，但是影响阿根廷滑柔鱼资源补充量的机制是复杂的，可能不是哪一个因子可以解释清楚的，因此还需要更多、更深入的研究。

第七章　阿根廷滑柔鱼资源量评估与管理策略

第一节　头足类资源评估现状

鱿鱼类一般是对头足类枪形目(Teuthoidea)的俗称，包括柔鱼科(Ommastrephidae)、枪乌贼(Loliginidae)和其他一些开眼亚目类(王尧耕和陈新军，2004)。鱿鱼类不仅是大型鱼类和哺乳动物的重要饵料，同时也是今后渔业的重要捕捞对象，所以如何科学地评估其资源并采取管理措施确保其资源的可持续利用，越来越得到世界各国学者的重视(Rodhouse，2001；2006)。然而目前全球只有少数鱿鱼种类的资源被进行评估并得到初步管理，大部分处于空白状态(Rodhouse，2006)，我国对鱿鱼类资源评估与管理的研究也处在刚刚起步阶段。为此，本书就目前国内外对鱿鱼类资源评估和管理的研究现状及其进展进行归纳与分析，并提出今后的发展方向，为可持续开发和科学管理鱿鱼类资源提供参考。

一、鱿鱼类生活史特点及传统评估方法的缺陷

鱿鱼类属于短生命周期种类，大多数商业开发种类的寿命小于1年，具有运动活力强、摄食数量大、消化能力强、生长迅速、性成熟早等特点(王尧耕和陈新军，2004；Rodhouse，2001)，可在1年内完成整个生命过程(图7-1)。因此与长生命周期种类在生活史过程和种群动力学上有着很大的不同，其中最主要的差别在于鱿鱼类亲体在产完卵后随即死亡，是典型的生态机会主义者，种群资源量的大小完全取决于补充量的多少(Rodhouse，2001；2006)。但其补充量容易受到环境因子波动的影响(Rodhouse，2001)，这给鱿鱼类资源评估与管理带来很大的困难。已有的研究表明，北太平洋柔鱼(*Ommastrephes bartramii*)资源量不仅与黑潮和亲潮的变化有关(邵全琴等，2005)，而且还受到厄尔尼诺、拉尼娜等现象(Chen et al.，2007)，以及产卵场适宜SST范围(陈新军等，2005)的影响；日本附近海域太平洋褶柔鱼(*Todarodes pacificus*)资源量多少与对马暖流(Choi et al.，2008)和气候冷暖年份(Sakurai et al.，2000)等有着密切的关系；西南大西洋海域阿根廷滑柔鱼(*Illex argentinus*)补充量的变化55%可用产卵场适宜SST范围来解释(Waluda et al.，2001)；东南太平洋茎柔鱼(*Dosidicus gigas*)资源变化直接受到厄尔尼诺和拉尼娜现象的影响(Rodhouse，2001)；欧洲枪乌贼(*Loligo vulgaris*)(Waluda et al.，2001)、好望角枪乌贼(*Loligo vulgaris reynaudi*)(Robin和Denis，2001)和巴塔哥尼亚枪乌贼(*Loligo gahi*)(Agnew et al.，2000)等补充过程也受到海洋环境的影响。

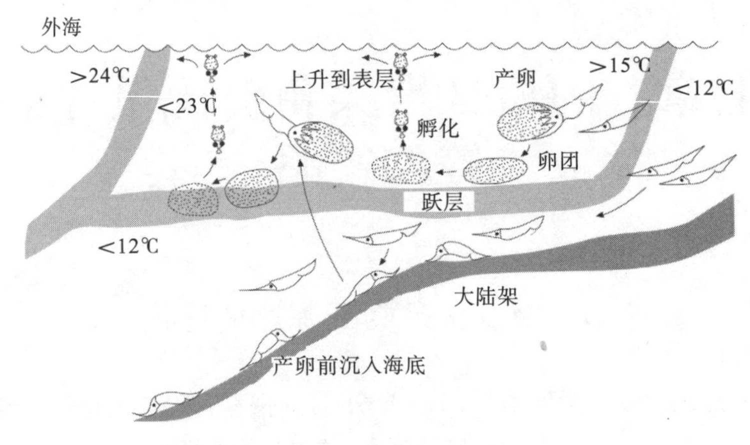

图 7-1　太平洋褶柔鱼繁殖过程示意图(Sakurai et al.，2000)

由于鱿鱼类的种群动力过程和生活史特征与长生命周期种类完全不同(图 7-2)，因此传统渔业资源评估和管理方法并一定适合于鱿鱼类。传统评估方法主要用于中等和长生命周期的种类，且必须有连续多个世代的样本数据(Quinn，1999)，然而鱿鱼类的生命周期通常只有 1 年(Rodhouse，2001)；传统的渔业管理目标是维持一定的产卵群体数量以避免补充群体过度捕捞而导致的资源崩溃(Quinn，1999；Hilborn 和 Walters，1992；Caddy 和 Rodhouse，1998)，即将维持最大可持续产量(MSY)作为管理目标，但是由于鱿鱼只有一年生，没有剩余群体，因此其 MSY 是无法确定的(Rodhouse，2006)。目前，鱿鱼类资源评估多数只能对渔获量、种群结构和丰度指数等参数进行描述，缺乏对鱿鱼类资源动力学的理解和对一些种群参数的估计(Rodhouse，2006)。为此，需要结合鱿鱼类生活史的特点，重新设计一种新的、有效的资源评估模式和管理方法。

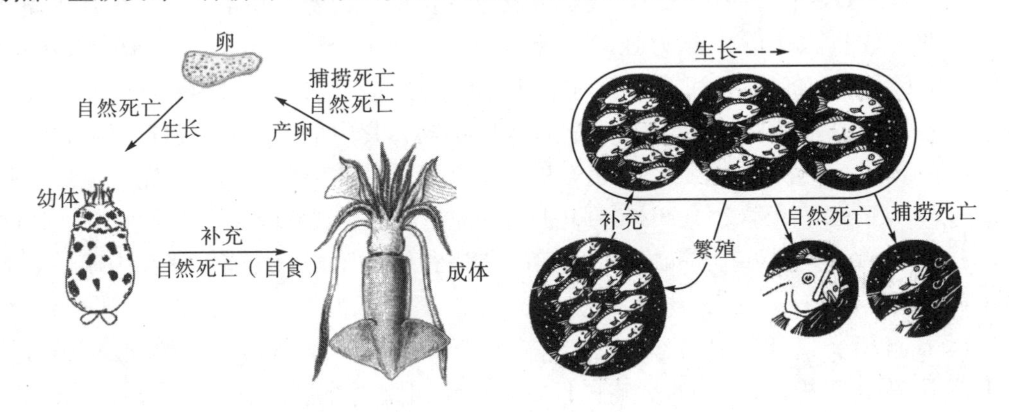

图 7-2　鱿鱼类(左)与长生命周期种类(右)的种群动力过程比较

二、资源评估现状

1. 方法分类

按渔汛进行的时间，可将鱿鱼类资源评估分为渔汛前、渔汛中和渔汛后三种方法

(Pierce 和 Guerra，1994)。其中渔汛前的评估主要是在渔汛开始之前进行渔业资源调查，根据调查资料对资源量进行评估并确定管理的参考点，例如阿根廷滑柔鱼渔业(Basson et al.，1996)；渔汛中的评估是根据渔汛前的调查数据，结合实际生产情况，利用 DeLury 衰减模型等来预测鱿鱼类资源的变化情况，根据管理目标估算出该渔季捕捞作业停止的时间；渔汛后的评估主要包括资源量与补充量关系、非平衡剩余产量模型等。另外，根据渔业资源评估理论，鱿鱼类资源评估方法又可分为：以体长(或年龄)为基础的群体分析模型、补充量-产卵关系模型、剩余产量模型，以及其他一些基于环境因子的资源预测模型。综合分析上述评估模型，目前只有对 DcLury 衰减模型的研究较为深入，而其他评估模型还处在不断探索阶段。

2. 衰减模型

DeLury 衰减模型在鱿鱼类资源评估中得到广泛的应用。Basson 等(1996)、Chen 等(2008)、Young 等(2004)和 Ichii 等(2006)利用该模型分别评估了西南大西洋阿根廷滑柔鱼、北太平洋柔鱼冬春生群体、苏格兰海域枪乌贼(*Loligo forbesi*)和北太平洋褶柔鱼秋生群体的资源量。衰减模型在数据相对缺乏情况下是一种较为有用的评估方法，该模型能计算获得初始资源量和可捕系数，但不能估算出生物学参考点。DeLury 衰减模型表达式如下(Basson et al.，1996；Young et al.，2004；Ichii et al.，2006；Chen et al.，2008)：

$$\ln(C_{it}/X_{it}) = \ln(qN_{0t}) - q\left(\sum_{j=0}^{i-1} X_{jt} + X_{it}/2\right) \tag{7-1}$$

式中，$i=0, 1, \cdots, n-1$，n 为时间段(如旬、周等)的个数；C_{it} 为 t 年 i 时间段的渔获量(尾)；X_{it} 为 t 年 i 时间段的捕捞努力量(t)；N_{0t} 为 t 年初始资源量的大小(尾)；q 为可捕系数，并且是假设恒定的。

但是，DeLury 衰减模型必须要满足以下假设条件(Basson et al.，1996；Chen et al.，2008；Young et al.，2004；Ichii et al.，2006；McAllister et al.，2004)：①封闭的渔场，只有很少的移入和迁出；②由于捕捞作用，资源量出现明显的下降；③单位捕捞努力量的渔获量(CPUE)与捕获率呈线性关系；④自然死亡率和可捕系数保持不变。在实际渔业中，上述假设条件不可能同时满足，为此一些学者对该模型进行了改进。如 Seber(1982)考虑了自然死亡率，并将模型表达为

$$\ln(C_{it}/X_{it}) = \ln(qN_{0t}) - M(i+1/2) - q\left(\sum_{j=0}^{i-1} X_{jt} + X_{it}/2\right) \tag{7-2}$$

式中，M 为自然死亡率，并保持不变；其他参数如式(7-1)。

另外，分布在福克兰群岛的巴塔哥尼亚枪乌贼渔业一年有两个渔汛，最初的评估是分两个渔季利用 DeLury 衰减模型进行估算，但是评估遇到了困难，因为研究表明脉冲式的补充使得渔季后期的 CPUE 出现上升(Hatfield，1996)，从而使得该渔业无法满足模型的假设条件。Brodziak 和 Rosenberg(1993)认为，可将脉冲式的补充考虑为一个种群中不同群体的迁入作用。但 Agnew 等(1998)证明，利用 DeLury 衰减模型分两个渔季分开进行评估会增加难度，于是提出了当 DeLury 衰减模型不适用时，可利用可捕系数和 CPUE 来评估资源量。McAllister 等(2004)认为，在模型假设条件均不能满足

时，可利用基于贝叶斯分等级表达的 DeLury 衰减评估模型来进行资源评估并提高参数估计的精度，该方法在巴塔哥尼亚枪乌贼渔业中得到了应用。

总之，常用的 DeLury 衰减模型在实际应用中有相当的不确定性，评估结果也存在着一定的误差，模型对自然死亡率的选择相当敏感。同时，评估结果直接与上述假设条件的满足程度有着很大的关系。本模型的最大缺陷在于没有考虑环境因子对资源量变动的影响。

3. 剩余产量模型

剩余产量模型又称生物种群动力模型，是常用的资源评估模型之一。它考虑了种群的生长、死亡和补充等过程，但忽略了种群的年龄和体长组成(Hilborn 和 Walters，1992)。剩余产量模型的基本形式如下：

$$B_{t+1} = B_t + g(B_t) - C_t \tag{7-3}$$

式中，B_t 为 t 时刻的生物量；C_t 为从 t 到 $t+1$ 时期内的捕捞量；$g(B_t)$为种群动力方程。

常用的种群动力学方程有以下 3 种(Michael 和 Julian，2003)：

Schaefer 模型(Schaefer，1954；1957)：$g(B) = rB\left(1-\frac{B}{k}\right)$　　(7-4)

Fox 模型(Fox，1970)：$g(B) = rB\left(1-\frac{\ln B}{\ln k}\right)$　　(7-5)

Pella-Tomlinson 模型(Pella 和 Tomlinson，1969)：$g(B) = \frac{r}{p}B\left[1-\left(\frac{B}{k}\right)^p\right]$　　(7-6)

剩余产量模型是基于渔获量和相对资源丰度的一种资源评估模型，该模型需要满足一定的假设(Hilborn 和 Walters，1992)，它能够估算 MSY 所对应的绝对资源量、捕捞死亡率以及种群参数 r、q 和 K(Prager，1994)。Hendrickson 等(1996)、Yatsu 和 Kinoshita(2002)利用该模型分别评估了滑柔鱼和太平洋褶柔鱼的资源量。该模型的最大问题在于当补充量出现大波动时，模型会变得不太适用(Prager，1994)。此外，该模型将种群动力过程(生长、死亡和补充)一并综合考虑，其参数估算和模型推算在传统长生命周期鱼类的应用上已受到广泛的质疑(Maunde，2003)，因此将这一模型应用在具有特殊种群动力学过程的短生命周期种类中，具有更大的不确定性。目前传统的平衡剩余产量模型已向非平衡剩余产量模型发展，其在鱿鱼类资源评估中的应用需做进一步的探讨与研究。

4. 基于年龄结构或体长结构的评估模型

基于年龄结构或体长结构的群体评估模型，是基于生物学数据的一种评估方法。它根据渔业数据和相应的生物学数据，利用 Tomlinson-Bell 模型对产量和资源量进行模拟(Rodhouse，2006)，或者结合单位补充量产量(YPR)和单位补充量产卵量(EPR)模型进行计算(Yatsu 和 Kinoshita，2002)，该模型也被用于鱿鱼类的资源量估算中。

Royer 等(2002)利用该方法评估了英吉利海峡枪乌贼的资源量。Hendrickson 和 Hart (2006)认为鱿鱼类的自然死亡率随年龄的增加而增大，利用该模型估算出了滑柔鱼产卵期间的死亡率。这一模型在鱿鱼类资源评估中的应用较少，其原因在于鱿鱼类的年龄鉴定(通常为日龄)较为困难，亲体补充量的数据难以获得。

5. 基于环境变量的预测模型

由于鱿鱼类资源量变动对海洋环境极为敏感(Yatsu et al.，2000)，近十几年来，鱿鱼类资源量和环境变动关系成为研究热点，利用环境变量预测鱿鱼类的资源量成为可能(Rodhouse，2001；2006)。Waluda 等(2001)认为，阿根廷滑柔鱼的补充量变动可用产卵场 SST 适宜范围的大小来解释。Sakurai 等(2000)认为，太平洋褶柔鱼的资源量变动不仅与产卵场 SST 的关系密切，而且与暖水年份、冷水年份有一定的联系。陈新军等(2009)研究表明，拉尼娜年份将使北太平洋柔鱼产卵场的环境发生变动而使其补充量减少，而厄尔尼诺年份则有利于补充量的发生。Chen 等(2007)利用多元线性模型建立了柔鱼资源量与海洋环境因子的关系。上述研究表明，环境变化对鱿鱼类资源量变动有着很大的影响，这一结论在国际上已得到普遍认同(Rodhouse，2001；Yatsu et al.，2000)，然而仅仅利用环境变量来表征资源量的变化还是不够的。

6. 其他评估方法

时间序列模型也被用于鱿鱼类资源量年变化趋势的分析中。Pierce 和 Boyle(2003)利用时间序列模型预测了苏格兰海域枪乌贼的资源量变化。Georgakarakos 等(2006)运用时间序列 ARIMA 模型、神经网络和贝叶斯等模型，结合环境变量预测了希腊水域柔鱼和枪乌贼的渔获量。

面积调查法也在鱿鱼类资源评估中得到应用。Ichii 等(2006)利用面积密度法，估算 1982～1992 年 7 月北太平洋柔鱼秋生群体年平均资源量为 38 万 t。

此外还有声学调查来调查评估鱿鱼类的资源量。Goss 等(2001)对南大西洋几种柔鱼的声学特性进行了研究，并证明在不同海域利用声学探测鱿鱼类资源量是可行的。但在鱿鱼类声学调查中还存在着技术上的问题，如因为鱿鱼无鳔使得声波辐射强度较弱(Rodhouse，2006)。

三、资源管理现状

有关鱿鱼类资源管理的研究水平和应用情况远不如长生命周期的传统鱼类，但现在已逐渐引起大家的重视(Rodhouse，2006)。经过长期的实践，传统渔业管理方法已从投入控制转向产出控制，即通过估算设立目标的捕捞量(Walters 和 Pearse，1996)。鱿鱼类具有短生命周期及产卵后即死去的特性，难以评估其补充量和下一代的资源量，所以产出控制可能不适合鱿鱼类的资源管理。Caddy(1983)建议，鱿鱼类资源管理应采用控制捕捞努力量的方法，而不是渔获量限制。目前，鱿鱼类资源管理中较为成功的案例有阿根廷滑柔鱼(Basson et al.，1996)和巴塔哥尼亚枪乌贼(Beddington et al.，1990；Rosenberg et al.，1990)等渔业。它们以渔汛结束后亲体量逃逸率40%为管理目标，利用DeLury衰减模型进行实时评估，一旦达到预定的40%逃逸量则停止该渔业。进入21世纪，加利福尼亚海湾的柔鱼渔业中也采用了同样的管理方法(Morales-Bojórquez et al.，2001)。但在日本周边海域的太平洋褶柔鱼渔业中，采用总可捕量(TAC)的产出控制法进行管理(Suzuki，1990)。

四、分析与讨论

综上所述，目前世界上对鱿鱼类资源评估和管理正处于探索与发展阶段，在实践中应用较为成功的仅有DeLury衰减模型，但在使用DeLury衰减模型时也存在一些问题，如没有考虑环境因子的影响，自然死亡率等不确定性因素太多。目前全球只有西南大西洋巴塔哥尼亚枪乌贼和阿根廷滑柔鱼(Agnew et al.，2005)、南非的好望角枪乌贼(Roel和Butterworth，2000)和日本附近海域太平洋褶柔鱼(Suzuki，1990)等少数种类的资源得到评估或管理，大部分种类的评估和管理还处于空白状态。

因为鱿鱼类独特的生活史和种群动力学过程，所以发展科学合理的资源评估模型存在一定的难度。根据上述分析和研究，笔者认为目前应从减少鱿鱼类资源评估的不确定性入手，结合已有的评估模型并引入环境因子，利用贝叶斯统计理论发展一种较为全面的鱿鱼类资源评估模型和管理方法，其评估与管理的框架见图7-3。同时，在充分掌握鱿鱼类生活史过程的基础上，发展基于生态系统上的鱿鱼类资源评估模型与方法。

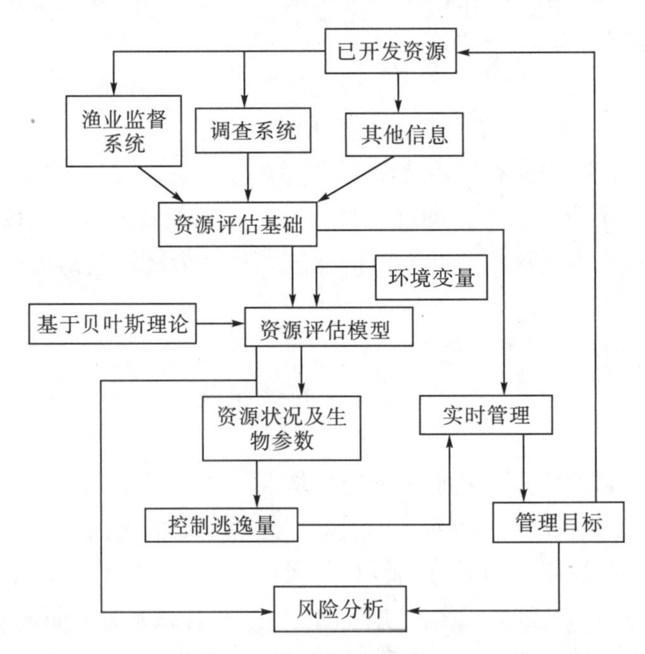

图7-3　一个理想化的鱿鱼类资源评估与管理系统

此外，产出控制的管理方法在鱿鱼类资源管理中可能会由于评估的误差等，使得渔业资源管理存在较大的风险，因此对鱿鱼类资源应该采取实时动态的管理方法同时需要适当考虑环境变动的影响。当达到一定的逃逸率时应及时停止捕捞活动，以确保来年补充量和资源的可持续利用。

第二节　CPUE 标准化及不同方法的比较

一、基于渔业数据的 CPUE 标准化的原因

1. CPUE 的概念

CPUE 即单位捕捞努力量的渔获量，它反映了不同渔汛或年份、不同渔场资源群体资源量的大小和密度。捕捞努力量标准化后，CPUE 的高低反映资源密度的大小，是表示资源密度的主要指标，常以此作为相对资源量指标，在渔业资源评估研究中广泛应用。例如，渤海秋汛对虾渔业曾以标准对虾机帆船拖网为捕捞努力量单位，渔汛内机帆船拖网对船平均产量就相当于单位捕捞努力量渔获量。

2. 影响 CPUE 计算的因素分析

在渔业资源评估中，渔业资源丰度指数的计算一般都是基于商业性数据和科学调查数据，科学调查数据一般优于商业性数据，因为调查数据的采集方法和手段都是标准的程序规范，数据在时空上分布均衡，便于相互之间的比较(表 7-1)。但目前大多数渔业都缺乏长时间序列的调查数据，因而在资源评估中只能基于商业性数据。商业性生产数据由于集中了大量渔船的生产信息，这些渔船的分布范围比单一或少量的调查船分布范围要广，可以获取同一时间不同空间的数据，也可以连续获得同一空间不同时间的数据。而调查船很难做到这一点，而且调查船数量少，调查点的时间和空间跨度大，海洋渔业资源具有流动性，其时空变化大，渔船数量多分布广。因此通过渔船收集的商业性生产数据可以更好地反映资源的时空变化情况，尤其反映不同时间阶段的资源丰度情况，数据时空同步性好。

表 7-1　调查数据与商业数据的优缺点比较

	调查数据	商业性数据
优点	数据采样方法规范，数据精确度高，分析方便	数据分布范围广，时空同步性好，数据量大
缺点	数据采集费用高，很难做到数据时空同步性，数据量较小	数据精确度不高，受人为影响大，数据标准规范性差，无作业渔船区域数据缺乏

采用商业性 CPUE 来反映资源丰度时，必须符合三个假设条件：①渔业资料记录是否完整；②渔具的捕捞能力是否有较明显的差异；③渔业资源是否均匀地分布在海域中。但是，一般商业性生产数据记录和统计并不完整，渔船大多集中在鱼群较为密

集的时间或地点进行作业，因此需要对商业性 CPUE 进行有效校正(标准化)，使其更为确切地反映资源状况，评价资源丰度，然后利用标准化后的 CPUE 进行资源评估。

影响 CPUE 的因素有很多，如年份、月份、区域、渔船的努力量、渔具的效率、海洋环境等的不同或变化都对 CPUE 产生影响，从而在评估资源丰度时容易产生偏差。去除影响 CPUE 的因素过程就是 CPUE 的标准化，CPUE 的标准化也就是使不同时间或空间上所统计的 CPUE 处于同一基准上，使其更能准确地反映资源的丰度情况。影响因素分述如下。

(1)作业时间

作业时间类型可分为最大(或潜在)作业时间、最适作业时间和实际作业时间。从宏观管理来看，应采用最大(潜在)作业时间。因为在给定的渔业管理条件下，扣除禁渔期等受到限制的作业时间外，是一个相对的固定值。最适作业时间是为了确保渔业管理目标实现的允许作业时间，它应该是一个时间范围，并随着管理目标、资源状况等条件的变化而变动。实际作业时间是对渔业资源产生的实际压力。

实际上，作业时间由生产性时间和非生产性时间组成。生产性时间包括鱼群的探测、中心渔场的寻找和捕获时间，其时间的分配取决于作业方式和类型。例如在捕鲸作业中，捕获时间相当短，主要是寻找鲸鱼的时间；而在底拖网作业中，探索到中心渔场以后，几乎所有的时间都用于拖曳作业。类似的作业方式还有延绳钓、鱿钓等；对于围网渔业，捕获时间变化较大。

在延绳钓、刺网、拖网、鱿钓等作业中，作业时间与渔获量基本上呈正比关系。但是在计算作业时间时，应根据作业特点而采用不同的方法，如拖网捕获的渔获量是与每捕捞小时或每投网次数紧密联系的。如果每网次拖曳的时间是恒定的，则投网次数是度量捕捞能力的指标。

为了深入研究，应了解和分析各种渔业的作业时间分配，以便推导出一个比较完善的捕捞时间指数。建议作业时间最好是以天数或小时作为基本单位，在航海日志或渔捞统计上应详细记录探索中心渔场、整理渔具、实际捕捞和渔获物处理等所花费的时间。

(2)捕捞技术和仪器设备的改进

众所周知，科技发展对捕捞能力的影响是巨大的。特别是对主动性较大的渔具，如拖网、围网等，其捕捞能力随渔船或渔具的改进而变化。随着工业的发展，渔船的吨位和功率在不断增加，捕捞效率也越来越高，捕捞能力随之增大。在围网作业中，采用高速渔船以及先进的探鱼设备，如卫星遥感、声纳等，增加了渔船活动范围和探测中心渔场的能力，从而提高渔获量。在鱿钓作业中，温盐深仪和鱿鱼专用探渔仪的采用能够迅速找到中心渔场，水下灯设备的应用延长了作业时间，提高了渔获量。但是，被动性渔具、仪器设备对捕捞能力的影响相对较小。如定置渔具中的陷阱网、延绳钓等，捕捞能力的提高主要是通过携带更多的笼数或钓钩来实现，它们的基本单位变化不大。

(3)资源量及其分布

由于在作业渔场中鱼类资源分布的不均匀，渔船的分布是不均匀。在资源量好的情况下，影响实际捕捞能力的主要因素是渔船和渔具的性能及捕捞技术。而当资源量是低水平的情况下，影响实际捕捞能力的主要因素则是鱼类的资源量。因此，在即定时间内，鱼类资源的水平是影响渔船或船队捕获渔获量的最重要因素之一。但是，应看到因一些海域的鱼类资源衰退，渔民会将捕捞能力转移到资源没有衰退的海域进行作业，所以尽管总的资源量在下降，但作为单个渔船仍能维持一定水平的渔获量。

(4)可变资本的投入

可变资本的投入包括燃油、劳动力、冰和饵料等因素。即使作业天数保持稳定不变，但与固定投入相关的可变投入水平及其组合是可能变化的。在给定的捕捞时间内，有可能通过增加其中一部分可变投入来增加某一渔船的渔获量。例如，在我国鱿钓渔业中，船员的手钓产量约占总产量的60%以上。船员的多少直接影响到每天渔获产量的高低。另外，部分固定资产如冷冻设备也能保持渔船的捕捞能力发挥，冷冻能力强和鱼仓容量大的渔船具有较长的海上有效生产时间，特别是旺汛期间影响更大。另外应看到，当某些条件受到限制时，投入的组合将会变化，相应增加不受限制的投入数量，从而提高捕捞能力。

(5)船长等的技术水平

船长的水平主要体现在捕捞技术的掌握、中心渔场的寻找、船员的管理等各方面，它们直接或间接地影响到渔获量的高低和捕捞能力的大小。

(6)作业海域海况和渔业管理

作业海域的海况会直接影响有效的生产时间。在不同的作业海域，渔业资源水平和管理条件也不同。渔船在不同作业海域流动，将使捕捞能力得到更大的发挥。

3. 捕捞努力量的度量方法及其实例分析

传统的和较容易的度量方法是以投入为基础的捕捞努力量计量方法。度量的方法和计量单位有多种，一般采用与实际捕捞效率呈正相关的计量单位作为捕捞努力量的单位，如投入的劳动力、渔船数、渔具数、海上的作业天数、总功率数等。计量捕捞努力量是一项复合指标，单一因素难以表达具有综合性的捕捞努力量。例如，以“渔具使用次数”为计算单位时，因船的大小、网具类型和规格的不同，其捕捞性能和效率也就不同，对渔业资源的利用率和所产生的捕捞能力也不同。在拖渔船中，其“捕捞作业小时数乘以主机功率数”可能是一个较为合适的单位。但是，在一个渔场中，往往存在多种渔具作业。如在东海带鱼渔业中，有拖网、围网、钓具和定置网等多种作业方式。多种因素的影响和复合性渔业的存在都增加了捕捞努力量度量的难度。

在我国近海渔业中，捕捞能力的度量并没有对单一渔船、单一船队或单一渔业进行单独计算和分析，因为这样的度量方法有很大的难度和困难。如上所述，影响的因素很多，并且有一些因素是难以量化的，如船长的技术和管理水平。在实践中，一般采用参照系的方法，即选取某一具有代表性的渔具类型或某一船队作为捕捞能力量化的参照标准，其他渔具或渔业都以此参照系为标准进行比较和量化。常用的方法有两种。

(1)单一作业方式的捕捞努力量计算

从作业渔船来看，其捕捞努力量是指某一类渔船的捕鱼能力，其大小受到渔船的类型、吨位、功率、网具的性能和捕捞技术等因素的影响。如拖网渔船，功率大，船型和网具性能好，其捕捞能力就大，捕鱼效率高，其单位作业时间内的渔获量或单位作业次数渔获量就高，相反就低。在一定程度上，捕捞能力与单位作业时间内的渔获量或单位作业次数的渔获量是成正相关关系的，因此可以用 CPUE 换算为捕捞能力。换算系数为在相同渔场、相同资源密度、相同捕捞作业时间的条件下，某一渔船与所选定标准船的 CPUE(单位网次产量或单位时间产量)的比值。假定有 A、B、C 三种类型的渔船在同一海区作业，且每一类中所有渔船的捕捞能力都相同，而各类渔船的捕捞能力都不相同。现假设 A 类渔船为标准船，则各类渔船与 A 类渔船的换算系数为 K_A、K_B、K_C，则投入的该海区总标准捕捞努力量为

$$F_{总} = F_A + F_B K_B + F_C K_C$$

(2)复合型渔业的捕捞努力量计算

在同一渔场中，有多种作业方式捕捞同一资源的群体时，难以用相同的单位来表示所有作业方式的捕捞能力，因而也难以直接获得总的捕捞能力。为此，可采用简化的捕捞努力量计算方法。将某一具有代表性作业方式的船队单位数作为标准，并以其捕捞努力量作为计算指标，则总捕捞努力量的推算公式为

总捕捞努力量=船队(A)的捕捞努力量×总渔获量/船队(A)的渔获量

在实际计算中，选取具有代表性的作业方式作为捕捞能力的标准计量单位是最重要的一步。假如在同一渔场捕捞同一资源群体有两个或更多的捕捞船队(或不同的作业方式)，应先分别求出每一船队的 CPUE 数值并逐年比较其变动趋势，应选取其中最适合又最方便的统计资料的船队或作业方式作为标准，估算其总捕捞能力。

例如，黄海鲱鱼渔业是一种复合性渔业，主要作业类型有机轮拖网、机轮围网、机帆船拖网、机帆船围网以及沿岸各种定置网。其中，机轮拖网的产量占优势，约占总产量的 50%，并且还具有投网次数多、作业范围广、渔汛期间网具数量和类型变化不大的特点。叶昌臣等(1980)选用鲱鱼的主要渔汛期(1～3 月)，各类机轮拖网渔船每 100 网投网次数作为一个捕捞能力的统计单位，并利用上述方法对黄海鲱鱼渔业的捕捞能力进行标准化。如 1972 年黄海鲱鱼的总渔获量为 175000t，1～3 月份平均每 100 网

次的渔获量为 323.6t，则估算该渔业在 1972 年所投入的总捕捞努力量的标准单位数为 175000/323.6=540 个单位捕捞能力。这种估算方法是将机轮拖网、机帆围网、机帆拖网以及沿岸各种定置网都换算成机轮拖网的捕捞能力单位。

(3)捕捞能力的修正

由于船、渔具、作业时间和技术水平等对捕捞努力量会产生影响，顾惠庭和尤红宝(1987)对东黄海底拖网渔业的捕捞努力量的计算进行研究时，提出修正办法。考虑到下列因素可能会对捕捞努力量的测定带来偏差：①船和网具等的影响。从 1960 年以来渔轮的主机功率从 100～250 马力发展到 1987 年的 250～600 马力，使用的网具也从 560 目×11.43cm～756 目×11.43cm 发展到 844 目×11.43cm～1200 目×11.43cm，从 1978 年开始使用 20cm×40cm 的疏目大网。②渔获对象的专捕或兼捕。③技术进步和熟练程度。④网次的拖曳时间。1960 年一队拖船组中，每艘每作业天平均放网 2.59 次，每次拖网时间平均为 2.5h 左右；到 1985 年只有 1.44 次，每次拖曳时间延长到 4.5h。为此，设定了三个修正系数，分别是船只修正系数（F_1）、拖曳时间修正系数（F_2）和网具改进修正系数(F_3)，总修正系数 $F=F_1\times F_2\times F_3$。利用 1960～1985 年的统计资料，分别计算出各年度的修正系数，对各年度的捕捞努力量进行修正(图 7-4)，经修正后的捕捞努力量较符合实际情况。

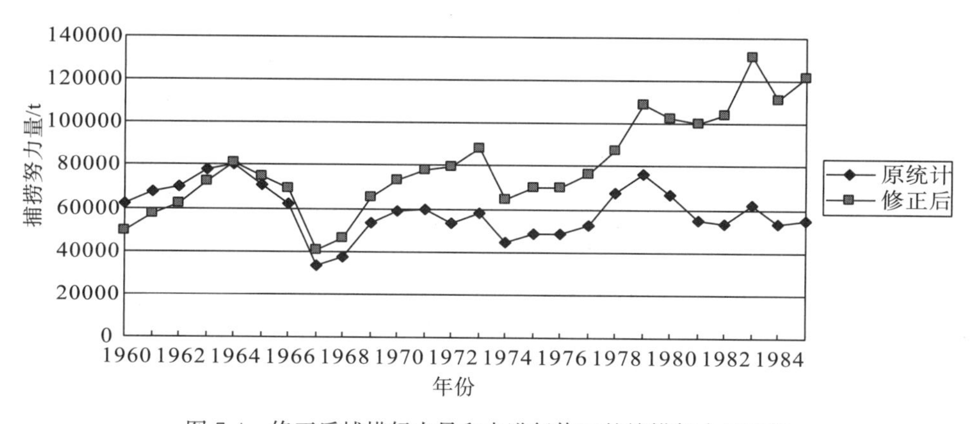

图 7-4　修正后捕捞努力量和未进行修正的捕捞努力量比较

二、不同 CPUE 标准化方法及其比较

渔业资源评估中，CPUE 通常被认为与渔业资源丰度成比例，被作为资源相对丰度指数来反映渔业资源丰度的大小。渔业数据按来源的独立性可以分为两类(Maunder 和 Punt，2004)：一种是独立调查数据(independent survey data)，主要来自于科学调查的数据；另一种是非独立数据(dependent surveydata)，主要来自渔业观察员、港口调查数据或渔民汇报的数据(即商业性渔业数据)(Booth，2004；Scheirer et al.，2004；Stelzenmüller et al.，2005)。在许多渔业(尤其是大洋性渔业)数据收集中(Sacau et al.，2005；Tian et al.，2009；陈新军和赵小虎，2006；田思泉等，2009)，由于独立

调查数据获取的高费用问题和难以操作性，商业性渔业数据常被用来分析渔业资源状况，商业性渔业数据由于常受到各种因素(如时间、空间、渔船参数、环境等)的影响，常采用统计模型对其 CPUE 进行标准化，使用标准化后的 CPUE 来反映渔业资源丰度的情况(Maunder 和 Punt，2004)。在使用统计模型对商业性渔业 CPUE 进行标准化中，CPUE 作为模型中的应变量，其输入方式通常有三种：①直接将每个记录的产量除以其对应的捕捞努力量计算出 CPUE 值，然后输入模型；②先对所有的记录计算出 CPUE，然后以一个空间尺度(小渔区，如 0.5°×0.5°)统计数据，对每个小渔区内所有的 CPUE 直接求平均值(所有 CPUE 求和再除以记录的数量)输入模型；③以一个空间尺度统计数据，用小渔区内的所有记录的总产量除以总捕捞努力量计算的 CPUE 输入模型。CPUE 输入方式的不同，可能会影响 CPUE 标准化的结果，进而影响人们对渔业资源形势的判断。本节以我国渔船在西南大西洋的阿根廷滑柔鱼渔业(王尧耕和陈新军，2005)为例，分别上述三种方法计算 CPUE，运用广义加性模型(generalized additive model，GAM)方法(Hastie 和 Tibshirani，1990)对 CPUE 进行标准化。通过比较标准化后的 CPUE，从而评价不同 CPUE 标准化方法对评估渔业资源的影响。

1. 数据来源

(1)商业性渔业数据

商业性生产数据来源于中国远洋渔业分会上海海洋大学鱿钓技术组建立的西南大西洋阿根廷滑柔鱼生产数据库，时间为 2000～2007 年。数据字段包括日期、经度、纬度、产量、作业次数。

(2)海洋环境数据

海洋环境数据(包括表温、盐度和海平面高度)来源于 NOAA(http：//oceanwatch. p ifsc. noaa. gov/las/servlets/dataset)，时间为 2000～2007 年，环境因子分别为 SST、叶绿素(Chl-a)和海面高度(SSH)。

2. 数据分析方法

(1)CPUE 计算

利用传统的三种方法分别计算 CPUE，其计算公式分别为

$$\mathrm{CPUE_a} = C/E \tag{7-7}$$

式中，C 表示一艘渔船一天的产量；E 表示其对用的作业次数。

$$\mathrm{CPUE_b} = \sum \mathrm{CPUE}_{ai}/n \tag{7-8}$$

式中，$\mathrm{CPUE_b}$表示平均 CPUE，$\mathrm{CPUE_{ai}}$表示一个月内、一个 0.5°×0.5°小渔区内每个记录的 CPUE，n 表示记录的个数。

$$\mathrm{CPUE_c} = \sum C_i / \sum E_i \tag{7-9}$$

式中，$CPUE_c$表示平均 CPUE；$\sum C_i$表示一个月内、一个 0.5°×0.5°内总产量；$\sum E_i$表示对应的总作业次数。

将上述计算的三种 CPUE，分别根据经纬度和时间一致性与环境数据进行匹配。

(2)使用 GAM 模型对 CPUE 进行标准化

GAM 是一种非参数化的多元线性回归模型。GAM 模型相对于传统的回归模型在分析资源丰度与环境的空间关系上提供了更多的信息，可以更好地描述 CPUE 与其他变量的非线性关系(田思泉等，2009)，近年来被越来越多地运用到 CPUE 标准化研究中(Bigelow et al.，1999；Campbell，2004；Punt et al.，2000)。本研究所用的 GAM 模型对 CPUE 进行标准化，其一般表达方式为

$$\ln(\mathrm{CPUE}+c)=y+m+s(\mathrm{longitude})+s(\mathrm{latitude})+s(\mathrm{SST})+s(\mathrm{SSH})+s(\mathrm{Chl})+\varepsilon \tag{7-10}$$

式中，c 为常数项(取 1)，y 表示年，m 表示月，longitude 为经度，latitude 为纬度，SST 为海表温度(℃)，SSH 为海平面高度(cm)，Ch-l(chlorophyll-a)为叶绿素 a (mg/m^3)，ε 为误差，s 为样条平滑(sp line smoother)。

模型的因子选择和拟合度根据因子的显著水平(P)和赤池信息准则(Akaike information criterion，AIC)(Akaike，1974)的值来判断。分别用上述三 种 CPUE 数据输入 GAM 模型进行 CPUE 标准化，对应的 GAM 模型分别表示为 GAM_a、GAM_b 和 GAM_c，标准化的 CPUE 分别表示为 $S\text{-}CPUE_a$、$S\text{-}CPUE_b$ 和 $S\text{-}CPUE_c$。模型的计算通过 S-plus 8.0 软件来实现。

(3)标准化 CPUE 比较

对上述三个模型标准化后的结果，分别计算年标准化 CPUE 和月标准化 CPUE 的值；计算不同模型的年标准化 CPUE 和月标准化 CPUE 的均值和变异系数(coefficient of variance，VC)，进行统计学比较。变异系数计算的方法为

$$\mathrm{VC}=D_S/m \tag{7-11}$$

式中，D_S为每个模型的所有年标准化 CPUE 或月标准化 CPUE 的标准差，m 为每个模型所有年标准化 CPUE 和月标准化 CPUE 的均值。

3. 研究结果

(1)CPUE 标准化结果

在使用 GAM 模型对不同 CPUE 标准化建模中，首先根据 P 将模型中不显著的因子($P<0.05$)排除，在这三个模型中，只有 GAM_c 中叶绿素(chl)被排除出模型(表 7-2)。然后根据模型的结果，分别计算 2000～2007 年各年的标准化 CPUE 和 1～5 月各月的标准化 CPUE。各模型对应的年标准化 CPUE 和月标准化 CPUE 分别见图 7-5 和图 7-6。从图 7-5 和图 7-6 中可以看出，使用三种模型得出的年标准化 CPUE 和月标

准化 CPUE 均不一致。从年标准化 CPUE 看，$S\text{-}CPUE_a$ 和 $S\text{-}CPUE_c$ 的最高值出现在 2006 年，而 $S\text{-}CPUE_b$ 的最高值出现在 2007 年。$S\text{-}CPUE_a$ 最小值出现在 2001 年，$S\text{-}CPUE_b$ 则出现在 2000 年，$S\text{-}CPUE_c$ 则出现在 2004 年。从图中看，三者的各年标准化 CPUE 变动趋势存在着明显的不同。从月标准化 CPUE 看，$S\text{-}CPUE_b$ 和 $S\text{-}CPUE_c$ 基本上呈相同的变化趋势，从 1 月到 5 月标准化 CPUE 值一直呈下降趋势。而 $S\text{-}CPUE_a$ 的值 1～3 月一直呈上升趋势，然后 3～5 月再呈下降趋势。

表 7-2 GAM 模型中各因子的统计检验

因子	CAM_a		CAM_b		CAM_c	
	P	方差贡献率/%	P	方差贡献率/%	P	方差贡献率/%
year		1.032 9		0.967 0		0.634 1
month		0.448 3		2.687 5		2.198 1
s(longinted)	0.000 0	5.721 0	0.000 1	3.806 8	0.000 3	4.019 2
s(latitude)	0.000 0	1.036 0	0.000 0	4.045 5	0.000 0	4.315 0
s(sst)	0.000 0	2.821 8	0.001 9	1.150 2	0.001 6	1.195 4
s(ssh)	0.000 1	0.356 5	0.018 0	1.127 5	0.026 8	1.014 2
s(chl)	0.000 0	1.123 4	0.041 6	0.911 2	0.057 7	

注：在本书的 CAM 中，year 和 month 作为 “factor”，始终存在于模型中。

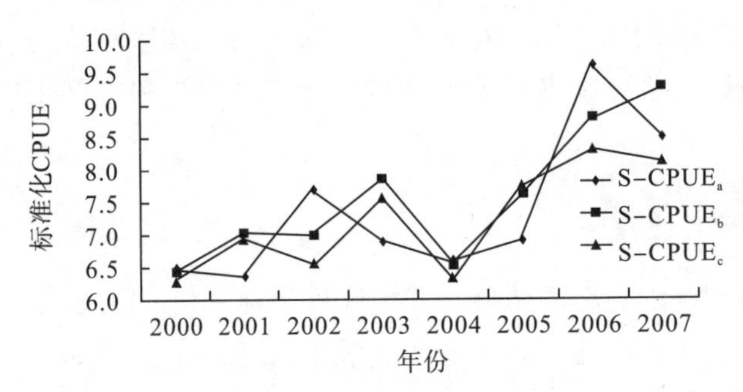

图 7-5 不同 GAM 模型的年标准化 CPUE

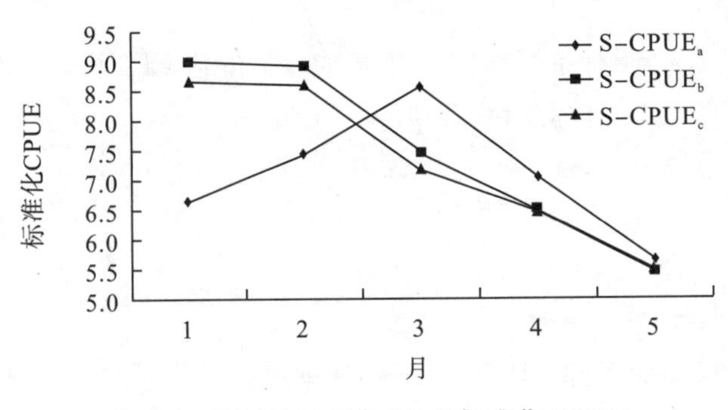

图 7-6 不同 GAM 模型的月标准化 CPUE

(2)标准化 CPUE 的比较

表 7-3 是分别对 3 个模型输出的年标准化 CPUE 和月标准化 CPUE 的统计学比较

分析，从各模型的年标准化 CPUE 和月标准化 CPUE 平均值看，各模型的标准化 CPUE 平均值差别不大，但 GAM_b 的平均值都是最大。变异系数可以反映样本值变化情况，在年标准化 CPUE 中，GAM_a 的变异系数最大，该模型的结果反映资源的年际变化波动最大，而 GAM_c 的变异系数最小，反映资源年际变化波动最小；而从月标准化 CPUE 看，GAM_b 的变异系数最大，该模型的结果反映月资源变化波动最大，GAM_a 的变异系数最小，该模型的结果反映月资源变化波动最小。从模型的 AIC 看，由于 AIC 的比较需要模型的输入样本数相同，因此只能比较 GAM_b 和 GAM_c，GAM_b 的 AIC 更小，反映 GAM_b 模型的拟合度更好。

表 7-3　3 个 GAM 模型结果的统计学比较

模型		CAM_a	CAM_b	CAM_c
年标准化 CPUE	平均值	7.384 8	7.575 3	7.251 1
	变异系数	0.1584	0.137 0	0.111 3
月标准化 CPUE	平均值	7.084 84	7.492 3	7.284 9
	变异系数	0.152 84	0.204 2	0.189 9
AIC		6 042.33	2 067.03	2 082.17

4. 分析

对商业性生产数据进行 CPUE 标准化的研究是从对渔船努力量的标准化开始，主要是通过渔船的捕捞能力与标准船的捕捞努力量的效率比而对生产数据进行标准化，但随着渔业现代化技术的发展，各船之间的捕捞效率基本相差不大。阿根廷滑柔鱼属于短生命周期的中上层种类头足类，其资源极易受到环境因子的影响(王尧耕和陈新军，2005)，而且其生命周期中的资源时空分布也是不同的。因此本研究采用 GAM 模型对西南大西洋阿根廷滑柔鱼渔业 CPUE 进行标准化时，只考虑时间、空间、海洋环境等因子对 CPUE 的影响，而实际上影响 CPUE 的因子有很多，但由于数据的可获取性，在 CPUE 标准化模型中忽略了其他因子的影响。

在本研究的分析中，GAM_b 和 GAM_c 分析结果比较一致，而 GAM_a 与它们的区别较大。从模型中各因子的方差贡献率看(表 7-2)，在 GAM_a 模型的各因子中，经度模型在方差贡献率中为最高，达到 5.72%，随后为 SST 和纬度，分别可解释 2.8%和 1.04%的方差贡献率；GAM_b 模型和 GAM_c 模型比较相似，纬度、经度和月的方差贡献率都位居前 3 位，总共可解释 10%以上的模型方差贡献率。因此，从模型的各因子所解释的方差贡献率看，GAM_b 和 GAM_c 比较相似，而 GAM_a 明显不同，各模型中因子的方差贡献率不同，对其分析的结果必然产生影响。此外，GAM_b 和 GAM_c 输入的 CPUE 值是经过一个空间尺度(0.5°×0.5°)和时间尺度(月)进行统计求的平均值，每个时空尺度都有一定数据样本数，经过求平均值后 CPUE 数据之间的极差明显变小，一些 CPUE 记录的异常值也被弱化，而且两个模型解释变量的值都是一样的，两个模型数据输入的区别就是由于不同计算方法的 CPUE 输入值。在鱿钓渔业的研究中(陈新军和赵小虎，

2006；田思泉等，2009），由于数据获取难度的原因，一般假设每艘船的捕捞能力是等效的(而实际上是不等效的)。CPUE 受捕捞努力量的影响被忽略，导致这两种方法计算的 CPUE 相差较小(差异的程度主要与每个时空尺度内记录的样本数相关)，因此 GAM_b 和 GAM_c 标准化 CPUE 差异不大。而 GAM_a 的 CPUE 输入采用的是每艘船的原始数据记录，原始记录的 CPUE 之间往往存在较大的极差，可能存在一些异常值。也就是说 CPUE 的波动较大，其数据量远大于 GAM_b 和 GAM_c 的 CPUE 输入数据量，模型的解释变量的样本数也不同，可能导致 GAM_a 的结果与 GAM_b 和 GAM_c 差异较明显。此外，渔业数据统计的时空尺度对 CPUE 标准化的结果产生影响(Piet 和 Quirijns，2009；Tian et al.，2009)。因此，总结这 3 个模型的 CPUE 标准化结果，主要受样本数、捕捞努力量的假设、数据记录的时空尺度和模型中因子的选择等因素影响。

从统计学角度看，GAM_a 模型的 CPUE 数据来自于每个渔船的实际生产记录数据，因此更适合用于分析渔业资源状况。GAM_b 的 CPUE 数据相比 GAM_c 的 CPUE 数据更符合统计的误差分布假设，但由于商业性 CPUE 受到很多因素的影响，很难评价哪个 CPUE 计算方法更适合，需要对科学调查数据进行验证，以评价不同计算方法的合适度。在对商业性渔业数据进行 CPUE 标准化中，模型的不同会导致结果的不同(Maunder，2004)。本研究的分析结果表明，在 CPUE 标准化模型中，使用不同方法计算的 CPUE 作为模型输入，其标准化后 CPUE 在反映资源的丰度变化时也是不同的。如本研究的 GAM_a 模型与 GAM_b、GAM_c 模型的年标准化 CPUE 和月标准化 CPUE 相差较大，采用不同的 CPUE 计算方法评估的资源状况明显不同，因此不同的 CPUE 输入所获得的结果可能影响到人们对资源状态的判断，从而影响人们对资源的开发和保护策略的制定。在对商业性渔业数据进行 CPUE 标准化时，需要考虑由于 CPUE 计算方法的不同，对资源的评估结果可能带来不确定性，一个不合适的模型输入可能导致对资源形势的错误判断。因此在使用商业性渔业数据进行标准化时，不但需要考虑模型的不同对结果的影响，还要考虑相同模型不同的模型输入对结果的影响，需要进行类似本研究的比较分析，从而选择最合适的模型和方法。

本研究 GAM_b 和 GAM_c 模型计算的月标准化 CPUE 显示资源丰度在 1 月份最高，然后逐月下降，这与陈新军和刘金立(2004)研究的结果基本一致，Sacau 等(2005)采用 GAM 模型分析了利用西南大西洋西班牙渔船生产统计数据获得的 CPUE 与影响因子的关系，发现其 CPUE 受 SST、纬度和月份影响较大，这与本研究 GAM_b 和 GAM_c 模型的各因子方差贡献率的结果(表 7-2)基本相似。

本研究使用 GAM 模型对 CPUE 进行标准化，GAM 能非常好地表达 CPUE 与其影响因子的非线性关系，而且对数据的误差分布要求不高，并具备分析时空数据的功能，因此非常适合被用来进行渔业生态数据的分析，近年来被越来越多运用到 CPUE 标准化研究上(Denis et al.，2002)。

第三节　阿根廷滑柔鱼 CPUE 标准化

阿根廷滑柔鱼年产量最高超过 100 万 t，但年波动大，如何对其资源量进行评估是一个重要的内容。CPUE 通常作为表示鱼类资源丰度的相对指数，是对渔业资源进行评估的基础内容之一(Hilborn 和 Walters，1992)。通常，未进行标准化的 CPUE 称为名义 CPUE(Nominal CPUE)(Maunder 和 Starr，2003)，影响名义 CPUE 的因素有很多，如时间和空间要素(年、月、经度、纬度)、捕捞能力(渔船吨位和马力、渔具、助渔设备等)及海洋环境条件(如表温 SST)等。因此，如何对名义 CPUE 进行标准化，排除各种因素对 CPUE 的影响和干扰，使之真实反映渔业资源的丰度变化(Maunder 和 Punt，2004)，从而减少资源评估中的误差和不确定性，是真实掌握阿根廷滑柔鱼资源变动的重要问题之一。

广义线性模型(general linear model，GLM)和广义加性模型(general additive model，GAM)是通常被用于 CPUE 标准化(Venables 和 Dichmont，2004)，并且由于 GAM 其能够处理非线性问题(Chambers 和 Hastie，1997)，因此应用更加广泛(Damalas et al.，1999；Bigelow et al.，2007)。GAM 模型可通过一系列的非参数平滑函数来增强 GLM 模型的适应能力，通过平滑函数的处理，GAM 既可以描述线性关系又可描述非线性关系，因此 GAM 模型比 GLM 模型更适合对名义 CPUE 进行标准化。然而，由于现代鱿钓作业多已采用高新技术等来寻找中心渔场，一旦中心渔场寻找成功，作业渔船之间便互相联系，共同分享渔讯信息，共赴高产海域进行生产。同时，阿根廷滑柔鱼集群也受到海洋环境的影响，造成了阿根廷滑柔鱼 CPUE 分布相对集中等问题。因此，本章在利用 GLM 和 GAM 模型对西南大西洋阿根廷滑柔鱼 CPUE 进行标准化的同时，也利用广义线性贝叶斯模型(generalized linear Bayesian model，GLBM)来解决 CPUE 分布集中的问题，并比较 GLM、GAM 和 GLBM 模型的结果，从而找到适合阿根廷滑柔鱼 CPUE 标准化的模型。贝叶斯统计方法在国际渔业资源评估中已经广泛应用，在国内资源评估中处于起步阶段，该方法能够减少评估的不确定性并为渔业资源管理提供不同的管理措施。但贝叶斯统计方法用于渔业 CPUE 的标准化上却不常见，该方法的优势在于其能够反映海洋环境与 CPUE 的潜在联系。

尽管一些学者对阿根廷滑柔鱼资源丰度与海洋环境的关系进行了一些研究(陈新军和刘金立，2004；陆化杰和陈新军，2008；张炜和张健，2008)，并利用其部分海域的渔业数据对 CPUE 标准化进行了一些研究(Chen 和 Chiu，2009)，但针对我国西南大西洋阿根廷滑柔鱼渔业 CPUE 标准化研究尚未见报道。本节根据 2000～2010 年中国鱿钓船在西南大西洋生产数据，并结合时空、海洋环境等因子，分别应用 GLM、GAM、GLBM 模型对该渔业 CPUE 进行标准化，并选择最适合的模型，为西南大西洋阿根廷滑柔鱼资源评估提供基础。

一、基于GAM模型阿根廷滑柔鱼渔业CPUE标准化

1. 材料方法

(1)渔业数据

商业性生产数据来源于中国远洋渔业分会上海海洋大学鱿钓技术组，时间为2000～2010年。数据字段包括日期、经度、纬度、产量、作业次数。时间分辨率为天，空间分辨率为0.5°×0.5°(定义为1个渔区)。由于中国在西南大西洋生产渔船的技术参数基本一致，在本研究中忽略其影响。

(2)海洋环境数据

海洋环境数据包括SST、SSH和叶绿素(Chl-a)。其中，SST数据来源于http://iridl.ldeo.columbia.edu，空间分辨率为1°×1°；SSH和Chl-a数据都来源于http://oceanwatch.pifsc.noaa.gov/las/servlets/dataset，分辨率分别为0.25°×0.25°和0.05°×0.05°。3个海洋环境数据时间跨度均为2000～2010年，空间均为35°～55°S、45°～70°W。

(3)渔业统计数据和环境数据的匹配

由于产量数据、SST、SSH、Chl-a空间分辨率不同，因此需要转化以达到统一的空间分辨率。

CPUE定义为每艘船每天的捕捞产量，第i年、l月、k经度、j纬度(分辨率为0.5°×0.5°)对应的月均CPUE定义为

$$\mathrm{CPUE}_{i,l,k,j}=\frac{\sum \mathrm{Catch}_{i,l,k,j}}{\sum E_{i,l,k,j}} \tag{7-12}$$

式中，$\sum \mathrm{Catch}_{i,l,k,j}$为第$i$年、$l$月、$k$经度、$j$纬度(0.5°×0.5°)总产量，$\sum E_{i,l,k,j}$为对应的总作业次数。

SST转化公式如下：

$$\mathrm{SST}_{i,l,k,j}=\frac{\sum_{x=1}^{n}\mathrm{SST}_x}{n} \tag{7-13}$$

式中，$\mathrm{SST}_{i,l,k,j}$为i年、l月、k经度、j纬度(0.5°×0.5°)平均SST，SST_x为i年、l月、k经度、j纬度中的某个SST数据(李纲等，2009)。

表面温度水平梯度GSST由其周边海区的SST计算而来，k纬度、j经度的GSST计算公式如下(陈新军等，2009)：

$$\mathrm{GSST}_{k,j}=\sqrt{\frac{(\mathrm{SST}_{k-1,j}-\mathrm{SST}_{i+1,j})^2+(\mathrm{SST}_{k,j-1}-\mathrm{SST}_{k,j+1})^2}{2}} \tag{7-14}$$

(4)CPUE 标准化模型

1)GLM 模型

GLM 模型假设响应变量的期望值与解释变量成线性关系(Guisan，2002)：$g(\mu_i)=X_i^{\mathrm{T}}\beta$，式中，$g$ 为链接函数，$\mu_i=\mathrm{E}(Y_i)$，X_i 为第 i 个响应变量的解释变量，β 为模型估计参数，Y_i 为第 i 个响应变量。本研究假设 CPUE 服从对数正态分布，因此 GLM 模型表示为

$$\ln(\mathrm{CPUE}_{i,j,k,l}+1)=k+\alpha_1\mathrm{year}_i+\alpha_2\mathrm{month}_l+\alpha_3\mathrm{lon}_k+\alpha_4\mathrm{lat}_j+\alpha_5\mathrm{SST}+\alpha_6\mathrm{SSH}+\alpha_7\mathrm{chla}+\alpha_8\mathrm{Interactions}+\varepsilon_{i,j,k,l} \tag{7-15}$$

式中，CPUE 为每艘船每天的捕捞产量；Interactions 为交互项，表示时间与空间解释变量的交互效应；$\alpha_1\sim\alpha_8$ 为模型参数；ε 为误差项，假设其服从正态分布。GLM 模型中，将时间(年、月)、空间(经度、纬度)、海洋环境(SST、GSST、SSH、Chl-a)因素作为解释变量，其中变量年、月、经度、纬度为分类离散变量，其他变量为连续变量。CPUE 加上常数 1，再作对数变换后，作为响应变量，以解决 CPUE 为 0 的情况(Howell 和 Kobayashi，2006；Campbell，2004)。

2)GAM 模型

GAM 模型为 GLM 模型的延伸，可以用来表示响应变量和解释变量的非线性关系，即

$$g(\mu_i)=\alpha+\sum_{i=1}f_i(x_i)+\varepsilon_i \tag{7-16}$$

式中，g 为链接函数，$\mu_i=E(Y_i)$，x_i 为第 i 个响应变量的解释变量，β 为模型估计参数，Y_i 为第 i 个响应变量，f_i 为平滑函数。GAM 模型表示为

$$\ln(\mathrm{CPUE}_{i,j,k,l}+1)=s(\mathrm{year}_i)+s(\mathrm{month}_l)+s(\mathrm{lon}_k)+s(\mathrm{lat}_j)+s(\mathrm{SST})+s(\mathrm{SSH})+s(\mathrm{chla})+(\mathrm{Interactions}) \tag{7-17}$$

解释变量依次加入 GAM 模型，得到包含不同个数解释变量的 GAM 模型。选取 AIC 值最小的为最佳模型(Howell 和 Kobayashi，2006)。AIC 值的计算如下：

$$\mathrm{AIC}=-2\ln l(p_1,\cdots,p_m,\sigma^2)+2m \tag{7-18}$$

式中，m 为方程中参数的个数。

本研究所有统计分析均用 R 语言统计软件处理。

2. 结果

(1)解释变量 ln(CPUE+1)的统计分布检验

K-S 检验显示，ln(CPUE+1)趋向于服从正态分布($\mu=2.22$，$\sigma=1.06$，图 7-7a)。ln(CPUE＋1)的数据点在正态 p-p 图中基本形成一条直线(图 7-7b)，这说明 ln(CPUE+1)基本服从正态分布，运用 GLM 和 GAM 模型进行数据分析是合适的。

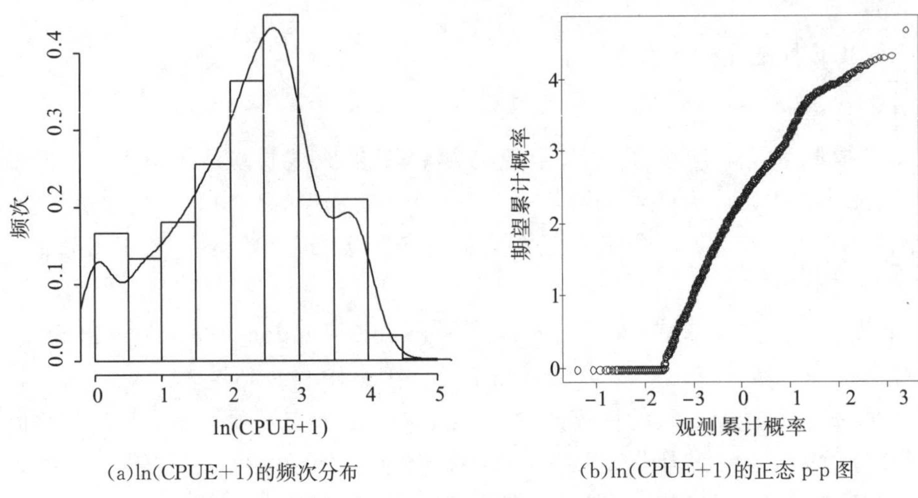

(a)ln(CPUE+1)的频次分布

(b)ln(CPUE+1)的正态 p-p 图

图 7-7 2000～2010 年西南大西洋阿根廷滑柔鱼 ln(CPUE+1)的频次分布及其检验

(2)GLM 模型分析

GLM 模型显著性变量的检验见表 7-4。t 检验的结果表明，年、纬度、SST 以及交互项年与纬度($year_i \times lat_j$)均为显著性变量，对 CPUE 的影响极显著($P<0.01$)；经度、SSH、GSST、Chl-a、年和经度($year_l \times lon_j$)、月和纬度($month_l \times lat_j$)及月与经度($month_l \times lon_k$)的交互效应为不显著变量，对 CPUE 的影响不显著($P>0.01$)。因此，选择 4 个显著性解释变量进入 GLM 模型(包括 3 个解释变量和 1 个交互项变量)对 CPUE 进行标准化。

表 7-4 中国大陆西南大西洋阿根廷滑柔鱼鱿钓渔业 CPUE 的 GLM 模型分析结果

偏差来源	估计值	标准误差	t	P
无效	−2.161E+03	4.438E+02	−4.870	0.3576
年	1.075E+00	2.211E−01	4.859	1.30E−06
月	6.373E−01	3.123E−01	1.041	0.5371
经度	5.334E+00	9.406E+00	0.567	0.9214
纬度	−3.828E+01	6.889E+00	5.556	3.25E−08
海表温度	1.033E−01	1.581E−02	6.532	8.79E−11
表温水平梯度	3.138E−02	5.123E−02	0.613	0.5402
海表面高度	8.764E−04	2.100E−03	0.417	0.3713
叶绿素 a	−7.633E−02	3.436E−02	−2.221	0.0265
年×纬度	−1.905E−02	3.435E−03	−5.544	3.47E−08
月×纬度	−6.088E−03	9.606E−03	−0.634	0.5263
年×经度	−2.635E−03	4.693E−03	−0.561	0.1546
月×经度	−4.875E−03	1.228E−02	−0.397	0.6915

(3)GAM 模型分析

依次将各个解释变量和交互项按不同顺序逐一加入 GAM 模型，经过多次运算及 AIC 值比对，最终得到年、月、经度、纬度、SST、SSH 以及交互项年与纬度($year_i \times lat_j$)、年与经度($year_i \times lon_k$)均为显著性变量，对 CPUE 的影响极显著($P<0.01$)；GSST、Chl-a、月和纬度($month_l \times lat_j$)以及月与经度($month_l \times lon_k$)的交互效应为不显著变量，对 CPUE 的影响不显著($P>0.01$)。因此最优的 GAM 模型为

$$\ln(CPUE_{i,j,k,l}+1)=s(year_l)+s(month_k)+s(lon_j)+s(lat_i)+s(SST)+s(SSH)+s(year_l,lat_j)+s(year_l,lon_k)$$

该模型作为对 CPUE 总偏差的解释为 49.20%。其中，变量年对 CPUE 的影响最大，解释了 35.7%的总偏差；随后，依次是月(3.70%)，经度(2.90%)，年与经度的交互效应(2.80%)，纬度(1.50%)，年与纬度的交互效应(1.30%)，SST(0.70%)和 SSH(0.60%)(表 7-5)。

表 7-5　中国大陆西南大西洋阿根廷滑柔鱼渔业 CPUE 的 GAM 模型分析结果

模型	自由度	F	P	R^2	解释偏差/%	AIC
无效						
年	9.981	84.85	2 E−16	0.3526	35.7	3887.85
月	3.998	22.92	2 E−16	0.3882	39.4	3804.89
经度	3.545	21.91	6.34E−16	0.4172	42.3	3732.94
纬度	8.827	4.271	2.01E−05	0.4288	43.8	3709.06
海表温度	4.175	4.765	0.000655	0.4353	44.5	3694.15
海表面高度	5.890	2.168	0.044721	0.4398	45.1	3686.84
年×经度	27.000	2.698	6.40E−06	0.4578	47.9	3664.94
年×纬度	16.711	2.142	0.00464	0.4724	49.2	3618.93

(4)时间效应对 CPUE 的影响

时间因素方面，年对 CPUE 影响明显(图 7-8a)。由图 7-8a 可知，2000～2003 年 CPUE 呈逐年下降的趋势，下降趋势相对缓和，但 2004 年 CPUE 陡然下降至最底点。2004 年以后，CPUE 呈现逐年增加的趋势，至 2008 年达到 11 年间的最高值。此后直至 2010 年，CPUE 急剧下降。

月对 CPUE 影响明显(图 7-8b)。由图 7-8b 可知，1～3 月 CPUE 呈现缓慢增加的趋势，至 3 月份左右达到最大值，此后 CPUE 开始下降，至 4 月以后，CPUE 变化趋势相对平缓，但有上升的趋势。

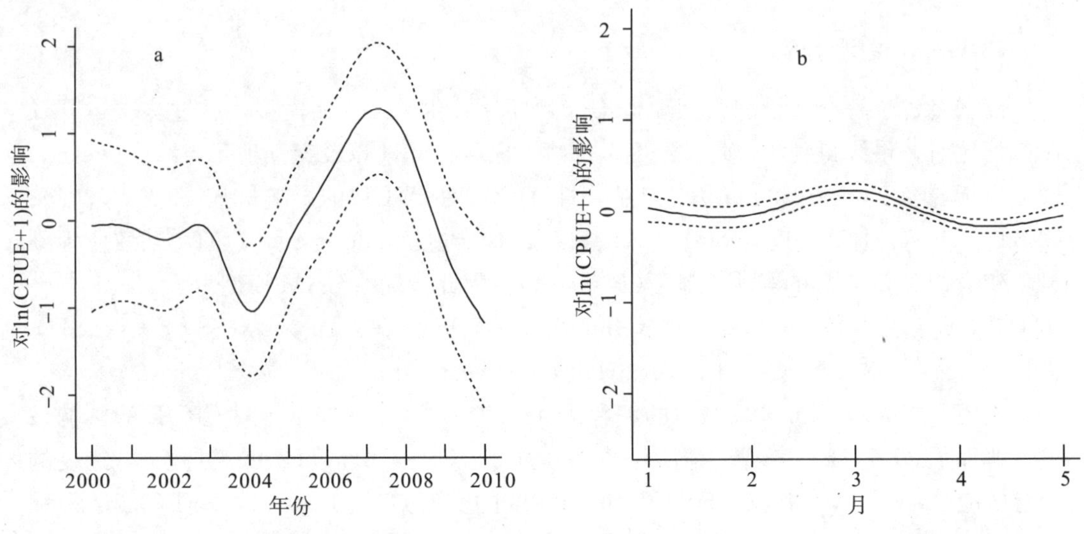

图 7-8 年和月效应对阿根廷滑柔鱼渔业 CPUE 的影响

(5)空间效应的影响

空间因素方面，纬度对 CPUE 影响见图 7-9a。在 40°～45°S 海域，CPUE 呈现波动上升的趋势，并在 45°S 附近出现峰值。此后随着纬度的增加，CPUE 则呈现缓慢下降的趋势，在 46.5°S 出现最小值。在 46.5°～48.5°S 海域，CPUE 开始缓慢上升，在 48.5°～51°S 海域以后，随着生产位置的南移，CPUE 开始缓慢下降；在 51°～52.5°S 海域 CPUE 基本保持不变，但 52.5°S 以南以后，CPUE 则急剧下降。

经度对 CPUE 影响如图 7-9b 所示。很明显，随着经度的增加，CPUE 呈现逐步增加的趋势。

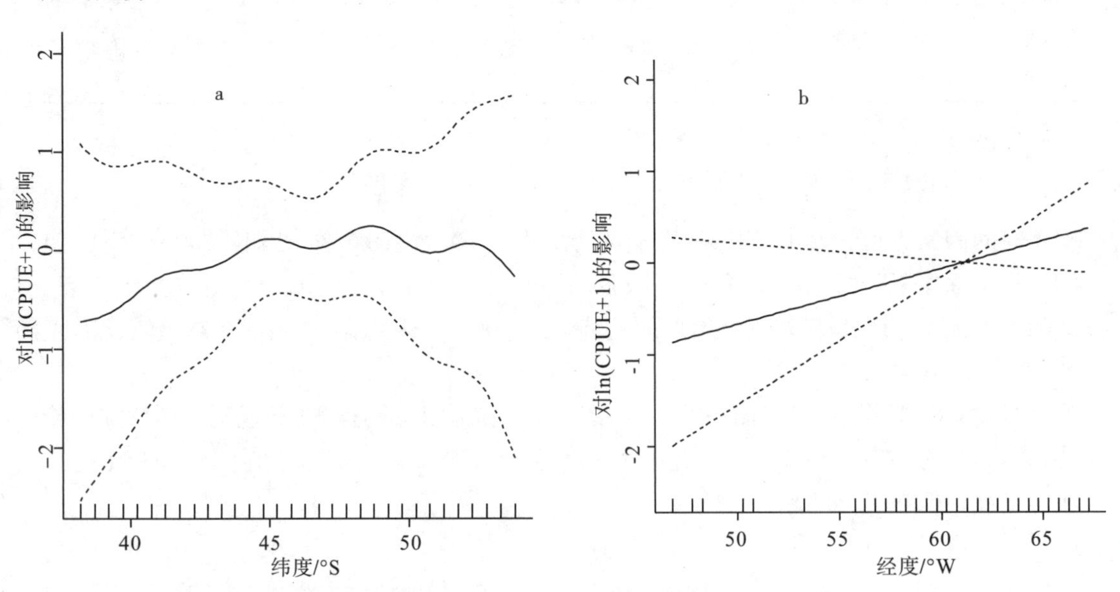

图 7-9 纬度和经度效应对阿根廷滑柔鱼渔业 CPUE 的影响

(6)海洋环境因子的影响

在海洋环境因素方面，SST 对 CPUE 的影响见图 7-10a。SST 在 5～12°C 时，随着 SST 升高，CPUE 呈上升趋势；在 SST 为 12～16°C 时，随着 SST 升高，CPUE 也上升，但坡度相对变缓；在 SST 为 16～18°C，CPUE 变化相对稳定；在 SST 为 18～23°C，CPUE 出现较大的增加。总体而言，CPUE 随着 SST 的增加，其值出现增加的趋势。

SSH 对 CPUE 的影响见图 7-10b。当 SSH＜－50cm 时，随着 SSH 增加，CPUE 呈现减小的趋势；当 SSH 在－50～－20cm，随着 SSH 的增加，CPUE 呈现缓慢增加的趋势；SSH 在－20～20cm 时，CPUE 相对稳定，基本没有变化。

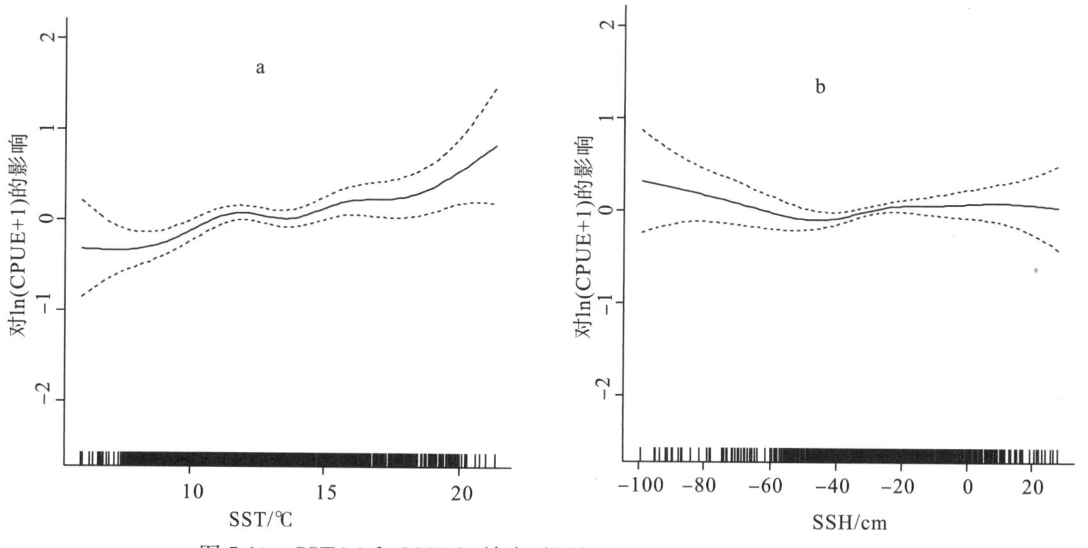

图 7-10　SST(a)和 SSH(b)效应对阿根廷滑柔鱼渔业 CPUE 的影响

(7)名义 CPUE 和标准化 CPUE 比较

1)年均 CPUE 比较

经 GLM 模型标准化后的年均 CPUE 见图 7-11a。由图 7-11a 可见，除了 2004 年和 2009 年以外，其余年份经 GLM 模型标准化后的 CPUE 明显低于或接近名义 CPUE。2000～2003 年间标准化后的 CPUE 变化趋势和名义 CPUE 变化趋势相近，但波动较小。2005～2008 年，标准化后的 CPUE 变化趋势和名义 CPUE 都增加，但两者变化趋势差别很大，标准化后的 CPUE 大幅小于名义 CPUE。2008～2009 年，标准化后的 CPUE 变化趋势与名义 CPUE 变化趋势相反。2009 年以后，二者变化趋势相同，都呈减小趋势。

经 GAM 模型标准化后的年均 CPUE 见图 7-11b。由图 7-11b 可知，2000～2010 年，经 GAM 标准化的 CPUE 和名义 CPUE 变化趋势几乎相同：2000～2002 年，CPUE 呈下降趋势，2002～2003 年则呈上升趋势；2004 年达到最小值，2004～2008 年呈现急剧上升趋势，并于 2008 年达到最高水平，然后开始急剧下降。经 GAM 模型标准化后的 CPUE 都小于或接近名义 CPUE，并呈现波动较名义 CPUE 小的特点。

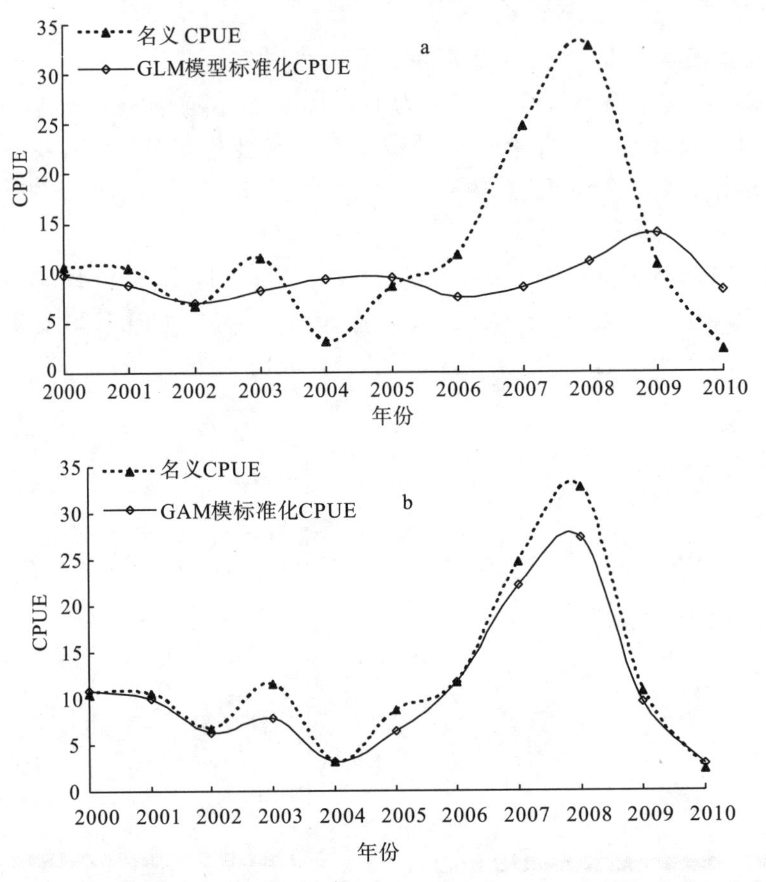

图 7-11　2000～2010 年西南大西洋阿根廷滑阿根廷滑柔鱼渔业年均名义 CPUE 与 GLM 模型和 GAM 模型标准化后 CPUE 的比较

2)月均 CPUE 比较

经 GLM 模型标准化后的月均 CPUE 见图 7-12a。由图 7-12a 可知，除了 2004 年 1～5 月标准化后的月均 CPUE 比期间名义月均 CPUE 高以外，其余时间段内标准化的 CPUE 都低于或者接近对应的名义 CPUE，其中 2007～2009 年间，标准化后的 CPUE 大幅小于对应的名义 CPUE。

经 GAM 模型标准化后的月均 CPUE 见图 7-12b。由图 7-12b 可知，2000～2010 年，标准化后的月均 CPUE 比名义月均 CPUE 都低，且二者变化趋势完全相同，只是标准化后的 CPUE 波动趋势相对平缓。

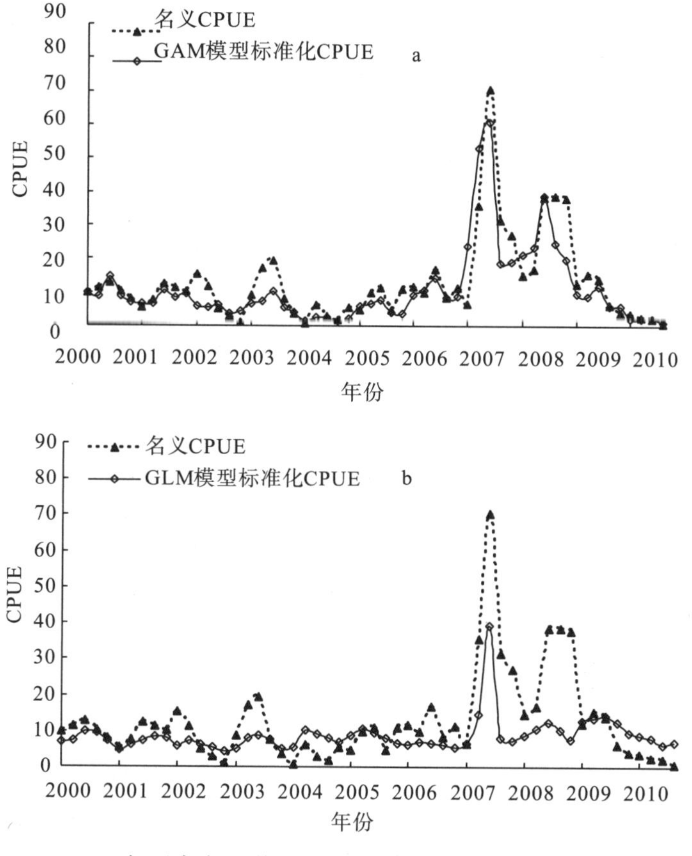

图 7-12 2000～2010 年西南大西洋阿根廷滑阿根廷滑柔鱼渔业月均名义 CPUE 与 GLM 模型和 GAM 模型标准化后 CPUE 的关系

3. 结论及讨论

(1)时间因素对 CPUE 影响

GLM 和 GAM 研究结果都表明，作业年份对 CPUE 影响最大，GAM 分析得到变量“年”对 CPUE 变化的解释率为 35.7%。2000～2010 年出现两个比较明显的波动，2000～2004 年下降，并在 2004 年 4 月期间降至历史最低水平(年均 CPUE 为 3.086t/d)，2005～2008 年则逐步增加，2008 年间达到历史最高水平(年均 CPUE 为 27.336t/d)。2009～2010 年则又下降。整体而言，2000～2010 年标准化后的 CPUE 基本呈现 4～5 年一个循环的特点，这一结论与 Chen 等(2007)对中国台湾省 1995～2005 年西南大西洋阿根廷滑柔鱼渔业 CPUE 标准化研究相同(其中 2000～2005 年 CPUE 标准化结果完全相同)，也与 Alexander 和 Middleton(2002)对福克兰岛海域 1989～1999 年阿根廷滑柔鱼渔业 CPUE 标准化结果相同。

月对 CPUE 影响见图 7-8b，1～3 月 CPUE 呈现基本缓慢增加的趋势，至 3 月份左右达到最大值，3 月以后 CPUE 开始下降，但 4～5 月变化趋势相对缓和。从 GAM 模型标准化月平均 CPUE 结果来看，2000～2010 年 3 月份的月平均 CPUE 都是处于当年最高水平(图 7-13)。这种现象可能和中国大陆鱿钓船捕获的阿根廷滑柔鱼群体有关：中国大陆鱿钓船主要于 1～6 月在西南大西洋生产，其中 1～3 月基本以捕捞秋生群(巴塔哥尼亚种群，SPS，占 74.77%)，但 3 月在捕获的群体中已经出现少许冬生群(布宜诺斯艾利斯－巴塔哥尼亚北部种群，BNS，占 13.59%)，此后随意时间推移，4～6 月则主要捕捞冬生群(布宜诺斯艾利斯－巴塔哥尼亚北部种群，BNS，占 90.94%)(陆化杰和陈新军，2013)。不同群体的同时捕获可能是造成 3 月 CPUE 最高的主要原因。

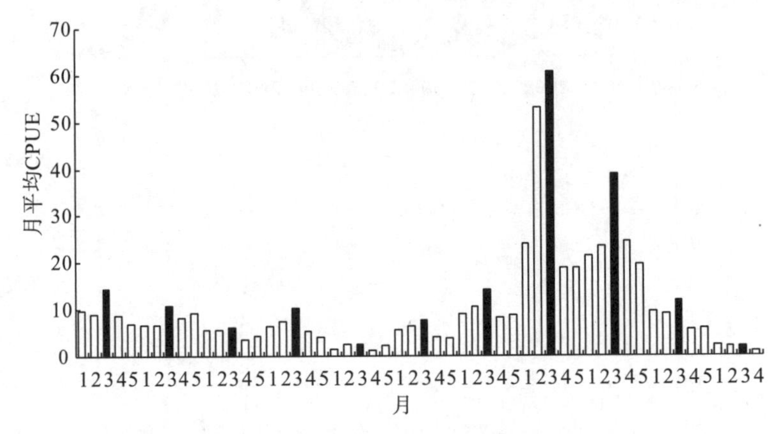

图 7-13　2000～2010 年 GAM 标准化月均 CPUE 分布

(2)空间因素对 CPUE 影响

研究结果表明，总体而言 40°～48°S GAM 标准化 CPUE 基本随着纬度增加呈现波动增加的趋势，并于 46.5°～48.5°S 达到峰值，这和王尧耕和陈新军(2005)结论相同。不同纬度范围 CPUE 变化可能和捕捞群体的洄游特性有关。中国大陆鱿钓主要捕捞 SPS 和 BNS(陆化杰和陈新军，2013)，有研究表明，SPS 群体通常通常在 28°～38°S 孵化(Haimovici 等，1995，1998；Carvalho 和 Nigmatullin，1998)，1～4 月以后开始向南洄游至 48°～52°S 海域，并在此海域停留至 4～6 月，达到性成熟后重新回到大陆坡边缘开始向北洄游到产卵场(Brunetti et al.，1998)。而中国大陆鱿钓船则基本在 3 月以后逐步转移至南部海域生产，此时正好处于 SPS 群体聚集于该海域，CPUE 可能因此会提高。同样，BNS 则通常于每年 6～7 月聚集在巴西与福克兰海流汇合的 30°～37°S 大陆架海域(Haimovici et al.，1998；Carvalho 和 Nigmatullin，1998)，仔稚鱼于夏季(1～3 月)和秋季(4～6 月)向南洄游到 46°～47°S 海域进行觅食(Arkhipkin，2000)，这种高集群、大密度的洄游肯定会对 CPUE 产生正面影响。

标准化的 CPUE 随着经度的增加由西向东逐步增加，可能是阿根廷滑柔鱼本身的洄游行为在空间上的间接反映。

(3)海洋环境对 CPUE 影响

阿根廷滑柔鱼分布与海洋环境关系密切，SST 是其中一个重要的影响因子。通常认为不同海域、不同生长阶段，阿根廷滑柔鱼生长的最适 SST 不完全相同。陈新军等

(2005)认为 2000 年阿根廷滑柔鱼产量较高海域的 SST 为 7～14℃；陈新军和赵小虎(2005)通过研究得到，2001 年高产区最适 SST 为 9～10℃；还有研究表明 2002 年巴塔哥尼亚海域高产海域 SST 为 12～15℃(陈新军和刘金立，2004)。陆化杰和陈新军(2008)认为，2006 年 1～3 月西南大西洋中心渔场 SST 为 11～13℃，4～6 月为8～11℃。本研究表明，2000～2010 年 SST 在 12～16℃时，随着 SST 的增加，CPUE 呈现增加趋势，与他们的研究结果相同。Chen 等(2007)通过研究认为夏季(1～3 月)高 CPUE 通常出现在 SST 为 10～15℃，冬季(7～9 月)则出现在 SST 7～10℃。由于中国大陆鱿钓船主要于夏、秋季在西南大西洋生产，本研究的结果于其夏季研究结果基本相同。

本研究认为，高 CPUE 出现在 SSH 为－20～20cm 时，并且这个范围内 CPUE 值相对稳定，基本没有变化。陆化杰和陈新军(2008)认为 2006 年阿根廷滑柔鱼中心渔场分布在海面高度距平值(SSHA＝0)海域，张炜和张健(2008)认为，阿根廷滑柔鱼产量较高海域所对应的 SSH 为－20～0.4cm，基本验证了本研究结果。

(4)GLM 和 GAM 模型对比

GLM 模型认为，年、纬度、SST 以及交互项年与纬度($year_i \times lat_j$)为显著性变量，对 CPUE 的影响极为显著($P<0.01$)。而 GAM 模型则认为年、月、经度、纬度、SST、SSH 以及交互项年与纬度($year_i \times lat_j$)、年与经度($year_i \times lon_k$)均为显著性变量，均对 CPUE 的影响极显著($P<0.01$)。由于 GAM 分析得到的影响变量较多，且包含 GLM 模型的分析结果，因此 GAM 似乎更适合应用西南大西洋阿根廷滑柔鱼渔业的 CPUE 标准化研究。

根据研究结果，对于年均 CPUE，GLM 和 GAM 模型标准化后的 CPUE 都年间波动都较名义 CPUE 波动小，但 GLM 标准化后的 CPUE 变化趋势明显和名义 CPUE 变化趋势存在差异，且 2004 年和 2009 年结果较名义 CPUE 大(图 7-11a)。而 GAM 模型得到的 CPUE 变化趋势基本和名义 CPUE 变化趋势相同，且数值都较名义 CPUE 小。对于月平均 CPUE，GLM 得到的结果和名义 CPUE 变化趋势基本相似，但 2002 年 3～5 月、2004 年 1～5 月、2009 年 4～5 月和 2010 年 1～4 月结果都比名义 CPUE 大，而 GAM 模型标准化后的月均 CPUE 变化趋势完全和名义 CPUE 变化趋势相近，且除个别月份以后，GAM 模型标准化后的 CPUE 都较名义 CPUE 小。

从统计学来看，GLM 模型只能针对响应变量的期望值与解释变量成线性关系的 CPUE 标准化中，而影响鱿钓渔业的很多因素和 CPUE 都呈非线性关系(Tian et al.，2009)，而 GAM 模型则可以处理这种非线性关系同时，GAM 模型中各个解释变量都是独立的，互不影响，用于西南大西洋阿根廷滑柔鱼渔业 CPUE 标准化更加准确。综上所述，GAM 模型较 GLM 模型更加适用于西南大西洋阿根廷滑柔鱼渔业 CPUE 标准化。

二、基于GLBM模型阿根廷滑柔鱼渔业CPUE标准化

1. GLBM模型

(1)对数正态的基本模型

GLBM的基本模型为GLM模型，是利用贝叶斯的统计方法对GLM模型进行估算，因此本研究假设CPUE服从对数正态分布：

$$U_{i,j,k,l} + \Delta \sim \mathrm{Lognormal}(\overline{U}_{i,j,k,l}, \sigma^2) \tag{7-19}$$

式中，$U_{i,j,k,l}$表示第i年第l个月在纬度j经度k的观测CPUE值；$\overline{U}_{i,j,k,l}$表示对数CPUE观测值分布的均值，σ表示对数CPUE观测值的标准差。根据Campbell和Tuck的研究结果，在CPUE后加上一个常数（Δ=10%*总平均CPUE)来解决观测CPUE值为0的情况。因此，$\overline{U}_{i,j,k,l}$可表示为

$$\overline{U}_{i,j,k,l} = k + \mathrm{year}_i + \mathrm{month}_l + \mathrm{lon}_k + \mathrm{lat}_j + \mathrm{SST} + \mathrm{GSST} + \mathrm{SSH} + \mathrm{Chla} + \mathrm{Interactions} \tag{7-20}$$

第i年第l个月在纬度j经度k的观测CPUE可表示为

$$U_{i,j,k,l} = \exp(k + \mathrm{year}_i + \mathrm{month}_l + \mathrm{lon}_k + \mathrm{lat}_j + \mathrm{SST} + \mathrm{GSST} + \mathrm{SSH} + \mathrm{Chla} + \mathrm{Interactions} + \frac{\sigma^2}{2}) - \Delta \tag{7-21}$$

(2)non-hierarchical和hierarchical线性模型

本节中将GLBM模型分为两种类型：非层次(non-hierarchical)和层次(hierarchical)模型。层次线性模型又叫做广义线性混合模型(generalized linear mixed models, GLMM)。对与非层次线性模型，假设模型中的交互项对CPUE有固定的影响，而对于层次线性模型则可以假设模型中的交互项对CPUE有随机的影响。因此相对于非层次线性模型，层次线性模型估算出的结果更加可信。

(3)参数的先验概率

贝叶斯统计估算方法要求给定模型参数的先验概率。本节假设了模型的参数为不可知的(non-informative)。假设模型中的k、year_i、month_i、lat_j和lon_k服从均值为0，方差为100000的正态分布，这种方差很大的正态分布接近均匀分布；假设模型中的σ^2服从反gamma分布即$1/\sigma^2 \sim \mathrm{Gamma}(0.001, 0.0001)$，0.001和0.0001分别表示gamma分布的形状和比例。对于非层次对数线性模型，假设交互项的先验概率分布为正态分布，$\mathrm{Interactions} \sim N(U_c, \sigma_c^2)$，参数$U_c$服从均值为0，方差为100000的正态分布，$U_c \sim N(0, 100000)$，$1/\sigma_c^2 \sim Gamma(0.001, 0.0001)$。对于这些给定的参数进行敏感性测试，特别是$\sigma^2$参数。

(4)利用预测的 CPUE 估算资源量丰度指数

由于各个月西南大西洋鱿钓渔船 *CPUE* 分布集中，使得该 *CPUE* 存在误差。为了解决该问题，本节利用 *GLBM* 模型对 2000～2010 年 1～7 月各月未作业区域(除了当月作业区域外的所有其他年和月作业过的区域)的 *CPUE* 进行预测估算。因此，月平均资源量丰度指数可以表示为

$$A_{i,l}=\frac{1}{TG}\sum_{1}^{TG}U_{i,j,k,l} \tag{7-22}$$

式中，$A_{i,l}$为第 i 年第 l 月的资源量丰度指数；如果利用预测的 CPUE，则 TG 为 2000～2010 年 6～11 月所有作业过的区域；如果不利用预测的 CPUE，则 TG 表示为第 i 年第 l 月的实际作业区域。

(5)模型选择和计算

首先将解释变量(除去交互项)依次加入 GLBM 模型，得到包含不同个数解释变量的 GLBM 模型。然后加入交互项($month_l\times lat_j$、$year_i\times lon_k$、$month_l\times lon_k$和 $year_i\times lat_j$)分别进行非层次和层次的分析。选取 DIC(Deviance Information Criterion)值最小的为最佳模型。DIC 是对 AIC 和 BIC(Bayesian Information Criterion)的概括，用于通过蒙特卡罗(Markov Chain Monte Carlo，MCMC)模拟计算后验概率的贝叶斯模型的选择。DIC 的计算方法为

$$DIC=p_D+\overline{D} \tag{7-23}$$

式中，$\overline{D}$ 为偏差$D(\theta)$的期望；$D(\theta)=-2\log[p(y/\theta)]+C$；$y$ 为原始数据；θ 为模型的未知参数；C 为常数；p_D 模型有效参数的个数，且 $p_D=\overline{D}-D(\bar{\theta})$，$\bar{\theta}$ 为θ 的期望。相同条件下 DIC 值越小表示模型越好。

所有的贝叶斯分析和建模计算过程都是通过 R version 2.10.0 和 WinBUGS 14 (Bayesian inference Using Gibbs Sampling；Spiegelhalter et al. 2003)软件计算完成的。MCMC 的迭代次数根据收敛评估计算而得，收敛评估时使用两条链(2 chains)。为了确保样本抽样的可靠性和稳定性选取丢弃适当的抽样次数。MCMC 迭代预算时所有参数的初始值设置为 0。

2. 结果

(1)CPUE 空间分布

GLBM 分析基于 1543 个数据，其中 1537 个的捕捞量大于 0。捕捞努力量的分布见图 7-14。从图 7-14 中可以看出，2000～2010 年的捕捞区域由 438 个点组成，然而月捕捞努力量的分布仅仅占据 39 个点或者更少。大部分的捕捞努力量都发生在 1～5 月，6 月和 7 月的数据只是很小的一部分。

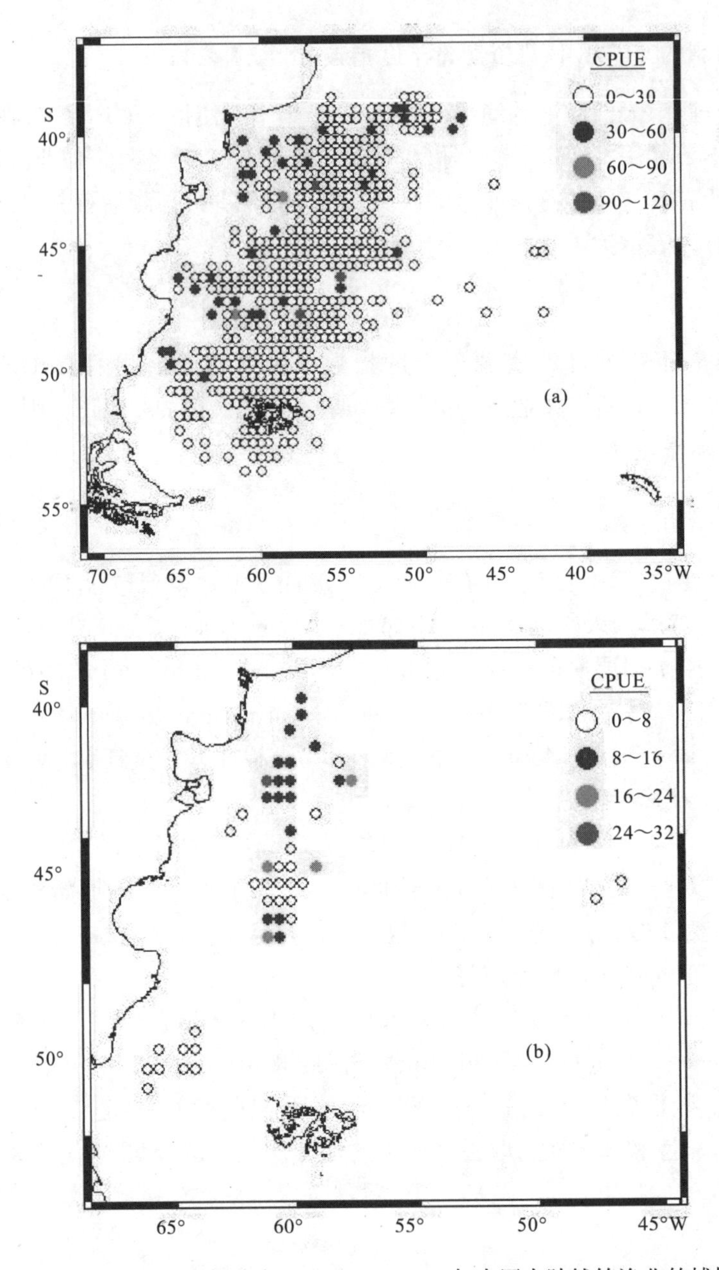

图 7-14　(a)阿根廷滑柔鱼渔场分布以及 2000～2010 年中国大陆鱿钓渔业的捕捞努力量分布；(b)2005 年 1 月中国大陆鱿钓渔业的捕捞努力量分布(随机选取)

(2)模型选择和比较

1)未加入固定交互选项

GLBM 分析表明，当未考虑交互项时，$year_i$、Chl-a 和 lon_k 变量对 CPUE 没有显著影响(95%置信区间没有包含 0)，其余的变量对 CPUE 都有显著影响，其中变量 SST 对 CPUE 的影响最大，剩下的依次为 $month_l$、lat_j、SSH 和 GSST(表 7-6)。根据 DIC 的结果，未考虑交互效应的最佳 GLBM 模型(DIC=3603.56)为

$$\overline{U}_{i,j,k,l} = k + \text{month}_l + \text{lat}_j + \text{SST} + \text{SSH} + \text{GSST} \tag{7-24}$$

GLBM 模型中各变量的后验概率分布见图 7-15。

表 7-6　未加入交互项时解释变量的后验概率分布及模型结果

来源	平均值	标准差	计算误差	2.50%分位数	中值	97.50%分位数	开始次数	分析次数
k	-2.217×10^{-3}	3.656×10^{-4}	2.585×10^{-5}	-2.906×10^{-3}	-1.871×10^{-3}	-1.636×10^{-3}	10001	50000
month	6.321×10^{-2}	3.344×10^{-2}	1.255×10^{-3}	-2.569×10^{-3}	6.363×10^{-2}	0.12075	10001	50000
Latitude	6.32×10^{-2}	1.775×10^{-2}	1.268×10^{-3}	3.878×10^{-2}	6.058×10^{-2}	9.111×10^{-2}	10001	50000
SST	0.120893	0.016752	1.185×10^{-3}	9.082×10^{-2}	0.12043	0.15002	10001	50000
GSST	0.062489	0.052	3.677×10^{-3}	-3.646×10^{-2}	0.05947	0.17422	10001	50000
SSH	3.755×10^{-3}	1.818×10^{-3}	1.285×10^{-4}	2.17×10^{-4}	5.155×10^{-3}	7.302×10^{-3}	10001	50000
$1/\sigma^2$	0.67955	2.247×10^{-2}	4.894×10^{-4}	0.6344	0.6791	0.7285	10001	50000

MC 为 Monte Carlo；SD 为样本标准差，前 10000 次的抽样和 MC 运算丢弃。

Dbar=post. mean of−2logL；Dhat=−2LogL at post. mean of stochastic nodes

	Dbar	Dhat	pD	DIC
$\overline{U}_{i,j,k,l}$	3602.84	3600.12	3.48	3603.56
total	3602.84	3600.12	3.48	3603.56

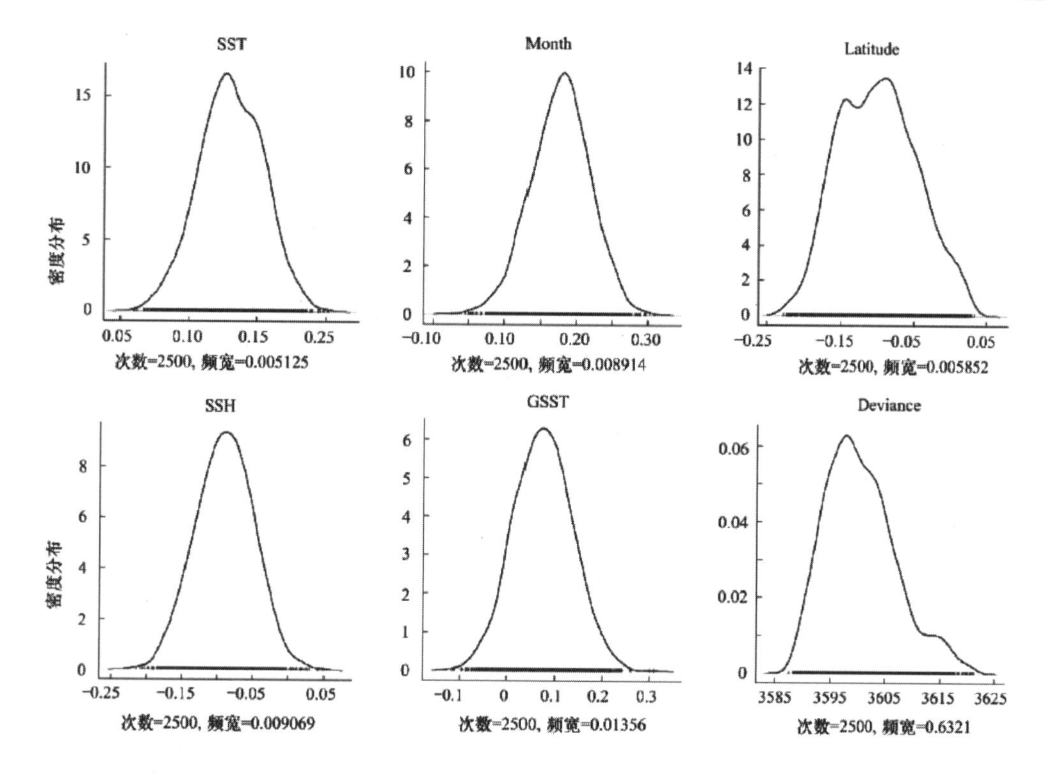

图 7-15　未考虑交互效应时模型的抽样和后验概率分布

2)加入固定交互选项

GLBM 分析表明，当加入固定交互项时，$year_i$、lon_k和 Chl-a 变量对 CPUE 没有显著的影响(95%置信区间没有包含 0)，其余的变量对 CPUE 都有显著的影响，其中变量 SST 对 CPUE 的影响最大，剩下的依次为 lat_j、$month_l$、SSH、GSST、$year_i\times lat_k$、$year_i\times lat_k$、$year_i\times lon_k$和 $month_l\times lon_k$(表 7-7)。根据 DIC 的结果，加入固定交互效应的最佳 GLBM 模型(DIC=3598.76)为

$$\overline{U}_{i,j,k,l} = k + lat_j + month_l + SST + SSH + GSST + lat_i + year_i \times lon_k + month_l \times lon_k + year_l \times lat_k + month_i \times lat_i \quad (7\text{-}25)$$

GLBM 模型中各变量的后验概率分布见图 7-16。

表 7-7 加入假设固定影响的交互项时解释变量的后验概率分布及模型结果

来源	平均值	标准差	计算误差	2.50%分位数	中值	97.50%分位数	开始次数	分析次数
k	-3.622×10^{-4}	8.708×10^{-4}	1.742×10^{-5}	-2.908×10^{-3}	-1.056×10^{-3}	-9.85×10^{-4}	10001	50000
month	−0.97498	0.42759	8.552×10^{-3}	−1.6326	−1.0291	−0.1401	10001	50000
latitude	5.530×10^{-2}	3.834×10^{-2}	7.699×10^{-4}	−0.3282	0.05811	0.1202	10001	50000
SST	0.12156	0.013981	1.095×10^{-3}	8.891×10^{-2}	0.12329	0.12835	10001	50000
GSST	0.07811	0.055878	1.118×10^{-3}	-3.013×10^{-2}	0.0753	0.18605	10001	50000
SSH	3.946×10^{-3}	2.363×10^{-3}	4.725×10^{-5}	-1.055×10^{-3}	3.684×10^{-3}	8.168×10^{-3}	10001	50000
year×latitude	5.693×10^{-5}	3.159×10^{-5}	6.318×10^{-7}	-1.566×10^{-8}	5.246×10^{-5}	1.233×10^{-4}	10001	50000
year×longitude	-5.930×10^{-5}	3.889×10^{-5}	7.778×10^{-7}	-1.249×10^{-4}	-5.891×10^{-5}	1.208×10^{-5}	10001	50000
month×latitude	7.931×10^{-3}	6.893×10^{-3}	4.725×10^{-5}	1.379×10^{-4}	8.251×10^{-3}	-2.043×10^{-3}	10001	50000
month×latitude	1.138×10^{-2}	8.690×10^{-3}	1.738×10^{-4}	-4.994×10^{-3}	1.244×10^{-2}	2.740×10^{-2}	10001	50000
$1/\sigma^2$	0.68093	2.440×10^{-2}	4.882×10^{-4}	0.6346	0.68	0.7326	10001	50000

MC 为 Monte Carlo；SD 为样本标准差，前 10000 次的抽样和 MC 运算丢弃。

Dbar=post. mean of−2logL；Dhat=−2LogL at post. mean of stochastic nodes

	Dbar	Dhat	pD	DIC
$\overline{U}_{i,j,k,l}$	3597.98	3695.24	4.182	3598.76
total	3597.98	3695.24	4.182	3598.76

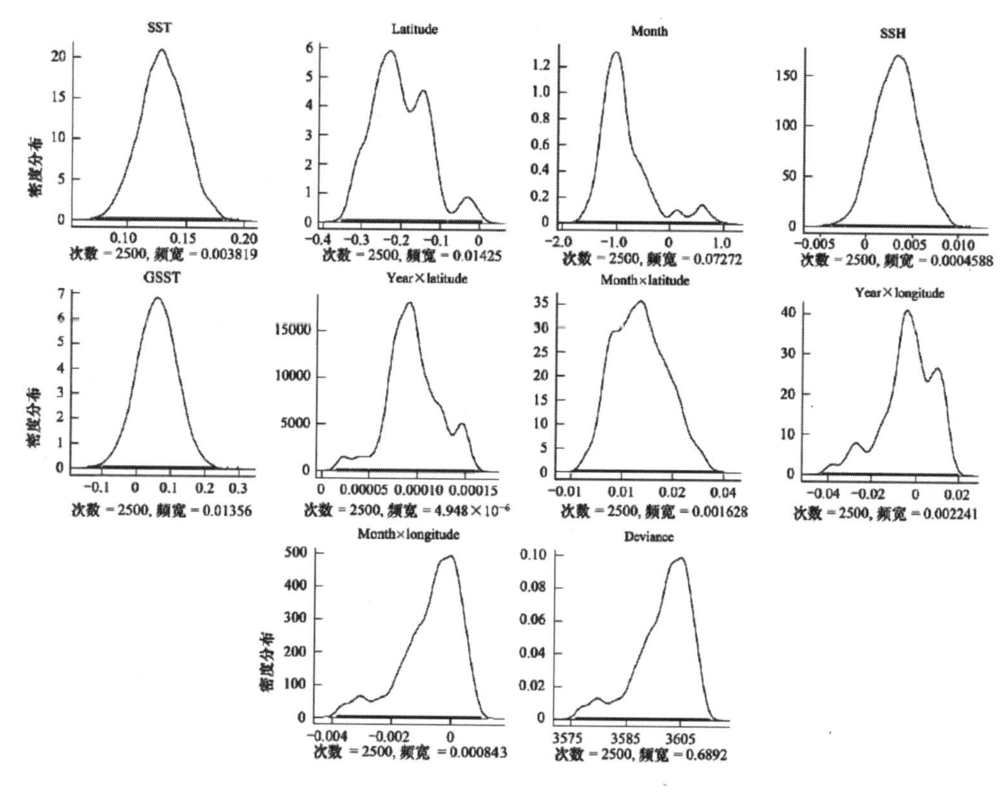

图 7-16　考虑假设固定影响的交互效应时模型的抽样和后验概率分布

3)加入随机交互选项

GLBM 分析表明，当加入随机交互项时，$year_i$、lon_k、Chl-a 和 $month \times lon_k$ 变量对 CPUE 没有显著的影响(95%置信区间没有包含 0)，其余的变量对 CPUE 都有显著的影响，其中变量 SST 对 CPUE 的影响最大，剩下的依次为 lat_j、SSH、GSST、$year_i \times lat_k$、$month_l \times lat_k$ 和 $month_l \times lon_k$(表 7-8)。根据 DIC 的结果，加入随机交互效应的最佳 GLBM 模型(DIC=3590.46)为

$$\overline{U}_{i,j,k,l} = k + lat_j + SST + GSST + SSH + month_l \times lon_k + year_i \times lat_j + month_l \times lat_j \tag{7-26}$$

GLBM 模型中各变量的后验概率分布见图 7-17。

表 7-8　加入假设随机影响的交互项时解释变量的后验概率分布及模型结果

来源	平均值	标准差	计算误差	2.50%分位数	中值	97.50%分位数	开始次数	分析次数
K	0.10164	0.01581	1.686×10^{-4}	7.015×10^{-2}	0.10188	0.1321	10001	50000
SST	3.903×10^{-2}	5.77×10^{-2}	1.118×10^{-3}	-7.219×10^{-2}	3.809×10^{-2}	0.1548	10001	50000
GSST	8.502×10^{-3}	1.877×10^{-3}	2×10^{-5}	4.871×10^{-3}	7.222×10^{-3}	9.878×10^{-3}	10001	50000
SSH	-1.631×10^{-5}	-1.717×10^{-5}	1.824×10^{-7}	4.783×10^{-5}	2.931×10^{-5}	1.473×10^{-5}	10001	50000
year×latitude	1.857×10^{-5}	1.343×10^{-5}	1.432×10^{-7}	-6.237×10^{-4}	1.799×10^{-5}	4.345×10^{-5}	10001	50000
month×latitude	2.597×10^{-2}	9.370×10^{-3}	9.988×10^{-5}	8.543×10^{-3}	1.917×10^{-2}	4.292×10^{-3}	10001	50000

（续表）

来源	平均值	标准差	计算误差	2.50%分位数	中值	97.50%分位数	开始次数	分析次数
month×longitude	-1.846×10^{-2}	6.99×10^{-3}	7.451×10^{-5}	-3.11×10^{-2}	-1.846×10^{-2}	-5.538×10^{-2}	10001	50000
$1/\sigma^2$	0.67554	2.456×10^{-2}	2.619×10^{-4}	0.6285	0.6753	0.7248	10001	50000

MC 为 Monte Carlo；SD 为样本标准差，前 10000 次的抽样和 MC 运算丢弃。

Dbar=post. mean of−2logL；Dhat=−2LogL at post. mean of stochastic nodes

	Dbar	Dhat	pD	DIC
$\overline{U}_{i,j,k,l}$	3587.19	3588.91	5.21	3590.46
total	3587.19	3588.91	5.21	3590.46

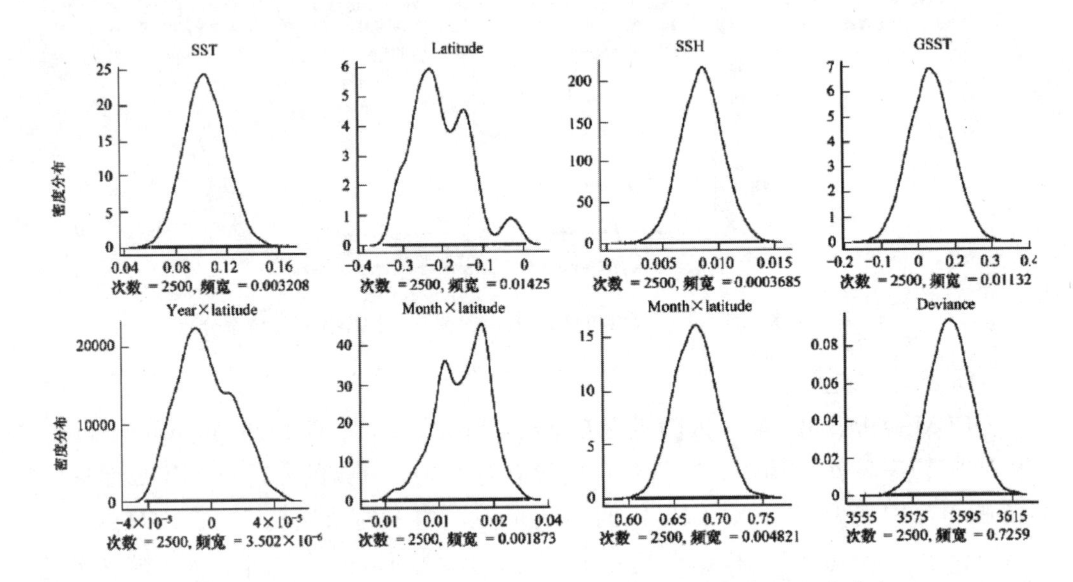

图 7-17 考虑假设随机影响的交互效应时模型的抽样和后验概率分布

根据 3 种方法(未加交互项、加入假设对 CPUE 有固定影响的交互项和加入假设对 CPUE 有随机影响的交互项)得出的结果，说明加入随机交互效应是的最佳 GLBM 模型(DIC=3590.46)。

(3)名义 CPUE 和标准化 CPUE 的比较

1)年均 CPUE 比较

经 GLBM 模型标准化后的年均 CPUE 见图 7-18。由图 7-18 可见，除了 2004 年和 2010 年以外，其余年间经 GLBM 模型标准化后的 CPUE 明显低于或接近名义 CPUE。2000～2003 年名义 CPUE 为 7.13t～10.40t/d，且波动幅度不大，但 2004～2008 年和 2009～2010 年名义 CPUE 变化幅度很大，为 3.39t～29.17t/d。然而经过 GLBM 模型标准化后的 CPUE 却波动相对平缓，2000～2010 年间介于 5.45～9.29t/d。

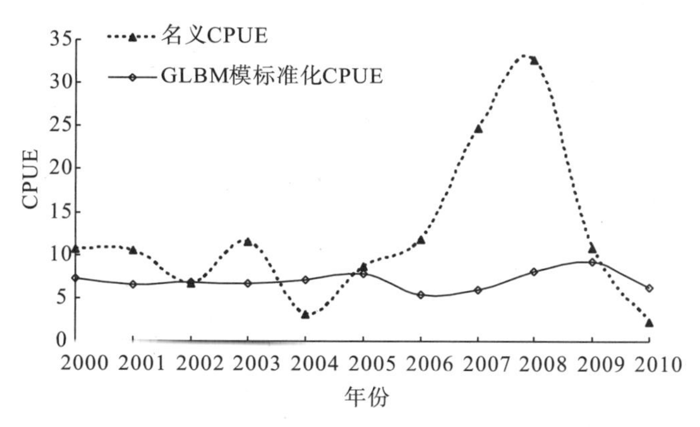

图 7-18　阿根廷滑柔鱼渔业年均名义 CPUE 与 GLBM 模型标准化后 CPUE 的关系

2)月均 CPUE 比较

经 GLBM 模型标准化后的月均 CPUE 见图 7-19。由图 7-19 可知，除了 2004 年 1～5 月、2010 年 1～5 月标准化后的月均 CPUE 比期间名义月均 CPUE 高以外，其余所有年间的各月份，经 GLBM 模型标准化后的 CPUE 都低于或者接近对应的名义 CPUE。总体而言，名义 CPUE 波动幅度比较大，且数值较大(0.68～38.72t/d)，经 GLBM 模型标准化后的 CPUE 则波动幅度较小(1.31～11.27t/d)。

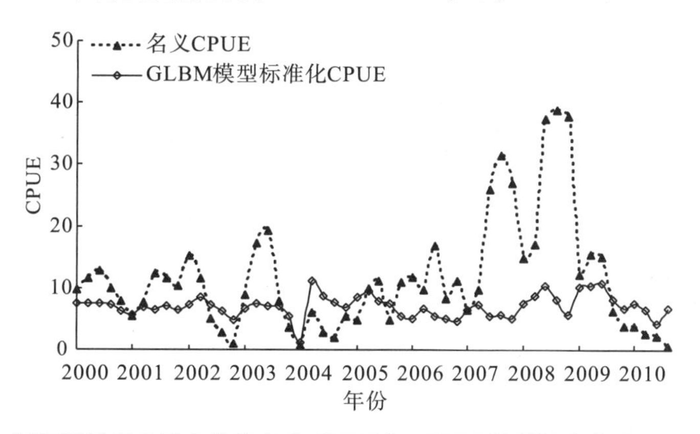

图 7-19　阿根廷滑柔鱼渔业月均名义 CPUE 与 GLBM 模型标准化后 CPUE 的关系

3. 分析与讨论

(1)不同 GLBM 模型的对比

研究认为，3 种方法(未加交互项、加入假设对 CPUE 有固定影响的交互项和加入假设对 CPUE 有随机影响的交互项)得出的结果并不相同。未加入交互项 GLBM 分析认为，$year_i$、Chl-a 和 lon_k 变量对 CPUE 没有显著的影响，SST、$month_l$、lat_j、SSH 和 GSST 变量对 CPUE 都有显著的影响。而加入固定交互项时，GLBM 分析认为，$year_i$、lon_k 和 Chl-a 变量对 CPUE 没有显著的影响，SST、lat_j、$month_l$、SSH、GSST、$year_i \times lat_k$、$year_i \times lat_k$、$year_i \times lon_k$ 和 $month_l \times lon_k$ 对 CPUE 都有显著的影响。加入随机交互项 GLBM 分析表明，$year_i$、lon_k、Chl-a 和 $month_l \times lon_k$ 变量对

CPUE没有显著的影响，SST、lat_j、$month_l$、SSH、GSST、$year_i \times lat_k$、$year_i \times lat_k$、$year_i \times lon_k$和$month \times lon_k$对CPUE都有显著的影响。三个标准化分析认为，加入随机交互效应的GLBM模型为CPUE最适标准化方法。从三个GLBM标准化模型中，可看出$year_i$、Chl-a和lon_k都对CPUE都没有显著性影响，SST、lat_j、$month_l$、SSH、GSST都对CPUE产生显著性影响。而两个交互项的模型中，$year_i \times lat_k$、$year_i \times lat_k$、$year_i \times lon_k$和$month_l \times lon_k$都对CPUE产生显著影响。因此，不难看出，阿根廷滑柔鱼CPUE分布受到的影响因素很多，也比较复杂，其中包括时间因素($month_l$)、空间因素(lat_j)、和海洋环境因素(SST、SSH、GSST等)。

通过最佳GLBM模型分析认为，2000～2010年西南大西洋阿根廷滑柔鱼CPUE波动比较平缓，没有出现剧烈的大幅度波动，然而Chen等(2007)、Alexander和Middleton(2002)分别对中国台湾省1995～2005年和福克兰群岛海域1989～1999年西南大西洋阿根廷滑柔鱼渔业CPUE标准化进行了研究，基本认为西南大西洋阿根廷滑柔鱼CPUE存在4～5年一个周期的波动。产生这一差异的原因可能和研究的方法、选取的模型有关。研究认为，影响阿根廷滑柔鱼CPUE的因素有很多，如时间和空间要素(年、月、经度、纬度)、捕捞能力(渔船吨位和马力，渔具，助渔设备等)及海洋环境条件(如表温SST)等。因此，选择不同模型对名义CPUE进行标准化，势必会产生不同的研究结果。

(2)GLM、GAM和GLBM模型结果对比

GLM模型认为，年、纬度、SST以及交互项年与纬度($year_i \times lat_j$)均为显著性变量，对CPUE的影响极显著；经度、SSH、GSST、Chl-a、年和经度($year_l \times lon_j$)月和纬度($month_l \times lat_j$)及月与经度($month_l \times lon_k$)的交互效应为不显著变量，对CPUE的影响不显著。而GAM模型得到年、月、经度、纬度、SST、SSH以及交互项年与纬度($year_i \times lat_j$)、年与经度($year_i \times lon_k$)均为显著性变量，对CPUE的影响极显著($P<0.01$)；GSST、Chl-a、月和纬度($month_l \times lat_j$)以及月与经度($month_l \times lon_k$)的交互效应为不显著变量，对CPUE的影响不显著($P>0.01$)。加入随机交互项GLBM分析则认为，$year_i$、lon_k、Chl-a和$month_l \times lon_k$变量对CPUE没有显著的影响，而SST、lat_j、$month_l$、SSH、GSST、$year_i \times lat_k$、$year_i \times lat_k$、$year_i \times lon_k$和$month_l \times lon_k$对CPUE都有显著的影响。从研究结果来看，GLM和GAM研究结果与GLBM研究结果存在差异(图7-20)。

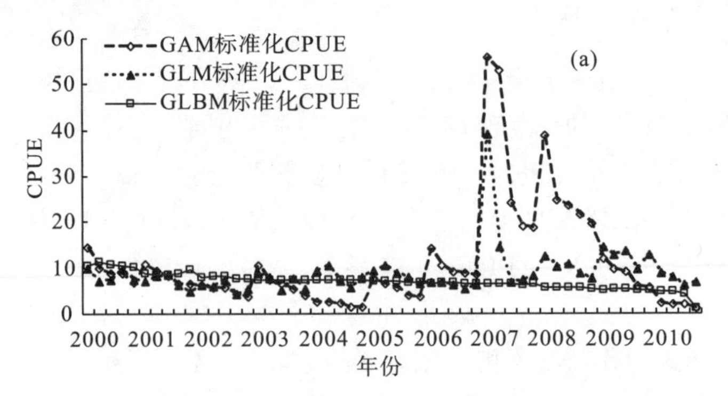

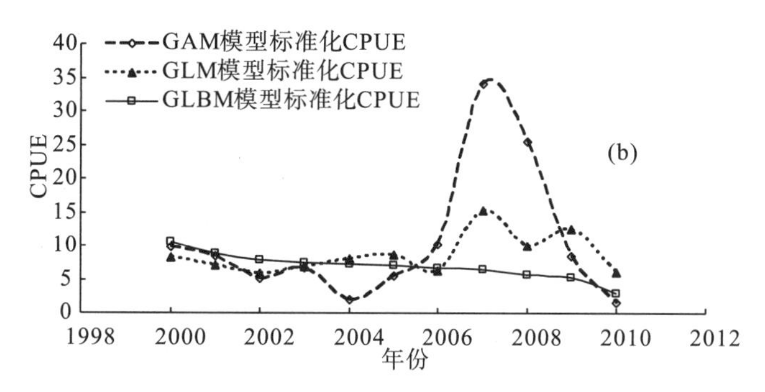

图 7-20 2000～2010 年 GAM，GLM 和 GLBM 模型标准化月均 CPUE(a)和年均 CPUE(b)标准化后 CPUE 的关系

研究认为，GLBM 模型标准化后的结果比较可信，与西南大西洋阿根廷滑柔鱼渔业特点一致。CPUE 受到空间因素 lat_j、$month_l$ 和随机影响的交互效应 year * lat_k、$year_i \times lat_k$、$year_i \times lon_k$ 和 $month_l \times lon_k$ 的显著影响，这与阿根廷滑柔鱼洄游特点一致。中国大陆的鱿钓渔船每年 1～7 月份作业，但产量主要集中于 1～5 月。中国大陆鱿钓船主要捕获冬季产卵群，而 1～5 月该群体要进行一系列的产卵、索饵洄游，因此 lat_j 和 $month_l$ 为影响 CPUE 的重要时空因素。

同时，GLBM 模型还能够解决阿根廷滑柔鱼作业集中而导致 CPUE 不准确的问题，由于作业渔船之间的渔汛信息交流和高科技(如海洋遥感)的应用，中国大陆鱿钓船常作业海域通比较集中，尤其是在产量高的年份，整个渔讯间有些渔船的作业位置基本没有多少变化。无论是月均 CPUE(图 7-20a)还是年均 CPUE(图 7-20b)，GLBM 模型标准化后的 CPUE 要比 GAM 和 GLM 模型标准化后的 CPUE 低(图 7-20)，这间接说明了阿根廷滑柔鱼作业方式使其名义 CPUE 不能正确反映资源量，极有可能出现当资源量较低时，名义 CPUE 值仍然很高的现象，因此在以后的资源评估中，应利用 GLBM 标准化后的 CPUE。

第四节 基于贝叶斯 Schaefer 模型的阿根廷滑柔鱼资源评估与管理策略

阿根廷滑柔鱼是目前世界最受重视的已开发的头足类资源之一。自 20 世纪 70 年代以来，一些研究机构和学者对其资源量进行了评估，但是由于阿根廷滑柔鱼种群结构比较复杂、洄游跨度大，评估结果的结果差异较大(Mar et al.，2005；Sato 和 Hatanaka，1983；FAO，1983)。本节拟采用基于贝叶斯 Schaefer 模型对西南大西洋阿根廷滑柔鱼资源量进行了评估，并根据评估结果提出和自己的管理策略，旨在为合理利用和开发该渔业资源提供依据。

一、材料来源

研究采用2000～2010年西南大西洋阿根廷滑柔鱼的产量，数据分别来源于上海海洋大学鱿钓技术组提供的中国大陆产量数据、福克兰群岛政府管理网站提供的福克兰经济专属经济区产量数据及和中国台湾省官方网站提供的台湾省产量数据(表7-9)。其中，中国大陆数据包括日捕捞量、作业天数、日作业船数和作业区域(0.5°×0.5°为一个渔区)。在研究的过程中，假设上述三个地区均捕获冬季产卵群(SPS)。

表7-9　2000～2010年间西南大西洋SPS群体渔获量和CPUE

年份	渔获量/t				GLBM标准化CPUE/(t/d)
	中国		福克兰群岛	总产量	
	大陆	台湾省			
2000	75103	247875	189709	512687	7.2226
2001	55778	141679	150631	348088	6.5241
2002	77239	95073	13411	185723	6.8333
2003	96281	123668	103375	323324	6.7394
2004	13265	9775	1720	24760	7.1828
2005	40488	35725	7937	84150	7.7696
2006	79757	125929	85614	291300	5.4573
2007	99387	284707	161402	545496	6.0219
2008	86166	208641	106600	401407	8.0734
2009	15552	56092	31457	103101	9.2946
2010	5215	30543	66547	102305	6.2104

CPUE定义为每天的捕捞生产量(t/d)。本节所用CPUE数据来源于2000～2010年中国大陆的鱿钓渔业，并用GLBM模型进行了标准化处理，标准化后的年CPUE数据作为西南大西洋阿根廷滑柔鱼资源丰度的相对指数。

二、统计方法

1. 非平衡剩余产量模型

非平衡剩余产量模型的特点是不需要考虑资源群体的补充、生长、死亡及年龄结构对资源数量的影响，只需要将资源的补充、生长和自然死亡率综合起来作为资源群体变化的一个单变量函数进行分析，但具有对应的假设条件：①群体为封闭独立的，没有其他群体的补充或者流失；②群体能够对收获率即时反映；③捕捞群体的作业方式和渔具渔法保持一致；④不同年龄组间具有独立的内禀自然增长率；⑤模型中的参数是恒定的。该模型的离散时间形式如下：

$$B_t = B_{t-1} + rB_{t-1}\left(1 - \frac{B_{t-1}}{K}\right) - C_{t-1} \tag{7-27}$$

$$I_t = qB_t e^{\varepsilon_t - \frac{\sigma^2}{2}} \qquad \varepsilon_t \subset N(0, \sigma^2) \tag{7-28}$$

式中，B_t、r、K 分别为 t 年的资源量、内禀自然增长率和最大承载能力，C_{t-1}、q 分别为 $t-1$ 年的渔获量和为可捕系数。其中 r、K、q 和 B_0 为模型的参数。在实际资源评估中，为了减少参数数量，通常假设评估最初一年资源量为 K（Beddington et al.，1990）。考虑到其他学者对西南大西洋阿根廷滑柔鱼资源量的研究，假设 B_0 为 250 万 t。

2. 似然函数

在 CPUE 正比于资源量，并且观测误差服从对数正态分布的假设下，似然函数的表达式为

$$L(I|\theta) = \prod_{t=1998}^{2006} \frac{1}{I_t\sigma\sqrt{2\pi}} \exp\left[\frac{(\log I_t - \log qB_t)^2}{2\sigma^2}\right] \tag{7-29}$$

由于本研究采用的渔获量和 CPUE 数据的时间序列太短（11 年），估算标准差 σ 存在困难，因此在本研究中设定式中 σ 为 0.2（Beddington et al.，1990）。

3. 模型参数先验分布的设定

在本节研究中对模型参数的先验分布提出基准方案（均匀分布）、正态分布方案和正态分布随机变化三种方案（表 7-10），分别对应无信息先验分布、有信息先验分布和随机影响先验分布。鉴于阿根廷滑柔鱼资源量受到环境因素的影响显著，模型的参数 r、K、q 也视为存在变化。

根据其他学者研究（Waluda et al.，2001），阿根廷滑柔鱼资源补充量与前一年孵化场中的温度关系比较密切，合适的温度直接影响的孵化是否成功，并直接反映次年的资源量大小。因此，本节根据其适合水温范围大小变动的标准差对随机变化方案中 K 参数的超参数 $\sigma_k{}^2$ 进行假设（表 7-10）。

对于内禀自然增长率 r，假设的基准先验分布服从均匀分布（0.5，2.5），正态先验分布服从正态分布（1.5，0.6^2）。r 先验概率分布范围的上、下边界意义随生长速度不同而不同：当生长速度慢时，r 先验概率分布的上边界是 r 可能达到的最小值；当生长速度快时，下边界则表示 r 可能出现最大值。

对于 K 的基准先验分布假设服从均匀分布（70 万 t，250 万 t），下边界 70 万 t 大于 2000～2010 年的最大渔获量。为使上边界的值对后验概率的影响尽可能小，上边界值被设定为 250 万 t，正态先验分布服从正态分布（55，35^2）。对于可捕系数，假设 q 的基准先验分布服从均匀分布（1×10^{-6}～6×10^{-5}），正态先验分布服从正态分布 [2.0×10^{-5}，$(0.8\times10^{-5})^2$]。对于三种方案都给予上下边界值以免出现与阿根廷滑柔鱼生物学不符合的情况。

表 7-10 剩余产量模型参数 r、K、q 的先验概率分布

方案	r	K	q
基准(均匀)	$U(0.5, 1.5)$	$U(70, 250)$	$U(1\times10^{-6}, 8\times10^{-5})$
正态	$N(1, 0.6^2)$	$N(55, 35^2)$	$N(1\times10^{-6}, 0.8\times10^{-5})$
对数正态	$N(1, 0.6^2)$	$N(55, 35^2)$	$N(1\times10^{-6}, 0.8\times10^{-5})$

4. 模型参数后验概率分布的计算

利用 MCMC 方法来计算剩余产量模型的参数 r、K、q 的后验概率分布，MCMC 过程通过 R version 2.10.0 和 WinBUGS14 计算完成的。MCMC 迭代计算时各参数的初始值设定见表 7-11。共进行 20000 次运算，前 10000 次结果舍弃，后 10000 次运算，每 10 次对结果进行一次储存。

表 7-11 MCMC 计算剩余产量模型参数 r、K、q 的初始值设定

方案	r	K	q
基准(均匀)	1	150	0.000002
正态	1	150	0.000002
随机	1	150	0.000002

5. 确定备选管理策略

本研究以收获率作为西南大西洋阿根廷滑柔鱼资源管理策略。收获率(harvest rate)即捕捞死亡率(fishing mortality rate)，是一种捕捞控制规则，规定每年渔获量占资源量比例相同(Beddington et al.，1990)。备选收获率分别设定为 0、0.1、0.2、0.3、0.4、0.5、0.6、0.7 和 0.8。因此，未来 t 年的渔获量可通过下式进行计算：

$$C_t = h_i B_t e^{\varepsilon} \qquad \varepsilon \subset N(0,1^2) \tag{7-30}$$

式中，C_t 为管理期间 t 年的渔获量(万 t)；h_i 为收获率；B_t 为管理期间 t 年的资源量(万 t)；ε 为误差项。

6. 资源管理生物学参考点

生物学参考点(biological reference point，BRP)分为目标参考点(target reference points，TRP)和限制参考点(limit reference point，LRP)(FAO，1995，1996；Hoggarth et al.，2006)。设置的目的分别是为了达到渔业管理的目标和渔业管理中应该避免的状态。一般认为渔业管理都希望获得 MSY 的同时，保持渔业资源处在可持续的稳定状态。研究涉及的生物学参考点有 F_{MSY}、B_{MSY}、$F_{0.1}$ 和 MSY 本身，F_{MSY} 和 MSY 分别指渔业达到 MSY 水平时对应的捕捞死亡系数和生物量，$F_{0.1}$ 表示平衡渔获量和捕捞死亡系数关系曲线最大斜率的 10%对应的捕捞死亡系数。通过计算得

$$F_{MSY} = \frac{r}{2} \tag{7-31}$$

$$F_{0.1} = 0.45r \tag{7-32}$$

$$\mathrm{MSY}=\frac{rK}{4} \tag{7-33}$$

$$B_{\mathrm{MSY}}=\frac{K}{2} \tag{7-34}$$

本章的研究将以 $F_{0.1}$ 作为捕捞死亡系数的目标参考点 F_{targ}，以 F_{MSY} 作为限制参考点 F_{lim}；将 B_{MSY} 作为资源量的目标参考点 B_{targ}，$B_{\mathrm{MSY}}/4$ 作为限制参考点 B_{lim}。当捕捞死亡系数 F 大于 F_{lim} 时，则说明该资源正在遭受过度捕捞(overfishing)，反之则没有遭受过度捕捞，当其资源量小于 B_{lim} 时，则说明该资源量水平很低，已经处于过度捕捞状态(overfished)，反之则未处于过度捕捞状态。

7. 资源管理效果评价以及风险分析指标

本章的研究利用建立指标和模拟管理策略来评估备选管理策略(收获率)的实施效果以及风险，模拟管理策略从 2011 年开始一直持续到 2025 年，共 15 年。建立的指标包括：

(指标 1)管理结束时的资源量，即 2025 年的资源量的期望；

(指标 2)管理策略实施后 2025 年渔获量的期望；

(指标 3)2025 年阿根廷滑柔鱼资源量与 B_{MSY} 之比的期望($B_{2025}/B_{\mathrm{MSY}}$)；

(指标 4)2025 年阿根廷滑柔鱼资源量的衰减率(depeltion)，即实施某一管理策略后，2025 年阿根廷滑柔鱼资源量与 K 的比例(B_{2025}/K)；

(指标 5)2025 年阿根廷滑柔鱼资源量大于 2010 年阿根廷滑柔鱼资源量的概率，$P(B_{2025}>B_{2010})$，它表示管理措施实施后资源较管理措施实施前资源回复的概率；

(指标 6)2025 年阿根廷滑柔鱼资源量大于 B_{MSY} 的概率，$P(B_{2025}>B_{\mathrm{MSY}})$，它表示资源恢复到健康水平的概率；

(指标 7)2025 年阿根廷滑柔鱼资源量小于 $B_{\mathrm{MSY}}/4$，即小于 $B_{\mathrm{MSY}}/4$ 的概率 $P(B_{2025}<B_{\mathrm{MSY}}/4)$，它表示管理措施实施后资源崩溃的概率。

利用指标 1～7 建立管理决策和风险分析表对不同的备选管理措施进行分析。决策的原则依据期望收益最高风险最小。

三、结　果

1. 模型参数后验概率分布

不同假设方案下模型参数的抽样过程以及后验概率分布见图 7-21、图 7-22 和图 7-23。对于基准(均匀分布)，K、q 的后验概率分布与它们先验概率相比差异很大，这表明与先验概率分布相比，数据对参数 K、q 的后验概率分布产生了巨大影响。对于正态分布方案和正态分布随机方案，参数 K、q 的后验概率分布与它们的先验概率分布差异不大，即后验概率分布基本服从正态分布。三种方案中参数 r 的后验概率分布与先验概率分布差距较大，这表明在本研究的数据下参数 r 并不完全服从假设的分布类型。

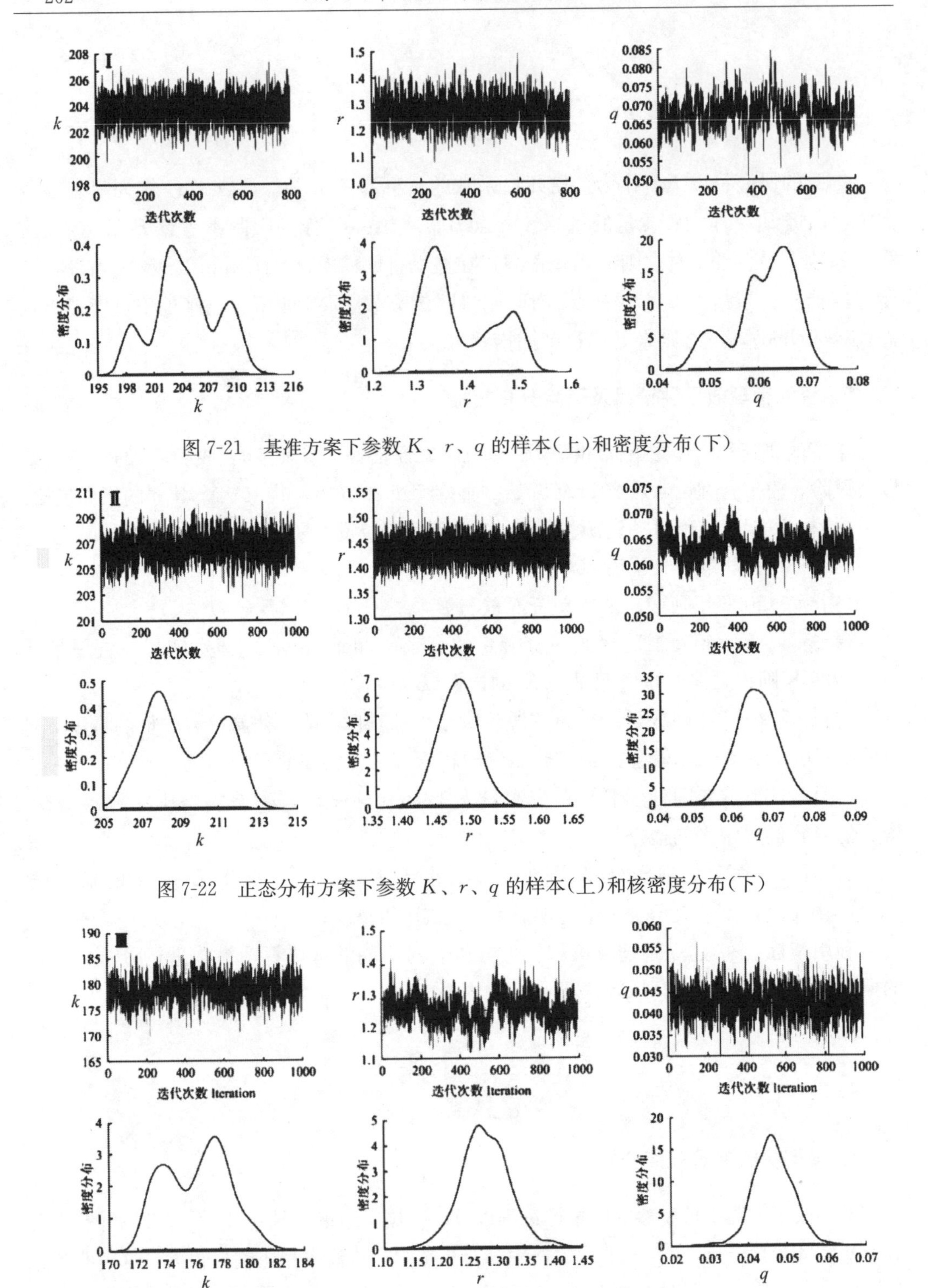

图 7-21　基准方案下参数 K、r、q 的样本(上)和密度分布(下)

图 7-22　正态分布方案下参数 K、r、q 的样本(上)和核密度分布(下)

图 7-23　对数正态方案下参数 K、r、q 的样本(上)和核密度分布(下)

不同假设方案下模型参数的预测值，即参数后验概率分布的均值见表 7-12。其中 r 值为 1.303～1.411，对数正态方案下最小，正态分布方案下最大；K 值为 175.601～

204.706(万 t)，对数正态方案下最小，正态分布方案下最大；K 值为 0.055×10^{-4}～0.073×10^{-4}，对数正态方案下最小，正态分布方案下最大。

表 7-12　不同方案下的模型参数的后验概率平均值

方案	r	K/万 t	q/($\times10^{-4}$)
基准(均匀)	1.347(0.285)	204.706(1.632)	0.072(0.01)
正态	1.411(0.273)	203.103(1.031)	0.073(0.01)
随机正态	1.303(0.81)	175.601(1.842)	0.055(0.01)

* 注：括号内为变异系数

2. 当前阿根廷滑柔鱼资源与渔业状况

三种不同方案下，2001～2010 年西南大西洋阿根廷滑柔鱼的资源量和渔业状况分别见图 7-24、图 7-25 和图 7-26。研究结果表明，三种方案下，当前的阿根廷滑柔鱼的资源量和渔业状况都处于一个良好的状态，资源量保持在较高的水平，并未遭受过度捕捞。

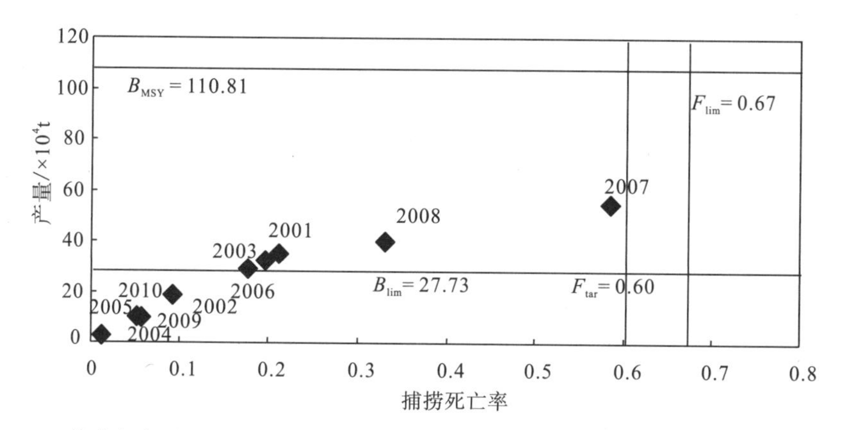

图 7-24　基准方案下 2001～2010 年西南大西洋阿根廷滑柔鱼资源与生物学参考点的关系

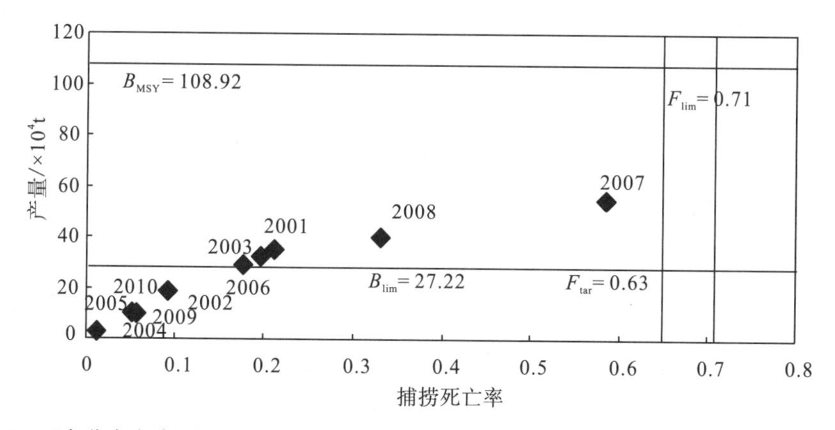

图 7-25　正态分布方案下 2001～2010 年西南大西洋阿根廷滑柔鱼资源与生物学参考点的关系

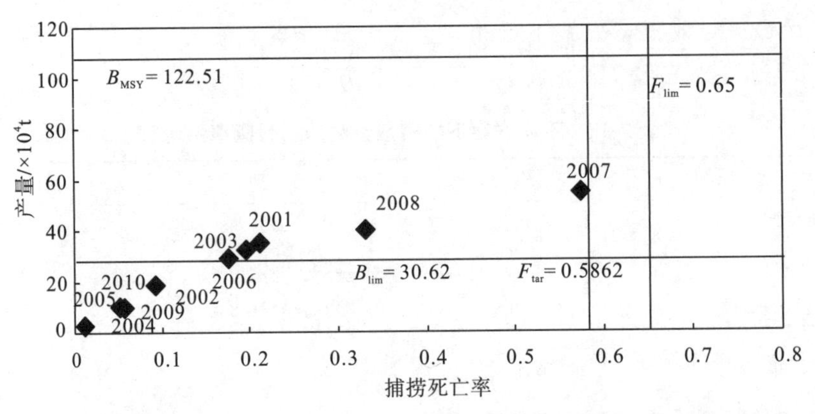

图 7-26　对数正态方案下 2001～2010 年西南大西洋阿根廷滑柔鱼资源与生物学参考点的关系

三种不同方案下估算的阿根廷滑柔鱼生物学以及渔业参考点分别见表 7-13、表 7-14和表 7-15。第一、二种方案估算的 B_{MSY}、MSY 结果相近，且明显高于对数正态方案估算的结果。其中最小的 K 为对数正态方案估算的 175.0982 万 t，最大的 K 为正态方案估算的 207.1001 万 t；最小的 B_{MSY}为对数正态分布方案估算的 122.5072 万 t，最大的 B_{MSY}为基准方案估算的 108.5064 万 t；最小的 MSY 为基准估算的 72.0601 万 t，最大 MSY 为对数正态方案估算的 76.4903 万 t；最小的 $F_{0.1}$ 为对数正态估算的 0.5862，最大 $F_{0.1}$为正态方案估算的 0.6376；最小的 F_{MSY}为基准估算的 0.6513，最大 F_{MSY}为正态方案估算的 0.7085。无论对于哪种方案，2001～2010 年的捕捞死亡率都远低于 $F_{0.1}$，2001～2010 年的渔获量也小于 MSY。

表 7-13　基准方案下估算的生物学参考点和捕捞死亡系数的统计量

	中值	平均值	2.50%分位数	97.50%分位数
q	0.0701	0.0737	0.0465	0.0855
r	1.3651	1.3472	0.6437	1.9871
K	204.1098	203.1074	116.9013	288.4071
B_{msy}	108.5064	110.8074	84.6406	146.9864
MSY*	72.0601	74.8064	39.9072	129.2012
$F_{0.1}$	0.6141	0.6062	0.2897	0.8943
F_{MSY}	0.6823	0.6735	0.3219	0.9936

* 注：K、B_{MSY}、MSY 的单位为万 t

表 7-14　正态分布方案下估算的生物学参考点和捕捞死亡系数的统计量

	中值	平均值	2.50%分位数	97.50%分位数
q	0.0691	0.0721	0.0509	0.1091
r	1.4107	1.4101	0.69681	2.0751
K	207.1001	204.7003	129.4091	271.6072
B_{msy}	107.6092	108.90742	83.7074	139.7081
MSY	75.4903	76.8706	41.5607	122.2011

（续表）

	中值	平均值	2.50%分位数	97.50%分位数
$F_{0.1}$	0.6376	0.6347	0.3136	0.9339
F_{MSY}	0.7085	0.7053	0.3484	1.0381

* 注：K、B_{MSY}、MSY 的单位为万 t

表 7-15　对数正态方案下估算的生物学参考点和捕捞死亡系数的统计量

	中值	平均值	2.50%分位数	97.50%分位数
q	0.0255	0.0507	0.0670	0.0155
r	1.3031	0.5093	1.3631	2.2702
K	175.0982	204.0771	212.7065	270.6341
B_{msy}	122.5072	100.7312	118.3091	149.9081
MSY	76.6601	38.1109	79.4201	134.2231
$F_{0.1}$	0.5862	0.2292	0.6133	1.0211
F_{MSY}	0.6513	0.2546	0.6814	1.1351

* 注：K、B_{MSY}、MSY 的单位为万 t

3. 管理决策分析

本研究依据剩余产量模型参数先验分布设定的基准方案、正态分布方案和对数正态得出的决策分析见表 7-16。从表 7-16 中可知，三种方案结果没有呈现出太大差异性，各项指标也比较接近。但对于 2025 年资源量和渔获量的期望，正态方案要略大于另外两个方案。各方案下得出的 2025 年最大渔获量期望都是在收获率为 0.6 时获得的，分别为 55.9562 万 t(基准方案)、57.4601 万 t(正态分布方案)和 59.4276 万 t(对数正态方案)。这表明如果要获取 2011～2025 年最大持续产量，应该将收获率控制在 0.6 左右，此时对应的资源量在 93.62 万～99.01 万 t。

收获率为 0.6 时的风险分析表明，三种方案中，B_{2025}/B_{MSY}比值的期望基准方案为 0.85，正态分布方案和对数正态方案接近则稍高，分别为 0.85 和 0.89；而对于 $P(B_{2019}>B_{MSY})$的结果对数正态方案和另外两个方案相差很大，对数正态方案认为 2025 年资源量大于 B_{MSY}的概率仅为 0.27，而其余两个方案分别为 0.74 和 0.61；对于 $P(B_{2025}<B_{MSY}/4)$的结果，基准方案为 0.01，正态方案为 0.00，对数正态方案为 0.02。

综上所述，对数正态方案认为收获率为 0.6 时，2025 年的资源量接近 B_{MSY}且不会出现资源崩溃的现象，但是 2025 年资源量大于 B_{MSY}的概率非常小，表明了资源量开始出现衰退趋势，若继续保持 0.6 的收获率将来资源量可能会出现崩溃；而基准分布方案和正态方案都表明，收获率为 0.6 时 2025 年资源量维持在高水平上，并且 2025 年资源量大于 B_{MSY}的概率相当高，基本没有崩溃的危险，若继续保持 0.6 左右的收获率将来资源量也基本不会出现崩溃。对于给定的收获率，对数正态方案下的资源量和渔获量最高，但是其决策分析结果并不理想，而基准分布方案和正态方案下的指标基本一致。

表 7-16　不同收获率时基准方案(方案 1)、正态分布方案(方案 2)和随机方案(方案 3)的管理策略以及风险分析指标

收获率		2025 资源量	2025 渔获量	B_{2025}/B_{MSY}	B_{2025}/K	$P(B_{2025}>B_{2010})$	$P(B_{2025}>B_{MSY})$	$P(B_{2025}<B_{MSY}/4)$
	方案 1	217.84	0	2.00	1.00	0.43	1.00	0.00
0	方案 2	233.33	0	2.00	1.00	0.42	0.99	0.00
	方案 3	221.72	0	2.00	1.00	0.41	1.00	0.00
	方案 1	200.82	20.0829	1.84	0.92	0.45	1.00	0.00
0.1	方案 2	201.53	20.1536	1.64	0.84	0.45	0.92	0.00
	方案 3	203.44	20.3443	1.83	0.91	0.44	1.00	0.00
	方案 1	164.32	32.8652	1.51	0.84	0.51	1.00	0.00
0.2	方案 2	174.32	34.8642	1.42	0.73	0.49	0.808	0.00
	方案 3	185.61	37.1202	1.67	0.83	0.52	1.00	0.00
	方案 1	137.97	41.3933	1.26	0.77	0.56	0.99	0.00
0.3	方案 2	153.71	43.1156	1.25	0.65	0.57	0.78	0.00
	方案 3	150.08	45.0241	1.35	0.75	0.58	0.99	0.00
	方案 1	121.61	48.6437	0.19	0.69	0.53	0.95	0.00
0.4	方案 2	127.75	51.1018	1.04	0.57	0.53	0.74	0.00
	方案 3	132.53	53.0131	1.19	0.67	0.54	0.81	0.00
	方案 1	101.36	55.6575	1.02	0.62	0.51	0.89	0.00
0.5	方案 2	113.63	56.8183	0.92	0.51	0.51	0.71	0.00
	方案 3	115.43	57.7176	1.04	0.59	0.51	0.53	0.00
	方案 1	93.26	55.9562	0.85	0.54	0.5	0.74	0.01
0.6	方案 2	95.76	57.4601	0.78	0.45	0.48	0.61	0.00
	方案 3	99.04	59.4276	0.89	0.52	0.48	0.27	0.02
	方案 1	73.59	51.5199	0.67	0.47	0.47	0.52	0.03
0.7	方案 2	72.71	50.8993	0.59	0.39	0.47	0.46	0.01
	方案 3	74.31	52.0229	0.67	0.44	0.45	0.04	0.06
	方案 1	58.52	46.8223	0.52	0.31	0.46	0.03	0.11
0.8	方案 2	60.79	48.6336	0.54	0.33	0.46	0.03	0.12
	方案 3	61.37	49.1033	0.55	0.32	0.41	0.03	0.13

* 注：资源量和渔获量的单位为万 t

四、分析与讨论

1. 先验和后验概率分布

贝叶斯方法中后验概率分布受到先验概率分布的影响，先验概率的假设及选择，会对资源评估结果产生影响，甚至会造成错误的结果(Caddy et al.，1998；Chen et al.，2000)，因此如何正确选择及假设先验概率比较重要，可避免后验概率估算结果完全由先验概率主导和控制的结果(Caddy et al.，1998)。

参数 K、q、r 的先验概率分布被设定为分别为均匀分布方案、正态分布方案和对数正态方案三种方案，结果也表明基准分布方案与正态分布方案的模型输出结果相似且参数 K、q 的后验概率分布接近先验概率分布类型，表明资源评估的结果对模型参数的先验概率分布可能不是很敏感。虽然对于对数正态分布方案下模型输出结果与其余两种方案存在差异性，但是无论哪种方案参数 r 的后验概率分布与先验概率分布都相差较大，表明本研究的数据给贝叶斯分析带来了足够的信息。

2. 不确定性

本研究的不确定性主要来自两方面：原始数据的不确定性，本章研究基于的数据为中国大陆鱿钓数据、福克兰政府提供的产量数据及中国台湾省的产量数据，并且认为上述三方均捕捞 SPS 群体；同时 CPUE 则由中国大陆鱿钓数据通常贝叶斯标准化而来，这些因素必会带来不确定性；模型参数的不确定性，本章的研究中人为假设模型参数初始资源量即 2000 年的初始资源量为 150 万 t，会对前几年资源量的评估有一定的影响。最后本章的贝叶斯剩余产量模型基于 2000～2010 年的渔业数据，模型参数的结果只能反映 2000～2010 年的渔业信息。由于西南大西洋阿根廷滑柔鱼生命周期短，其生活史受到环境的影响很大，因此基于 2000～2010 年的信息估算出的模型参数若用于计算或预测今后环境变动或者渔业本身的变化超出 2000～2010 年提供的信息范围时会存在一定的风险。

3. 当前资源状况及今后管理策略

对于近十年来阿根廷滑柔鱼的资源状况，本章结果相对乐观。从渔业捕捞死亡系数分析，2001～2010 年的捕捞死亡系数均低于 F_{tar}，说明近年来阿根廷滑柔鱼没有遭受过度捕捞；从资源量水平上看，2001～2010 年的资源量也都在 B_{MSY}水平之下，说明近年来阿根廷滑柔鱼资源量都维持在正常的水平。本章的研究结果表明，西南大西洋阿根廷滑柔鱼当前的 MSY 为 70 万 t 左右。通过本章的分析，阿根廷滑柔鱼渔获量最大时的收获率为 0.6，但是若将管理策略定为收获率 0.6，则 2025 年以后资源量存在着一定风险，因此最为保守的管理策略应将收获率控制在 0.4 左右，持续渔获量在 55 万 t 左右。基准方案和正态分布方案结果接近，保守的管理策略应将收获率控制在 0.5 左右，持续渔获量为 57 万 t 左右。

五、小　结

研究结果表明，当前西南大西洋阿根廷滑柔鱼的资源状况良好，基本维持在较高的水平，而目前捕捞死亡率也不高，为 0.2～0.3，远低于 $F_{0.1}$，渔获量也低于 MSY。三种假设的模型参数先验概率分布类型方案(均匀分布、正态分布、随机影响的正态分布)，得出的效果评价和风险分析结果不同，对于对数正态分布方案保守的管理策略应将收获率控制在 0.4 左右，持续渔获量在 55 万 t 左右；基准方案和正态分布方案结果接近，保守的管理策略应将收获率控制在 0.5 左右，持续渔获量为 57 万 t 左右。

参 考 文 献

曹杰. 2010. 西北太平洋柔鱼资源评估与管理. 上海海洋大学学报，35(10)：1573－1580.

常抗美，李焕，吕振明，等. 2010. 中国沿海7个长蛸(*Octopus variabilis*)群体COI基因的遗传变异研究. 海洋与湖沼，41(3)：307－314.

陈峰，陈新军，刘必林，等. 2010. 西北太平洋柔鱼渔场与水温垂直结构关系. 上海海洋大学学报，19(4)：495－504.

陈新军. 1995. 西北太平洋柔鱼渔场与表温因子的关系. 上海水产大学学报，4(3)：181－185.

陈新军. 1997. 关于西北太平洋的柔鱼渔场形成的海洋环境因子的分析. 上海水产大学学报，4：263－267.

陈新军. 1999. 北太平洋(160°E～170°E)大型柔鱼渔场的初步研究. 上海水产大学学报，3：197－201.

陈新军. 2001. 西北太平洋海域柔鱼渔场分析探讨. 渔业现代化，3：3－6.

陈新军. 2004. 渔业资源与渔场学. 北京：海洋出版社.

陈新军，刘必林，田思泉，等. 2009. 利用基于表温因子的栖息地模型预测西北太平洋柔鱼(*Ommastrephes bartramii*)渔场. 海洋与湖沼，40(6)：707－713.

陈新军，刘必林，王跃中. 2005. 2000年西南大西洋阿根廷滑柔鱼产量分步及其与表温关系的初步研究. 湛江海洋大学学报，25(1)：29－34.

陈新军，刘金立. 2004. 巴塔哥尼亚大陆架海域阿根廷滑柔鱼渔场分布与表温的关系研究. 海洋水产研究，25(6)：19－24.

陈新军，陆化杰，刘必林，等. 2010. 性成熟和个体大小对智利外海茎柔鱼耳石生长的影响. 水产学报，34(4)：540－547.

陈新军，马金，刘必林，等. 2010. 性成熟和个体大小对西北太平洋柔鱼耳石形态的影响. 水产学报，34(6)：928－934.

陈新军，马金，刘必林，等. 2011. 基于耳石微结构的西北太平洋柔鱼群体结构、日龄与生长的研究. 水产学报，35(8)：1191－1198.

陈新军，田思泉，许柳雄. 2005. 西北太平洋海域柔鱼产卵场和作业渔场的水温年间比较及其与资源丰度的关系. 上海水产大学学报，14(2)：168－175.

陈新军，赵丽玲. 2011. 世界大洋性渔业概况. 北京：海洋出版社.

陈新军，赵小虎. 2005. 西南大西洋阿根廷滑柔鱼产量分布与表温关系的初步研究. 大连水产学院学报，27(3)：222－228.

陈新军，赵小虎. 2006. 秘鲁外海茎柔鱼产量分布及其与表温关系的初步研究. 上海水产大学学报，15(1)：65－70.

董正之. 1991. 世界大洋经济头足类生物学. 济南：山东科学技术出版社.

樊伟，崔雪森，沈新强. 2004. 西北太平洋巴特柔鱼渔场与环境因子关系研究. 高技术通讯，10：84－89.

方舟，沈锦松，陈新军，等. 2012. 阿根廷专属经济区内鱿钓渔场时空分布年间差异比较. 海洋渔业，34(3)：295－300.

冯波，陈新军，许柳雄. 2007. 应用栖息地指数对印度洋大眼金枪鱼分布模式研究. 水产学报，31(6)：805－812.

傅建军，李家乐，沈玉帮，等. 2013. 草鱼野生群体遗传变异的微卫星分析. 遗传，35(2)：192－195.

龚彩霞，陈新军. 2009. 西南大西洋公海阿根廷滑柔鱼生物学特性的初步研究. 大连海洋大学学报，25(4)：353－358.

顾惠庭，尤红宝. 1987. 东海和黄海拖网渔业捕捞努力量修正的探讨. 海洋科学，(4)：43－46.

管于华. 2005. 统计学. 北京：高等教育出版社.

季莘，陈锋. 1998. 百分位回归及其应用. 中国卫生统计，15(6)：9－11.

李纲，陈新军，田思泉. 2009. 我国东黄海鲐鱼灯光围网渔业CPUE标准化研究. 水产学报，33：1050－1059.

李雪渡. 1982. 海表温度与渔场之间的关系. 海洋学报，4(1)：103－112.

马金. 2010. 北太平洋柔鱼耳石微结构及微化学研究. 上海海洋大学学报，36(11)：1613−1618.

苗振清，严世强. 2003. 模糊类比分析法在渔业数值预报中的应用研究. 青岛海洋大学学报，33(4)：540−546.

刘必林，陈新军. 2004. 2001 年西南大西洋阿根廷滑柔鱼产量分布及其与表温关系的初步研究. 海洋渔业，26(4)：326−330.

刘必林，陈新军. 2008. 西南大西洋公海阿根廷滑柔鱼性成熟的初步研究. 上海水产大学学报，17(6)：721−725.

刘必林，陈新军. 2010. 印度洋西北海域鸢乌贼角质颚长度分析. 海洋水产研究，31(4)：8−14.

刘必林，陈新军，陆化杰，等. 2010. 头足类耳石. 北京：科学出版社.

刘必林，陈新军，钟俊生. 2008. 印度洋西北海域鸢乌贼耳石的形态特征分析. 上海水产大学学报，17(5)：604−609.

陆化杰. 2012. 西南大西洋阿根廷滑柔鱼渔业生物学及资源评估. 上海；上海海洋大学博士学位论文.

陆化杰，陈新军. 2008. 2006 年西南大西洋鱿钓渔场与表温和海面距平值的关系. 大连水产学报学报，23(3)：230−234.

陆化杰，陈新军. 2012. 利用耳石微结构研究西南大西洋阿根廷滑柔鱼的年龄、生长与种群结构. 水产学报，36(7)：1049−1056.

陆化杰，陈新军，方舟. 2012. 西南大西洋阿根廷滑柔鱼 2 个不同产卵群间角质颚外形生长特性比较. 中国海洋大学学报：自科学版，42(10)：33−39.

陆化杰，陈新军，刘必林. 2011. 个体差异对西南大西洋阿根廷滑柔鱼耳石形态的影响. 水产学报，35(2)：74−81.

陆化杰，陈新军，刘必林. 2012. 智利外海茎柔鱼耳石生长特性的性别差异研究. 广东海洋大学学报，3：011.

陆化杰，陈新军，刘必林，等. 2010. 西南大西洋阿根廷滑柔鱼渔业生物学研究进展. 广东海洋大学学报，30(4)：91−98.

路心平，马凌波，乔振国. 利用线粒体 DNA 标记分析中国东南沿海拟穴青蟹种群遗传结构. 水产学报，2009，33(1)：15−23.

邵全琴，马巍巍，陈卓奇，等. 西北太平洋黑潮路径变化与柔鱼 CPUE 的关系研究. 海洋与湖沼，2005，36(2)：111−122.

舒扬. 2000. 阿根廷滑柔鱼资源与渔业. 远洋渔业，4：36−44.

唐启义，冯明光. 2006. DPS 数据处理系统−实验设计、统计分析及模型优化. 北京：科学出版社.

唐议. 2002. 西南大西洋鱿钓作业渔获物—阿根廷滑柔鱼生物学分析. 海洋渔业，24(1)：14−19.

田思泉，陈新军. 2010. 不同名义 CPUE 计算法对 CPUE 标准化的影响. 上海海洋大学学报，19：240−245.

田思泉，陈新军，冯波，等，2009，西北太平洋柔鱼资源丰度与栖息环境的关系及其时空分布，上海海洋大学学报，18(5)：586−892.

田思泉，陈新军，杨晓明. 2006. 阿拉伯北部公海海域鸢乌贼渔场分布及其与海洋环境因子关系. 海洋湖沼通报，1：51−57.

王家樵. 2006. 印度洋大眼金枪鱼栖息地指数模型研究. 上海：上海水产大学硕士学位论文.

王尧耕，陈新军. 2005. 世界大洋性经济柔鱼类资源及其渔业. 北京：海洋出版社.

魏季碹. 1991. 数理统计基础及其应用. 成都：四川大学出版社.

伍玉梅，郑丽丽，崔雪森，等. 2011. 西南大西洋阿根廷滑柔鱼的资源丰度及其与主要生态因子的关系. 生态学杂志，30(6)：1137−1141.

许嘉锦. 2003. *Octopus* 与 *Cistopus* 属章鱼口器地标点之几何形态学研究. 台北：中山大学海洋生物研究所.

薛薇. 2005. SPSS 统计分析方法及应用. 北京：电子工业出版社.

闫杰，许强华，陈新军，等. 2011. 东太平洋公海茎柔鱼种群遗传结构初步研究. 水产学报，35(11)：1617−1623.

颜月珠. 1985. 商用统计学. 台北：三民书局.

叶昌臣，唐启升，秦裕江. 1980. 黄海鲱鱼和黄海鲱鱼渔业. 水产学报，(4)：339−352.

叶旭昌，陈新军. 2002. 阿根廷滑柔鱼生物资源特性研究. 海洋渔业(增)，24(A)：46−51.

尹增强，孔立辉. 2007. 阿根廷滑柔鱼体长、体重组成以及与体重关系的初步研究. 河北渔业，1：14−15.

张洪亮，徐汉祥，朱文斌，等. 2008. 2008年西南大西洋公海阿根廷滑柔鱼产量分布与表温关系的初步研究. 渔业现代化，35(6)：56−60.

张炜，张健. 2008. 西南大西洋阿根廷滑柔鱼渔场与主要海洋环境因子关系探讨. 上海海洋大学学报，17(4)：471−475.

张月霞，丘仲锋，伍玉梅，等. 2009. 基于案例推理的东海区鲐鱼中心渔场预报. 海洋科学，33(6)：8−11.

仉天宇，邵全琴，周成虎. 2001. 卫星测高数据在渔情分析中的应用探索. 水产科学，20(6)：4−6.

翟盘茂，李晓燕，任福民. 2003. 厄尔尼诺. 北京：气象出版社.

赵峰，庄平，章龙珍. 2011. 基于线粒体Cytb基因的黄海南部和东海银鲳群体遗传结构分析. 水生生物学报，35(5)：742−752.

郑丽丽，伍玉梅，樊伟. 2011. 西南大西洋阿根廷滑柔鱼渔场叶绿素a分布及其与渔场的关系. 海洋湖沼通报，1：63−70.

郑曙，胡兆初，史玉芳. 2009，橄榄石中Ni、Ca、Mn含量的电子探针与激光等离子体质谱准确分析. 地球科学—中国地质大学学报，34(1)：220−224.

钟文松. 2003. 温度盐度及光周期对于莱氏拟乌贼生活史初期平衡石成长轮生成的效应. 台北：中山大学博士论文.

周金官，陈新军，刘必林. 2008. 世界头足类资源开发利用现状及其潜力. 海洋渔业，30(3)：268−274.

若林敏江，酒井光夫. 2013. アルゼンチンマツイカ 南西大西洋. 平成24年度国際漁業資源の現況.

Adcock G J，Carvalhol G R，Rodhouse P G，et al. 1999. Highly polymorphic microsatellite loci of the heavily fished squid genus *Illex* (Ommastrephidae). Molecular Ecology，8：157−168.

Adcock G J，Shaw P W，Rodhouse P G，et al. 1999. Microsatellite analysis of genetic diversity in the squid Illex argentinus during a period of intensive fishing. Marine Ecology Progress Series，187：171−178.

Agnew D J，Beddington J R，Baranowski R，et al. 1998. Approaches to assessing stocks of *Loligo gahi* around the Falkland Islands. Fish Res，35：155−169.

Agnew D J，Beddington J R，Hill S L. 2002. The potential use of environmental information to manage squid stocks. Can J Fish Aquat Sci，59：1851−1857.

Agnew D J，Hill S，Beddington J R. 2000. Predicting recuitment strength of an annual squid stock：*Loligo gahi* around the Falkland Islands. Can J Fish Aqua Sci，57：2479−2487.

Agnew D J，Hill S L，Beddington J R，et al. 2005. Sustainability and management of SW Atlantic squid fisheries. Proceedings of the World Conference on the Scientific and Technical Bases for the Sustainability of Fisheries. University of Miami，USA. Bull Mar Sci，76(2)：579−594.

Akaike H. 1974. A new look at the statistical model identification. IEEE Trans Autom Control，AC−19：716−723.

Akihiko Y，1997. Satoshi M，Takahiro S，et al. Age and growth of the neon flying squid，*Ommastrephes bartrami*，in the North Pacific Ocean. Fisheries Research，257−270.

Amura K，Dudley J，Nei M，et al. 2007. MEGA4：molecular evolutionary genetics analysis(M EGA)soft ware version 4. 0. Molecular Biology and Evolution，24：1596−1599.

Anderson C I H，Rodhouse P G. 2001. Life cycles，oceanography and variability：ommastrephid squid in variable oceanographic environments. Fisheries Research，54：133−143.

Andrade H A，Garcia A E. 1999. Skipjack tuna in relation to sea surface temperature off the southern Brazilian coast. Fisheries Oceanography，8：245−254.

Angel F，Bernardino G，Angel G. 1996. Age and growth of the short-finned squid *Illex coindetii* in Galician waters (NW Spain) based on statolith analysis. Journal of Marine Science，53：802−810.

Angelescu V，Prenski L B. 1987. Ecologia trofica de la merluza comiin del Mar Argentino(Merlucc-iidae，Merluccius hubbsi). Parte 2. Dinámica de la alimentación analizada sobre la base de las condiciones ambientales，laestructura y lag evaluaciones de los efectivos en su area de distribución. Mar del Plata，Argentina：Instituto Nacional de Investigación y Desarrollo Pesquero Mar del Plata.

Arkhipkin A I. 1990. Age and growth of the squid(*Illex argentinus*). Frente Marítimo，6(A)：25－35.

Arkhipkin A I. 1993. Age，growth，stock structure and migratory rate of pre-spawning short-finned squid *Illex argentinus* based on statolith ageing investigations. Fisheries Research，16(4)：313－338.

Arkhipkin A I. 2000. Intrapopulation structure of winter-spawned Argentine shortfin squid，*Illex argentinus*(Cephalopoda，Ommastrephidae)，during its feeding period over the Patagonian Shelf. Fisheries Bulletin，98：1－13.

Arkhipkin A I. 2003. Towards identification of the ecological life style in nektonic squids using statolith morphometry. The Journal of Molluscan Studies. 69：171－178.

Arkhipkin A I. 2005. Statolith as 'balck boxes' (life recorders) in squid. Marine and Freshwater Research，56：573－583.

Arkhipkin A I，Scherbich Z N. 1991. Intraspecific growth and structure of the squid，*Illex argentinus*(Ommastrephidae)in winter and spring in the Southwestern Atlantic. Scientia Marina，55：619－627.

Arkhipkin A I，Laptikhovsky V. 1994. Seasonal and interannual variability in growth and maturation of winter-spawning *Illex argentinus*(Cephalopoda，Ommastrephidae)in the Southwest Atlantic. Aquatic Living Resources，7：221－232.

Arkhipkin A I，Bjørke. 2000. Statolith shape and microstructure as indicators of ontogenetic shifts in the squid *Gonatus fabricii*(Oegopsida，Gonatidae)from the Norwegian sea Pol Bio，23：1－10.

Arkhipkin A I，Bizkov V A. 2000. Role of the statolith in functioning of the acceleration receptor system in squids and sepioids. Journal of Zoology，250：31－35.

Arkhipkin A I，Roa-Ureta R. 2005. Identification of ontogenetic growth models for squid. Marine and Freshwater Research，56：371－386.

Arkhipkin A I，Middleton D A. 2002. Inverse patterns in abundance of *Illex argentinus* and *Loligo gahi* in Falkland waters possible interspecific competition between squid? Fisheries Research，59：181－196.

Arkhipkin A I，Jereb P，Ragonese S. 2000. Growth and maturation in two successive seasonal groups of the short-finned squid *Illex coindetii* from the Strait of Sicily(central Mediterranean). ICES J Mar Sci，57：31－41.

Arkhipkin A I，Campana S E，FitzGerald J，et al. 2004. Spatial and temporal variation in elemental signatures of statoliths from the Patagonian longfin squid(*Loligo gahi*). Canadian Journal of Fisheries and Aquatic Sciences，61：1212－1224.

Arkhipkin A I，Middleton D A J，Sirota A M，et al. 2004. The effect of Falkland Current inflows on offshore ontogenetic migrations of the squid *Loligo gahi* on the southern shelf of the Falkland Islands. Estuarine，Coastal and Shelf Science，60：11－22.

Augustyn C J. 1991. The biomass and ecology of chokka squid *Loligo vulgaris* reynaudii off the west coast of South Africa. S Afr J Zoo，26：164－181.

Augustyn C J，Lipinski M R，Sauer W H H，et al. 1994. Chokka squid on the Agulhas Bank：life history and ecology. S Afr J Mar Sci，90：143－153.

Bakun A，Csirke J. 1998. Environmental processes and recruitment variability. Squid recruitment dynamics. The genus *Illex* as a model. The commercial *Illex* species. Influences on Variability. FAO Fisheries Technology，376：273.

Basson M，Beddington J R，Crombie J A，et al. 1996，Assessment and management techniques for migratory annual squid stocks：the *Illex argentinus* fishery in the southwest Atlantic as an example. Fish Res，28：3－27.

Bazzino G，Quiñones R A. 2005. Norbis W. Environmental associations of shortfin squid *Illex argentinus*(Cephalopoda：Ommastrephidae)in the Northern Patagonian Shelf，Fisheries Research，76：401－416.

Beddington J R，Rosenberg A A，1990. Crombie J A，et al. Stock assessment and the provision of management advice for the shortfin squid fishery in Falkland Island waters. Fish Res，8：351－365.

Bellido J M. 2002. Use of geographic information systems，spatial and environment-based models to study ecology and fishery of the veined squid(*Loligo forbesi* Steenstrup 1856)in Scottish waters. PhD Thesis. University of Aberdeen, United Kingdom.

Bellido J M, Pierce G J, Wang J. 2001. Modelling intra-annual variation in abundance of squid *Loligo forbesi* in Scottish waters using generalized additive models. Fish Res, 52: 23−39.

Bertrand A, Josse E, Bach P, et al. 2002. Hydrological and trophic characteristics of tuna habitat: consequences on tuna distribution and longline catchability. Canadian Journal of Fisheries and Aquatic Sciences, 59: 1002−1013.

Bertolotti M I, Brunetti N E, Carreto J L, et al. 1996. Influence of shelf-break fronts on shellfish and fish stocks off Argentina. ICES CM, S: 41.

Bigelow K A, Boggs C H, He X. 1999. Environmental effects on swordfish and blue shark catch rates in the US North Pacific longline fishery. Fisheries Oceanography, 8: 178−198.

Boletzky S V. 1986. Reproductive strategies in cephalopods: variations and flexibility of life-history. Advances in Invertebrate Reproduction, 4: 379−389.

Booth A J. 2004. Incorporating the spatial component of fisheries data into stock assessment models. ICES Journal of Marine Science, 57: 858−865.

Bower J R. 1996. Estimated paralarval drift and inferred hatching sites for *Ommastrephes bartramii* (Cephalopoda: Ommastrephidae) near the Hawaiian Archipelago. Fish Bull, 94(3): 398−411.

Bower J R, Ichii T. 2005. The red flying squid (*Ommastrephes bartramii*): a review of recent research and the fishery in Japan. Fish Res, 76: 39−55.

Bower J R, Seki M P, Young R E, et al. 1999. Cephalopod paralarvae assemblages in Hawaiian Islands waters. Marine ecology progress series, 185: 203−212.

Boyle P R. 1990. Cephalopod biology in the fisheries context. Fish Res, 8: 303−321.

Boyle PR, Boletzky S. 1996. Cephapopod populations: definition and dynamics. Phil Trans R Soc Land, 351: 985−1002.

Boyle P R, Rodhouse P. 2005. Cephalopods: Ecology and Fisheries. London: Blackwell Science.

Boyle P R, Pierce G J, Hastie L C. 1995. Flexible reproductive strategies in the squid *Loligo forbesi*. Mar Biol, 121: 501−508.

Brodziak J K, Hendrickson L. 1999. An analysis of environmental effects on survey catches of squids *Loligo pealei* and *Illex illecebrosus* in the northwest Atlantic. Fishery Bulletin, 97(1): 9−24.

Brodziak J K. Rosenberg A A. 1993. A method to assess squid fisheries in the north-west Atlantic. ICES J Mar Sci, 50: 187−194.

Brunetti N E. 1981. Length distribution and reproductive biology of *Illex argentinus* in the Argentine Sea (April 1978−April 1979). Instituto Nacional de Investigación y Desarrollo Pesquero, Argentina, 383: 119−127.

Brunetti N E. 1988. Contribución al conocimiento biologico-pesquero del calamar argentino (Cephalopoda, Ommastrephidae, *Illex argentinus*). Trabajo de Thesis presentado para optar al Grado de Doctor en Ciencias Naturales. Universidad Nacional de La Plata, 135.

Brunetti N E. 1990a. Description of Rhynchoteuthion larvae of *Illex argentinus* from summer spawning subpopulation. Journal of Plankton Research, 12: 1045−1057.

Brunetti N E. 1990b. The evolution of the *Illex argentinus* (Castellanos, 1960) fishery. Informes Tecnicos de Investigación Pesquera, Consejo Superior de Investigaciones Cientificas, Barcelona, 19: 155.

Brunetti N E, Elena B, Rossi G R, et al. 1998. Summer distribution, abundance and population structure of *Illex argentinus* on the Argentine shelf in relation to environmental features. South Africa Journal of Marine Science, 20: 175−186.

Brunetti N E, Elean G R. 1998. Summer distribution, abundance and population structure of *Illex argentinus* on the Argentina shelf in relation to environmental features. Marine Science, 20: 175−186.

Brunetti N E, Ivaonvic M L. 1992. Distribution and abundance of early life stages of squid (*Illex argentinus*) in the south-west Atlantic. Journal of Marine Science，49：175—183.

Brunetti N E，Ivanovic M L，Louge E，et al. 1991. Reproductive biology and fecundity of two stocks of the squid(*Illex argentinus*). Frente Marítimo，8(A)：73—84.

Brunetti N E，Ivanovic M，Rossi G，et al. 1998. Fishery biology and life history of *Illex argentinus*. In：Okutani T (ed) Large pelagic squids. Japan Marine Fishery Resources Research Center，Tokyo，217—231.

Brunetti N E，Perez C J A. 1989. Abundance，distribution and population structure of squid(*Illex argentinus*) of the south patagonic shelf waters in December 1986 and January-February 1987. Frente Marítimo，5：61—70.

Buckland S T，Anderson K P，Burnham，et al. 1993. Distance sampling：estimating abundance of biological populations. London：Chapman and Hall.

Caddy J F. 1983. The cephalopods：Factors relevant to their population dynamics and to the assessment and management of stocks. In：Caddy J. F. (Ed.)，Advances in assessment of world cephalopods resources. FAO Fish Tech Pap，231：416—452.

Caddy J F. 1998. A short review of precautionary reference points and some proposals for their use in data-poor situations. FAO Fish ech Pap，Rome，FAO，379.

Caddy J F，Rodhouse P G. 1998. Cephalopod and groundfish landings：evidence for ecological change in global fisheries? Rev Fish Biol Fish，8：431—444.

Campbell R A. 2004. CPUE standardisation and the construction of indices of stock abundance in a spatially varying fishery using general linear models. Fish Res，70：209—227.

Cao J，Chen X，Chen Y. 2009. Influence of surface oceanographic variability on abundance of the western winter-spring cohort of neon flying squid *Ommastrephes bartramii* in the NW Pacific Ocean. Mar Ecol Prog Ser，381：119—127.

Carvalho G R，Nigmatullin C M. 1998. Stock structure analysis and species identification. In：Squid recruitment dynamics. The genus *Illex* as a model，the commercial *Illex* species and influences of variability，199—232.

Carvalho G R，Thompson A，Stoner A L. 1992. Genetic diversity and population differentiation of the shortfin squid *Illex argentinus* in the south-west Atlantic. Journal of experimental marine biology and ecology，158：105—121.

Castellanos Z A. 1960. Una nueva especie de calamar argentino *Ommastrephes argentinus* sp. nov. (Mollusca，Cephalopoda). Neotropica，6(20)：55—58.

Castelle J P，Duarte O O，Moller L F H. 1991. On the importance of coastal and Sub-Antarctic waters for the shelf ecosystem off Rio Grande do Sul. In：Anais do II Simposio de Ecossistemas da Costa Sul c Sudeste Brasileira. Estrutura. Funcao e Manejo. Puhlicaqio ACIESP，40—43.

Castelle J P. Moller O O. 1977. Sobre as condiçðes oceanográficas no Rio Grande do Sul. Atlántica from Rio Grande，2：112—119.

Cerrato R M. 1990. Interpretable statistical tests for growth comparisons using parameters in the von Bertalanffy equation. Canadian Journal of Fisheries and Aquatic Sciences，47：1416—1426.

Challier L，Royer J，Pierce G J，et al. 2005. Environmental and stock effects on recruitment variability in the English Channel squid *Loligo forbesi*. Aquat Living Resour，18：353—360.

Challier L，Royer J. Robin J P. 2002. Variability in age-atrecruitment and early growth in English Channel *Sepia officinalis* described with statolith analysis. Aquat Living Resour，15：303—311.

Chen C S，Chiu T S. 2009. Standardising the CPUE for the *Illex argentinus* fishery in the Southwest Atlantic. Fisheries Science，75：265—272.

Chen C S，Chiu T S，Huang W B. 2007. The spatial and temporal distribution patterns of the Argentine Short-Finned squid，*Illex argentinus*，Abundances in the Southwest Atlantic and the effects of environmental influences，Zoological Studies，46(1)：111—122.

Chen C S，Haung W B，Chiu T S. 2007. Different spatiotemporal distribution of Argentine Short-Finned squid(*Illex argentinus*) in the Southwest Atlantic during high-abundance year and Its relationship to sea water temperature changes. Zoological Studies, 46(3): 362—374.

Chen X J, Chen Y, Tian S Q, et al. 2008. An assessment of the west winter-spring cohort of neon flying squid(*Ommastrephes bartramii*) in the Northwest Pacific Ocean. Fish Res, 92: 221—230.

Chen X J, Lu H J, Liu B L, et al. 2010. Age, growth and population structure of jumbo flying squid, *Dosidicus gigas*, based on statolith microstructure off the EEZ of Chilean waters. Journal of the Marine Biological Association of the UK, 74(4), 687—695.

Chen X J, Lu H J, Liu B L. 2012. Sexual dimorphism of statolith growth for *Illex argentinus* off the exclusive economic zone of argentinean waters. Bulletin of Marine Science.

Chen X J, Tian S Q, Chen Y, et al. 2010. A modeling approach to identify optimal habitat and suitable fishing grounds for neon flying squid(*Ommastrephes bartramii*) in the Northwest Pacific, Fish Bull, 108: 1—14.

Chen X J, Zhao X H, Chen Y. 2007. El Niño/La Niña Influence on the Western Winter-Spring Cohort of Neon Flying Squid(*Ommastrephes bartarmii*) in the northwestern Pacific Ocean. ICES J Mar Sci, 64: 1152—1160.

Chen Y, Breen P A. Andrew N L. 2000. Impacts of outliers and misspecification of priors on Bayesian fisheries-stock assessment. Can J Fish Aquat Sci, 57: 2293—2305.

Cherel Y, Pütz K, Hobson K A. 2002. Summer diet of king penguins(Aptenodytes patagonicus) at the Falkland Islands, southern Atlantic Ocean. Polar Biology, 25: 898—906.

Choi K, Chung I L, Kwangseok H, et al. 2008. Distribution and migration of Japanese common squid, *Todarodes pacificus*, in the southwestern part of the East(Japan)Sea Fish Res, 91: 281—290.

Ciotti A M. 1990. Fitoplancton da plataforma continental do sul do Brasil: clorohla-a, fcopigmentos canalise preliminar da producao primaria(Out. /1987 e Set. /1988). M. Sc/Thesis/University of Rio Grande, Brazil.

Clarke M R. 1962. The identification of cephalopod "beaks" and the relationship between beak size and total body weight. Bulletin of the British Museum of Natural History, Zoology, 8: 419—480.

Clausen A. Pütz K. 2003. Winter diet and foraging range of gentoo penguins(*Pygoscelis papua*) from Kidney Cove, Falkland Islands. Polar Biology, 26: 32—40.

Cobb C S, Pope S K, Willianmson R. 1995. Circadian rhythms to light-dark cycles in the lesser octopus, *Eledone cirrhosa*. Marine and Freshwater Behaviour and Physiology, 26: 47—57.

Crespi-Abril C, Augusto C B, Pedro J. 2012. Revision of the population structuring of *Illex argentinus*(Castellanos, 1960)and a new interpretation based on modelling the spatio-temporal environmental suitability for spawning and nursery. Fisheries Oceanography, 21(2): 199—214.

Croxall J P, Prince P A. 1996. Cephalopods as prey. Ⅰ. Seabirds. Philosophical Transactions of the Royal Society of London, 351: 1023—1043.

Csirke J. 1987. The Patagonian fishery resources and the offshore fisheries in the South-West Atlantic. FAO Fisheries Technical Paper, 286: 83.

Dawe E G, Beck P C. 1997. Population structure, growth, and sexual maturation of short-finned squid(*Illex illecebrosus*)at Newfoundland. Canadian Journal Fishery Aquatic Science, 54: 137—146.

Dawe E G, Colbourne E B, Drinkwater K F. 2000. Environmental effects on recruitment of short-finned squid(*Illex illecebrosus*). ICES J Mar Sci, 57: 1002—1013.

Demarcq H, Faure V. 2000. Coastal upwelling and associated retention indices derived from satellite SST. Application to *Octopus vulgaris* recruitment. Oceanologica Acta, 23(4): 391—408.

Denis V, Lejeune J, Robin J P. 2002. Spatio-temporal analysis of commercial trawler data using general additive models: patterns of Loliginid squid abundance in the north-east Atlantic. ICES Journal of Marine Science, 59(3): 633—648.

Eastwood P D, Meaden G J, Grioche A. 2001. Modelling spatial variations in spawning habitat suitability for the sole

Solea solea using regression quantiles and GIS procedures. Mar Ecol Prog Seri, 224: 251—266.

Efthymia V T, Christos D M, John H. 2007. Modeling and forecasting pelagic fish production using univariate and multivariate ARIMA models. Fish Sci, 73(5): 979—988.

Erica A G. Vidal. 1994. Relative growth of paralarvae and juveniles of *Illex argentinus*(Castellanos, 1960)in southern Brazil. Antarctic Science, 6(2): 275—282.

Excoffier L, Laval G, Schneider S, et al. 2005. Arlequin Ver. 3. 01: An integrated software package for population genetics data analysis. Evolutionary Bioinformatics Online, 1: 47—50.

Excoffier L, Lischer H E. 2010. Arlequin suite ver 3. 5: a new series of programs to perform population genetics analyses under Linux and Windows. Molecular Ecology Resources, 10(3): 564—567.

FAO, 1994. World review of highly migratory species and straddling stocks. FAO Fish Tech Pap, 337. FAO, Rome.

FAO. 1995. Precautionary approach to fisheries: Part 1. Guidelines on the precautionary approach to capture fisheries and species introductions. FAO Fish Tech Pap, 350(1), Rome.

FAO. 1996. Precautionary approach to capture fisheries and species introductions. Part 2. FAO Tech. Guidelines for Responsible Fisheries. FAO Fish Tech Pap, 350(2), Rome.

FAO. 2005. FAO Marine Resources Service, Fishery Resources Division. Review of the state of world marine fishery resources. FAO Fish Tech Pap, 457: 235, Rome.

FAO. 2008. FAO yearbook of fisheries statistics. Food and Agricultural Organization of the United Nations, Rome.

FAO. 2012. Capture production 1950—2010 Download dataset for FAO Fish Stat Plus, also published in FAO yearbook, Fishery Statistics, Capture Production 2007, 97(1).

Forsythe J W. 1993. A working hypothesis of how seasonal temperature change may impact the field growth of young cephalopods. In: Okutani T, O'Dor R K, Kubodera T. (Eds.), Recent advances in cephalopod fisheries biology. Tokyo: Tokai University Press.

Fox W W. 1970. An exponential surplus-yield model for optimizing exploited fish populations, Trans Am Fish Soc, 99: 80—88.

Gan J, Mysak L A, Straub D N. 1998. Simulation of the south Atlantic Ocean circulation and its seasnonal variability. J Geophys Res, 103: 10241—10251.

Garzoli S L. Garraffo Z. 1989. Transports, frontal motions and eddies at the Brazil-Marlvinas currents confluence. Deep-Sea Res, 36: 681—703.

Gaston B, Renato A, Quniones, et al. 2005. Environmental associations of shortfin squid *Illex argentinus* (Cephalopoda: Ommastrephidae)in the Northern Patagonian Shelf. Fish Res, 76: 401—416.

Gayaso A M. Podesta G P. 1996. Surface hydrography and phytoplankton of the Brazil-Falkland currents confluence. Plankton Res, 18: 941—951.

Georgakarakos S, Koutsoubas D, Valavanis V D. 2006. Time series analysis and forecasting techniques applied on loliginid and ommastrephid landings in Greek waters. Fish Res, 78: 55—71.

Gonzalez A F, Trathan P, Yau C, et al. 1997. Interactions between oceanography, ecology and fishery biology of ommastrephid squid *Martialia hyadesi* in the South Atlantic. Mar Ecol Prog Ser, 152: 205—215.

Gordon A L, Greengrove C L. 1986. Geostrophic circulation of of the Brazil-Falkland currents confluence. Deep-Sea Res, 13: 107—276.

Goss C, Middleton D, Rodhouse P G. 2001. Investigations of squid stocks using acoustic survey methods. Fish Res, 54: 111—121.

Gröger J, Piatkowski U, Heinemann H. 2000. Beak length analysis of the Southern Ocean squid *Psychroteuthis glacialis*(Cephalopoda: Psychroteuthidae)and its use for size and biomass estimation. Polar Biology, 23: 70—74.

Guisan A, Edwards T C, Hastie T. 2002. Generalized linear and generalized additive models in studies of species distributions: setting the scene. Ecological Modelling, 57: 89—100.

Haimovici M. Andriguetto F. 1986. Cefalopodes costeiros capturados na pesca de arrasto do litoral sul do Brasil. Brazilian Archives of Biology and Technology, 29: 473—495.

Haimovici M, Brunetti N E, Rodhouse P G, et al. 1998. *Illex argentinus*. In: Squid recruitment dynamics. The genus *Illex* as a model, the commercial *Illex* species and influences of variability.

Haimovici M, Perze J A. 1990. Distribution and sexual maturation of the Argentinean squid, *Illex argentinus* off southern Brazil. Scientia Marina, 54: 179—185.

Haimovici M, Vidal E A G, Perze J A A. 1995. Larvae of *Illex argentinus* from five surveys on continental shelf of southern Brazil. Marine Science Symposia, 199: 414—424.

Hastie T J. Tibshirani R J. 1990. Generalized additive models. London, Chapman & Hall.

Hatanaka A H. 1986. Growth and life span of short-finned squid, *Illex argentinus*, in the waters off Argentina. Bulletin of the Japanese Society of Scientific Fisheries, 52(1): 11—17.

Hatanaka A H, Kawahara S, Uozumi Y, et al. 1985. Comparison of life cycles of five ommastrephid squids fished by Japan: *Todarodes pacificus*, *Illex illecebrosus*, *Illex argentinus*, *Nototodarus sloani sloani*, and *Nototodarus sloani gould*. Science Council Studies, 9: 59—68.

Hatfield E M C. 1996. Towards resolving multiple recruitment into loliginid fisheries: *Loligo gahi* in the Falkland Islands fishery, ICES J Mar Sci, 53: 565—575.

Hendrickson L C, Brodziak J, Basson M, et al. 1996. Stock assessment of northern shortfin squid in the northwest Atlantic during 1993. Northwest Fisheries Science Center Reference Document, 1—63.

Hendrickson L C. Hart D R. 2006. An age-based cohort model for estimating the spawning mortality of semelparous cephalopods with an application to per-recruit calculations for the northern shortfin squid, *Illex illecebrosus*. Fish Res, 78: 4—13.

Hernández-García V. 1995. Contribución al conocimiento bioecológico de la familia Ommastrephidae Steenstrup, 1857 en el Atlántico Centro-Oriental. Universidad de Las Palmas de Gran Canaria, Las Palmas de GC.

Hernández-García V. 2003. Growth and pigmentation process of the beaks of *Todaropsis eblanae*(Cephalopoda: Ommastrephidae). Berliner Paläobiol. Abh, Berlin, 03: 131—140.

Hernández-García V, Piatkowski U, Clarke M R. 1998. Development of the darkening of the *Todarodes sagittatus* beaks and its relation to growth and reproduction. South Africa Journal of Marine Science, 20: 363—37.

Hernández-Lopez J L, Castro-Hernández J L, Hernández-Garcia V. 2001. Age determined from the daily deposition of concentric rings on common octopus(*Octopus vulgaris*)beaks. Fishery Bulletin, 99(4): 679—684.

Hilborn R. Walters C J. 1992. Quantitative Fisheries Stock Assessment: Choices, Dynamics and Uncertainty. New York: Chapman and Hall.

Hiramatsu K. 1993. Application of maximum likelihood method and AIC to fish population dynamics. In: Matsumiya Y(ed). Fish Population Dynamics and Statistical Models. Koseisha Koseikaku, Tokyo, 9—21(in Japanese).

Hobson K A, Cherel Y. 2006. Isotopoic reconstruction of marine food webs using cephalopod beaks new insight from captively raised Sepia officinalis. Canadian Journal of Zoology, 84: 766—770.

Hoggarth D D, Abeyasekera S, Arthur R, et al. 2006. Stock assessment for fishery management-A framework guide to the stock assessment tools of Fisheries Management Science Program (FMSP). FAO Fish Tech Pap, Rome: FAO.

Howell E A. Kobayashi D R, 2006. El Niño effects in the Palmyra Atoll region: oceanographic changes and bigeye tuna(*Thunnus obesus*)catch rate variability. Fisheries Oceanography, 15: 477—489.

Hu Z C, Gao S, Liu Y S, et al. 2008. ignal enhancement in laser ablation ICP-MS by addition of nitrogen in the central channel gas. Jouanal of analytical atomic spectrometry, 23: 1093—1101.

Huennekel F. 1991. Ecological implications of genetic variation in plant populations//Falk D A, Holsinger K E, eds. Genetics and conservation of rare plants. New York: Oxford University Press.

Ikeda Y, Arai N, Kidokoro H, et al. 2003. Strontium: calcium ratios in statoliths of Japanese common squid *Todarodes pacificus* (Cephalopoda: Ommastrephidae) as indicators of migratory behavior. Mar Ecol Progr Ser, 251: 169−179.

Ikeda Y, Arai N, Sakamoto W, et al. 1999. Preliminary report on PIXE analysis for trace elements of Octopus dofleini statoliths. Fisheries Science, 65(1): 161−162.

Imai C, Sakai H, Katsura K, 2002. Growth model for the endangered cyprinid fish Tribolodon nakamurai based on otolith analyses. Fisheries Science, 68: 843−848.

Ishii M. 1977. Studies on the growth and age of the squid. *Ommastrephes bartrami* (LeSueur) in the Pacific off Japan Bull Hokkaido Reg Fish Lab, 42: 25−36.

Ivanovic M L, Brunett N E. 1994. Food and feeding of *Illex argentinus*. Antarctic Science, 6: 185−193.

Jackson G D. 1994. Application and future potential of statolith increment analysis in squid and sepioids. Canadian Journal of Fisheries and Aquatic Sciences, 51: 2612−2625.

Jackson G D. 1995. The use of beaks as tools for biomass estimation in the deepwater squid *Moroteuthis ingens* (Cephalopoda: Onychoteuthidae) in New Zealand waters. Polar Biology, 15: 9−14.

Kalinowski T, Taper M L, Marshall T C. 2007. Revising how the computer program cervus accommodates genotyping error increases success in paternity assignment. Molecular Ecology, 16(5): 1099−1106.

Kashiwada J, Recksiek C W, Karpov K A. 1979. Beaks of the market squid, *Loligo opalescens*, as tools for predators studies. California: Cooperative Oceanic Fish Investment Report.

Kazutaka M, Taro O. 2006. Age, growth and hatching season of the diamond squid *Thysanoteuthis rhombus* estimated from statolith analysis and catch data in the western Sea of Japan. Fish Res, 80: 211−220.

Klyuchnik T S, Zasypkina V A. 1972. Some data on Argentine squid *Illex argentinus* Castellanos, 1960. Tr. Atl. Nauchno-Issled Inst Rhybn Khoz Okeanogr, 42: 190−192.

Koronkiewicz A. 1986. Growth and life cycle of squid *Illex argentinus* from Patagonian and Falkland Shelf and Polish fishery of squid for this region 1978−1985. International council for the Exploration of the Sea. Switzerland.

Korzun Y V, Nesis K N, Nigmatullin C M, et al. 1979. New data on the distribution of squids, family Ommastrephidae, in the World Ocean. Okeanologiya, 19(4): 729−733.

Kubodera T. 2001. Manual for the identification of Cephalopod beaks in the Northwest Pacific. http: //research. kahaku. go. jp.

Ichii T, Mahapatra K, Okamura H, et al. 2006. Stock assessment of the autumn cohort of neon flying squid (*Ommastrephes bartramii*) in the North Pacific based on past large-scale high seas driftnet fishery data. Fish Res, 78: 286−297.

Imai C, Sakai H, Katsura K. 2002. Growth model for the endangered cyprinid fish Tribolodon nakamurai based on otolith analyses. Fisheries Science, 68: 843−848.

Ichii T, Mahapatra K, Sakai M, et al. 2009. Life history of the neon flying squid: effect of the oceanographic regime in the North Pacific Ocean. Mar Ecol Prog Ser, 378: 1−11.

Laptikhovsky V V, Arkhipkin A, Brickle P. 2010. Squid as a resource shared by fish and humans on the Falkland Islands' shelf. Fish Res, 106: 151−155.

Laptikhovsky V V, Nigmatullin C M. 1992. Caracteristicas reproductivas de machos y hembras del calamar (*Illex argentinus*). Frente Marítimo, 12: 23−38.

Leta H R. 1992. Abundance and distribution of *Illex argentinus* rhynchoteuthion larvae (Cephalopoda, Ommastrephidae) in the waters of the Southwestern Atlantic (Argentine-Uruguayan common fishing zone). South African Journal of Marine Science, 12: 927−941.

Leta H R. 1981. Aspectos biológicos del calamar *Illex argentinus*. Proyecto URU/78/005, FAO/PNUD, 50.

Leta H R. 1987. Descripción de los huevos, larvas y juveniles de *Illex argentinus* (Ommastrephidae) juveniles de *Loli-*

go brasiliensis (Loliginidae) en la zona comun de pesca Argentino-Urugauya. Publ Cient INAPE，1：1—8.

Legeckis R，Gordon A L. 1992. Satellite observations of the Brazil and Falkland currents—1975—1976 and 1978. Deep-Sea Res，29：375—401.

Lima D I，Garcia A E，Moller O O. 1996. Ocean surface processes on the southern Brazilian shelf：Characterization and seasonal variability. Continental Shelf Research，16：1307—1319

Lipinski M R. 1979. The information concerning current research upon ageing procedure of squids. ICNAF Working Paper，40：4.

Lipinski M R，Underhill L G. 1995. Sexual maturation in squid：quantum or continuum. South Africa Journal of Marine Science，15：207—223.

Liu B L，Chen X J，Chen Y，et al. 2011. Trace elements in the statoliths of jumbo flying squid off the Exclusive Economic Zones of Chile and Peru. Marine Ecology Progress Series，429：93—101.

Liu Y S，Hu Z C，Gao S，et al. 2008. In situ analysis of major and trace elements of anhydrous minerals by LA-ICP-MS without applying an internal standard. Chemical geology，257(1—2)：34—43.

Longhurst A. 1998. Ecological Geography of the Sea. London：Academic Press. Lu C C，Ickeringill R. 2002. Cephalopod beak identification and biomass estimation techniques：tools for dietary studies of southern Australian finfishes. Australia：Fisheries Research and developement corporation.

Malcolm H. 2001. Modeling and quantitative methods in fisheries. Florida：Chapman&Hall/CRC，227—232.

Malcolm R C. 1996. Cephalopods as prey. Ⅲ. Cetaceans. Philosophical Transactions of the Royal Society of London，351：1053—1065.

Mann K H，Lazier J R N. 1991. Dynamics of Marine Ecosystems. Oxford：Blackwell.

Marcela L，Ivanovi，Norma E. 1997. Description of *Illex argentinus* beaks and rostral length relationships with size and weight of of squids. Investigation Report 11：135—142.

Maunder M N. 2003. Is it time to discard the Schaefer model from the stock assessment scientist's toolbox? (Letter to the Editor)，Fish Res，61：145—149.

Maunder M N，Punt A E. 2004. Standardising catch and effort data：a review of recent approaches. Fish Res，70：141—159.

McAllister M K，Hill S L，Agnew D J，et al. 2004. A Bayesian hierarchical formulation of the De Lury stock assessment model for abundance estimation of Falkland Islands' squid. Can J Fish Aquat Sci，61：1048—1059.

McAllister M K，Pikitch P K，Babcock E A. 2001. Using demographic methods to construct Bayesian priors for the intrinsic rate of increase in the Schaefer model and implications for stock rebuilding. Can J Fish Aquat Sci，58：1871—1890.

Michael T S，Julian T A. 2003. Methods for stock assessment of crustacean fisheries. Fish Res，65：231—256.

Mohri M. 1999. Seasonal change in bigeye tuna fishing areas in relation to the oceanographic parameters in the Indian Ocean. Journal of National Fisheries University，47(2)：43—54.

Moiseev S I. 1991. Observations of the vertical distribution and behaviour of the nektonic squids using manned submersibles. Bulletin of Marine Science，49：446—456.

Morales-Bojórquez E，Cisneros-Mata M A，Nevárez-Martínez M O，et al. 2001. Review of stock assessment and fishery biology of *Dosidicus gigas* in the Gulf of California Mexico. Fish Res，54(1)：83—94.

Morejohn G V. Harvey J T. Krasnow L T. 1978. The importance of *Loligo opalescens* in the food web of marine vertebrates in Monterey Bay，California Fish Bull(California Department of Fish and Game)，169：67—98.

Moreno A，Azevedo M，Pereira J，et al. 2007. Growth strategies in the squid *Loligo vulgaris* from Portuguese waters. Mar Biol Res，3：49—59.

Morris C C. 1991. Statocyst fluid composition and its effects on calcium carbonate precipitation in the squid *Alloteuthis subulata* (Lamarck，1798)：towards a model for biomineralization. Bulletin of Marine Science，49(1—2)：

379－388.

Murakami K，Watanabe Y，Nakata J. 1981. Growth，distribution and migration of flying squid(*Ommastrephes bartrami*)in the North Pacific. In：Mishima，S.（Ed.），Pelagic animals and environments around the Subarctic Boundary in North Pacific(in Japanese with English abstract). Hokkaido University，Research Institute of North Pacific Fisheries，Hakodate，161－179.

Nei M. 1978. Estimation of average heterozygosity and genetic distance from a small number of individuals. Genetics，89(3)：583－590.

Nigmatullin C M. 1986. Structure of area and intraspecific groups of *Illex argentinus*. Abstracts of reports of 4th All-union Symposium on Commercial Invertebrates，Sebastopol，148－150.

Nigmatullin C M. 1989. Las especias del calamar mas abundantes del Atlantico sudoestey sinopsis sobre ecologia del calamar(*Illex argentinus*). Frente Maritimo，5：71－81.

Norbert T W K. 1996. Cephalopods as prey. Ⅱ. Seals. Philosophical Transactions of the Royal Society of London. B，351：1045－1052.

O'Dor R K. 1992. Big squid in big currents. S Af J Mar Sci，12：225－235.

O'Dor R K，Coelho M L. 1993. Big squid，big currents and big fisheries. In：Okutani T，O'Dor R K，Kubodera T.（Eds.），Recent Advances in Cephalopod Fisheries Biology. Tokyo：Tokai University Press.

O'Dor R K，Lipinski M R. 1998. The genus *Illex*(Cephalopoda：Ommastrephidae)：characteristics，distribution and fisheries//Rodhouse P G，Dawe E G，O'Dor R K，Eds. Squid Recruitment Dynamics. The Genus *Illex* as a Model，the Commercial *Illex* Species. Influences on variability. Rome：FAO Fisheries Technical.

Okutani T. 1998. Contributed Pagers to International Symposium on Large Pelagic Squids. Japan Marine Fishery Resources Research Center，Tokyo.

Otero H O，Bezzi S I，Perrota R，et al. 1981. Los recursos pesqueros demersales del mar argentino. Parte III-Distribución，estructura de la población，biomassay rendimiento potencial de la polaca，el bacalao austral，la merluza de cola y del calamar. Mar del Plata，Argentina. 383：28－41.

Parfeniuk A V. Froerman Y M. 1992. Particularities in the distribution of the squid juveniles *Illex argentinus* in the area of the Argentine hollow. Frente Marítimo，l2(A)：105－111.

Parfeniuk A V，Froerman Y M，Golub A N. 1993. Particularidades de la distribucion de los juveniles de *Illex argentinus* en el area de la Depresion Argentina. Frente Maritimo，6：365－421.

Paul D E，Geoff J M. 2003. Introducing greater ecological realism to fish habitat models. GIS/Spatial analyses in fishery and aquatic sciences，2：181－198.

Payne A. 1998. Summer distribution，abundance and population structure of *Illex argentinus* on the argentine shelf in relation to environmental features. South African Journal of Marine，12：175－186.

Pella J J. Tomlinson P K. 1969. A generalized stock production model. Bull Inter-Am Trop Tuna Comm，13：421－458.

Perry R I. Smith S J. 1994. Identifying habitat associations of the marine fishes using survey data：an application to the northwest Atlantic. Canadian Journal of Fish Aquatic Science，51：589－602.

Peterson R G. 1992. The boundary currents in the western Argentine basin. Deep-Sea Res，39：623－644.

Peterson R G，Whitworth III T. 1992. The sub-Antarctic and Polar Fronts in relation to deep water masses through the southwestern Atlantic，94：10817－10838.

Pierce G J，Boyle P R. 2003. Empirical modelling of interannual trends in abundance of squid(*Loligo forbesi*)in Scottish waters. Fish Res，59：305－326.

Pierce G J，Guerra A. 1994. Stock assessment methods used for cephalopod fisheries，Fish Res，21：255－286.

Pierce G J，Wang J，Bellido J M，et al. 1998. Relationships between cephalopod abundance and environmental conditions in the Northeast Atlantic and mediterranean as revealed by GIS. ICES CM.

Piet G J, Quirijns F J. 2009. The importance of scale for fishing impact estimations. Canadian Journal of Fisheries and Aquatic Science, 66: 829—835.

Prager M H. 1994. A suite of extensions to non-equilibrium surplusproduction model. Fish Bull U S, 90(4): 374—389.

Punt A E, Hilborn R. 2001. Bayes-SA: Bayesian stock assessment methods in fisheries. User's manual. FAO Computerized Information Series(Fisheries). Rome: FAO

Punt A E. Walker T I. Taylorb B L. et al. 2000. Standardization of catch and effort data in a spatially structured shark fishery. Fish Res, 45: 129—145.

Quinn T J II, Deriso R B. 1999. Quantitative fish dynamics. New York: Oxford University Press.

Radtke R L. 1983. Chemical and structural characteristics of statoliths from the short-finned squid *Illex illecebrosus*. Marine Biology, 76: 47—54.

Rasero M. 1994. Relationship between cephalopod abundance and upwelling: the case of *Todaropsis eblanae*(Cephalopoda: Ommastrephidae)in Galician waters(NW Spain). ICES CM, K: 40.

Raya C P, Hernández-González C L. 1998. Growth lines within the beak microstructure of the *Octopus vulgaris* Cuvier 1797. South African Journal of Marine Science, 20: 135—142.

Ricardo T, Piero V, Miguel R, et al. 2001. Dynamics Of maturation, seasonality of reproduction and spawning grounds of the jumbo squid *Dosidicus gigas*(Cephalopoda: Onunastrephidae)in Peruvian waters. Fish Res, 54: 33—50.

Ricker W E. 1958. Handbook of computation for biological statistics of fish populations. Bulletin of the Fisheries Research Board of Canada, 119: 1—300.

Roberta A S. Manuel H. 1997. Food and feeding of the short-finned squid *Illex argentinus*(Cephalopoda: Ommastrephidae)off southern Brazil. Fish Res, 55: 139—147.

Roberts M J. 1998. The influence of the environment of chokka squid *Loligo vulgaris* reynaudii spawning aggregations: steps towards a quantified model. S Afr J Mar Sci, 20: 267—284.

Roberts M J, Sauer W H H. 1994. Environment: the key to understanding the South African chokka squid(*Loligo Vulgaris Reynaudii*)life cycle and fishery? Antarctic Sci, 6(2): 249—258.

Robin J P, Denis V. 1999. Squid stock fluctuations and water temperature: temporal analysis of English Channel Loliginidae. Journal of Applied Ecology, 36: 101—110.

Robinson R A, Learmonth J A, Hutson A M, et al. 2005. Climate change and migratory species: a report for DEFRA on research contract CR0302. BTO research report 414. British Trust for Ornithology.

Rodhouse P G. 2001. Managing and forecasting squid fisheries in variable environments. Fish Res, 54: 3—8.

Rodhouse P G. 2006. Trends and assessment of cephalopod fisheries. Fish Res, 78: 1—3.

Rodhouse P G. Batfield E M C. Symon C. 1995. *Illex argentinus*: life cycle, population structure, and fishery. Marine Science Symposia, 199: 425—432.

Rodhouse P G, Hatfield E M C. 1990. Age determination in squid using statolith growth increments. Fish Res, 8: 323—334.

Rodhouse P G, Hatfield E M C. 1990. Dynamics of growth and maturation in the cephalopod *Illex argentinus* de Castellanos 1960(Teuthoidea: Ommastrephidae). Philosophical Transactions of the Royal Society of London. B, 329: 229—241.

Rodhouse P G, Murphy E J, Coelho M L. 1998. Impact of Fishing on Life Histories//Rodhouse P G, Dawe E G, O'Dor R K, Eds. Squid Recruitment Dynamics. The Genus *Illex* as a Model, the Commercial *Illex* Species. Influences on variability. Rome: FAO Fish Tech, 255—273.

Rodhouse P G, Nigmatullin Ch M. 1996. Role as consumers In: Clarke M R, ed. , The role of cephalopods in the world's oceans. Philosophical Transactions of the Royal Society of London, 351: 1003—1022.

Rodhouse P G, Robinson K, Gajdatsy S B, et al. 1994. Growth, age structure and environmental history in the cephalopod *Martialia hyadesi*(Teuthoidea, Ommastrephidae)at the Antarctic Polar Frontal zone and on the Patagonian Shelf Edge. Ant Sci, 6: 259—267.

Rodhouse P G, Symon C, Hatfield E M C. 1992. Early life cycle of cephalopods in relation to the major oceanographic features of the southwest Atlantic Ocean. Marine Ecology Progress Series, 89: 193—195.

Roel B A, Butterworth D S. 2000. Assessment of the South African chokka squid *Loligo vulgaris* reynaudii. Is disturbance of aggregations by the recent jig fishery having a negative impact on recruitment? Fish Res, 48: 213—228.

Roper C F E. 1983. An overview of cephalopod systematics, status, problems and recommendations. Memoirs of the National Museum, Victoria, 44: 13—27.

Roper C F E. Sweeney M J, Nauen C E. 1984. An annotated and illustrated catalogue of species of interest to fisheries. Cephalopods of the world. FAO Fisheries Synopsis, 125(3): 277.

Rortela J, Sacan J, Wang J, et al. 2005. Analysis of variability in the abundance of shortfin squid *Illex argentinus* in the southwest Atlantic fisheries during the period 1999—2004. International council for the Exploration of the Sea, Sitges, Spain.

Rosenberg A A, Kirkwood G P, Crombie J A, et al. 1990. The assessment of stocks of annual squid species. Fish Res, 8: 335—350.

Rowell T W, Young J H, Poulard J C, et al. 1985. Changes in the distribution and biological characteristics of *Illex illecebrosus* on the Scotian shelf 1980—83. NAFO Scientific Council Studies, 9: 11—26.

Royer J, Peres P, Robin J P. 2002. Stock assessments of English Channel loliginid squids: updated depletion methods and new analytical methods. ICES J Mar Sci, 59: 445—457.

Rozas J, Sanche-delBarrio J C, Messenguer X, et al. 2003. DNA polymorphism analyses by the coalescent and other methods. Bioinformatics, 19: 2496—2497.

Ruiz-Cooley R I, Markaida U, Gendron D, et al. 2006. Stable isotopes in jumbo squid(*Dosidicus gigas*)beaks to estimate its trophic position: comparison between stomach contents and stable isotopes. Journal of the Marine Biological Association of the United Kingdom, 86: 437—445.

Sacau M, Pierce G J. 2005. The spatio-temporal pattern of Argentine shortfin squid *Illex argentinus* abundance in the southwest Atlantic. Aquatic Living Resource, 18: 361—372.

Sakai M, Brunetti N, Ivanovic M, et al. 2004. Interpretation of statolith microstructure in reared hatchling paralarvae of the squid *Illex argentinus*. Marine and freshwater research, 55: 403—413.

Sakurai Y, Kiyofuji H, Saitoh S, et al. 2000. Changes in inferred spawning sites of *Todarodes pacificus*(Cephalopada: Ommastrephidae)due to changing environmental conditions. ICES J Mar Sci, 57: 24—30.

Saijo Y, Kawamura T, Izka T, et al. 1970. Primary production in Kuroshio and adjacent area. Proceedings of 2nd CSK Symposium, Tokyo, 169—175.

Santos R A, Haimovici M. 1997. Reproductive biology of winter-spring spawners of *Illex argentinus*(Cephalopoda: Ommastrephidae)off southern Brazil. Scientia Marina, 61: 53—64.

Santos R A, Haimovici M. 2000. The Argentine short-finned squid *Illex argentinus* in the food webs of southern Brazil, Sarsia, 85: 49—60.

Sauer W H H, Goschen W S, Koorts A S. 1991. A preliminary investigation of the effect of sea temperature fluctuations and wind direction on catches of Chokka squid *Loligo vulgaris reynaudii* off the Eastern Cape, South Africa. S Afr J Mar Sci, 11: 467—473.

Schaefer M B. 1954. Some aspects of the dynamics of populations important to the management of the commercial marine fisheries. Bull Inter-Am Trop Tuna Comm, 1: 25—56.

Schaefer M B. 1957. A study of the dynamics of the fishery for yellowfin tuna in the eastern tropical Pacific Ocean. Bull

Inter-Am Trop Tuna Comm, 2: 247—268.

Scheirer K, Chen Y, Wilson C. 2004. Comparing two sampling programs for the Maine lobster fishery. Fish Res, 68: 343—350.

Schuldt M. 1979. Contribución al conocimiento del ciclo reproductor de *Illex argentinus*. Comisión de Investigaciones Científicas de la Provincia de Buenos Aires. Monographias, 10: 1—110.

Schwarz R, Perez J A A. 2007. Differentiation of the argentine short-finned squid *Illex argentinus* (Cephalop-oda: Teuthida) populations off southern Brazil using morphology and morphometry of the statolith. Braz Journal of Aquat Science and Technology, 11(1): 1—12(in Spanish).

Schwarz R. Perez J A A. 2010. Growth model identification of short-finned squid *Illex argentinus* (Cephalopoda: Ommastrephidae) off southern Brazil using statoliths. Fish Res, 101: 177—184.

Seber G A F. 1982. The estimation of animal abundance and related parameters. New York (Charles Griffin and Co. Ltd., High Wycombe Bucks, England): Oxford University Press.

Shilin K D, Khvichia L A, Nigmatullin C M, et al. 1983. On reproductive biology of short-finned squid, *Illex argentinus*. In: Taxonomy and Ecology of Cephalopoda, Nauka, Leningrad, 124—126.

Sims D W, Genner M J, Southward A J, et al. 2001. Timing of squid migration reflects north Atlantic climate variability. Proceedings of the Royal Society of London, 268(1485): 2607—2611.

Smale M J. 1996. Cephalopods as prey. Ⅳ. Fishes. Philosophical transactions of the Royal Society of London. B, 351: 1067—1081.

Spiegelhalter D, Thomas A, Best N, et al. 2003. WinBUGS Version 1.4 user manual. MRC Biostatistics Unit, Cambridge.

Stelzenmüller V, Ehrich S, Zauke G P. 2005. Impact of additional small-scale survey data on the geostatistical analyses of demersal fish species in the North Sea. Scientia Marina, 69: 587—602.

Suzuki T. 1990. Japanese common squid-*Todorodes pacificus* Steenstrup. Mar Behav Phys, 18: 73—109.

Tamura K, Peterson D, Peterson N, et al. 2011. MEGA5: molecular evolutionary genetics analysis using maximum likelihood, evolutionary distance, and maximum parsimony methods. Molecular Ecology and Evolution, 28 (10): 2731—2739.

Thompson J D, Gibson T J, Plewniak F, et al. 1997. The Clustal X windows interface: flexible strategies for multiple sequence alignment aided by quality analysis tools. Nucleic Acids Research, 25: 4876—4882.

Tian S Q, Chen X J, Chen Y, et al. 2009a. Standardizing CPUE of *Ommastrephes bartramii* for Chinese squid-jigging fishery in northwest Pacific Ocean. Chinese Journal of oceanology and Limnology, 27(4): 729—739.

Tian S Q, Chen X J, Chen Y, et al. 2009b. Evaluating habitat suitability indices derived from CPUE and fishing effort data for *Ommatrephes bratramii* in the northwestern Pacific Ocean. Fish Res, 95: 181—188.

Tian S Q, Chen Y, Chen X J, et al. 2009. Impacts of spatial scales of fisheries and environmental data on catch per unit effort standardization. Marine and Freshwater Research, 60: 1273—1284.

Tshchetinnikov A S, Topal S K. 1991. La composición de la dieta de los calamares *Illex argentinus* y Loligo patagonica en el litoral argentino. Resúmenes del VIII Simposio Científico, Comisión Técnica Mixta del Frente Marítimo, Montevideo.

Unai M, Casimiro Q V C, Oscar S N. 2004. Age, growth and maturation of jumbo flying squid (Cephalopoda: Ommastrephidae) from the Gulf of Californian, Mexico. Fish Res, 66: 31—47.

Uozumi Y, Shiba C. 1993. Growth and age composition of *Illex argentinus* (Cephalopoda: Oegopsida) based on daily increment counts in statolith//In Recent adv. cephalopod fish. biol. eds. Okutani T, O'Dor R K & Kubodera T, 591—605.

Viana M, Pierce G J, Illian J, et al. 2009. Seasonal movements of veined squid *Loligo forbesi* in Scottish (UK) waters. Aquat Living Resour, 22(3): 291—305.

Vidal E A，Haimovici M. 1997. Distribution and transport of *Illex argentinus* paralarvae(Cephaopoda：Ommastrephidae)across the western boundary of the Brazil/Malvinas Confluence front off southern Brazil. ANU/WSM 1997 Annual Meeting，Santa Barbara(USA)：61.

Villa H，Quintela J，Coelho M L，et al. 1997. Phytoplankton biomass and zooplankton abundance on the south coast of Portugal(Sagres)，with special reference to spawning of *Loligo vulgaris*. Sci Mar，61：123—129.

Villanueva R. 1995. Experimental rearing and growth of plancktonic *Octopus vulgaris* from hatching to settlement. Can J Fish Aquat Sci，52：2639—2650.

Villanueva R. 2000. Effect of temperature on statolith growth of the European squid *Loligo vulgaris* during early life Mar Biol，136(3)：449—460.

Walters C，Pearse P H. 1996. Stock information requirements for quota management systems in commercial fisheries. Rev Fish Biol Fish，3：21—42.

Waluda C M，Griffiths H J，Rodhouse P G. 2008. Remotely sensed spatial dynamics of the *Illex argentinus* fishery. Southwest Atlantic. Fish Res，91：196—202.

Waluda C M，Rodhouse P G，Podesta G P，et al. 2001. Surface oceanography of the inferred hatching grounds and *Illex argentinus* (Cephalopoda：Ommastrephidae) and influences on recruitment variability Mar Bio，139：671—679.

Waluda C M，Rodhouse P G，Trathan P N，et al. 2001. Remotely sensed mesoscale oceanography and the distribution of *Illex argentinus* in the South Atlantic. Fisheries Oceanography，10(2)：207—216.

Waluda C M，Trathan P N，Elvidge C D，et al. 2002. Throwing light on straddling stocks of *Illex argentinus*：assessing fishing intensity with satellite imagery. Can J Fish Aquat Sci，59：592—596.

Waluda C M. Trathan P N，Rodhouse P G. 1999. Influence of oceanographic variability on recruitment in the *Illex argentinus*(Cephalopoda：Ommastrephidae) fishery in the South Atlantic. Marine Ecology Progress Series，183：159—167.

Waluda C M，Yamashiro C，Rodhouse P G. 2006. Influence of the ENSO cycle on the light-fishery for *Dosidicus gigas* in the Peru Current：an analysis of remotely sensed data. Fish Res，79：56—63.

Yatsu A，Kinoshita T. 2002. Application of surplus production model to Japanese common squid，*Todarodes Parcificus*，with independence parameters for high and low stock regimes. Report of the 2002 Meeting on Squid Resouces，Tohoku National Fisheries Research Institute，29—33.

Yatsu A，Watanabe T，Mori J，et al. 2000. Interannual variability in stock abundance of the neon flying squid，*Ommastrephes bartramii*，in the north Pacific Ocean during 1979—1998：impact of driftnet fishing and oceanographic conditions. Fish Oceanogr，9(2)：163—170.

Young I A G，Pierce G J，Daly H I，et al. 2004. Application of depletion methods to estimate stock size in the squid *Loligo forbesi* in Scottish waters(UK). Fish Res，69(2)：211—227.

Zainuddin M，Kiyofuji H，Saitoh K，et al. 2006. Using multi-sensor satellite remote sensing and catch data to detect ocean hot spots for albacore(*Thunnus alalunga*)in the northwestern North Pacific. Deep-Sea Research II，53：419—431.

Zumholz K，Hansteen T H，Piatkowski U，et al. 2007. Influence of temperature and salinity on the trace element incorporation into statoliths of the common cuttlefish(*Sepia officinalis*). Marine Biology，151：1321—1330

中 文 索 引

X

Y

Z

拉丁名索引